国家出版基金资助项目

ACADEMICIAN SMIRNOV LECTURE NOTES
IN MATHEMATICS(VOLUME I)

Smirnov院士数学讲义
（第一卷）

（俄罗斯）В.И.Смирнов 著　《Smirnov 院士数学讲义》翻译组 译

哈尔滨工业大学出版社
HARBIN INSTITUTE OF TECHNOLOGY PRESS

黑版贸审字 08-2016-040 号

内容简介

本书共分六章,分别为变量与函数关系,极限论,微商概念及其应用,定积分与不定积分概念,级数及其在函数的近似计算中的应用,多元函数,复数,高等代数初步,函数的积分法.本书语言简洁,内容丰富,讲解细致.

本书适合大学师生及数学爱好者参考使用.

图书在版编目(CIP)数据

Smirnov 院士数学讲义. 第一卷/(俄罗斯)B. И. 斯米尔诺夫著;《Smirnov 院士数学讲义》翻译组译. —哈尔滨:哈尔滨工业大学出版社,2019.1
ISBN 978-7-5603-7832-9

Ⅰ.①S… Ⅱ.①B…②S… Ⅲ.①高等数学－高等学校－教学参考资料 Ⅳ.①O13

中国版本图书馆 CIP 数据核字(2018)第 268596 号

书名:Курс высшей математики
作者:В. И. Смирнов
В. И. Смирнов《Курс высшей математики》
Copyright © Издательство БХВ,2015
本作品中文专有出版权由中华版权代理总公司取得,由哈尔滨工业大学出版社独家出版

策划编辑　刘培杰　张永芹
责任编辑　张永芹　穆　青
封面设计　孙茵艾
出版发行　哈尔滨工业大学出版社
社　　址　哈尔滨市南岗区复华四道街 10 号　邮编 150006
传　　真　0451-86414749
网　　址　http://hitpress.hit.edu.cn
印　　刷　黑龙江艺德印刷有限责任公司
开　　本　787mm×1092mm　1/16　印张 30　字数 601 千字
版　　次　2019 年 1 月第 1 版　2019 年 1 月第 1 次印刷
书　　号　ISBN 978-7-5603-7832-9
定　　价　298.00 元

(如因印装质量问题影响阅读,我社负责调换)

原书第十一版序

这一版,主要是在第二章与第五章的有关材料中,与以前不同.

В. И. 斯米尔诺夫

原书第八版序

这一版与以前有很大的区别,主要是删去了关于解析几何的材料,连带着也把其余的材料重新组织了一下.特别是这一卷第二章§6,讲微分学在几何方面的应用一节,全部更动了.再有,以前第二卷第一章,讲复数,多项式的基本性质,以及函数的系统的积分法,现在放在第一卷末一章.

原有的补充材料,又略有补充与更动.见于以下几卷内,要遇到近代分析中相当精密而复杂的问题,在第二章§1之末,讲极限理论之后,增加了无理数的理论,并用以证明了极限存在的判别法以及连续函数的性质.同时也引入了初等函数的严格定义,并讨论了初等函数的性质.在第五章中,讲多元函数时,介绍了隐函数存在定理的证明.

在内容方面,费赫金戈教授给我很多宝贵的意见,作最后一次校订时,这些意见给我很大的帮助.为此,我向他致深深的谢意.

В. И. 斯米尔诺夫

目录

第一章　变量与函数关系　//1

第二章　极限论,微商概念及其应用　//40

§1　极限论,连续函数　//40
§2　一级微商与微分　//88
§3　高级微商与微分　//108
§4　应用微商概念研究函数　//115
§5　二元函数　//146
§6　微商概念的几何应用　//151

第三章　定积分与不定积分概念　//191

§1　积分学的基本问题与不定积分　//191
§2　定积分的性质　//215
§3　定积分概念的应用　//231
§4　关于定积分的补充知识　//265

第四章　级数及其在函数的近似计算中的应用　//278

§1　无穷级数理论中的基本概念　//278
§2　泰勒公式及其应用　//294
§3　级数理论的补充知识　//320

第五章　多元函数　//354

§1　函数的微商与微分　//354
§2　泰勒公式,多元函数的极大值与极小值　//372

第六章　复数,高等代数初步,函数的积分法　//391

§1　复数　//391
§2　多项式的基本性质及其根的计算　//425
§3　函数的积分法　//450

附录　俄国大众数学传统——过去和现在　//463

变量与函数关系

第一章

1. 量与测量

在自然科学中,数学分析具有基本的重要性.每一种其他的科学,只是着重于研究环绕我们的宇宙中的某些特殊方面,相反的,数学是在探讨适用于一切科学所研究的现象的共通性质.

量与测量是一个基本概念.量的特性就在于它可以被测量,就是取某一个定量作为测量单位时,可以比较出大小来.比较的方法依赖于讨论的量的本质,比较的步骤叫作测量.测量的结果得到抽象的数,它表达所考虑的量与用作测量单位的量之比.

任一自然律给我们量与量之间的关系,也可以说是表达这些量的数之间的关系.数学研究的对象,就是数以及它们之间的关系,而不问产生这些数与关系的量或定律所独有的特性.

固然,由比较的方法来测量,每一个量都有它抽象的数.但是这个数依赖于测量时用的单位或标准.测量一个给定的量,用较大的单位得到较小的数;反之,用较小的单位就得到较大的数.

标准的选择要看所讨论的量的特性以及作测量的场合.为了测量同类的量,标准量可以在相当大的限度内更换——以测量长度为例,在精确的光学研究中,用一埃之长(1 mm 的千万分之一,10^{-10} m)作单位,而在天文学中一般用的长度单位叫作光年,就是一年内光所经过的距离(一秒钟光大约走 300 000 km).

2. 数

由测量的结果得到的数,可以是整数(若考虑的量是单位量的整数倍),分数(若存在另一新单位,被测量的量与原来用的单位量都是新单位量的整数倍 —— 简单来说,就是被测量的量与测量单位可以通约),以及无理数(上述的公共单位不存在时,就是被测量的量与测量单位不可以通约).

例如,在初等几何学中证明了正方形的对角线与它的边长不可以通约,所以若我们用边长作单位,测量正方形的对角线,则得到的量数 $\sqrt{2}$ 是无理数.用直径长作单位,测量圆周,得到的量数 π 也是无理数.

为要弄清楚无理数的概念,可以应用十进制小数.由算术知道,任一有理数可以表示成有限小数或循环无穷小数(纯循环或混循环)的形式.例如,由十进制除法法则,用分母除分子,我们得到

$$\frac{5}{33} = 0.151\,515\cdots = 0.\dot{1}\dot{5}$$

$$\frac{5}{18} = 0.277\cdots = 0.2\dot{7}$$

反之,由算术我们也知道任一十进制循环小数表示一个有理数.

测量与所用单位量不可以通约的量时,我们可以先计算被测量的量包含若干单位量,再看剩余的量包含若干十分之一的单位量,再看新的剩余量包含若干百分之一的单位量,如此继续作下去.用这方法测量与单位量不可以通约的量时,就作成一个不循环无穷小数.任一无理数对应一个这样的无穷小数;反之,任一不循环无穷小数对应一个无理数.若只取一个无穷小数的前几位,则得到对应于这个小数的无理数的一个较小的近似值.例如,用普通法则开平方到三位小数,得到

$$\sqrt{2} = 1.414\cdots$$

1.414 与 1.415 分别是 $\sqrt{2}$ 的准确到千分之一的较小的与较大的近似值.

利用十进制小数,可以比较无理数彼此之间的大小,以及无理数与有理数之间的大小.

在许多问题中,考虑的量带有不同的符号,正号或负号(温度高于或低于零度,直线运动中正的或负的速度等).这样的量分别用正数或负数来表达.若 a 及 b 是正数,而 $a > b$,则 $-a < -b$,任一正数或零必大于任一负数.如此全部有理数与无穷数排列成一定的顺序,所有这些数组成实数集合.

注意,在用十进制小数表示实数的情形下,我们可以把任一有限小数用循

环节是 9 的无穷小数来代替.例如,3.16＝3.159 9….若不用有限小数,则得到实数与无穷小数恰好一一对应,就是任一实数对应一个确定的无穷小数,而任一无穷小数对应一个确定的实数.负数对应冠有负号的无穷小数.

在实数范围内,除去用零除以外,四种演算都可以实行.任一实数的奇次根永远有一个确定的值.正实数的偶次根有两个值,只是符号相反.负实数的偶次根,在实数范围内无解.至于实数以及它们的演算的严格理论,在后面再讲.

将表达一个已知量的数,取"＋"号,叫作这个量的绝对值.一个数 a 所表达的量的绝对值,也可以说是这个数 a 的绝对值,记作 $|a|$.如此,我们就有:

若 a 是正数
$$|a|=a$$

若 a 是负数
$$|a|=-a$$

不难证明,和的绝对值 $|a+b|$,仅当 a 与 b 同号时,与各项绝对值的和 $|a|+|b|$ 相等;否则 $|a+b|$ 较小.所以
$$|a+b|\leqslant |a|+|b|$$

例如,3 与 -7 的和的绝对值等于 4,而各项绝对值的和是 10.

同样可证,当 $|a|\geqslant |b|$ 时
$$|a-b|\geqslant |a|-|b|$$

积的绝对值等于各因数绝对值的积,商的绝对值等于除数的绝对值除被除数的绝对值之商
$$|abc|=|a|\cdot|b|\cdot|c|$$
$$\left|\frac{a}{b}\right|=\frac{|a|}{|b|}$$

3. 常量与变量

数学中所讨论的量分为两类:常量与变量.

在给定的问题中,不变的,保持一个值的量叫作常数;在给定的问题中,由于某种缘故,取不同的值的量叫作变量.

由这个定义显见,常量与变量的概念要依赖于研究这个现象所在的场合.同一个量,在某种情况下可以认为是常量;而在其他的情况下,就可能是变量.

例如,测量物体的重量时,要认清,称量是在地球表面上同一地方举行,还是在不同的地方举行.若在同一地方称量,则确定重量的重力加速度是常量,于是不同物体的重量只依赖于它们的质量;若在不同的地方称量,则因为重力加

速度依赖于地球转动的离心力,就不能把它算作常量.据此,设称量时不用杠杆做的秤,而用弹簧秤,则同一物体在赤道上比在两极轻.

同样,在较粗略的实用计算中,一个枢轴的长度可以算作是不变的量;若比较精确些,把温度变化的作用计入,枢轴的长度就成了变量,而全部计算也就复杂了.

4. 区间

测量变量时,有很多不同情况.有的变量可以取任一实数值,没有任何限制(例如,由一定时刻开始计算,时间 t 可以取任一实数值,可正可负);有的只取限于某一不等式的值(例如,绝对温度 T,需大于 -273 ℃);还有的变量只能取某些值,而不能任意取值(如只取整数 —— 某城居民数,定积气体内分子数 —— 或有理数等).

我们讲几种在理论研究与实际应用中,测量变量时常见的情况.

a, b 为两个已知实数,若变量 x 可以取适合条件 $a \leqslant x \leqslant b$ 的全部实数值,就是说 x 在区间 $[a, b]$ 上变化.这种包含两端的区间,常叫作闭区间.若变量 x 能取区间 (a, b) 中,除两端外,全部的数值,即 $a < x < b$,就是说 x 在区间 (a, b) 内变化.这种不含两端的区间叫作开区间.此外, x 变化的范围也可能是一端闭一端开的区间: $a \leqslant x < b$ 或 $a < x \leqslant b$.

若 x 被测的范围由不等式 $a \leqslant x$ 确定,就是说 x 在一个左端闭右端开的区间 $[a, +\infty)$ 上变化.同样的,对不等式 $x \leqslant b$,我们有左端开右端闭的区间 $(-\infty, b]$.若 x 可以取任一实数值,就是说 x 在一个两端开的区间 $(-\infty, +\infty)$ 上变化.

5. 函数概念

在实际问题中,常常不仅有一个变量,而是同时有几个变量.

例如,就 1 kg 的空气来讲,确定它的变量,就有它所受的压力 p kg/m^2,所占的容积 v m^3,以及它的温度 t ℃.现在假设空气的温度保持在 0 ℃,t 就是个常量,等于 0,只剩下 p 与 v 两个变量.若改变压力 p,则容积 v 也被改变,例如,若空气被压缩,则容积减小.在这里,我们可以任意改变压力 p(在实际许可限度内),所以,我们把 p 叫作自变量.显然,对每一个压力的值,气体应占有一个完全确定的容积,于是应该有一个定律,用这定律,对每一个 p 的值,可以找到对应于它的 v 的值.这就是著名的波义耳-马瑞特定律,即气体当温度不变时,容积与压力成反比..

应用这个定律到 1 kg 的空气上,就得到 v 与 p 之间的关系,如方程
$$v = \frac{273 \times 29.27}{p}$$
在这种情形下,变量 v 叫作自变量 p 的函数.

由这个例子推广,理论上讲,我们可以说,自变量的特性就是:它有一个可能取的值的集合,在这个集合中,我们可以任意写它选择任一个值.例如,自变量 x 的值的集合,可能是任何区间 $[a,b]$ 或是这个区间的内部,就是自变量 x 能取满足不等式 $a \leqslant x \leqslant b$ 或 $a < x < b$ 的任意一个值,有时 x 也可以取任一整数值.上述例子中,p 起着自变量的作用,v 就是 p 的函数.现在给函数一个理论的定义.

定义 若对于自变量 x 的任何一个确定的值(在可能取的值的集合内),对应的量 y 有确定的值,y 就叫作自变量 x 的函数.

若 y 是 x 的函数,确定于区间 (a,b) 上,则对于 x 在这区间上的任何一个值,对应的 y 有确定的值.

两个量中,x 或 y 哪个算作自变量,常是看怎样方便.上例中,我们也可以任意改变容积 v,于是每次确定压力 p,把 v 算作自变量而压力 p 看作 v 的函数.由上面的方程解 p,就得到由自变量 v 表达函数 p 的公式
$$p = \frac{273 \times 29.27}{v}$$
上面关于两个变量的叙述,不难推广到任意几个变量的情形,并且我们可以分别给出自变量与因变量或函数.

回到我们的例子,假设温度不总是 0 ℃,而是可以变的.波义耳-马瑞特定律就应当换成克拉贝龙关系式
$$pv = 29.27(273 + T)$$
这里指出,研究气体的情况时,p,v 与 T 中只有两个可以任意改变,若是两个给定的值,第三个就完全定了.例如,我们取 p 与 T 作自变量,v 就是它们的函数
$$v = \frac{29.27(273 + T)}{p}$$
或者把 v 与 T 算作自变量,p 就是它们的函数.

看另一个例子,由三角形的边长 a,b,c 表达面积 S,有公式
$$S = \sqrt{p(p-a)(p-b)(p-c)}$$
其中 p 是三角形的半周长
$$p = \frac{a+b+c}{2}$$

三边 a,b,c 可以任意改变,只需每边大于其余两边之差而小于其余两边之和.如此变量 a,b,c 是限于不等式的自变量,S 是它们的函数.

我们也可以任意取三角形的两个边,如 a,b 与面积 S,应用公式

$$S = \frac{1}{2}ab\sin C$$

求 a,b 两边的夹角 $\angle C$,这里 a,b,S 是自变量,$\angle C$ 是函数. 而 a,b,S 应该限于不等式

$$\sin C = \frac{2S}{ab} \leqslant 1$$

注意,在这个例子中,我们得到 $\angle C$ 的两个值. 因为 $\angle C$ 可以取作一个锐角或是一个钝角,都可能使

$$\sin C = \frac{2S}{ab}$$

这里我们遇到多值函数,它的详细情形以后再讲.

6. 表示函数关系的分析法

任一自然律,给出一个现象与另一个现象的关系,于是建立一个量与量之间的函数关系.

函数关系的表示法很多,最重要的有三种:

① 分析法;

② 列表法;

③ 图示法或几何法.

如果一个量与量之间的函数关系,用一个含有这些量与各种数学演算(如加、减、乘、除、对数等)的方程来表示,我们说这是用分析法表示函数. 作理论的研究时,总是用分析法表示函数,于是就可能用数学分析找出结果来,得到的结果是个数学公式. 以天体力学为例,在各种运动中,它们的位置与相互的作用都是由一个基本定律 —— 万有引力定律 —— 得来的.

若某函数(即因变量)可以由自变量通过数学演算来直接表达,则叫作显函数. 显函数的例子,如定温下,用压力 p 作自变量,气体容积 v 的表达式(一元显函数)

$$v = \frac{273 \times 29.27}{p}$$

或用边长作自变量,三角形的面积 S 的表达式(三元显函数)

$$S = \sqrt{p(p-a)(p-b)(p-c)}$$

再如
$$y = 2x^2 - 3x + 7 \tag{1}$$
是一个自变量 x 的显函数.

有时用自变量表达一个函数的公式,不是很容易或者说不可能写出来,我们就写作
$$y = f(x)$$
这个写法标记出 y 是自变量 x 的函数,f 用作记 y 对 x 的关系的符号. 其他的字母也可以用来代替 f. 若要考虑 x 的几个不同的函数,则需用不同的字母来记对 x 的关系
$$f(x), F(x), \varphi(x)$$
等. 这里写的符号,不仅用于分析法表示的函数,而且也用于[5]① 中所定义的一般的函数关系.

与这类似,多元函数写成
$$v = F(x, y, z)$$
这表示 v 是变量 x, y, z 的函数.

给自变量以特殊值,作出 $f, F, \cdots$ 中的演算,就得到函数的特殊值. 例如 $x = \dfrac{1}{2}$ 时,函数(1)的值是
$$y = 2 \times \left(\dfrac{1}{2}\right)^2 - 3 \times \dfrac{1}{2} + 7 = 6$$

一般来讲,当 $x = x_0$ 时,函数 $f(x)$ 的值记作 $f(x_0)$,多元函数可以类推.

不要把[5]中所给的函数的一般定义与 y 通过 x 的分析表达式相混. 函数的一般定义中,只说是有一个法则,当变量 x 在它的可取值的集合中任取一值时,对应的 y 有确定的值. 并没有假设 y 要通过 x 的分析表达式. 例如,我们在区间 $[0, 3]$ 上作一个函数 y 如下:当 $0 \leqslant x \leqslant 2$ 时,$y = x + 5$;而当 $2 < x \leqslant 3$ 时,$y = 11 - 2x$,于是当 x 取区间 $[0, 3]$ 上任一值时,对应的 y 有确定的值,所以 y 是一个函数.

7. 隐函数

若一个函数没有通过自变量的分析表达式,而只有一个方程表示函数的值与自变量的值的关系,就叫隐函数. 例如,若变量 y 与变量 x 适合方程

---

① 书中凡引证本册已证的结果时,都用简写符号. 例如,[5] 表示本册第 5 小节.

$$y^3 - x^2 = 0$$

则 y 是自变量 x 的隐函数. 从另一方面看, 也可以算作 x 是自变量 y 的隐函数.

几个自变量 $x,y,z\cdots$ 的隐函数 v 由方程

$$F(x,y,z,\cdots,v) = 0$$

确定.

只有当这个方程对 v 可解, 而 v 能表现成 $x,y,z\cdots$ 的显函数

$$v = \varphi(x,y,z,\cdots)$$

时, 才能求这个函数值.

上例中, y 可以通过 x 表达成

$$y = \sqrt[3]{x^2}$$

但是, 要得到函数 v 的各种性质, 不一定要解这方程, 常是由确定它的方程来考察隐函数即可.

例如, 气体的容积 v 是压力 p 与温度 T 的隐函数, 由方程

$$pv = R(273 + T)$$

确定.

在三角形中, a,b 两边的夹角 $\angle C$ 是 a,b 与面积 S 的隐函数, 由方程

$$ab\sin C = 2S$$

确定.

8. 列表法

函数的分析表示法主要是在作理论研究时使用, 就是研究一般定律时使用. 但是为要求出函数的某些个别的值, 分析表示法常常很不方便, 因为需要每次作所有的必要的计算.

为方便起见, 在实际应用中, 常将若干自变量的值与对应的函数的值列成表.

例如, 在实用中常见的有下列诸函数的表

$$y = x^2, \frac{1}{x}, \sqrt{x}, \pi x, \frac{1}{4}\pi x^2, \lg x, \lg \sin x, \lg \cos x$$

等, 此外, 还有很有用的较复杂的函数表: 贝塞尔函数表、椭圆函数表等, 也有多元函数的表, 最简单的如乘法表, 就是 x 与 y 取整数值时, 函数 $z = xy$ 的值的表.

有时, 要求的函数值对应的自变量的值, 表上没有, 而表上只有与它临近的值. 为要在这种情形下用表, 有各种的插补法, 在中学中用的对数表, 就是其中一种(逐差法).

列表法的重要性在于它可以帮助表示不知道分析表达式的函数,在试验工作中是常用的.任何一个试验工作,有找出未知函数关系的目的,而任何试验的结果总是列成一个表,表示这试验中所研究的量的各个值的关系.

9. 数的图示法

讲到函数关系的图示法,我们先由一个变量的图示法开始.

任何一个数 x 可以用一条线段来表示.只要选定了单位长,作一条线段,使它的长度等于给定的数 x 即可,如此,如果一个量,不仅可以用数来表达,也可以用线段给一个几何的表示法.

为要用这个方法表示负数,我们在一条标明方向的直线上取线段(图1.1).于是任一线段记作 $\overline{AB}$,A 叫作线段的起点,B 叫作终点.

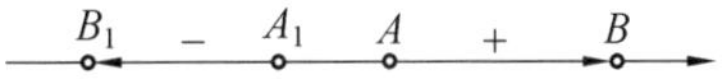

图 1.1

若由 A 到 B 的方向与直线的方向一致,则这条线段表示一个正数.若由 A 到 B 的方向与直线的方向相反,则这条线段表示一个负数(图1.1中 $\overline{A_1B_1}$).至于考虑的数的绝对值,则由表示这个数的线段的长度表达,与方向无关.

线段 $\overline{AB}$ 的长度记作 $|\overline{AB}|$,若线段 $\overline{AB}$ 表示数 x,则可以简写作
$$x = \overline{AB}, \quad |x| = |\overline{AB}|$$
更确定些,可以先在直线上选定一点 O,而把一切线段的起点总放在点 O.于是,任意一点 A,有一个以它为终点的线段 $\overline{OA}$,表示一个数 x(图1.2).反之,给定一个数 x,就可确定一个线段 $\overline{OA}$ 的大小与方向,于是确定它的终点 A.

图 1.2

如此,若在一个有定向的直线 $X'X$(轴)上,取定一个定点 O(原点),则每一个数 x 对应于这条直线上一个确定的点 A,线段 $\overline{OA}$ 表示这个数 x;反之,轴上任一点 A 确定一个数 x,由线段 $\overline{OA}$ 表示,这个数 x 叫作点 A 的坐标,若需要标明 A 的坐标是 x,则写作 $A(x)$.

若数 x 改变,则表示它的点 A 就在轴上移动.前面讲过的区间的概念,有了数 x 的图示法,可以更清楚些.若 x 在区间 $a \leqslant x \leqslant b$ 上,则 $X'X$ 轴上的对应点在一条线段上,这条线段的两个端点的坐标是 a 与 b.

若只限于有理数,则当线段 $\overline{OA}$ 与单位长不可以通约时,点 A 就没有对应

的坐标.就是说只是有理数不能占有直线上全部的点.于是要引入无理数来补足它.一个变量的图示法的基本假设就是:$X'X$ 轴上任何一点对应于一个确定的实数,反之,任何一个实数对应于 $X'X$ 轴上一个确定的点.

在 $X'X$ 轴上取两点:点 A_1 有坐标 x_1,点 A_2 有坐标 x_2.线段 $\overline{OA_1}$ 与 $\overline{OA_2}$ 就分别对应于数 x_1 与 x_2.无论 A_1,A_2 的相互位置如何,不难证明,线段 $\overline{A_1A_2}$ 对应于一个数 x_2-x_1,因此,这条线段的长度就等于这个差的绝对值,就是

$$|\overline{A_1A_2}|=|x_2-x_1|$$

例如,若 $x_1=-3, x_2=7$,则点 A_1 在 O 的左面,到 O 的距离等于3,而点 A_2 在 O 的右面,到 O 的距离等于7.线段 $\overline{A_1A_2}$ 的长度就是10,而与 $X'X$ 轴同向,就是它对应于数 $10=7-(-3)=x_2-x_1$.点 A_1 与 A_2 的其他排列情形,请读者自取.

10. 坐标

以上我们看到,直线上点的位置可以由实数 x 确定.现在用类似的方法确定平面上点的位置.

在平面上取两个互相垂直的轴 $X'X$ 与 $Y'Y$,并规定它们的交点 O 作各轴的原点(图1.3).用箭头标明轴的方向,$X'X$ 轴上的点对应的实数记作 x,$Y'Y$ 轴上的点对应的实数记作 y.若给出定值 x 与 y,则在 $X'X$ 与 $Y'Y$ 轴上有定点 A 与 B.知道了点 A 与 B,可以过 A 与 B 分别作平行于轴的直线,交于一点 M.

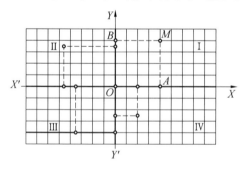

图1.3

量 x,y 的每一对值,对应于平面图上点 M 的一个确定的位置.

反之,平面上每一点 M,对应于量 x,y 的一对确定的值,就是过点 M 平行于两轴的直线与 $X'X$ 及 $Y'Y$ 的交点 A 及 B 所对应的数.

图1.3中标明 $X'X$ 与 $Y'Y$ 轴的方向,于是点 A 若在 O 的右面,x 算作正的;若在 O 的左面,算作负的,点 B 若在 O 的上面,y 算作正的;若在 O 的下面,算作

负的.

确定平面上点 M 的位置,同时也被点 M 的位置所确定的量 x,y 叫作点 M 的坐标. $X'X,Y'Y$ 轴叫作坐标轴,作图的平面叫作坐标面 XOY,点 O 叫作坐标原点.

量 x 叫作点 M 的横坐标,y 叫作点 M 的纵坐标.用坐标给定的点 M,写成
$$M(x,y)$$
这种表示法叫作直角坐标法.

点 M 的位置在各象限内时,它的坐标的符号如下表:

M	Ⅰ	Ⅱ	Ⅲ	Ⅳ
x	+	−	−	+
y	+	+	−	−

显然,点 M 的坐标 (x,y) 就等于点 M 到两坐标轴的距离,带上应有的符号.

11. 图形与曲线的方程

再看表示点 M 的量 x 与 y,设 x 与 y 由一个函数关系联系,于是取任一 x(或 y)的值,就得到一个对应的 y(或 x)的值.每一对这样的 x 与 y 的值,对应于平面 XOY 上点 M 的一个确定的位置,若改变 x 与 y 的值,则点 M 在平面上移动,于是自动地作成一条线(图 1.4),这叫作函数关系的图示.

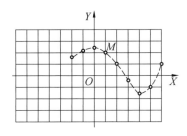

图 1.4

若已知用分析法表示该函数的方程,无论是显式
$$y = f(x)$$
或是隐式
$$F(x,y) = 0$$
则这个方程叫作该曲线的方程,而这条曲线叫作该方程的图形.

一条曲线的图形与它的方程表示同一个函数关系,只是方法不同,就是说,坐标满足曲线的方程的所有的点都在曲线上,反之,曲线上所有的点的坐标都满足曲线的方程.

若已知曲线的方程,就可用画图纸,作出相当正确的曲线(一定可以作出曲线上任意多的点),作出较多的点,曲线的形状就会显出来,这种方法叫作描迹.

作曲线时,选择尺度是很重要的,x 与 y 的尺度可以选的不一样. 如果 x 与 y 用相同的尺度,如方格纸;用不同的尺度,如矩形格纸. 以后我们关于 x 与 y 用相同的尺度.

读者可以变更 x 与 y 的尺度,试作几个函数的图形.

以上讲到点 M 的坐标,曲线的方程与方程的图形等,由这些概念建立起代数与几何的紧密联系. 一方面,可能由几何的轨迹来表示并研究分析函数的关系,另一方面,也可能由代数的演算来求几何问题的解答,这是笛卡儿首创的解析几何学的基本工作.

因为特别重要,我们再把作为解析几何学的基础的几件事列在下面:

若在平面上规定好两个坐标轴,则平面上任一点对应于一对实数——这个点的横坐标与纵坐标,反之,任意一对实数对应于平面上一个确定的点——第一个数是它的横坐标,第二个数是它的纵坐标. 平面上的曲线对应于 x 与 y 的一个函数关系,或者说,一个含变量 x 与 y 的方程,这个方程必须且仅需被曲线上的点的坐标满足. 反之,一个含有两个变量 x 与 y 的方程对应于一条曲线,这条曲线由所有的坐标能满足这个方程的点所组成.

现在再回到函数的图形. 若有一个由方程给定的函数关系,无论是显式或是隐式

$$y = f(x) \text{ 或 } F(x, y) = 0$$

则在以 $X'X$ 与 $Y'Y$ 为轴的平面上,对应于该方程的图形叫作这个方程的图形或由这个方程确定的函数的图形. 这个图形上的点的横坐标与纵坐标各自对应于这个函数关系的变量 x 与 y 的值[①].

12. 线性函数

函数中最基本的,实际上也是最重要的,是一次二项式

$$y = ax + b \tag{2}$$

---

① 记录中常有自动作成图的,多是用变量 x 记时间,y 记所注意的随时间改变的量,如气压(气压图)、气温(气温图). 对于气缸或蒸汽机,有表示气体压力与容积的关系的图.

其中 a 与 b 是已知常数.这个函数的图形是直线,它也叫作线性函数.先考虑 b 等于零的情形.这时函数成为
$$y = ax \tag{3}$$
它表示 y 与 x 成正比,常系数 a 叫作比例系数.

由图 1.5 可以看出,方程(3)的图形有下述的几何性质:无论在其上取哪一个点 M,其纵坐标 $y = \overline{NM}$ 与横坐标 $x = \overline{ON}$ 之比为一常量 a,而这个比值就是线段 $\overline{OM}$ 与 OX 轴的交角 α 的正切.于是证明,对图形上任一点 M,a 为一常量,与 M 的位置无关.因此,点 M 的几何轨迹是一条直线,经过坐标原点,与 OX 轴的交角为 α.

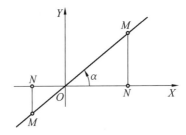

图 1.5

同时显出方程(3)中系数 a 在几何上的重要意义:a 是该方程所对应的直线与 OX 轴交角的正切.因此,a 叫作这条直线的斜率.注意,若 a 是负数,则 α 是钝角,于是对应的直线的倾斜情形如图 1.6 所示.

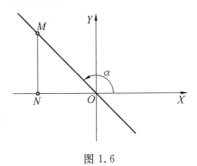

图 1.6

现在回到线性函数的一般情形,考虑方程(2).方程(2)的图形中的纵坐标 y 与方程(3)的图形中的纵坐标差一个常数项 b.因此,我们可以由图 1.5 所示的方程(3)的图形($a > 0$)直接得到方程(2)的图形.若 b 是正的,只需平行于 OY 轴向上移动一段 b,若 b 是负的,就向下移.如此得到一条直线平行于原来的直线,在 OY 轴上截一段 $\overline{OM_0} = b$(图 1.7).

所以,函数(2)的图形是一条直线,它与 OX 轴交角的正切等于 a,而原点 O

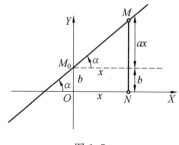

图 1.7

到它与 OY 轴的交点的距离等于 b.

系数 a 叫作这条直线的斜率,b 叫作这条直线的纵截距.反之,若已知一条直线,不平行于 OY 轴,则对应于该直线的方程可以写成如式(2)的形式.依照以上所述,只需取系数 a 等于该直线与 OX 轴交角的正切,而 b 等于该直线在 OY 轴上所截线段之长.

还有一种特殊情形.设 $a=0$,方程(2)变为
$$y=b \qquad (2')$$
得到这样一个 x 的"函数",无论 x 取什么值,函数的值永远是 b. 不难看出,方程 $(2')$ 的图形是一条直线,平行于 OX 轴而与 OX 轴的距离是 $|b|$(若 $b>0$,则在上;若 $b<0$,则在下).除非另有特殊规定,我们认为方程 $(2')$ 也确定一个 x 的函数.

13. 改变量,线性函数的基本性质

现在我们讲一个研究函数关系时常常遇到的重要的概念.

当自变量 x 由初值 x_1 变到终值 x_2 时,终值与初值的差 x_2-x_1 叫作 x 的改变量.函数 $y=f(x)$ 对应的终值与初值的差
$$y_2-y_1=f(x_2)-f(x_1)$$
叫作 y 的对应的改变量.

改变量常记作
$$\Delta x=x_2-x_1,\Delta y=y_2-y_1$$
注意改变量可以是正量,也可以是负量,改变并不一定是要增加.

Δx 整个用作一个符号,表示 x 的改变量.

应用于线性函数
$$y_2=ax_2+b,y_1=ax_1+b$$
逐项相减,得到

$$y_2 - y_1 = a(x_2 - x_1) \tag{4}$$

或

$$\Delta y = a \Delta x$$

这个等式说明，线性函数 $y = ax + b$ 具有一个性质，就是函数的改变量 $y_2 - y_1$ 与自变量的改变量 $x_2 - x_1$ 成正比，而比例系数为 a，a 就是这个函数的图形的斜率．

若利用图 1.8，则自变量 x 的改变量对应于线段

$$\overline{PM_1} = \Delta x = x_2 - x_1$$

而函数的改变量对应于线段

$$\overline{PM_2} = \Delta y = y_2 - y_1$$

于是公式(4)可直接由三角形 $M_1 P M_2$ 算出来．

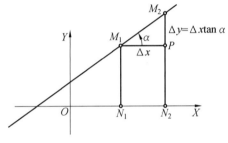

图 1.8

现在假设有一个函数具有上述性质，就是自变量的改变量与函数的改变量成正比，如公式(4)所示，由这公式推出

$$y_2 = a(x_2 - x_1) + y_1$$

或

$$y_2 = ax_2 + (y_1 - ax_1)$$

我们把变量的初值 x_1 与 y_1 算作定值，并把差 $y_1 - ax_1$ 记作 b，有

$$y_2 = ax_2 + b$$

因为变量的终值可以任意取，所以可以用 x 与 y 代替 x_2 与 y_2，于是上面这个方程就可以写成

$$y = ax + b$$

就是任一函数，若具有上述性质，改变量成正比，则一定是一个线性函数 $y = ax + b$，其中 a 是比例系数．

因此，在任一自然律中，如所考虑的量的改变量成正比，就可用线性函数，或者它的图形——直线——来表示，这是时常有的情形．

14. 等速运动的图形

线性函数的最重要的应用就是等速运动的图形. 它对于直线的方程以及它的系数给以力学的解释. 设一点 P 沿某一路线(轨迹)运动, 从一个指定的点 A 到点 P, P 的位置由轨迹上的距离确定. 这个距离, 也就是 $\overset{\frown}{AP}$, 叫作经过的路程, 记作 s, s 可以是正的或是负的, 在原点 A 的一边, s 的值算正的, 则在另一边算负的.

取时间 t 作自变量, 经过的路程 s 就是 t 的函数, 作出运动的图形, 就是函数关系
$$s = f(t)$$
的图形(图 1.9), 不要把它与运动的轨迹相混.

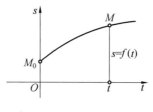

图 1.9

若在任一时间的区间, 该点所走的路程与这个区间之长成正比, 或者说在从 t_1 到 t_2 这个时间区间, 所走的路程与这个区间之长的比值
$$\frac{s_2 - s_1}{t_2 - t_1} = \frac{\Delta s}{\Delta t}$$
是个常量, 则这运动叫作等速的, 比值 $\dfrac{\Delta s}{\Delta t}$ 叫作这运动的速率, 记作 v.

由以上所述, 等速运动图形的方程有如
$$s = vt + s_0$$
这个图形是一条直线, 斜率等于运动的速率, s_0 是 s 的初值, 就是 $t=0$ 时 s 的值.

图 1.10 表示一个点 P 的运动的图形, 从时刻 0 到时刻 t_1, 它以常速率 v_1 沿正方向移动(与 t 轴成锐角), 从 t_1 到 t_2, 以较大的常速率 v_2 沿正方向移动(较大锐角), 以后以负的常速率 v_3 (沿相反方向)回到最初位置. 有时几个点在同一轨迹上运动(例如坐火车或电车的行驶时间表), 为要确定这些点相遇的情形以及检查全部运动, 这种图示法在实际应用上是很方便的(图 1.11).

15. 经验公式

由于直线作起来简单, 并且它表达函数的改变量与自变量的改变量成正比

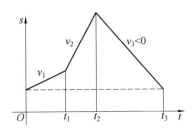

图 1.10

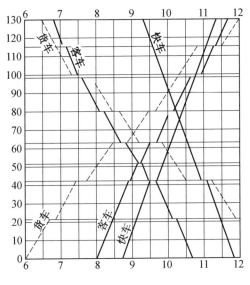

图 1.11

的性质,作直线的图形成为找经验公式的最方便的办法,所谓经验公式是没有理论的研究时,由试验直接得来的公式.

由试验的记录表,在作图纸上得到一列点,为要研究一个线性函数的关系,我们希望得到一个近似的经验公式,就要作一条直线. 若没有一条直线经过全部作出的点(常是不可能的),则只好作一条直线,使在它两侧的点的数目相等,并且都离它充分近. 这是在误差论中研究作这种直线的较精确的方法,但是在实际工作中,对于不是很精确的研究,作这经验直线都是用"紧绳"法,就是用一条绳子拉直了试着比. 作好直线,再直接量一量,就可以确定它的方程

$$y = ax + b$$

就是未知的经验公式. 求这种公式时,时常对于 x 与 y 两个量用不同的尺度,就是 OX 与 OY 轴上同样的长度表示不同的数. 在这种情形下,斜率 a 不等于直线与 OX 轴交角的正切,而差一个因数,这个因数等于用以表示 x 与 y 两个量的单

位长的比值.

例 (图 1.12) 如下表：

x	0.212	0.451	0.530	0.708	0.901	1.120	1.341	1.520	1.738	1.871
y	3.721	3.779	3.870	3.910	4.009	4.089	4.150	4.201	4.269	4.350

$$y \approx 0.375x + 3.65$$

(我们用符号"≈"记近似相等).

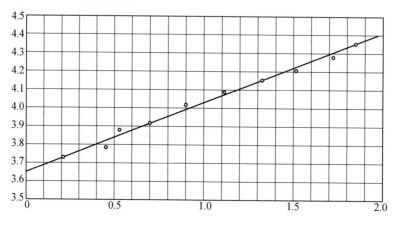

图 1.12

16. 二次抛物线

线性函数
$$y = ax + b$$
是 n 次整函数或 n 次多项式
$$y = a_0 x^n + a_1 x^{n-1} + \cdots + a_{n-1} x + a_n$$
的特殊情形，另一种简单的情形就是二次三项式 ($n = 2$)
$$y = ax^2 + bx + c$$
这个函数的图形叫作二次抛物线或简称抛物线.

现在我们只讨论抛物线的最简单情形
$$y = ax^2 \tag{5}$$
用描迹法不难作出这个图形. 图 1.13 表示曲线
$$y = x^2 \quad (a = 1)$$
与
$$y = -x^2 \quad (a = -1)$$

对应于方程(5)的曲线,当 $a>0$ 时,整个在 OX 轴以上,当 $a<0$ 时,在 OX 轴以下,当 x 的绝对值增加时,这个曲线的纵坐标的绝对值很快的增加,并且当 a 的绝对值较大时,它增加的较快. 图 1.14 表示 a 取不同的值时,函数(5)的一组图形,图上标记着每一个抛物线对应的 a 值.

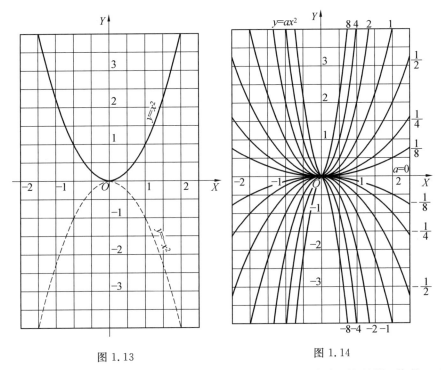

图 1.13   图 1.14

方程(5)只有 x^2 项,所以,用 $-x$ 代替 x 时,它不改变. 就是说,若某一点 (x,y) 在抛物线(5)上,则 $(-x,y)$ 也在这抛物线上. 这两个点 (x,y) 与 $(-x,y)$,对 OY 轴来讲,是对称的,就是说,它们中的一个是另一个的影像,因此,若把右半个平面,绕 OY 轴转 $180°$ 到左半平面,则 OY 轴右边的半个抛物线就与左边的半个重合. 换句话说,OY 轴是抛物线(5)的对称轴.

坐标的原点,当 $a>0$ 时,是这条曲线的最低点;当 $a<0$ 时,是最高点,它叫作抛物线的顶点.

若给定抛物线上一点 $M_0(x_0,y_0)$ 不是顶点,则系数 a 就完全确定了. 因为这时有

$$y_0 = ax_0^2, a = \frac{y_0}{x_0^2}$$

于是,抛物线的方程(5)就成为

$$y = y_0 \left(\frac{x}{x_0}\right)^2 \qquad (6)$$

已知顶点,对称轴与顶点外任意一点,就有一个最简单的作图法,可以作出抛物线上任意多(n)个点.

将已知点 $M_0(x_0, y_0)$ 的横坐标与纵坐标各分为 n 等份,经过原点作线束到纵坐标的各分点,这些线束与过横坐标的分点而平行于 OY 轴的直线的对应交点,就是抛物线的点.实际上,由作图,我们有(图 1.15)

$$x_1 = x_0 \cdot \frac{n-1}{n}$$

$$y' = y_0 \cdot \frac{n-1}{n}$$

则

$$y_1 = y' \cdot \frac{n-1}{n} = y_0 \left(\frac{n-1}{n}\right)^2 = y_0 \left(\frac{x_1}{x_0}\right)^2$$

根据式(6),点 $M_1(x_1, y_1)$ 也在抛物线上.其他的点可以类似的证明.

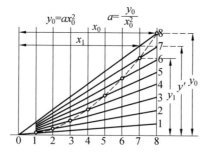

图 1.15

若已知两个函数

$$y = f_1(x) \text{ 与 } y = f_2(x)$$

以及对应于它们的图形,则图形的交点的坐标满足这两个方程,就是说,交点的横坐标是方程

$$f_1(x) = f_2(x)$$

的解.

上述情形,可用以求二次方程的近似解.在作图纸上尽可能精确地作出抛物线

$$y = x^2 \qquad (6')$$

的图形,方程

$$x^2 = px + q \qquad (7)$$

的根就可以考虑作抛物线(6′)与直线 $y=px+q$ 的交点的横坐标,于是在图上找出交点就得到方程(7)的解.图1.16表示三种情形,这种交点有时有两个,有时一个(直线与抛物线相切),有时没有.

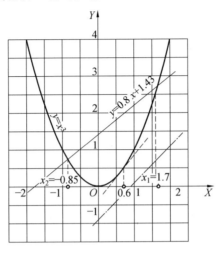

图 1.16

17. 三次抛物线

三次多项式
$$y = ax^3 + bx^2 + cx + d$$
的曲线叫作三次抛物线.我们考虑它的最简单的情形
$$y = ax^3 \tag{8}$$
当 a 是正的时,x 与 y 同号;a 是负的,则异号.第一种情形的曲线在第一与第三象限,第二种情形的曲线在第二与第四象限.图1.17表示 a 取不同值时,曲线的形状.

若以 $-x$ 与 $-y$ 同时代替 x 与 y,则方程(8)的两边都变号,而方程本质不变,就是说,若点 (x,y) 在曲线(8)上,则点 $(-x,-y)$ 也在这曲线上.(x,y) 与 $(-x,-y)$ 两个点关于原点对称,就是联结它们之间的线段被原点平分.由此推知,曲线(8)的任意一个过原点的弦必被原点平分.换句话说,坐标原点 O 是曲线(8)的中心.

再提出三次抛物线的另一种特殊情形
$$y = ax^3 + cx \tag{9}$$
这方程的右边是两项之和,于是,为要作这条曲线,只需作出直线
$$y = cx \tag{10}$$

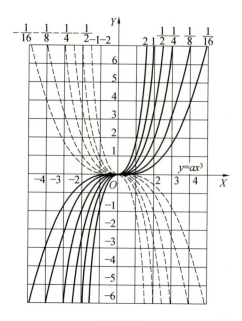

图 1.17

再直接由图上求曲线(8)与(10)的对应的纵坐标之和. 图 1.18 表示曲线(9)的各种形状($a=1$, c 取不同的值).

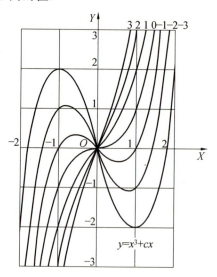

图 1.18

作出曲线

$$y = x^3$$

就得到由图形解三次方程

$$x^3 = px + q$$

的方法(不太精确),因为这个方程的根就是曲线 $y = x^3$ 与直线

$$y = px + q$$

的交点的横坐标.

图上指示出(图 1.19)这种交点可能有一个,两个或是三个,但是最可能是一个,就是三次方程至少有一个实根.严格的证明,以后再讲.

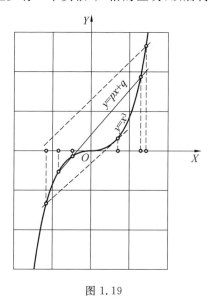

图 1.19

18. 反比定律

函数关系

$$y = \frac{m}{x} \tag{11}$$

表达变量 x 与 y 之间的反比定律.当 x 增多几倍时,y 就减少几倍.当 $m > 0$ 时,变量 x 与 y 同号,就是图形在第一与第三象限;当 $m < 0$ 时,在第二与第四象限. x 近于零时,分式 $\frac{m}{x}$ 的绝对值就很大.反之,x 的绝对值越大时,分式 $\frac{m}{x}$ 的绝对值越小.

直接用描迹法作这条曲线,如图 1.20,它表示出 m 取不同的值时,式(11)的曲线,实线对应于 $m > 0$ 的情形,虚线对应于 $m < 0$ 的情形.并标记每条曲线对应的 m 的值,这种曲线叫作等轴双曲线,它有无穷支线,当支线上的点的横坐标 x 或纵坐标 y 无限增加时,它逼近于坐标轴 OX 与 OY,这样的直线叫作这条

双曲线的渐近线.

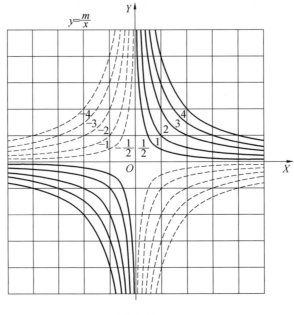

图 1.20

若给定曲线上任意一点 $M_0(x_0, y_0)$，方程(11)中的系数 m 就完全确定了，因为这时

$$x_0 y_0 = m$$

方程(11)就可以写成

$$xy = x_0 y_0 \tag{12}$$

或

$$\frac{y}{x_0} = \frac{y_0}{x}$$

如此，若已知一等轴双曲线的渐近线与它的任意一点 $M_0(x_0, y_0)$，就有作图的方法，可以作出这曲线上任意多个点. 取渐近线作坐标轴，由坐标原点任意作线束 $OP_1, OP_2, \cdots$，注意这些线与直线

$$y = y_0, x = x_0$$

的交点. 过线束中每一条直线上的两个交点，各作平行于坐标轴的直线，这些直线的交点，就是双曲线上的点(图 1.21). 这是由于三角形 ORQ_1 与 OSP_1 相似

$$\frac{\overline{SP_1}}{\overline{OS}} = \frac{\overline{OR}}{\overline{RQ_1}}$$

或

$$\frac{y_1}{x_0} = \frac{y_0}{x_1}$$

就是点 $M_1(x_1,y_1)$ 在曲线(12)上.

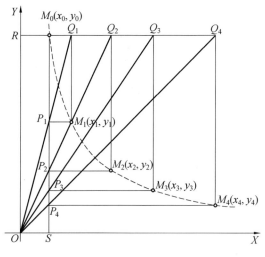

图 1.21

19. 幂函数

以上讨论的函数 $y=ax$, $y=ax^2$, $y=ax^3$ 与 $y=\dfrac{m}{x}$ 都是下面形式的函数

$$y = ax^n \tag{13}$$

的特殊情形,其中 a 与 n 是任意常数.函数(13)叫作幂函数.我们作出 $a=1$, x 只取正值的图形,图 1.22 与图 1.23 表示 n 取不同的值时,这个函数的图形.无论 n 取什么值,由方程 $y=x^n$,当 $x=1$ 时, $y=1$;就是所有的曲线都经过点 $(1,1)$.当 n 取正值而 $x>1$ 时, n 越大,曲线上升的越快(图 1.22).当 n 取负值时(图 1.23),函数 $y=x^n$ 相当于分式.例如,可以用 $y=\dfrac{1}{x^2}$ 代替 $y=x^{-2}$,在这种情形下,当 x 增加时,相反的, y 要减小.对应于方程(13)的曲线有时叫作多带线.热力学中常遇到它们.

注意, n 取分数时,我们把根号的值算作正的,例如 $x^{\frac{1}{2}}=\sqrt{x}$ 算作正的.

若已知曲线上两个点 $M_1(x_1,y_1)$ 与 $M_2(x_2,y_2)$,则由

$$y_1 = ax_1^n, \quad y_2 = ax_2^n \tag{14}$$

可以确定方程(13)的两个常数 a 与 n,用式(14)中的一个除另一个,消去 a,有

$$\frac{y_1}{y_2} = \frac{x_1^n}{x_2^n}$$

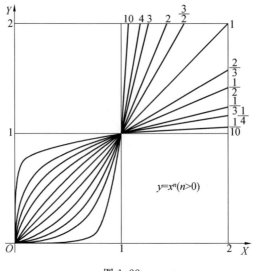

图 1.22

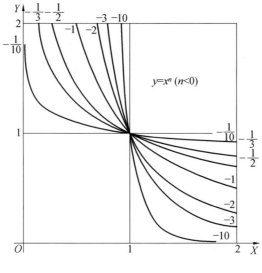

图 1.23

然后,取对数,就由公式

$$n = \frac{\ln y_1 - \ln y_2}{\ln x_1 - \ln x_2}$$

确定出 n,求出 n 后,由式(14)中任何一个可以得到 a.

图 1.24 表示已知曲线(13)上两个点 $M_1(x_1,y_1)$ 与 $M_2(x_2,y_2)$,用作图法作出曲线上任意多个点的方法.过点 O 任意作两条直线 OS,OT,分别与 OX 轴及 OY 轴作成角 α 及 β.由已知点 M_1 与 M_2 画坐标轴的垂线,与 OS,OT 交于 S_1,

S_2, T_1, T_2；与坐标轴交于 Q_1, Q_2, R_1, R_2. 过 R_2 作 R_2T_3 平行于 R_1T_2，过 S_2 作 S_2Q_3 平行于 S_1Q_2. 再过 T_3 与 Q_3 作直线分别平行于 OX 与 OY 轴，得到的交点 $M_3(x_3, y_3)$ 在这条曲线上. 实际上，由相似三角形求得

$$\frac{\overline{OQ_3}}{\overline{OQ_2}} = \frac{\overline{OS_2}}{\overline{OS_1}}, \frac{\overline{OS_2}}{\overline{OS_1}} = \frac{\overline{OQ_2}}{\overline{OQ_1}}$$

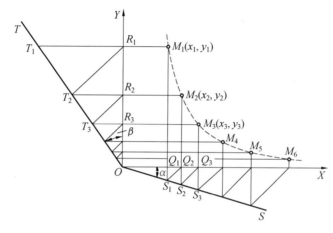

图 1.24

就是

$$\frac{\overline{OQ_3}}{\overline{OQ_2}} = \frac{\overline{OQ_2}}{\overline{OQ_1}}$$

或

$$\frac{x_3}{x_2} = \frac{x_2}{x_1}$$

由此

$$x_3 = \frac{x_2^2}{x_1}$$

同理可证

$$y_3 = \frac{y_2^2}{y_1}$$

由式(14)求得

$$y_3 = \frac{(ax_2^n)^2}{ax_1^n} = a\left(\frac{x_2^2}{x_1}\right)^n = ax_3^n$$

就是点 (x_3, y_3) 在曲线(13)上，于是得证.

20. 反函数

为了研究更多的初等函数,介绍一个新的概念——反函数.如前面的[5]中所述,研究变量 x 与 y 之间的函数关系时,自变量可自由选定,只要看怎么样方便.设有一个函数 $y=f(x)$,其中 x 用作自变量.

若将 y 考虑作自变量,x 作函数,由这个关系 $y=f(x)$ 确定的函数
$$x=\varphi(y)$$
叫作已知函数 $f(x)$ 的反函数,而 $f(x)$ 常叫作直接函数.

变量的记号并不是固定的,如果我们对上面两个函数都用 x 记自变量,就可以说 $\varphi(x)$ 是函数 $f(x)$ 的反函数.例如,若直接函数是
$$y=ax+b, y=x^n$$
则反函数就是
$$y=\frac{x-b}{a}, y=\sqrt[n]{x}$$
由直接函数求反函数,叫作反演法.

设已有直接函数 $y=f(x)$ 的图形.不难看出,这个图形也就是反函数 $x=\varphi(y)$ 的图形.实际上,方程 $y=f(x)$ 与 $x=\varphi(y)$ 所给出的 x 与 y 之间的关系是一样的.用作直接函数的图形时,任意给定 x,在 OX 轴上由原点 O 起,取对应于这个数 x 的线段,由这条线段的终点作 OX 轴的垂线,直到与图形相交,这一段垂线的长度,连同它应有的符号,就是对应于给定的 x 的值应有的 y 的值.对于反函数 $x=\varphi(y)$,我们就要在 OY 轴上由原点 O 起,取给定的 y 的值,过这条线段的终点作 OY 轴的垂线,直到与图形相交,这一段垂线的长度,连同应有的符号,给出对应于给定的 y 的值应有的 x 的值.

在第一种情形下,自变量 x 取在 OX 轴上.而在第二种情形下,自变量 y 取在 OY 轴上.这是很不方便的.换句话说,当由直接函数 $y=f(x)$ 改换到反函数 $x=\varphi(y)$ 时,我们可以用同一个图形,但是要记住,当改换时,表示自变量的值的轴与表示函数的值的轴就互换了.

为避免这种不方便,当改换时,我们反转整个平面使 OX 与 OY 轴互换位置.为要如此,只需将作图平面连同图形绕第一象限的平分线转 $180°$.这样转好以后,两轴就互换位置,而反函数 $x=\varphi(y)$ 就要写成 $y=\varphi(x)$ 了.所以,若已知直接函数 $y=f(x)$ 的图形,则为要得到反函数 $y=\varphi(x)$ 的图形,只需把图形的平面绕第一象限的平分线转 $180°$ 即可.

图 1.25 上,实线表示直接函数的图形,虚线表示反函数的图形.第一象限

的平分线也用虚线表示,整个作图平面绕着它转,就由实线图形得到虚线图形.

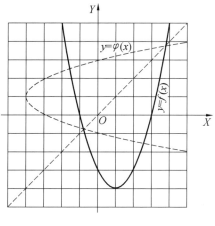

图 1.25

21. 函数的多值性

以上我们考虑过的初等函数的图形有个共同的特点,就是垂直于 OX 轴的直线与图形的交点总是有一个,但不多于一个,即这些图形确定的函数 y 是这样的,当给定 x 的一个值时,对应的确定 y 的一个值,或者说它是单值函数.

若垂直于 OX 轴的直线与图形交于几个点,则给定一个 x 的值,对应的有几个纵坐标,就是 y 的几个值,这样的函数叫作多值的,以前我们已经提到过多值函数[5].

若直接函数 $y=f(x)$ 是单值的,其反函数 $y=\varphi(x)$ 可能是多值的.例如,由图 1.25 可以看出这种情形.

再仔细看一个简单的情形. 图 1.13 上实线表示函数 $y=x^2$ 的图形. 若绕第一象限的平分线转 $180°$,则得到反函数 $y=\sqrt{x}$ 的图形(图 1.26).

仔细考虑它,当 x 取负值时(在 OY 轴左方),所有垂直于 OX 轴的直线与图形不相交. 就是,当 $x<0$ 时,函数 $y=\sqrt{x}$ 无意义. 这相当于负数的二次根没有实数值. 反之,当 x 取任一正值时,垂直于 OX 轴的直线与图形交于两点,就是,给定 x 一个正值时,图形上就有两个纵坐标——$\overline{MN}$ 与 $\overline{MN_1}$. 第一个纵坐标给出 y 的一个正值,第二个纵坐标是有同样绝对值的负值. 这相当于一个正数的二次根有两个值,绝对值相等,而符号相反. 由图也可以看出,当 $x=0$ 时,我们只有一个值 $y=0$. 所以,当 $x\geqslant 0$ 时,函数 $y=\sqrt{x}$ 确定. 当 $x>0$ 时,有两个值;而 $x=0$ 时,有一个值.

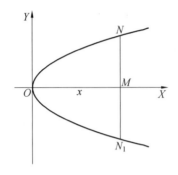

图 1.26

只取图 1.26 上图形的一部分,我们可以把函数 $y=\sqrt{x}$ 作为单值的.例如,只取第一象限内的图形(图 1.27).这对应于只考虑二次根的正值.图 1.27 上所表示的函数 $y=\sqrt{x}$ 的图形的一部分是由直接函数 $y=x^2$ 的图形(图 1.13)在 OY 轴右方的一部分得到的.函数

$$y=\sqrt{x} \text{ 或 } y=x^{\frac{1}{2}}$$

的图形在第一象限的一部分,我们已经在图 1.22 上表示过.

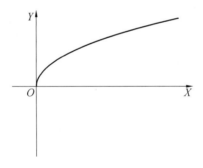

图 1.27

现在谈从单值直接函数,经反演法,得到单值反函数的情形,我们介绍一个新的概念:

若当自变量 x 增加时,对应的函数 $y=f(x)$ 的值也增加,即若由 $x_2>x_1$ 可推知 $f(x_2)>f(x_1)$,则这个函数叫作上升函数.

由于我们所用的 OX 与 OY 轴的安置,x 增加对应于沿 OX 轴向右移,y 增加对应于沿 OY 轴向上移.上升函数的图形的特性就是,当沿这条曲线在 x 增加的方向(向右)移动时,同时也在 y 增加的方向(向上)移动.

考虑任意一个确定于区间 $a \leqslant x \leqslant b$ 上的单值上升函数的图形(图 1.28).设

$$f(a)=c, f(b)=d$$

根据上升性,显然 $c<d$,在区间 $c\leqslant y\leqslant d$ 上,任取一个 y 的值,并过它所对应的点作 OY 轴的垂线,则这垂线与图形相交,而且只有一个交点,就是在区间 $c\leqslant y\leqslant d$ 上,任意一个 y 对应于 x 的一个确定的值.或者说,上升函数的反函数是单值的.

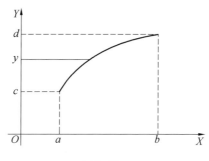

图 1.28

由图也不难看出,这个反函数是上升的.

类似的,若当自变量 x 增加时,对应的函数 $y=f(x)$ 的值减小,即若由 $x_2>x_1$,可推知 $f(x_2)<f(x_1)$,则这函数叫作下降函数.

像上面一样,可以肯定,下降函数的反函数是单值下降函数.还要提出很重要的一点.在上面全部论证中,我们曾假定函数的图形是一条连接的曲线,没有断开的地方.这件事相当于函数 $f(x)$ 有特殊的分析的性质 —— 函数的连续性.函数的连续性的严格的数学定义与对连续函数的研究在第二章再讲.这一章中只要求对基本概念有初步认识,至于系统的研究,以后各章再讲.

以后,当我们谈到函数时,都是对单值函数讲的,除非特别解释.

22. 指数函数与对数函数

现在再来讨论初等函数.方程

$$y=a^x \tag{15}$$

确定一个指数函数,在这里,我们把底 a 算作一个给定的正数(不是 1). x 取正整数值时,我们知道 a^x 的值. x 取正分数值时,表达式 a^x 相当于根式 $a^{\frac{p}{q}}=\sqrt[q]{a^p}$,若 q 是偶数,我们同意取根式的正值.当 a 取无理数值时,现在不仔细考虑 a^x 的值,我们只提出这样一点:当 x 取无理数值时,如以前所述[2],可以用它的近似值代替这个无理数.如此代替,我们就得到 a^x 的相当准确的近似值.

例如,我们知道

$$\sqrt{2}=1.414\,213\cdots$$

于是 $a^{\sqrt{2}}$ 的近似值就有

$$a^1=a, a^{1.4}=\sqrt[10]{a^{14}}, a^{1.41}=\sqrt[100]{a^{141}}, \cdots$$

对于负的指数,我们有定义 $a^{-x}=\dfrac{1}{a^x}$,于是,当 x 取负值时,a^x 的计算可以由 x 取正值时 a^x 的计算得来.由以上所述,可知在表达式 $a^{\frac{p}{q}}=\sqrt[q]{a^p}$ 中,所有的根式都取正值.于是,当 x 取任意一实数值时,函数 a^x 总是正的.此外,还可以证明,当 $a>1$ 时,函数 a^x 是上升函数;当 $0<a<1$ 时,是下降函数.至于对这个函数更仔细的研究,我们以后再讲[44].

图 1.29 表示 a 取不同的值时,函数(15)的图形.现在提出这些图形的特点.首先,我们知道,a 取任何值时,$a^0=1$,于是,a 取任何值,函数(15)的图形经过坐标是 $x=0, y=1$ 的点.若 $a>1$,则曲线自左向右(在 x 增加的方向)无限上升;自右向左,无限逼近 OX 轴,但总不会达到 OX 轴.当 $a<1$ 时,曲线与 OX 轴的相关位置就不同了.向右时,曲线逼近 OX 轴,而向左时,无限上升.由于 a^x 总是正的,所以图形一定全部在 OX 轴以上.还要提出,函数 $y=\left(\dfrac{1}{a}\right)^x$ 的图形可以由函数 $y=a^x$ 的图形绕 OY 轴旋转 $180°$ 得到.这是直接由于 x 换成了 $-x$,而 $a^{-x}=\left(\dfrac{1}{a}\right)^x$.

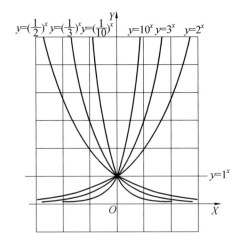

图 1.29

最后我们提出,若 $a=1$,则 $y=1^x$,于是 x 取任何值时,$y=1$[12].

方程

$$y = \log_a x \tag{16}$$

确定一个对数函数.由定义,对数函数(16)是指数函数(15)的反函数.如此,我们可以把图 1.29 上的曲线绕第一象限的平分线旋转 $180°$,由指数函数的图形得到对数函数的图形.因为 $a>1$ 时,函数(15)是上升函数,所以反函数也是 x 的单值上升函数.并且由图 1.29 看出,函数(16)只确定于 $x>0$ 时(负数没有对数).图 1.30 上所有的图形都与 OX 轴交于一点 $x=1$,这对应于下面这个事实,无论底是什么数,1 的对数是零,为清楚起见,图 1.31 上表示出 $a>1$ 时,函数(16)的一个图形.

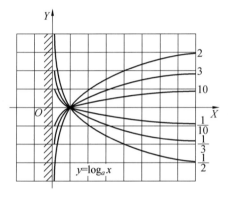

图 1.30

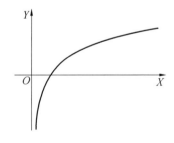

图 1.31

对数函数的概念紧密地联系着对数尺以及计算尺的理论.

在一条直线上作好分划,并记上数,使分划的长度不对应于记这分划的数,而对应于它的对数(普通用 10 作底),这样的尺度叫作对数尺(图 1.32).

如此,若尺上某一分划记作 x,则线段 $\overline{1x}$ 的长度不等于 x,而等于 $\lg x_0$,记 x 与 y 的两点间线段长就等于(图 1.32)

$$\overline{1y} - \overline{1x} = \lg y - \lg x = \lg \frac{y}{x}$$

为要得到乘积 xy 的对数,只要由线段 $\overline{1x}$ 增加一段 $\overline{1y}$,就得到一条线段,它的长

度等于
$$\lg x + \lg y = \lg (xy)$$

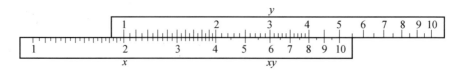

图 1.32

如此,有了对数尺,就可以由尺度上线段的相加与相减求出数的乘积与商.

实际应用上,用两个同样的尺,一个可以沿着另一个滑动(图 1.32,1.33),以这种思想为基础,作成了计算尺.

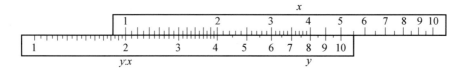

图 1.33

为计算数用的有对数图纸,就是一种作图纸,OX 与 OY 轴上的分点不对应于普通尺,而是对数尺.

23. 三角函数

我们只讲四个基本的三角函数
$$y = \sin x, y = \cos x, y = \tan x, y = \cot x$$
其中自变量 x 要用弧度作单位来表达,圆周上长度等于半径的弧所对的圆心角的角度是一弧度.

图 1.34 表示函数 $y = \sin x$ 的图形. 利用公式
$$\cos x = \sin\left(x + \frac{\pi}{2}\right)$$
不难看出,把函数 $y = \sin x$ 的图形顺着 OX 轴向左移动一段 $\frac{\pi}{2}$,就得到函数 $y = \cos x$ 的图形(图 1.35).

图 1.36 表示函数 $y = \tan x$ 的图形. 这条曲线是由一组相同的互相分离的无穷支线所组成的. 每条支线在一个宽度是 π 的竖条上,表示这是个 x 的上升函数. 最后,图 1.37 表示函数 $y = \cot x$ 的图形,也是由相同的无穷支线所组成的.

当函数 $y = \sin x$ 与 $y = \cos x$ 顺着 OX 轴向左或向右移动一段 2π 时,图形与原来的重合,这对应于函数 $\sin x$ 与 $\cos x$ 有周期 2π,即 x 取任何值时

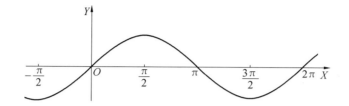

图 1.34

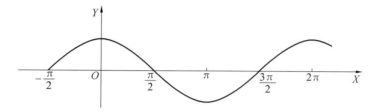

图 1.35

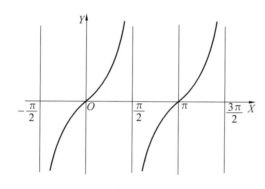

图 1.36

$$\sin(x \pm 2\pi) = \sin x, \cos(x \pm 2\pi) = \cos x$$

同样的,顺着 OX 轴移动一段 π 时,函数 $y = \tan x$ 与 $y = \cot x$ 的图形不变.

函数

$$y = A\sin ax, y = A\cos ax \quad (A > 0, a > 0) \tag{17}$$

的图形是与函数 $y = \sin x$ 及 $y = \cos x$ 的图形密切相关的.例如,为要由函数 $y = \sin x$ 的图形得到函数 $y = A\sin ax$ 的图形,可以把 $y = \sin x$ 图形的纵坐标的长度放大 A 倍,并改变 OX 轴的单位,使横坐标是 x 的点变成横坐标是 $\frac{x}{a}$ 的点.函数(17)也是周期的,但是周期是 $\frac{2\pi}{a}$.

比较复杂的函数

$$y = A\sin(ax + b), y = A\cos(ax + b) \tag{18}$$

的图形叫作简谐曲线,把函数(17)的图形顺着 OX 轴向左移动一段 $\frac{b}{a}$,就可以得到这条曲线.函数(18)也有周期 $\frac{2\pi}{a}$.

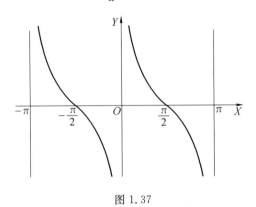

图 1.37

更复杂的函数
$$y = A_1 \sin a_1 x + B_1 \cos a_1 x + A_2 \sin a_2 x + B_2 \cos a_2 x$$
的图形可以由每项的图形的纵坐标相加作成.如此得到的曲线常叫作谐和曲线.图 1.38 表示函数
$$y = 2\sin x + \cos 2x$$
的图形的作法.

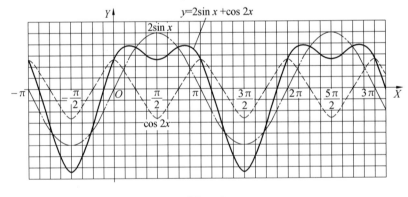

图 1.38

注意,函数
$$y = A_1 \sin a_1 x + B_1 \cos a_1 x \qquad (19)$$
可以表示成式(18)的形式,它表示简谐振动.

实际上,假设

$$m = \frac{A_1}{\sqrt{A_1^2 + B_1^2}}$$

$$n = \frac{B_1}{\sqrt{A_1^2 + B_1^2}}$$

$$A = \sqrt{A_1^2 + B_1^2}$$

显然

$$A_1 = mA, B_1 = nA \tag{20}$$

并且

$$m^2 + n^2 = 1 \quad (|m| \leqslant 1, |n| \leqslant 1)$$

所以,由三角学知道,总可以求出一个角度 b_1,使得

$$\cos b_1 = m, \sin b_1 = n \tag{21}$$

用表达式(20)来代替式(19)中的 A_1 与 B_1,再应用等式(21),就得到

$$y = A(\cos b_1 \sin a_1 x + \sin b_1 \cos a_1 x)$$

即

$$y = A\sin(a_1 x + b_1)$$

24. 反三角函数

这些函数是由三角函数

$$y = \sin x, y = \cos x, y = \tan x, y = \cot x$$

得来的,对应的记作

$$y = \arcsin x, y = \arccos x, y = \arctan x, y = \operatorname{arccot} x$$

这符号表示一个角度(或是弧),它的正弦,余弦,正切或余切等于 x. 先看函数

$$y = \arcsin x \tag{22}$$

依照[20]所述的方法,这函数的图形(图1.39)可以由函数 $y=\sin x$ 得到. 这图形全部在宽度是2,通过 OX 轴上 $-1 \leqslant x \leqslant 1$ 的区域内,就是函数(22)只确定在区间 $-1 \leqslant x \leqslant 1$ 上,再有,方程(22)相当于方程

$$\sin y = x$$

由三角学知道,给定一个 x 的值,我们就得到无穷多个值可以作为角度 y. 实际上,由图形来看,过区间 $-1 \leqslant x \leqslant 1$ 上一点垂直于 OX 轴的直线,与图形交于无穷多个点,所以函数(22)是多值函数.

直接由图 1.39 来看,若是我们不要整个的图形,只限定要实线画出的一部分,这对应于只考虑在区间 $(-\frac{\pi}{2}, \frac{\pi}{2})$ 上的角度 y,函数(22)就成单值的了.

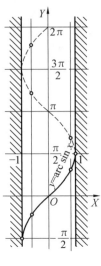

图 39

图 1.40 与 1.41 表示函数 $y=\arccos x$ 与 $y=\operatorname{arccot} x$ 的图形,要弄成单值函数,保留的一部分由实线标记($\operatorname{arccot} x$ 的图形请读者自己作出),注意函数 $y=\arctan x$ 与 $y=\operatorname{arccot} x$ 确定于 x 的全部实数值.

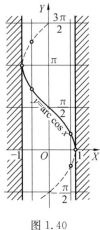

图 1.40

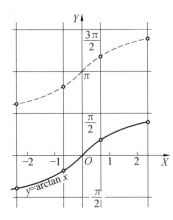

图 1.41

依照图上,图形的实线部分所表示的变量 y 所在的区间,我们得到下表,在这限制下,这些函数成为单值的,如下表:

y	$\arcsin x$	$\arccos x$	$\arctan x$	$\operatorname{arccot} x$
限制 y 的不等式	$-\dfrac{\pi}{2} \leqslant y \leqslant \dfrac{\pi}{2}$	$0 \leqslant y \leqslant \pi$	$-\dfrac{\pi}{2} < y < \dfrac{\pi}{2}$	$0 < y < \pi$

如此确定的,叫作反三角函数的主值,不难证明,它们满足下列关系式

$$\begin{cases} \arcsin x + \arccos x = \dfrac{\pi}{2} \\ \arctan x + \text{arccot}\, x = \dfrac{\pi}{2} \end{cases} \tag{23}$$

极限论, 微商概念及其应用

第二章

§1 极限论, 连续函数

25. 有序变量

以前谈到自变量 x 时, 我们只重视 x 所取值的集合. 例如, 可以是满足不等式 $0 \leqslant x \leqslant 1$ 的值的集合. 现在我们要考虑依序取无穷多个值的变量, 就是说现在不仅要重视 x 的值的集合, 同时还要看它取这些值的顺序. 说得更精确些, 就是假设, 对变量 x 的任意一个值来看, 可能分辨出来其余的值哪些在它前面, 哪些在它后面, 并且这变量没有一个最后的值, 就是无论取出这变量的哪一个值, 总有无穷多个值在它后面. 这样的变量叫作有序变量. 若 x', x'' 是有序变量 x 的两个值, 则可能辨别出它们哪个在前, 哪个在后, 并且若 x' 在 x'' 前面, 而 x'' 在 x''' 前面, 则 x' 在 x''' 前面. 例如, 假设 x 的值的集合由不等式 $0 \leqslant x < 1$ 确定, 而且两个不同的值的顺序就按照由小到大的顺序. 由此, 我们就得到一个有序变量, 它由 0 向 1, 经过所有的实数值, 连续上升, 但总不到 1. 对于有时间性的现象, 变量的值的顺序就依照它的时间顺序安置. 以后我们常这样利用时间的顺序, 并且用"先"与"后"两个字代替"在前面"与"在后面".

有序变量的重要的特殊情形是变量的有顺序的值可以一个个的编成一列，如

$$x_1, x_2, x_3, \cdots, x_n, \cdots$$

使任意两个值 x_p 与 x_q，在后面的有较大附标．显然，像上述由 0 向 1 上升的变量，它的有顺序的值就不能这样编号．还要注意，有序变量的值里面可能有一样的．例如，像上面的编号变量，有时 $x_3 = 7$，而 $x_5 = 7$．我们用"有序变量"这个词，或是为简短起见，就用"变量"这个词．总是抽去量的具体特性，仅指它的数值的全部序列．我们常常引用一个字母，例如 x，算作它依序取上述的数值.

变量 x 的每一个值对应于 OX 轴上一个确定的点 K．如此，变量 x 的依序的改变就由 OX 轴上点 K 的移动表示出来.

全部近代数学分析是以极限的理论为基础的．在这理论中考虑变量的基本情形，也就是最重要的情形．这一段是专为讲极限理论的基础用的.

26. 无穷小量

假使点 K 永远留在 OX 轴上某一条线段的内部，这就相当于线段 $\overline{OK}$ 的长度（O 是坐标原点）永远小于一个确定的正数 M．在这种情形下，量 x 叫作有界的．注意 $\overline{OK}$ 的长度就是 $|x|$，于是我们有下面的定义：

定义 1　若有这样的一个正数 M 存在，使得变量 x 的所有的值均满足 $|x| < M$，则这变量叫作有界的.

例如，无论怎样取 α，$x = \sin \alpha$ 是一个有界变量．我们可以任意取一个大于 1 的数作 M.

再考虑一种情形，假设依序改变的点 K 无限逼近于坐标原点．即假设在 OX 轴上，预先给定一个以 O 为中点的线段 $\overline{S'S}$，无论它多么小，当点 K 依序改变时，要进入这条线段内部，并且以后就只留在这线段内部移动．在这情形下，我们就说量 x 趋向零或者说它是无穷小量.

线段 $\overline{S'S}$ 的长度记作 2ε．在这里用 ε 这个字母记任意给定的一个正数．若点 K 进入线段 $\overline{S'S}$ 内部，则 $\overline{OK}$ 的长度小于 ε，反之，若 $\overline{OK}$ 的长度小于 ε，则点 K 进入线段 $\overline{S'S}$ 内部．由此，我们就有下面的定义：

定义 2　若对任意给定的一个正数 ε，变量 x 有这样的一个值存在，使得在它后面的所有的值都满足不等式 $|x| < \varepsilon$，就说这个变量是趋向零的，或者说它是无穷小.

因为无穷小量的概念非常重要，我们再给这定义一个其他的说法.

定义 3 若当变量 x 依序改变时，$|x|$ 可以变到小于任意给定的小正数 ε，并且以后就总是小于 ε，则这变量叫作趋向零的或者叫作无穷小.

我们用"无穷小量"这个词表示上面所述的那种变量改变的特性，不要把无穷小量的概念与实际上常用的很小的量的概念相混.

假设测量某一个长度，我们得到 1 000 m. 还剩下一小段，有时，剩下这一段与整个的长比较起来，我们可以算作它很小，于是忽略不计. 但是剩下这一段的长度还是有一个确定的正数表达它，所以就不能用"无穷小"这个词. 如果需要对这个长度作更精确的测量，就不能再把它算作很小，而应当注意它. 所以很小这个概念是个相对的概念，要受测量的实际特性限制.

假设变量 x 依序取值
$$x_1, x_2, x_3, \cdots, x_n, \cdots$$
并且设 ε 是一个任意给定的正数. 为要肯定 x 是个无穷小量，我们需要证明，由附标 n 的某一个值起，$|x_n|$ 小于 ε. 换句话说，就是需要求出这样一个整数 N，使得当 $n > N$ 时
$$|x_n| < \varepsilon$$
这个数 N 依赖于所选择的 ε.

作为无穷小量的一个例子，我们考虑一个量，依序取值
$$q, q^2, q^3, \cdots, q^n, \cdots \quad (0 < q < 1) \tag{1}$$
现在需要满足不等式
$$q^n < \varepsilon \text{ 或 } n \lg q < \lg \varepsilon$$
注意 $\lg q$ 是个负数，而用负数除时，不等式改变方向，所以上面的不等式可以写成
$$n > \frac{\lg \varepsilon}{\lg q}$$
于是我们可以取 $\lg \varepsilon : \lg q$ 所包含的最大的整数作 N. 如此，就知道考虑的量趋向零，有时我们就说序列(1)趋向零.

若在序列(1)中，我们用 $-q$ 代替 q，则不同的只是奇次项变成负号，但是这序列各项的绝对值保持不变，所以它还是一个无穷小量.

若量 x 是无穷小量，则一般用下面的式子记它
$$\lim x = 0 \text{ 或 } x \to 0$$
其中 lim 是拉丁字 limes 的前三个字母，中文就是极限.

现在证明无穷小量的两个性质：

1) 几个(有限数目的)无穷小量的和也是无穷小量.

考虑三个无穷小量的和
$$w = x + y + z$$
先把变量算作是编号的. 设
$$x_1, x_2, \cdots; y_1, y_2, \cdots; z_1, z_2, \cdots$$
是 x, y 与 z 的依序的值. 我们就得到 w 的依序的值
$$w_1 = x_1 + y_1 + z_1, w_2 = x_2 + y_2 + z_2, \cdots$$

设 ε 是一个任意给定的正数. 注意 x, y 与 z 都是无穷小量, 我们就可以找到一个 N_1, 当 $n > N_1$ 时, 使得 $|x_n| < \frac{\varepsilon}{3}$; 找到一个 N_2, 当 $n > N_2$ 时, 使得 $|y_n| < \frac{\varepsilon}{3}$; 找到一个 N_3, 当 $n > N_3$ 时, 使得 $|z_n| < \frac{\varepsilon}{3}$. 若将 N_1, N_2 与 N_3 三个数中的最大的记作 N, 则当 $n > N$ 时
$$|x_n| < \frac{\varepsilon}{3}, |y_n| < \frac{\varepsilon}{3}, |z_n| < \frac{\varepsilon}{3}$$
于是当 $n > N$ 时
$$|w_n| \leqslant |x_n| + |y_n| + |z_n| < \frac{\varepsilon}{3} + \frac{\varepsilon}{3} + \frac{\varepsilon}{3}$$
就是当 $n > N$ 时
$$|w_n| < \varepsilon$$
所以
$$w = x + y + z$$
是一个无穷小量. 至于非编号变量的情形, 我们把 x, y 与 z 算作某一个有序变量 t 的函数
$$x = x(t), y = y(t), z = z(t)$$
x, y 与 z 的值也就是有序改变的, 而且若 $t = t'$ 在 $t = t''$ 前面, 则 $x(t')$ 在 $x(t'')$ 前面. 于是和
$$w(t) = x(t) + y(t) + z(t)$$
也是有序变量, 这个和的意思是对应于同一个 t 的值, 变量 x, y 与 z 的值的和. 于是可以像对编号变量一样来证明. 在可排变量的情形下, t 有上面的附标的作用, 而变量 t 只取上升的正整数值.

2) 有界量与无穷小量的乘积是无穷小量.

考虑编号变量的乘积 xy, 其中 x 是一个有界量, y 是一个无穷小量. 我们知道, 无论 n 是多少, $|x_n|$ 总是小于某一正数 M. 若 ε 是一个任意给定的正数, 则有这样一个 N 存在, 使得当 $n > N$ 时

43

$$|y_n| < \frac{\varepsilon}{M}$$

于是当 $n > N$ 时

$$|x_n y_n| = |x_n| \cdot |y_n| < M \cdot \frac{\varepsilon}{M}$$

就是当 $n > N$ 时

$$|x_n y_n| < \varepsilon$$

由此推知

$$xy \to 0$$

至于非编号变量可以类似的证明.

注意,若 x 是一个常量,这第二个性质仍然是对的.这时只需取任意一个大于 $|x|$ 的正数作 M 即可.这就是说,常量与无穷小量的乘积是无穷小量.

由于无穷小的概念对以后非常重要,我们再仔细讲一讲,并且给上面的叙述添加一些附注.

我们已经证明,若 $0 < q < 1$ 或 $-1 < q < 0$,则一个有依序的值(1)的变量趋向零. 设 $q = \frac{1}{2}$ 得到依序的值

$$\frac{1}{2}, \frac{1}{4}, \frac{1}{8}, \frac{1}{16}, \cdots, \frac{1}{2^n}, \cdots$$

在这种情形下,每一个在后面的值小于在前面的值,变量逐渐减小,趋向零. 若设 $q = -\frac{1}{2}$,则得到依序的值

$$-\frac{1}{2}, \frac{1}{4}, -\frac{1}{8}, \frac{1}{16}, \cdots$$

在这种情形下,变量趋向零,但是取的值有时大于零,有时小于零.

在前面写的依序的值之间,每隔一个放入一个数零,就是说,作出一个变量取下面的依序的值

$$\frac{1}{2}, 0, \frac{1}{4}, 0, \frac{1}{8}, 0, \frac{1}{16}, 0, \frac{1}{32}, 0, \cdots$$

不难看出,这个变量也趋向零,但是它有无穷多次取零作值,这并不违反一个量趋向零的定义.

最后,假使一个变量取的值都等于零,这样的量也适合趋向零的量的定义,因为在这种情形下,$|x|$ 永远等于零,即当给定一个正数 ε 时,不仅是由某一个值起 $|x| < \varepsilon$,而且它总是小于 ε. 换句话说,等于零的常量适合无穷小量的定义. 不等于零的常量就不适合这个定义.

再给一个附注. 回忆一下无穷小量的定义:当任意给定一个正数 ε 时,变量 x 就有这样一个值,使得在它后面所有的值都满足不等式 $|x|<\varepsilon$,由此直接推知,当证明某一变量趋向零时,我们可以只考虑在某一个定值后面的值,这个定值可以任意选择.

与这相联系,在极限的理论中,有界量的定义无需要量 y 的所有的值满足不等式 $|y|<M$,下面的定义就足够了:若存在一个正数 M 与量 y 的一个值,使得在这个值后面的所有的值都满足不等式 $|y|<M$,则量 y 叫作有界的.

用这个作有界量的定义时,上面第二个性质的证明完全一样. 对于编号变量,由有界量的第二个定义可以推到第一个,所以第二个定义并不更广泛些. 实际上,若当 $n>N$ 时,$|x_n|<M$,则把
$$|x_1|,|x_2|,\cdots,|x_N| \text{ 与 } M$$
这 $N+1$ 个数中的最大的记作 M',我们可以肯定,无论 n 是多少
$$|x_n|<M'+1$$

27. 变量的极限

如果在 OX 轴上对应于一个变量的点 K 具有这样的特性,就是当 K 依序改变时,线段 $\overline{OK}$ 的长度会变得小于一个任意给定的正数 ε,并且以后再变时,就总是小于 ε,我们就说这个变量是个无穷小. 现在,我们假设线段 $\overline{OK}$ 没有这个特性,而线段 $\overline{AK}$ 有这个特性,其中 A 是 OX 轴上一个定点,坐标是 a(图 2.1). 在这种情形下,我们取长度是 2ε 的区间 $\overline{S'S}$ 时,就不再以坐标原点为中点,而以坐标是 a 的点 A 为中点. 于是,当依序改变时,点 K 就要进入这个区间的内部,并且总是在它的内部. 有这样的情形时,我们说常数 a 是变量 x 的极限,或者说变量 x 趋向 a.

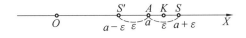

图 2.1

注意线段 AK 的长度是 $|a-x|$[9],我们可以给下面的定义:

定义 4 若有一个变量 x 与一个常数 a,使得差 $a-x$(或 $x-a$)是个无穷小量,则 a 叫作这个变量的极限.

注意无穷小量的定义,我们也可以用下面的方法给出极限的定义:

定义 5 一个常数 a 叫作变量 x 的极限,如果它们有下面的特性:当任意给定一个正数 ε 时,变量 x 就有这样的一个值存在,使得在它后面的所有的值都满

足不等式 $|a-x|<\varepsilon$.

由这个定义可以直接推出下面的结果,我们这里不详细证明了.

一个变量不能趋向两个不同的极限,并且一个变量可以没有极限.例如,当角度 α 依序上升时,变量 $\sin\alpha$ 在 -1 与 1 之间摆动,而没有极限.

无穷小量的极限等于零.

若一齐改变的两个变量 x 与 y 各自趋向极限 a 与 b,且当依序改变时,满足不等式 $x\leqslant y$,则它们的极限 a 与 b 满足不等式 $a\leqslant b$.

在这里我们提出,若变量满足不等式 $x<y$,它们的极限仍然可能相等,即 $a\leqslant b$.

若当变量 x,y 与 z 一齐依序改变时,满足不等式 $x\leqslant y\leqslant z$,并且 x 与 z 趋向同一个极限 a,则 y 也趋向这个极限 a.

若 a 是变量 x 的极限(或 x 趋向 a),就写成
$$\lim x=a \text{ 或 } x\to a$$

若 x 趋向 a,则差 $x-a=\alpha$ 是个无穷小量,我们可以写成
$$x=a+\alpha \tag{2}$$

即任意一个趋向一个极限的变量可以表示成两项的和:一项是等于这个极限的常量,一项是个无穷小量.反之,若变量 x 可以表示成和(2)的形式,其中 a 是个常量,α 是个无穷小量,则差 $x-a$ 是个无穷小量,于是 a 是 x 的极限.

若序列 $x_1,x_2,\cdots$ 趋向极限 a,则任意一个由它分出来的无穷的部分序列 $x_{n_1},x_{n_2},\cdots$ 也趋向极限 a. 在这部分序列中,当 k 增加时,附标 n_k 经过一部分的正整数上升. 至于一个趋向极限的非编号变量,如果从它的值里面去掉一些,而使剩下的值有无穷多个,并且总有去掉的值的后面的也有上述类似的性质.

作为一个特例,我们考虑一个变量 x 依序取值
$$x_1=0.1, x_2=0.11, x_3=0.111,\cdots,x_n=0.\overbrace{11\cdots11}^{n},\cdots$$

现在证明它的极限等于 $\dfrac{1}{9}$. 作出下面这些差 $\dfrac{1}{9}-x_n$,有

$$\frac{1}{9}-x_1=\frac{1}{90}$$

$$\frac{1}{9}-x_2=\frac{1}{900}$$

$$\frac{1}{9}-x_3=\frac{1}{9\,000}$$

$$\vdots$$

$$\frac{1}{9} - x_n = \frac{1}{9 \cdot 10^n}$$

不等式

$$\frac{1}{9 \cdot 10^n} < \varepsilon$$

显然相当于不等式

$$9 \cdot 10^n > \frac{1}{\varepsilon}$$

或

$$n > \lg \frac{1}{\varepsilon} - \lg 9$$

于是我们可以取差 $\lg \frac{1}{\varepsilon} - \lg 9$ 所包含的最大的整数作 N. 在这个例子中,无论 n 是多少,差 $\frac{1}{9} - x_n$ 是个正数. 即 x 趋向极限 $\frac{1}{9}$,而经常的保持小于它.

现在考虑无穷多项等比级数的前 n 项和

$$s_n = b + bq + bq^2 + \cdots + bq^{n-1} \quad (n < |q| < 1)$$

我们知道

$$s_n = \frac{b - bq^n}{1 - q}$$

取 $n = 1, 2, 3, \cdots$,我们得到序列

$$s_1, s_2, s_3, \cdots, s_n, \cdots$$

由 s_n 的表达式,有

$$\frac{b}{1-q} - s_n = \frac{bq^n}{1-q}$$

这个等式右边是一个常量 $\frac{b}{1-q}$ 与一个无穷小量 q^n[26] 的乘积. 由无穷小量的第二个性质[26]:差 $\frac{b}{1-q} - s_n$ 是个无穷小量,于是我们证明常数 $\frac{b}{1-q}$ 是序列 $s_1, s_2, \cdots, s_n, \cdots$ 的极限.

假设 $b > 0$,而 $q < 0$. 则当 n 取偶数时,差 $\frac{b}{1-q} - s_n$ 是正的;当 n 取奇数时,它是负的. 于是推知,变量 s_n 趋向这个极限,但是有时大于它,有时小于它.

对于趋向一个极限 a 的量,像上一节中对于趋向零的量一样,我们提出下面几点:

任意一个等于 a 的常量适合变量趋向极限 a 的定义. 这里我们提出一个

量,它所有的值都等于 a,即它的值有无穷多个,但是所有的值都等于同一个数.以后,为方便起见,常这样把常量考虑作变量的特殊情形.

再有,讨论变量 x 的极限时,不必考虑它的所有的值,只要看它在某一个值(任意选择)后面的值即可.

还要提出,若变量 x 趋向 a,则由某一个值起,它与 a 的差可以是相当小,于是它是有界的.

28. 基本定理

1) 几何变量的代数和的极限等于它们的极限之和.

现在考虑三个变量的代数和 $x-y+z$. 假使量 x,y 与 z 各自趋向极限 a,b 与 c. 我们要证明这个代数和趋向极限 $a-b+c$.

由[26]有

$$x=a+\alpha, y=b+\beta, z=c+\gamma$$

其中 α,β 与 γ 都是无穷小量. 于是这个和 $x-y+z$ 就有表达式

$$x-y+z=(a+\alpha)-(b+\beta)+(c+\gamma)=(a-b+c)+(\alpha-\beta+\gamma)$$

这个等式右边第一个括号内是个常量,而第二个括号内是个无穷小量[25]. 于是推知

$$\lim(x-y+z)=a-b+c=\lim x-\lim y+\lim z$$

2) 有限个变量的乘积的极限等于它们的极限的乘积.

我们只考虑两个变量的乘积 xy,假设一齐改变的 x 与 y 各自趋向 a 与 b,现在要证明 xy 趋向 ab.

由[26]有

$$x=a+\alpha, y=b+\beta$$

其中 α 与 β 都是无穷小量,于是推知

$$xy=(a+\alpha)(b+\beta)=ab+(a\beta+b\alpha+\alpha\beta)$$

根据无穷小量的两个性质[26]. 我们知道这个等式右边的括号内是个无穷小量,所以我们证明

$$\lim(xy)=ab=\lim x \cdot \lim y$$

3) 商的极限等于极限的商,如果分母(除数)的极限不是零.

考虑商 $\dfrac{x}{y}$,假设一齐改变的量 x 与 y 各自趋向极限 a 与 b,而 $b\neq 0$. 我们要证明 $\dfrac{x}{y}$ 趋向 $\dfrac{a}{b}$.

为证明这个定理，只需证明差 $\frac{a}{b} - \frac{x}{y}$ 是个无穷小量，由给定的条件知道
$$x = a + \alpha, y = b + \beta \quad (b \neq 0)$$
其中 α 与 β 都是无穷小量. 于是
$$\frac{a}{b} - \frac{x}{y} = \frac{1}{b(b+\beta)}(a\beta - b\alpha)$$
这个等式右边的分式的分母是两个因子的乘积，它趋向 b^2. 所以，由改变中的某一个阶段开始，它要大于 $\frac{b^2}{2}$，整个分式就在 0 与 $\frac{2}{b^2}$ 之间，即它是个有界量，而表达式 $a\beta - b\alpha$ 是一个无穷小量. 由[26]推知差 $\frac{a}{b} - \frac{x}{y}$ 是个无穷小量，所以
$$\lim \frac{x}{y} = \frac{a}{b} = \frac{\lim x}{\lim y}$$

上面证明的三个定理，在极限的理论中有基本的重要性. 我们所给的证明是一般的，并不像证明无穷小量的性质时那样，只算了可排变量. 但是像对于无穷小量的第一个性质一样，应当有下面的注解，在考虑乘积的情形时，我们把 x 与 y 算作一个有序变量 t 的函数
$$x = x(t), y = y(t)$$
这时它们也是有序变量. 同样可证它们的乘积
$$w(t) = x(t)y(t)$$
也是有序变量. 在编号变量时，t 有附标的作用，它取正整数值上升.

下面提出几个由这些定理推出的结果. 若变量 x 趋向极限 a，b 是个常量，k 是个正整数，则依照定理2），变量 bx^k 趋向极限 ba^k.

考虑多项式
$$f(x) = a_0 x^m + a_1 x^{m-1} + \cdots + a_k x^{m-k} + \cdots + a_{m-1} x + a_m$$
其中系数 a_k 都是常数. 应用定理1）与上面的结果，可以肯定，当 x 趋向 a 时，这个多项式趋向极限
$$\lim f(x) = f(a) = a_0 a^m + a_1 a^{m-1} + a_2 a^{m-2} + \cdots + \\ a_k a^{m-k} + \cdots + a_{m-1} a + a_m \tag{3}$$
同样，我们可以肯定，当 x 趋向 a 时，有理分式
$$\varphi(x) = \frac{a_0 x^m + a_1 x^{m-1} + \cdots + a_{m-1} x + a_m}{b_0 x^p + b_1 x^{p-1} + \cdots + b_{p-1} x + b_p}$$
趋向极限
$$\lim \varphi(x) = \varphi(a) = \frac{a_0 a^m + a_1 a^{m-1} + \cdots + a_{m-1} a + a_m}{b_0 a^p + b_1 a^{p-1} + \cdots + b_{p-1} a + b_p} \tag{4}$$

只需
$$b_0 a^p + b_1 a^{p-1} + \cdots + b_{p-1} a + b_p \neq 0$$
以上这些结果,无论 x 采取什么方式趋向 a,都是对的.

由一个变量作成的多项式推广,我们可以考虑由几个趋向极限的变量作成的多项式.

例如,若 $\lim x = a$,而 $\lim y = b$,则
$$\lim(x^2 + xy + y^2) = a^2 + ab + b^2$$

29. 无穷大量

若变量 x 趋向极限,则如我们所述,它显然是有界的.现在考虑无界变量的情形.

像以前一样,与量 x 一起,我们考虑对应于它在 OX 轴上变化的点 K.设当点 K 依序改变时,无论取定一个多么大的以坐标原点 O 为中点的线段 $\overline{T'T}$,它总会到这线段外边,并且总是在这线段的外边.若点 K 这样变化,我们就说量 x 是个无穷大量,或者说它趋向无穷大.设 $2M$ 是线段 $\overline{T'T}$ 的长度.注意线段 $\overline{OK}$ 的长度是 $|x|$,我们就有下面的定义:

若当变量 x 依序改变时,$|x|$ 变化的大于任意给定的一个大数 M,并且总是大于 M,则这个变量叫作无穷大量或者说它趋向无穷大.

当一个无穷大量 x 依序改变时,由某一个值起,总是正的(点 K 在点 O 之右),x 趋向正无穷大.若量 x 保持是负的(点 K 在点 O 之左),x 趋向负无穷大.记无穷大量用下面的符号
$$\lim x = \infty, \lim x = +\infty, \lim x = -\infty$$
或
$$x \to \infty, x \to +\infty, x \to -\infty$$

"无穷大"这个词只是表示一个变量 x 的改变情形具有上述的特性,这里,像无穷小量的概念一样,需要分清无穷大量的概念与很大的量的概念.

例如,若量 x 依序取值 $1, 2, 3, \cdots$,则显然 $x \to +\infty$,若它依序取值 $-1, -2, -3, \cdots$,则 $x \to -\infty$,若它依序取值 $-1, 2, -3, 4, \cdots$,则我们可以写成 $x \to \infty$.

作为特例,我们考虑一个量,依序取值
$$q, q^2, q^3, \cdots, q^n, \cdots \quad (q > 1) \tag{5}$$
并设 M 是一个任意给定的正数.不等式
$$q^n > M$$
相当于不等式

$$n > \frac{\lg M}{\lg q}$$

所以,若 N 是商 $\lg M : \lg q$ 所包含的最大的整数,则当 $n > N$ 时

$$q^n > M$$

就是说考虑的量趋向 $+\infty$.

若在序列(5)中,用 $-q$ 代替 q,则只是 q 的奇次幂变号,而序列中各项的绝对值保持不变.所以当 q 取负值,而绝对值大于 1 时,序列(5)趋向无穷大.

以后,我们说一个变量趋向极限,意思是说这个极限是个有限数.有时我们说"一个变量趋向无穷大为极限",表示它是个无穷大量.

由以上的定义,直接推出下面的结果:若变量 x 趋向零,而 m 是一个已知常量,不是零,则变量 $\frac{m}{x}$ 趋向无穷大,并且,若 x 趋向无穷大,则 $\frac{m}{x}$ 趋向零.

30. 单调变量

考虑一个变量时,常常无需求出它的极限,但是我们要知道这个极限存在,就是这个变量趋向一个极限.现在讲一个极限存在的判别法.

假设变量 x 经常的上升或者是经常的下降.在第一种情形下,这个量的任意一个值不小于所有的在它前面的值,而不大于所有的在它后面的值.在第二种情形下,则不大于所有的在它前面的值,而不小于所有的在它后面的值.在这两种情形下,我们都说,这个量单调的改变.

OX 轴上对应于它的点就在一个方向移动——如果变量上升,就在正的方向,如果下降,就在负的方向.显然,这表示只有两种可能:或者点 K 沿直线移向无限远($x \to +\infty, x \to -\infty$),或者点 K 无限逼近于某一个定点 A(图 2.2),就是变量 x 趋向一个极限.若除去改变的单调性以外,还知道量 x 是有界的,则不会有第一种可能,于是可以肯定,这个量趋向一个极限.

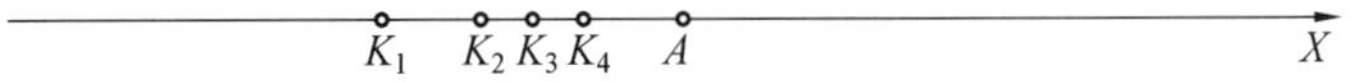

图 2.2

这样以直觉为基础的考虑,不能算是证明,严格的证明以后我们再介绍.

这个极限存在的判别法,常常叙述如下:若变量 x 是有界的并且单调的改变,则它趋向一个极限.

作为特例,我们考虑序列

$$u_1 = \frac{x}{1}, u_2 = \frac{x^2}{2!}, u_3 = \frac{x^3}{3!}, \cdots, u_n = \frac{x^n}{n!}, \cdots ① \tag{6}$$

其中 x 是一个给定的正数.

我们有

$$u_n = u_{n-1} \frac{x}{n} \tag{7}$$

当 $n > x$ 时,分数 $\frac{x}{n}$ 小于 1,于是 $u_n < u_{n-1}$,就是,变量 u_n 由某一个值起,当 n 增加时,它经常的下降,但是总是大于零. 依照极限存在的判别法,这变量要趋向某一个极限 u. 在等式(7)中,让整数 n 无限增加,取极限,我们就得到

$$u = u \cdot 0 \text{ 或 } u = 0$$

就是

$$\lim_{n \to +\infty} \frac{x^n}{n!} = 0 \tag{8}$$

若在序列(6)中,用 $-x$ 代替 x,则只是有奇数附标 n 的项变号,而这序列仍然趋向零,就是无论给定的 x 的值是正的还是负的,等式(8) 总是成立的.

在这个例子中,我们计算极限 u 时,预先已经肯定它是存在的. 若没有肯定它的存在,用这种算法就会得到错的结果. 例如,考虑序列

$$u_1 = q, u_2 = q^2, \cdots, u_n = q^n, \cdots \quad (q > 1)$$

显见

$$u_n = u_{n-1} q$$

如果不管 u_n 的极限是否存在,就用 u 来记它的极限,然后取这等式两边的极限,就得到

$$u = uq$$

即

$$u(1-q) = 0$$

于是推知

$$u = 0$$

但是这是不对的,因为 $q > 1$ 时,我们知道 $\lim q^n = +\infty$ [29].

31. 极限存在的柯西判别法

在[30]中叙述的极限存在的判别法,只是极限存在的充分条件,并不是必

---

① 记号 $n!$ 是 $1 \cdot 2 \cdot 3 \cdots n$ 的简写,叫作"n 的阶乘".

要条件,因为我们知道[27],变量有时趋向一个极限,但是并不单调的改变.

法国数学家柯西给了极限存在的一个必要且充分的条件,现在我们叙述如下:若已知一个变量的极限,则它有下述的特性,就是由变量的某一个值起,这个极限与变量的值之差的绝对值小于任意给定的一个正数 ε. 柯西判别极限存在的必要且充分条件就是:由变量的某一个值起,在它后面的任意两个值之差要小于任意给定的一个正数 ε,柯西判别法的正确叙述如下:

柯西判别法　变量 x 有极限的必要且充分条件如下:当任意给定一个正数 ε 时,x 有这样一个值存在,使得在它后面的任意两个值 x' 与 x'' 满足不等式
$$|x' - x''| < \varepsilon$$

设有序列
$$x_1, x_2, \cdots, x_n, \cdots$$

依照柯西判别法,这个序列有极限的必要且充分条件如下:当任意给定一个正数 ε 时,有这样一个 N(依赖于 ε)存在,使得当 $m > N$ 与 $n > N$ 时
$$|x_m - x_n| < \varepsilon \tag{9}$$

这个条件的必要性很容易证明. 若这个序列有极限 a,则写成
$$x_m - x_n = (x_m - a) + (a - x_n)$$

由此推知
$$|x_m - x_n| \leqslant |x_m - a| + |a - x_n|$$

但是,根据极限的定义,一定有这样一个 N 存在,使得当 $m > N$ 与 $n > N$ 时
$$|x_m - a| < \frac{\varepsilon}{2}$$

而且
$$|a - x_n| < \frac{\varepsilon}{2}$$

于是当 $m > N$ 与 $n > N$ 时
$$|x_m - x_n| < \varepsilon$$

简单说就是:若 x 的值变化的时候,与 a 愿意多近就多近,则它们彼此之间一定愿意多近就多近.

柯西条件的充分性现在不给证明,只给下面一个解释(图 2.3).

设 M_s 是坐标轴上对应于数 x_s 的点. 我们假设条件(9)成立. 依照这个条件,就是这样一个值 $N = N_1$ 存在,使得当 $s > N_1$ 时
$$|x_s - x_{N_1}| < 1$$

就是当 $s > N_1$ 时,所有的点 M_s 都进入一条线段 $\overline{A'_1 A_1}$ 的内部,这个线段以 M_{N_1}

为中点,长度等于2.同样的,还有这样一个值 $N=N_2 \geqslant N_1$ 存在,使得当 $s>N_2$ 时

$$|x_s - x_{N_2}| < \frac{1}{2}$$

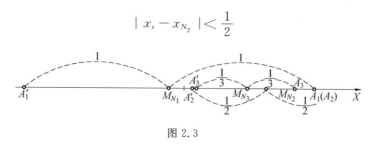

图 2.3

作一条线段,以 M_{N_2} 为中点,长度等于 1,设 $\overline{A'_2A_2}$ 是这条线段与 $\overline{A'_1A_1}$ 重合的部分.由上面两个不等式,当 $s>N_2$ 时,点 M_s 一定进入线段 $\overline{A'_2A_2}$ 的内部.

同样的,还有这样一个值 $N=N_3 \geqslant N_2$ 存在,使得当 $s>N_3$ 时

$$|x_s - x_{N_3}| < \frac{1}{3}$$

与上面类似作一条线段,以 M_{N_3} 为中点,长度等于 $\frac{2}{3}$,它与线段 $\overline{A'_2A_2}$ 重合的部分记作 $\overline{A'_3A_3}$,于是当 $s>N_3$ 时,所有的点 M_s 都进入线段 $\overline{A'_3A_3}$ 的内部.取

$$\varepsilon = \frac{1}{4}, \frac{1}{5}, \cdots, \frac{1}{n}, \cdots$$

由此就得到一组线段 $\overline{A'_nA_n}$,这些线段中,每一条在后面的被每一条在前面的所包含,而且它们的长度趋向零.最后,显见这些线段逼近于同一个点 A,于是对应于这个点的数 a,就是这个变量 x 的极限,因为由上面的作法推知,当 s 的值足够大时,所有的点 M_s 距点 A 愿意多近就多近.

作为柯西条件的应用,我们考虑开普勒方程,这是为确定行星在它的轨道上的位置用的.这方程是

$$x = q\sin x + a$$

其中 a 与 q 是两个已知数,q 在 0 与 1 之间,而 x 是未知的.

任意取一个数 x_0,作出序列

$$x_1 = q\sin x_0 + a$$
$$x_2 = q\sin x_1 + a$$
$$\vdots$$
$$x_n = q\sin x_{n-1} + a$$
$$x_{n+1} = q\sin x_n + a$$
$$\vdots$$

由这些等式中的第二个减去第一个,得到
$$x_2 - x_1 = q(\sin x_1 - \sin x_0) = 2q\sin\frac{x_1 - x_0}{2}\cos\frac{x_1 + x_0}{2}$$
注意,$|\sin a| < |a|$,而且 $|\cos a| \leqslant 1$,得到
$$|x_2 - x_1| \leqslant 2q\frac{|x_1 - x_0|}{2} = q|x_1 - x_0| \tag{10}$$
同理可以得到不等式
$$|x_3 - x_2| \leqslant q|x_2 - x_1|$$
再由不等式(10),可以写成
$$|x_3 - x_2| \leqslant q^2|x_1 - x_0|$$
如此继续算下去,无论 n 是多少,可以得到不等式
$$|x_{n+1} - x_n| \leqslant q^n|x_1 - x_0| \tag{11}$$

现在考虑差 $x_m - x_n$,为确定起见,我们算作 $m > n$,则
$$x_m - x_n = x_m - x_{m-1} + x_{m-1} - x_{m-2} + x_{m-2} - x_{m-3} + \cdots + x_{n+1} - x_n$$
由不等式(11),再用等比级数和的公式,就有
$$\begin{aligned}|x_m - x_n| &\leqslant |x_m - x_{m-1}| + |x_{m-1} - x_{m-2}| + \\ &\quad |x_{m-2} - x_{m-3}| + \cdots + |x_{n+1} - x_n| \\ &\leqslant (q^{m-1} + q^{m-2} + q^{m-3} + \cdots + q^n)|x_1 - x_0| \\ &= q^n\frac{1 - q^{m-n}}{1 - q}|x_1 - x_0|\end{aligned}$$

当 n 无限增加时,因子 q^n 趋向 0[26]. 因子 $|x_1 - x_0|$ 是个常数,并且因为 $m > n$ 时,q^{m-n} 在 0 与 1 之间,所以分数 $\frac{1 - q^{m-n}}{1 - q}$ 总是在 0 与 $\frac{1}{1-q}$ 之间,即它是有界的. 由此,当 n 无限增加时,任意取 $m > n$,差 $x_m - x_n$ 趋向 0,于是满足条件(9). 依照柯西条件,我们可以肯定有一个极限存在
$$\lim_{n \to \infty} x_n = \xi$$
在等式
$$x_{n+1} = q\sin x_n + a$$
中,让 n 无限增加. 应用函数 $\sin x$ 的连续性,我们取极限就得到
$$\xi = q\sin\xi + a \tag{12}$$
即变量 x_n 的极限 ξ 是开普勒方程的一个根.

作序列 x_n 时,我们是由一个任意的数 x_0 开始的,但是,我们可以证明,开普勒方程没有两个不同的根,就是 $\lim x_n = \xi$ 不依赖于所选择的 x_0,它就是开普勒方程的唯一的根.

假设,除已经求出的根 ξ 外,它还有一个根 ξ_1,就是
$$\xi_1 = q\sin \xi_1 + a$$
由这方程减掉方程(12)就得到
$$\xi_1 - \xi = q(\sin \xi_1 - \sin \xi) = 2q\sin \frac{\xi_1 - \xi}{2} \cos \frac{\xi_1 + \xi}{2}$$
因此,像上面一样,有
$$|\xi_1 - \xi| \leqslant q|\xi_1 - \xi|$$
但是 q 在 0 与 1 之间,这个关系只有当 $\xi_1 - \xi = 0$ 时才能成立,即
$$\xi_1 = \xi$$
于是推知,开普勒方程只有一个根.

32. 函数的极限

考虑两个变量 x 与 y,设函数关系
$$y = f(x)$$
并设函数 $f(x)$ 确定于点 $x=c$ 的左右近旁.若变量 x 经过所有的实数值上升,不达到 c,而趋向 c.这时 $f(x)$ 是个有序变量.如果它有一个极限 A,就写作
$$\lim_{x \to c-0} y = \lim_{x \to c-0} f(x) = A \tag{13}$$
其中符号 $x \to c-0$ 说明 x 由较小的值趋向 c.

同样,若 x 经过所有的实数值下降趋向 c,而这时 $f(x)$ 趋向一个极限 B,则写作
$$\lim_{x \to c+0} y = \lim_{x \to c+0} f(x) = B \tag{14}$$
显然,极限(13)的存在,就相当于,当 x 保持小于这个数 c 而逼近于 c 时,$f(x)$ 与这个数 A 愿意多近就多近,即当任意给定一个正数 ε 时,有这样一个正数 η 存在,使得当 $x < c$ 而 $c - x < \eta$ 时
$$|A - f(x)| < \varepsilon$$
这个数 η 自然要依赖于 ε.

完全类似的,式(14)相当于当任意给定一个正数 ε 时,有这样一个正数 η 存在,使得当 $x > c$,而 $x - c < \eta$ 时
$$|B - f(x)| < \varepsilon$$
若极限 A 与 B 都存在,并且彼此相等,则写作
$$\lim_{x \to c} y = \lim_{x \to c} f(x) = A \tag{15}$$
这里表示 x 由任何一方面趋向 c,于是式(15)相当于当任意给定一个正数 ε 时,

有这样一个数 η 存在，使得当 $|c-x|<\eta$，而 $x\neq c$ 时
$$|A-f(x)|<\varepsilon \qquad (16)$$
有时极限(13)记作 $f(c-0)$，极限(14)记作 $f(c+0)$，则
$$\lim_{x\to c-0} f(x)=f(c-0)$$
$$\lim_{x\to c+0} f(x)=f(c+0)$$
不要把 $f(c-0)$ 与 $f(c+0)$ 这两个符号与 $f(c)$ 相混淆，当 $x=c$ 时，$f(c)$ 是 $f(x)$ 的值.这个值可能与 $f(c-0)$，$f(c+0)$ 不同，或者甚至于可能根本没有意义.如果一个函数的图像在点 $x=c$ 是连续的，它不是断开的，那么极限 $f(c-0)$ 与 $f(c+0)$ 就存在，而且有
$$f(c-0)=f(c+0)=f(c)$$
即
$$\lim_{x\to c} f(x)=f(c)$$
在这种情形下，我们说：当 $x=c$ 时(在点 $x=c$)，函数 $f(x)$ 是连续的.以后我们再仔细考虑连续函数的性质.

再看一般情形，上面的定义很容易推广到 y 趋向无穷大的情形.例如
$$\lim_{x\to c-0}\frac{1}{x-c}=-\infty,\ \lim_{x\to c+0}\frac{1}{x-c}=+\infty$$
$$\lim_{x\to \frac{\pi}{2}-0}\tan x=+\infty,\ \lim_{x\to \frac{\pi}{2}+0}\tan x=-\infty$$
考虑函数 $y=\arctan x$ 的主值[24]，可以写成
$$\lim_{x\to c-0}\arctan\frac{1}{x-c}=-\frac{\pi}{2},\ \lim_{x\to c+0}\arctan\frac{1}{x-c}=\frac{\pi}{2}$$
若 $f(x)$ 确定于所有的 x 的相当大的值，则可能存在一个极限
$$\lim_{x\to +\infty} f(x)=A$$
若 x 无论是正的还是负的，只要它的绝对值相当大，$f(x)$ 都被确定，则可能存在一个极限
$$\lim_{x\to \infty} f(x)=A$$
即当任意给定一个正数 ε 时，有这样一个正数 M 存在，使得当 $|x|>M$ 时
$$|A-f(x)|<\varepsilon$$
不难证实下面的等式的正确性
$$\lim_{x\to +\infty} x^3=+\infty,\ \lim_{x\to -\infty} x^3=-\infty$$
$$\lim_{x\to \infty}\frac{1}{x}=0,\ \lim_{x\to \infty} x^2=+\infty$$

$$\lim_{x\to\infty}\frac{2x^2-1}{3x^2+x+1}=\lim_{x\to\infty}\frac{2-\frac{1}{x^2}}{3+\frac{1}{x}+\frac{1}{x^2}}=\frac{2}{3}$$

$$\lim_{x\to\infty}\frac{3x+5}{x^2+1}=\lim_{x\to\infty}\frac{\frac{3}{x}+\frac{5}{x^2}}{1+\frac{1}{x^2}}=0$$

再考虑一个物理上的例子,假使我们把一个固体的物体加热,设它的初温是 t_0,在没有达到融点以前,加热时,物体的温度上升. 在达到融点而未全部变成液体状态时加热,物体的温度不变,它保持在融点的温度,直到全部液化以后,又开始上升. 由液体状态变到气体状态时,也是类似的情形. 现在我们把物体吸收的热量 Q 考虑作它的温度的函数. 图 2.4 表示这个函数的图形,这里横轴表示温度,纵轴表示物体吸收的热量. 设这物体开始变向液体状态时的温度是 t_1,由液体状态开始变向气体状态时的温度是 t_2. 显见

$$\lim_{t\to t_1-0}Q=\text{纵坐标}\overline{AB},\ \lim_{t\to t_1+0}Q=\text{纵坐标}\overline{AC}$$

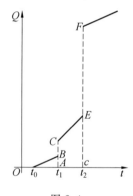

图 2.4

线段 $\overline{BC}$ 的长表示物体的融解热,线段 $\overline{EF}$ 的长表示物体的汽化热.

若极限 $f(c-0)$ 与 $f(c+0)$ 存在而不相等,则其差 $f(c+0)-f(c-0)$ 叫作当 $x=c$ 时(在点 $x=c$),函数 $f(x)$ 的跃度.

函数

$$y=\arctan\frac{1}{x-c}$$

当 $x=c$ 时,有个跃度 π,我们所考虑的函数 $Q(t)$,在点

$$t=t_1$$

时,有个跃度等于融解热.

我们确定$\lim\limits_{x \to c} f(x)$时,算作$x$趋向$c$,但总不等于$c$.所以有时极限存在,而当$x=c$时,$f(x)$的值不存在,也许$f(c)$虽然存在,但与$x$逼近于$c$时的$f(x)$的值无关.例如当$t=t_1$时,函数$Q(t)$是不确定的.

为解释上面的叙述,再考虑一个例子.假设在区间$(-1,1)$上确定一个函数如下:

当$-1 \leqslant x < 0$时
$$y = x + 1$$
当$0 < x \leqslant 1$时
$$y = x - 1$$
当$x = 0$时
$$y = 0$$

图 2.5 表示这个函数的图形.它由两段不包括端点(当$x=0$时)的直线与一个孤点——坐标原点——组成.在这种情形下.我们有
$$\lim_{x \to -0} f(x) = 1$$
$$\lim_{x \to +0} f(x) = -1$$
$$f(0) = 0$$

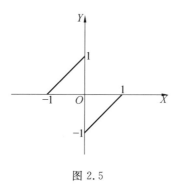

图 2.5

33. 例子

现在我们考虑一个对以后很重要的例子.设
$$y = \frac{\sin x}{x}$$
这个函数确定于所有的x的值,但是$x=0$除外,因为这时分子与分母都成了零,于是分式就没有意义了.我们讨论当x趋向零时,y的改变情形.当x改变符号时,这个分式不变,所以只需求x由正值趋向零时(在第一象限),这个分式的极限. 我们来证明这个极限存在. 由以上所述, 当 x 由负值趋向零时, 就有同样的极限. 注意, 这里不能用关于商的极限的定理, 因为分子与分母都趋向零.

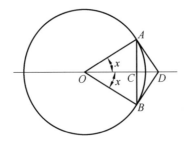

图 2.6

考虑 x 作半径为 1 的圆的圆心角. 角度的测量以弧度为单位, 有(图 2.6)
$$\sin x = \overline{AC}, \quad x = \frac{1}{2}\widehat{AB}, \quad \tan x = \overline{AD}$$

其中 $\overline{AD}$ 是过弧 x 的端点的圆周的切线. 注意 $\overline{AB}, \widehat{AB}$ 与折线 ADB 的长度, 可以写作
$$2\sin x < 2x < 2\tan x$$

把这个不等式用 $2\sin x$ 除, 就得到
$$1 < \frac{x}{\sin x} < \frac{1}{\cos x}$$

或
$$1 > \frac{\sin x}{x} > \cos x \tag{17}$$

但是当 x 趋向零时, 线段 OC 所表示的 $\cos x$ 趋向 1, 即变量 $\frac{\sin x}{x}$ 经常在 1 与一个趋向 1 的量之间, 所以[27]
$$\lim_{x\to 0} y = \lim_{x\to 0} \frac{\sin x}{x} = 1$$

在这种情形下, 我们确定上面谈到的数 η. 由 1 减掉不等式(17) 的三部分, 得到
$$0 < 1 - \frac{\sin x}{x} < 1 - \cos x$$

这个不等式说明: 当 $|1 - \cos x| < \varepsilon$ 时
$$\left|1 - \frac{\sin x}{x}\right| < \varepsilon$$

注意, 第一象限的一个弧的正弦小于这个弧长, 就得到

$$1-\cos x = 2\sin^2\frac{x}{2} < 2\left(\frac{x}{2}\right)^2 = \frac{x^2}{2}$$

于是,实际上只是

$$\frac{x^2}{2} < \varepsilon$$

即

$$|x| < \sqrt{2\varepsilon}$$

所以,在这种情形下,可以用 $\sqrt{2\varepsilon}$ 作 η.

34. 函数的连续性

假设函数 $f(x)$ 确定于点 $x=c$ 的左右近旁,我们已经讲到过这个函数在这个点连续的定义. 现在再叙述一遍:

定义 6 若当 $x \to c$ 时,函数 $f(x)$ 的极限存在,并且这个极限等于 $f(c)$,有

$$\lim_{x \to c} f(x) = f(c) = f(\lim x) \tag{18}$$

即当 $x=c$ 时(在点 $x=c$), $f(x)$ 是连续的.

这就相当于左右两个极限 $f(c-0)$ 与 $f(c+0)$ 存在,并且彼此相等,而又都等于 $f(c)$,即

$$f(c-0) = f(c+0) = f(c)$$

由[32],上述定义的条件就相当于:当任意给定一个正数 ε 时,就有这样一个正数 η 存在,使得当 $|c-x| < \eta$ 时

$$|f(c)-f(x)| < \varepsilon \tag{19}$$

注意这个正数 ε 是任意选择的,所以在这定义中,我们可以用 $|f(c)-f(x)| \leqslant \varepsilon$ 代替 $|f(c)-f(x)| < \varepsilon$,这个注解适用于以前所有的类似的定义,例如,像无穷小量的定义与极限的定义,并且也适用于以后与这相类似的定义.

差 $x-a$ 是自变量的改变量,而差 $f(x)-f(a)$ 是对应的函数的改变量. 于是上述函数的连续性的定义也就相当于:若当自变量的改变量是无穷小时(由 $x=a$ 起),对应的函数的改变量也是无穷小,就说:这个函数在点 $x=a$ 是连续的.

注意,等式(18)所表达的连续性的性质,告诉我们,求这个函数的极限时,只要把自变量换上它的极限即可.

由公式(3)与(4),我们看出,当 x 取任意一个值时,x 的多项式与有理函数(多项式的商)都是连续函数. 不过使有理函数的分母等于零的值要除外.

显然,函数 $y=b$ 也是连续的,x 无论取什么值,它总是保持同一个值[12].

所有在第一章中我们考虑过的初等函数(幂函数、指数函数、对数函数、三角函数与反三角函数),当 x 取任意一个能使它们确定的值时,都是连续的,使它们成为无穷大的值当然除外. 例如,当 x 取任意一个正值时, $\lg x$ 是连续函数;当 x 取任意一个值时, $\tan x$ 是连续函数,不过要除去下面这些值

$$x = (2k+1)\frac{\pi}{2}$$

其中 k 是任意一个整数.

再提出一种函数 u^v,其中 u 与 v 都是 x 的连续函数,并且 u 不取负值. 这样的函数叫作幂指函数. 可能有些 x 的值使得 u 与 v 同时等于零,或 $u=0$ 而 $v<0$,除去这些值外,这个函数也具有连续性.

这里我们肯定的说出初等函数的连续性,自然这是需要证明的,不过现在我们不证,以后再仔细重谈这个问题.

不难证明任意两个连续函数的和或乘积也是连续函数;当分母不等于零时,两个连续函数的商,也是连续函数.

我们只考虑商的情形. 假设当 $x=a$ 时,函数 $\varphi(x)$ 与 $\psi(x)$ 是连续的,并且 $\psi(a) \neq 0$. 作出函数

$$f(x) = \frac{\varphi(x)}{\psi(x)}$$

应用关于商的极限定理,得到

$$\lim_{x \to a} f(x) = \frac{\lim_{x \to a} \varphi(x)}{\lim_{x \to a} \psi(x)} = \frac{\varphi(a)}{\psi(a)} = f(a)$$

于是证明当 $x=a$ 时的 $f(x)$ 的连续性.

再提出一个简单的例子. 由于 $y=\sin x$ 是 x 的连续函数,若 b 是一个常量,则 $y=b\sin x$ 也是连续函数. 因为它是两个连续函数 $y=b$ 与 $y=\sin x$ 的乘积.

现在我们再看函数 $y=\frac{\sin x}{x}$,当 $x=0$ 时,这个函数不确定,但是我们知道 $\lim_{x \to 0} y = 1$,所以,若我们假设,当 $x=0$ 时,$y=1$,则在点 $x=0$ 处,y 就是连续函数.

如果一个函数在某一个点不确定,当 x 趋向这个点时,求这个函数的极限叫作定未定式. 若这极限存在,我们就说,在这个不确定的点,这极限是这个函数的真值. 以后我们有很多定未定式的例题.

35. 连续函数的性质

以上我们给出当 x 取一个给定的值时,函数的连续性的定义. 现在假设一

个函数确定在区间 $a \leqslant x \leqslant b$ 上. 若当 x 取这区间上任意一个值时,它都是连续的,就说它在区间 (a,b) 上是连续的. 这里要提出,在这个区间的端点 $x=a$ 与 $x=b$ 的函数的连续性,有下面的意义,即

$$\lim_{x \to a+0} f(x) = f(a), \lim_{x \to b-0} f(x) = f(b)$$

所有连续函数都具有下面的性质:

1) 若函数 $f(x)$ 在区间 (a,b) 上连续,则在这区间上,x 至少有这样一个值存在,使得对应的 $f(x)$ 的值最大,并且 x 至少也有这样一个值存在,使得 $f(x)$ 的值最小.

2) 若函数 $f(x)$ 在区间 (a,b) 上连续

$$f(a)=m, f(b)=n$$

并设 k 是 m 与 n 之间的任意一个值,则在区间 (a,b) 上,x 至少有这样一个值存在,使得 $f(x)$ 的值等于 k. 特别地,若 $f(a)$ 与 $f(b)$ 不同号,则在区间 (a,b) 内,x 至少有这样一个值存在,使得 $f(x)$ 的值为零.

如果我们算作连续函数对应的图形是连续曲线,这两个性质就显然直接成立. 这个说法自然不可以用作证明什么叫作连续曲线,这个概念现在考虑起来是很麻烦的. 这两个以及下面的第三个性质的严格证明要用无理数的理论作基础. 我们现在不证.

最后,我们再讲清楚:无理数的理论与无理数理论联系的极限的理论,以及连续函数的性质. 注意:连续函数的第二个性质也可以叙述如下:当 x 由 a 到 b 连续改变时,连续函数 $f(x)$ 经过在 $f(a)$ 与 $f(b)$ 之间的任意一个数至少一次.

图 2.7 与图 2.8 分别表示一个在区间 (a,b) 上的连续函数的图形,其中 $f(a)<0$ 而 $f(b)>0$,在图 2.7 上,图形与 OX 轴交一次,当 x 取这个对应的值时,函数 $f(x)$ 等于零. 在图 2.8 上,这样的值就不只一个,而有三个.

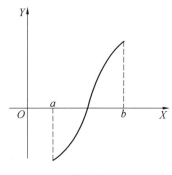

图 2.7

现在我们讲连续函数的第三个性质,这个性质不如前两个来得明显:

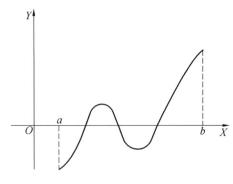

图 2.8

3) 若 $f(x)$ 在区间 (a,b) 上连续,且 $x=x_0$ 是 x 在这区间上的一个值,则由条件(19)(用 x_0 代替 c),当任意给定一个正数 ε 时,就有这样一个依赖于 ε 的 η 存在,使得当 $|x-x_0|<\eta$ 时

$$|f(x)-f(x_0)|<\varepsilon$$

这里我们自然算作 x 也是在这区间上的(例如,若 $x_0=a$,则 x 只有大于 a 的值;若 $x_0=b$,则 $x<b$),不过这个数 η 不只是依赖于 ε,它也依赖于在我们考虑的区间上所取的值 $x=x_0$. 连续函数的第三个性质断定,事实上,当任意给定 ε 时,对于在区间 (a,b) 上的所有的 x 的值,有一个共同的 η 存在. 换句话说,若 $f(x)$ 在区间 (a,b) 上连续,则当任意给定一个正数 ε 时,就有这样一个正数 η 存在,使得在区间 (a,b) 上的任意两个值 x' 与 x'',如果满足不等式

$$|x''-x'|<\eta \tag{20}$$

就有

$$|f(x'')-f(x')|<\varepsilon \tag{21}$$

这个性质可以简述如下:若一个函数在区间 (a,b) 上连续,则它在这个区间上一致连续.

还要注意,这里我们假设 $f(x)$ 连续,不仅是当 x 取区间 (a,b) 内的所有的值时,并且当 $x=a$ 与 $x=b$ 时,它也连续.

我们由一个例子来看清楚这个一致连续的性质. 先给上面的不等式换个形式,用 x 代替 x',$x+h$ 代替 x''. 这时 $x''-x'=h$ 就是自变量的改变量,而 $f(x+h)-f(x)$ 就是对应的函数的改变量. 一致连续性可以写成:当 $|h|<\eta$ 时

$$|f(x+h)-f(x)|<\varepsilon$$

其中 x 与 $x+h$ 是在区间 (a,b) 上的任意两个点.

例如,考虑函数

$$f(x)=x^2$$

在这种情形下
$$f(x+h)-f(x)=(x+h)^2-x^2=2xh+h^2$$

当任意给定 x 的一个值时,若自变量的改变量 h 趋向零,则函数的改变量 $2xh+h^2$ 也趋向零. 这就肯定了[34],当 x 取任意一个值时,这个函数是连续的. 例如在区间 $-1\leqslant x\leqslant 2$ 上,它是连续的. 现在证明在这个区间上,它也是一致连续的,对应于一个 ε,我们就需要选择一个数 η,使得当 x 与 $x+h$ 在区间 $(-1,2)$ 上,而 $|h|<\eta$ 时,满足不等式

$$|2xh+h^2|<\varepsilon \tag{22}$$

我们知道
$$|2xh+h^2|\leqslant|2xh|+h^2=2|x|\cdot|h|+h^2$$
但是在区间 $(-1,2)$ 上,$|x|$ 最大的值是 2,所以我们可以写成
$$|2xh+h^2|\leqslant 4|h|+h^2$$
我们算作 $|h|<1$,于是 $h^2<|h|$. 上面的不等式就可以写成
$$|2xh+h^2|<4|h|+|h|$$
或
$$|2xh+h^2|<5|h|$$

若 $|h|$ 满足条件 $5|h|<\varepsilon$,不等式(22)就一定成立. 因为以上算作 $|h|<1$,于是 h 应当满足两个不等式

$$|h|<1 \text{ 与 } |h|<\frac{\varepsilon}{5}$$

由此,我们可以取 1 与 $\frac{\varepsilon}{5}$ 两个数中的小的作 η_0,当 ε 很小时(只要 $\varepsilon<5$),我们取 $\eta=\frac{\varepsilon}{5}$,于是在任何情形下,当给定 ε 时,对于区间 $(-1,2)$ 上的所有的 x,我们求出一个这样的 η 来.

不连续的函数或是只在一个区间内连续的函数就可能没有上述的性质,考虑图 2.5 表示的函数,它确定于区间 $(-1,1)$ 上,但是当 $x=0$ 时,是不连续的. 它有与 1 愿意多近就多近的值,但是没有等于 1 的值,也没有大于 1 的. 因此,这个函数的值就没有最大的. 同理也没有最小的,初等函数 $y=x$ 在区间 $(0,1)$ 内也没有最大的与最小的值. 若在闭区间 $(0,1)$ 上考虑这个函数,则当 $x=0$ 时,它有最小的值,而当 $x=1$ 时,它有最大的值. 再考虑一个函数 $y=\sin\frac{1}{x}$,它在左边开的区间 $0<x\leqslant 1$ 上是连续的. 当 x 趋向零时,$\frac{1}{x}$ 无限增大,$\sin\frac{1}{x}$ 在 -1 与

1 之间摆动,于是当 $x \to +0$ 时,$\sin\frac{1}{x}$ 没有极限.这个函数在区间 $0 < x \leqslant 1$ 上没有一致连续性.考虑两个值 $x' = \frac{1}{n\pi}$ 与 $x'' = \frac{2}{(4n+1)\pi}$,其中 n 是正整数.当任意选定 n 时,这两个值都在所述的区间上,并且

$$f(x') = \sin n\pi = 0, f(x'') = \sin(2n\pi + \frac{\pi}{2}) = 1$$

因此

$$f(x'') - f(x') = 1$$

而

$$x'' - x' = \frac{2}{(4n+1)\pi} - \frac{1}{n\pi}$$

当正整数 n 无限增加时,差 $x'' - x'$ 趋向零,而差 $f(x'') - f(x')$ 总是等于 1. 由此看出,对于区间 $0 < x \leqslant 1$ 来讲,若选定公式(21)中的 $\varepsilon = 1$,就没有这样一个正数 η 存在,使得由式(20)可以推得

$$|f(x'') - f(x')| < 1$$

再取一个函数 $f(x) = x\sin\frac{1}{x}$,当 $x \to +0$ 时,第一个因子 x 趋向零,而第二个因子的绝对值不超过 1,所以当 $x \to +0$ 时,$f(x) \to 0$,当 $x = 0$ 时,第二个因子没有意义,但是如果补充上 $f(0) = 0$,就是算作当 $0 < x \leqslant 1$ 时,$f(x) = x\sin\frac{1}{x}$,而 $f(0) = 0$,得到一个在闭区间$(0,1)$上的连续函数.除去 x 等于零以外,当 x 取任意的值时,函数 $\sin\frac{1}{x}$ 与 $x\sin\frac{1}{x}$ 显然都是连续的.

36. 无穷小量的比较,无穷大量的比较

若 α 与 β 是一齐趋向零的两个量,则求比 $\frac{\beta}{\alpha}$ 的极限时,不能用关于商的极限的定理.我们算作变量 α 与 β 趋向零,但是不取零作值.若比 $\frac{\beta}{\alpha}$ 趋向一个有限的极限,而不是零,则比 $\frac{\alpha}{\beta}$ 也趋向一个有限的极限,而不是零.在这种情形下,我们说,α 与 β 是同级的无穷小.若比 $\frac{\beta}{\alpha}$ 的极限等于零.就说 β 是个比 α 较高级的无穷小,而 α 是个比 β 较低级的无穷小.若比 $\frac{\beta}{\alpha}$ 趋向无穷大,则 $\frac{\alpha}{\beta}$ 趋向零,即 β 是个

比 α 较低级的无穷小，而 α 是个比 β 较高级的无穷小. 容易证明：若 α 与 β 是同级的无穷小，而 γ 是个比 α 较高级的无穷小，则它也是个比 β 较高级的无穷小. 由于 $\dfrac{\gamma}{\alpha} \to 0$，并且比 $\dfrac{\alpha}{\beta}$ 有一个有限的极限，而不是零，根据等式 $\dfrac{\gamma}{\beta} = \dfrac{\gamma}{\alpha} \cdot \dfrac{\alpha}{\beta}$，应用关于乘积的极限的定理，直接推知 $\dfrac{\gamma}{\beta} \to 0$，于是得证.

现在提出同级无穷小的一个重要的情形. 若 $\dfrac{\beta}{\alpha} \to 1$（这时 $\dfrac{\alpha}{\beta} \to 1$），则无穷小量 α 与 β 叫作相抵的. 由等式 $\dfrac{\beta - \alpha}{\alpha} = \dfrac{\beta}{\alpha} - 1$，直接推知，$\alpha$ 与 β 的相抵性等于说差 $\beta - \alpha$ 是个比 α 较高级的无穷小. 由等式 $\dfrac{\beta - \alpha}{\beta} = 1 - \dfrac{\alpha}{\beta}$，同理推知，这个相抵性也相当于 $\beta - \alpha$ 是个比 β 较高级的无穷小.

若 k 是一个正的常数，$\dfrac{\beta}{\alpha^k}$ 趋向一个有限的极限，而不是零，就说 β 是个关于 α 的 k 级无穷小. 若 $\dfrac{\beta}{\alpha^k} \to c$，$c$ 是一个数，而不是零，则 $\dfrac{\beta}{c\alpha^k} \to 1$，即 β 与 $c\alpha^k$ 是相抵的无穷小，于是推知，差 $\beta - c\alpha^k$ 是个比 β 较高级的无穷小（或是比 $c\alpha^k$）. 若取 α 作基本的无穷小，则等式 $\beta = c\alpha^k + \gamma$，其中 γ 是个比 $c\alpha^k$ 较高级的无穷小，把无穷小量 β 分离为一个无穷小 $c\alpha^k$（与 α 的比的形式）与一个余项 γ，这个 γ 是个比 β 较高级的无穷小（或是比 $c\alpha^k$）.

无穷大量 u 与 v 的比较可用类似的办法. 若 $\dfrac{v}{u}$ 趋向一个有限的极限，而不是零，则 u 与 v 叫作同级的无穷大. 若 $\dfrac{v}{u} \to 0$，则 $\dfrac{u}{v} \to \infty$，在这种情形下就说，v 是一个比 u 较低级的无穷大，或者说，u 是一个比 v 较高级的无穷大. 若 $\dfrac{v}{u} \to 1$，则 u 与 v 叫作相抵的. 若 k 是一个正的常数，并且 $\dfrac{v}{u^k}$ 有一个有限的极限，而不是零，就说 u 是个关于 u 的 k 级无穷大. 所有关于无穷小的叙述，对无穷大也都成立.

还要提出，若比 $\dfrac{\beta}{\alpha}$ 或 $\dfrac{v}{u}$ 根本没有极限，则对应的无穷小或无穷大叫作不可比的.

37. 例子

1) 以前我们讲过

$$\lim_{x \to 0} \frac{\sin x}{x} = 1$$

就是 $\sin x$ 与 x 是相抵的无穷小,于是推知,差 $\sin x - x$ 是个比 x 较高级的无穷小,以后我们就知道这个差与 $-\frac{1}{6}x^3$ 是相抵的. 它是一个关于 x 的三级无穷小.

2) 现在我们证明差 $1 - \cos x$ 是一个关于 x 的二级无穷小. 实际上,应用三角公式与初等变换,就得到

$$\frac{1-\cos x}{x^2} = \frac{2\sin^2 \frac{x}{2}}{x^2} = \frac{1}{2}\left(\frac{\sin \frac{x}{2}}{\frac{x}{2}}\right)^2$$

若 $x \to 0$,则 $a = \frac{x}{2}$ 也趋向零,于是

$$\lim_{x \to 0} \frac{\sin \frac{x}{2}}{\frac{x}{2}} = \lim_{a \to 0} \frac{\sin a}{a} = 1$$

所以

$$\lim_{x \to 0} \frac{1-\cos x}{x^2} = \frac{1}{2}$$

即 $1 - \cos x$ 是一个关于 x 的二级无穷小.

3) 由公式

$$\sqrt{1+x} - 1 = \frac{x}{\sqrt{1+x}+1}$$

推知

$$\frac{\sqrt{1+x}-1}{x} = \frac{1}{\sqrt{1+x}+1}$$

因此

$$\lim_{x \to 0} \frac{\sqrt{1+x}-1}{x} = \frac{1}{2}$$

即 $\sqrt{1+x}-1$ 与 x 是同级的无穷小,而 $\sqrt{1+x}-1$ 与 $\frac{1}{2}x$ 是相抵的.

4) 现在我们证明 m 次的多项式是关于 x 的 m 级无穷大. 实际上

$$\lim_{x \to \infty} \frac{a_0 x^m + a_1 x^{m-1} + \cdots + a_{m-1} x + a_m}{x^m}$$
$$= \lim_{x \to \infty} \left(a_0 + \frac{a_1}{x} + \cdots + \frac{a_{m-1}}{x^{m-1}} + \frac{a_m}{x^m}\right) = a_0$$

不难看出,当 $x \to \infty$ 时,两个同次的多项式是同级的无穷大.它们的比有个极限,就是它们的最高次项的系数的比.例如

$$\lim_{x \to \infty} \frac{5x^2 + x - 3}{7x^2 + 2x + 4} = \lim_{x \to \infty} \frac{5 + \dfrac{1}{x} - \dfrac{3}{x^2}}{7 + \dfrac{2}{x} + \dfrac{4}{x^2}} = \frac{5}{7}$$

若两个多项式的次数不等,则当 $x \to \infty$ 时,次数高的一个与另一个比较,是个较高级的无穷大.

38. 数 e

现在我们考虑一个对以后很重要的例子,就是考虑一个变量依序取值

$$\left(1 + \frac{1}{n}\right)^n$$

其中 n 取正整数上升趋向 $+\infty$,应用牛顿二项式公式得到

$$\left(1 + \frac{1}{n}\right)^n = 1 + \frac{n}{1} \cdot \frac{1}{n} + \frac{n(n-1)}{2!} \cdot \frac{1}{n^2} +$$
$$\frac{n(n-1)(n-2)}{3!} \cdot \frac{1}{n^3} + \cdots +$$
$$\frac{n(n-1)(n-2)\cdots(n-k+1)}{k!} \cdot \frac{1}{n^k} + \cdots +$$
$$\frac{n \cdot (n-1) \cdot (n-2) \cdots 2 \cdot 1}{n!} \cdot \frac{1}{n^n}$$
$$= 1 + 1 + \frac{1}{2!}\left(1 - \frac{1}{n}\right) + \frac{1}{3!}\left(1 - \frac{1}{n}\right)\left(1 - \frac{2}{n}\right) + \cdots +$$
$$\frac{1}{k!}\left(1 - \frac{1}{n}\right)\left(1 - \frac{2}{n}\right)\cdots\left(1 - \frac{k-1}{n}\right) + \cdots +$$
$$\frac{1}{n!}\left(1 - \frac{1}{n}\right)\left(1 - \frac{2}{n}\right)\cdots\left(1 - \frac{n-1}{n}\right)$$

这样写成的和含有 $n + 1$ 个正项,当整数 n 增加时,项的数目要增加,每一项本身也都要增加,因为在一般项的表达式

$$\frac{1}{k!}\left(1 - \frac{1}{n}\right)\left(1 - \frac{2}{n}\right)\cdots\left(1 - \frac{k-1}{n}\right) \text{①}$$

---

① 乘积 $\left(1 - \dfrac{1}{n}\right)\left(1 - \dfrac{2}{n}\right) \cdots \left(1 - \dfrac{k-1}{n}\right)$ 是由分式
$$\frac{n(n-1)(n-2)\cdots(n-k+1)}{n^k}$$
得来的,只要把分子的 k 个因子,每一个用 n 除一下,并注意分母上因子 n 的数目恰好等于 k 即可.

中,$k!$ 保持不变,而当 n 增加时,每一个括号内的差要增大. 我们由此看出,当 n 增加时,所考虑的变量也增加. 因此,为要肯定这个变量的极限存在,只要证明它是有界的即可.

在一般项的表达式中用 1 代替每一个差,并用 2 代替 $k!$ 中每一个不小于 3 的因子. 由此,每一项都变大了. 再用等比级数和的公式就得到

$$\left(1+\frac{1}{n}\right)^n < 1+1+\frac{1}{2}+\frac{1}{2^2}+\cdots+\frac{1}{2^{k-1}}+\cdots+\frac{1}{2^{n-1}}$$

$$=1+\frac{1-\frac{1}{2^n}}{1-\frac{1}{2}}=3-\frac{1}{2^{n-1}}<3$$

即变量 $\left(1+\frac{1}{n}\right)^n$ 是有界的,我们用 e 记这个变量的极限

$$\lim_{n\to+\infty}\left(1+\frac{1}{n}\right)^n = \mathrm{e} \quad (n \text{ 取正整数}) \tag{23}$$

显然,这个极限不大于 3.

现在证明,当 x 取任意的值趋向 $+\infty$ 时,表达式 $\left(1+\frac{1}{x}\right)^x$ 也趋向这个极限 e.

设 n 是 x 所包含的最大的整数,即

$$n \leqslant x < n+1$$

显然,这数 n 与 x 共同趋向 $+\infty$,注意若 $a>b>1$ 而 $c>d>0$,则 $a^c>b^d$,我们可以写成

$$\left(1+\frac{1}{n+1}\right)^n < \left(1+\frac{1}{x}\right)^x < \left(1+\frac{1}{n}\right)^{n+1} \tag{24}$$

但是,由等式(23)有

$$\lim_{n\to+\infty}\left(1+\frac{1}{n+1}\right)^n = \lim_{n\to+\infty}\frac{\left(1+\frac{1}{n+1}\right)^{n+1}}{1+\frac{1}{n+1}}=\frac{\mathrm{e}}{1}=\mathrm{e}$$

并且

$$\lim_{n\to+\infty}\left(1+\frac{1}{n}\right)^{n+1} = \lim_{n\to+\infty}\left[\left(1+\frac{1}{n}\right)^n\left(1+\frac{1}{n}\right)\right]=\mathrm{e}\cdot 1=\mathrm{e}$$

由此,不等式(24)两端的两项都趋向极限 e,所以中间的一项也要趋向这个极限,即

$$\lim_{x\to+\infty}\left(1+\frac{1}{x}\right)^x = \mathrm{e} \tag{25}$$

我们只剩下要考虑 x 趋向 $-\infty$ 的情形.

用一个新的变量 y 代替 x，假设
$$x = -1 - y$$
于是
$$y = -1 - x$$
由后一个等式看出，当 x 趋向 $-\infty$ 时，y 趋向 $+\infty$.

在表达式 $\left(1 + \dfrac{1}{x}\right)^x$ 中，如此替换变量，就得到
$$\lim_{x \to -\infty} \left(1 + \frac{1}{x}\right)^x = \lim_{y \to +\infty} \left(\frac{-y}{-1-y}\right)^{-1-y} = \lim_{y \to +\infty} \left(\frac{1+y}{y}\right)^{1+y}$$
$$= \lim_{y \to +\infty} \left[\left(1 + \frac{1}{y}\right)^y \left(1 + \frac{1}{y}\right)\right] = \mathrm{e} \cdot 1 = \mathrm{e}$$

已经考虑过变量 x 的所有情形，现在我们可以写成
$$\lim_{x \to \infty} \left(1 + \frac{1}{x}\right)^x = \mathrm{e} \tag{26}$$

以后我们可以计算这个数 e 准确到任意的程度. 可以证明，这个数是个无理数，准确到七位小数的近似值是
$$\mathrm{e} = 2.718\,281\,8\cdots$$

现在我们不难求出表达式 $\left(1 + \dfrac{k}{x}\right)^x$ 的极限，其中 k 是一个给定的数. 应用幂函数的连续性，得到

$$\lim_{x \to \infty} \left(1 + \frac{k}{x}\right)^x = \lim_{x \to \infty} \left[\left(1 + \frac{1}{\frac{x}{k}}\right)^{\frac{x}{k}}\right]^k = \lim_{y \to \infty} \left[\left(1 + \frac{1}{y}\right)^y\right]^k = \mathrm{e}^k$$

其中用 y 记商 $\dfrac{x}{k}$，它与 x 一齐趋向 ∞.

在复利的理论中，会遇到这样的表达式 $\left(1 + \dfrac{k}{n}\right)^n$.

假设，每年计算利息一次. 若本金是 a，利率是 $p\%$，一年末的本利和就是
$$a(1+k)$$
其中
$$k = \frac{p}{100}$$

第二年末就是
$$a(1+k)^2$$

一般来讲，m 年末就是
$$a(1+k)^m$$

现在假设每过 $\frac{1}{n}$ 年计算利息一次，这个数 k 就要减小 n 倍，而时间的区间数就要增加 n 倍，于是 m 年末的本利和就是

$$a\left(1+\frac{k}{n}\right)^{mn}$$

最后，设 n 无限增加，就是计算利息的时间区间无限减小以至于连续的计算．m 年末的本利和就是

$$\lim_{n\to\infty} a\left(1+\frac{k}{n}\right)^{mn} = \lim_{n\to\infty} a\left[\left(1+\frac{k}{n}\right)^{n}\right]^{m} = a\mathrm{e}^{km}$$

取这个数 e 作对数的底．这样的对数叫作自然对数，平常就只用 ln 来记，不必写上底．当变量 x 趋向零时，表达式 $\frac{\ln(1+x)}{x}$ 中，分子与分母都趋向零．定这个未定式，引用一个新变量 y，设

$$x=\frac{1}{y}$$

即

$$y=\frac{1}{x}$$

于是当 $x\to 0$ 时，y 趋向无穷大，再应用对数的连续性以及公式(26)，就得到

$$\lim_{x\to 0}\frac{\ln(1+x)}{x}=\lim_{y\to\infty} y\ln\left(1+\frac{1}{y}\right)=\lim_{y\to\infty}\ln\left(1+\frac{1}{y}\right)^{y}=\ln\mathrm{e}=1$$

这里显示出为什么愿意选它作对数的底．正像三角函数一样，若取弧度作单位来测量角度，则当 $x=0$ 时，表达式 $\frac{\sin x}{x}$ 的真值等于 1．若用自然对数，则当 $x=0$ 时，表达式 $\frac{\ln(1+x)}{x}$ 的真值也等于 1．

由对数的定义，有下面的关系式

$$N=a^{\log_a N}$$

用 e 作底求对数，就得到

$$\ln N=\log_a N\cdot\ln a$$

或

$$\log_a N=\ln N\cdot\frac{1}{\ln a}$$

应用这个关系式，当任意一个数 a 作底时，N 的对数可以通过自然对数来表达．因子 $M=\frac{1}{\ln a}$ 叫作用 a 作底的对数系的模，当 $a=10$ 时，准确到七位小数的近似

值是
$$M = 0.434\ 294\ 5\cdots$$

39. 未证明的命题

当叙述极限理论时,我们留下一些命题没有证,现在总述如下:单调有界变量的极限存在[30],极限存在的必要且充分条件(柯西判别法)[31]以及在闭区间上连续函数的三个性质[35].这些命题的证明要以实数理论与它们的演算为基础,我们由下一段开始讲实数的理论并证明以上所述几个命题.现在再介绍一个新的概念,并且再叙述一个命题,这个命题也留在以后再证.

若有一个由有限个实数组成的集合(例如,由一千个实数),则它们中必有一个最大的与一个最小的数.若有一个实数的无穷集合,纵然这些数都包含于一个确定的区间,这些数中也不一定总有一个最大的与一个最小的.例如,若我们考虑所有的在0与1之间的实数组成的集合,但0与1不属于这个集合,则这个数集合中就没有一个最大的,也没有一个最小的.无论我们取一个与1多么近的小于1的数,在所取的数与1之间总可以找到另外一个数.在这情形下,不属于数集合的0与1,具有下述的性质:这个集合中没有大于1的数,但是,当任意给定一个正数ε时,总有大于$1-\varepsilon$的数.同样的,这个集合中没有小于0的数,但是任意给定一个正数ε后,总有小于$0+\varepsilon$的数.这两个数0与1各叫作上述实数集合的下确界与上确界.我们由这个例子推广到一般的情形.

设有某一个实数集合E,若有这样一个数M存在,使得所有的属于集合E的数不大于M,就说它是有上界的.同样的,若有这样一个数m存在,使得所有的属于集合E的数不小于m,就说这个集合是有下界的.若一个集合是有上界的也是有下界的,就简单的说它是有界的.

定义 7 若有这样一个数β存在,使得集合E中没有大于β的数,但是当任意给定一个正数ε时,总有大于$\beta-\varepsilon$的数,则β叫作集合E的上确界.若有这样一个数α存在使得集合E中没有小于α的数,但是当任意给定一个正数ε时,总有小于$\alpha+\varepsilon$的数,则α叫作集合E的下确界.

若集合E不是有上界的,即任意给定一个数,E中的数总有大于它的,则这个集合没有上确界.同样的,若集合E不是有下界的,则它没有下确界.若一个集合中有一个最大的数,显然它就是这个集合的上确界.同样的,若一个集合中有一个最小的数,则它就是这个集合的下确界.不过,我们已经看到,无穷集合中的数,不一定总有一个最大的或是一个最小的.但是,可以证明,有上界的集合总有一个上确界,有下界的集合总有一个下确界.还要提出一点:由定义直接推知,上确界或下确界只能有一个.

这一段所述的命题,我们以后常常要用.

40. 实数

现在开始讲实数的理论. 我们以全部有理数的集合为基础,就是正负的整数与分数. 所有这些有理数要依照大小的顺序安置好. 这时,若 a 与 b 是两个不同的有理数,则它们之间应当有任意多个有理数. 事实上,设 $a<b$,我们引用正的有理数 $r=\dfrac{b-a}{n}$,其中 n 是任意一个正整数. 有理数

$$a+r, a+2r, \cdots, a+(n-1)r$$

就在 a 与 b 之间,由于正整数 n 的选择是任意的,于是证明了我们的肯定.

把全部有理数任意分作两组,使它们一组(第一组)中的任意一个数小于另一组(第二组)中的任意一个数. 如此一分,我们就叫作一个有理数的分划. 显然,若一个数在第一组,则任意一个小于它的数也在第一组;若一个数在第二组,则任意一个大于它的数也在第二组.

假设,第一组的数中有一个最大的,则根据上述有理数集的性质,就肯定第二组的数中没有最小的. 同样的,若第二组的数中有一个最小的,则第一组的数中没有最大的. 若一个分划的第一组的数中有一个最大的,或是第二组的数中有一个最小的,则这个分划叫作第一类分划. 这样的分划很容易作. 任意取一个有理数 b,让所有小于 b 的有理数都在第一组,所有大于 b 的有理数都在第二组,至于 b,或者让它在第一组(它就是最大的),或者让它在第二组(它就是最小的),这样就作成一个第一类分划. 取所有的有理数作 b,如此就得到所有的第一类分划,我们就说这样一个第一类的分划确定一个有理数 b,b 就是第一组的最大的或是第二组的最小的.

但是还有第二类分划,这时第一组没有最大的数,而第二组也没有最小的数. 例如,我们作这样一个分划,让所有的负有理数、零以及平方小于 2 的正有理数都在第一组,而平方大于 2 的正有理数在第二组. 由于没有一个有理数平方等于 2,于是这样就把所有的有理数都分配好了,我们就得到一个分划. 现在证明在这第一组中没有最大的数. 这只要证明:若一个数 a 属于第一组,就一定有大于 a 的数也属于第一组. 若 a 是负的或是零,这显然是对的,假设 $a>0$,由作成第一组的条件 $a^2<2$,我们引用一个正有理数 $r=2-a^2$,证明可以确定这样的一个小的正有理数 x,使得 $a+x$ 也属于第一组,就是满足不等式

$$2-(a+x)^2>0 \text{ 或 } r-2ax-x^2>0$$

就是要找这样一个正有理数,使它满足不等式
$$x^2 + 2ax < r$$
先算作 $x<1$,于是 $x^2<x$,所以
$$x^2 + 2ax < x + 2ax = (2a+1)x$$
就是 x 需要满足不等式
$$(2a+1)x < r$$
所以 x 就由两个不等式 $x<1$ 与 $x<\dfrac{r}{2a+1}$ 确定.

显然,满足这两个不等式的正有理数 x 可以求出任意多少个来.同理可证作成这个分划的第二组没有最小的数.所以我们所作的例子是一个第二类分划.实数理论的基本要点就在于下述的规定:我们算作任意一个第二类分划确定一个新的数 —— 无理数.不同的第二类分划确定不同的无理数.不难想到,上例中所作的一个第二类分划确定的无理数就是平常我们记作 $\sqrt{2}$ 的.

现在可以安置所有引入的无理数与以前的有理数的大小顺序.若 α 是一个无理数,把确定这个无理数的分划的第一组记作 I(α),第二组记作 II(α).这个数 α 就算作大于 I(α) 中的任意一个数,而小于 II(α) 中的任意一个数.由此,任意一个无理数就可以与任意一个有理数比较大小.还要确定两个不同的无理数 α 与 β 的大小.只要 α 与 β 不同,I(α) 与 I(β) 就不能全相同,而一定是其中一个包含另一个.假设 I(β) 包含 I(α),就是 I(α) 中任意一个数都属于 I(β),但是 I(β) 中有的数属于 II(α).这时我们算作 $\alpha<\beta$,这就是定义.由此,全部有理数与无理数就是全部实数的集合,就依照大小顺序安置好了.于是,应用上面给的定义,不难证明:若 a,b 与 c 是三个实数,$a<b$,而 $b<c$,则 $a<c$.

首先我们提出一个上述定义的推论,设 α 是一个无理数.由于组 I(α) 没有最大的数,组 II(α) 没有最小的数,显然,α 与任意一个有理数 a 之间有任意多的有理数.现在设 $\alpha<\beta$ 是两个不同的无理数,I(β) 中有些有理数在 II(α) 中,于是直接推知 α 与 β 之间也应当有任意多的有理数,一般来讲就是:两个不同的实数之间总有任意多个有理数.

现在我们证明无理数的基本定理,考虑全部实数集合,并任意作这个数域的分划,就是把所有的实数(不只是有理数)分作两组,I 与 II,使得 I 中任意一个数小于 II 中任意一个数.现在证明:这样作时,一定是或者 I 有最大的数,或者 II 有最小的数(像有理数域的分划一样,这两种情形不可能同时都有).用 I$'$ 记 I 中所有的有理数的集合,II$'$ 记 II 中所有的有理数的集合.这两组(I$'$,II$'$)确定一个有理数域的分划,而这个分划确定一个实数 α(有理数或是

无理数).为确定起见,假设作上述实数的分划时,α 属于组 I,现在证明,α 就是组 I 中的最大的.实际上,假若不是如此,则组 I 中有一个大于 α 的实数 β 存在.取 α 与 β 之间的一个有理数 $r(\alpha<r<\beta)$,它应当属于组 I,于是属于组 I′.

由此,确定实数 α 的分划(I′,II′)的第一组中就要出现一个大于 α 的有理数 r.这是不可能的.所以我们假设 α 不是组 I 中最大的数是不对的.同理可证若 α 在组 II 中,则它应当是 II 中的最小的.

于是我们证明了下面的基本定理.

基本定理 任意作一个实数域的分划时,一定是或者第一组中有一个最大的数,或者第二组中有一个最小的数.

很容易给出实数理论的几何意义,我们先只考虑 OX 轴上,坐标是有理数的点.在有理数域作一个分划就对应于把直线 OX 切断成两个半线.若在一个坐标是有理数的点切断,则得到一个第一类分划,并且切断所在的点的坐标,不是第一组的最大的数就是第二组的最小的数,若在一个坐标不是有理数的点切断,则得到一个第二类分划,它确定一个无理数,这个数被取作切断所在的点的坐标.这只是几何的解释,并不能用作证明.由所给定义得到的无理数 α,不难用对应于这个数的十进位无穷小数来记[2],只取这个小数的前有限位应当是一个属于 I(α) 的有理数.但是若这前有限位的最后一位数加 1,则对应的有理数就应当在 II(α) 中了.

41. 实数的运算

无理数的理论中,除去上面所给的定义与基本定理外,还要讲无理数运算的定义,并研究这些运算的性质,给这些运算的定义时,我们要以有理数域的分划为根据,但是这样的分划不只确定无理数,有时也确定有理数(第一类分划),这些运算的定义就要普遍的适用于所有的实数,并且对有理数来用时,这些定义要与平常的定义一致.下面叙述这个问题时,我们只是一般的讲.

我们先作一个提示.设 α 是一个实数.任意取一个(小的)正有理数 r,由 I(α) 中一个有理数 a 起始作等差级数

$$a, a+r, a+2r, \cdots, a+nr, \cdots$$

当 n 相当大时,数 $a+nr$ 就在 II(α) 中,于是推知,就有这样一个正整数 k 存在,使得 $a+(k-1)r$ 属于 I(α),而 $a+kr$ 属于 II(α),即:

附注 任意给定一个正有理数 r,无论多么小,可以在任意一个有理数域分划的每一组中,各找出一个数来,使得这两个数之差等于 r.

现在我们讲加法的定义.设 α 与 β 是两个实数.设 a, a', b, b' 各为 I(α),

Ⅱ(α),Ⅰ(β),Ⅱ(β)中任意一个数.考虑所有可能的和 $a+b$ 以及 $a'+b'$.在任何情形下,一定有 $a+b < a'+b'$.作一个新的有理数分划,让全部大于所有 $a+b$ 的有理数都在第二组,让其余的有理数都在第一组.这时,第一组中任意一个数小于第二组中任意一个数,并且所有的 $a+b$ 都在第一组,$a'+b'$ 都在第二组.所作的新分划确定一个实数,我们就叫作和 $\alpha+\beta$.这个数显然不小于所有的 $a+b$,而不大于所有的 $a'+b'$.注意,由上面的附注,数 a 与 a' 之差可以等于一个任意小的正有理数,b 与 b' 也是如此.于是不难证明,满足上述两个不等式的数只能有一个.我们知道有理数的加法满足几个定律,容易证实这里确定的加法也满足这些定律

$$\alpha+\beta=\beta+\alpha, (\alpha+\beta)+\gamma=\alpha+(\beta+\gamma), \alpha+0=\alpha$$

例如,为得到 $\beta+\alpha$,我们不作和 $a+b, a'+b'$,而作和 $b+a, b'+a'$,因为我们知道有理数的加法满足交换律,所以这些和是对应全相同的.

设 α 是一个实数.我们用下面这个分划确定一个数 $-\alpha$,让所有的 Ⅱ(α) 中的数变号在第一组;所有的 Ⅰ(α) 中的数变号在第二组.如此,实际上得到一个有理数分划,并且不难证实,这样确定的数 $-\alpha$ 满足

$$-(-\alpha)=\alpha, \alpha+(-\alpha)=0$$

并且若 $\alpha>0$,则 $-\alpha<0$;若 $\alpha<0$,则 $-\alpha>0$.α 与 $-\alpha$ 两个数中大于零的那个叫作这个数 α 的绝对值.像以前一样,一个数的绝对值记作 $|\alpha|$.

现在来讲乘法.设 α 与 β 是两个正实数,就是

$$\alpha>0, \beta>0$$

设 a 是 Ⅰ(α) 中任意一个正数,b 是 Ⅰ(β) 中任意一个正数,a' 与 b' 各为 Ⅱ(α) 与 Ⅱ(β) 中任意一个数(它们一定是正的).作一个新的分划,让全部大于所有的乘积 ab 的有理数在第二组,其余的有理数在第一组.于是所有的 ab 都在第一组,而所有的 $a'b'$ 都在第二组,这个新的分划确定一个实数,我们叫作乘积 $\alpha\beta$.这个数不小于所有的 ab,而且不大于所有的 $a'b'$,并且只有这一个实数满足这两个不等式.

若两个数 α 与 β 中,有一个是负的或者都是负的,则我们引用普通的乘法符号定则,把它们的乘积化简到上面的情形,我们设

$$\alpha\beta=\pm|\alpha||\beta|$$

若 α 与 β 都小于零,就取正号;若一个小于零,一个大于零,就取负号.

与 0 相乘时,取 $\alpha \cdot 0 = 0 \cdot \alpha = 0$ 作定义.于是直接可以证实乘法的基本定律

$$\alpha\beta=\beta\alpha, (\alpha\beta)\gamma=\alpha(\beta\gamma), \alpha(\beta+\gamma)=\alpha\beta+\alpha\gamma$$

若几个因子中至少有一个等于零,在这种情形下,这几个因子的乘积等于零.

减法规定作加法的逆运算，就是 $\alpha-\beta=x$ 相当于 $x+\beta=\alpha$，在这个等式的两边都加上 $-\beta$，根据上述加法性质，我们得到 $x=\alpha+(-\beta)$，就是说差要由这个公式确定，于是减法的运算就化成加法了。还要提出，下面这个普通减法的性质是正确的：不等式 $\alpha>\beta$ 与 $\alpha-\beta>0$ 同效。

在讲除法之前，我们先定义一个已知数的倒数。若 α 是一个有理数，而不是零，则数 $\frac{1}{\alpha}$ 叫作它的倒数。设 α 是一个实数，而不是零。先设 $\alpha>0$ 并设 α' 是 $\mathrm{II}(\alpha)$ 中任意一个数（它是一个正有理数）。我们用下面这个分划确定 α 的倒数：令所有的负数、零与所有的数 $\frac{1}{\alpha}$ 在第一组，其余的数在第二组。设某一个正数 c_1 属于这个新分划的第一组。就知道 $c_1=\frac{1}{\alpha'_1}$，其中 α'_1 在 $\mathrm{II}(\alpha)$ 中。任意取一个正有理数 $c_2<c_1$，它就可以表示成 $c_2=\frac{1}{\alpha'_2}$，其中 α'_2 是个有理数而且 $\alpha'_2>\alpha'_1$，即 α'_2 也属于 $\mathrm{II}(\alpha)$。换句话说就是，若某一个正数属于这个新分划的第一组，则任意一个小于它的正有理数也属于这个第一组，并且所有的负数与零都在第一组。因此，我们所作的确定 α 的倒数的分划具有这个基本条件，就是第二组中任意一个数大于第一组中任意一个数。这个 α 的倒数记作 $\frac{1}{\alpha}$。

若 $\alpha<0$，则我们用下面的公式确定它的倒数

$$\frac{1}{\alpha}=-\frac{1}{|\alpha|}$$

应用乘法的定义，得到

$$\alpha\cdot\frac{1}{\alpha}=1$$

现在我们讲除法，这是乘法的逆运算，即 $\alpha:\beta=x$ 相当于 $x\beta=\alpha$，像减法一样，不难证明，若 $\beta\neq 0$，则这个商由 $x=\alpha\frac{1}{\beta}$ 得到，由此，除法就化为乘法。用零除是不可能的。

正整数次乘方可能化为乘法来作。开方是乘方的逆运算。设 α 是一个正实数，而 n 是一个大于1的整数。作这样一个有理数分划：令所有的负数、零与所有的 n 次方小于 α 的正数在第一组，其余的数在第二组。应用乘法的定义，不难证明，这个分划所确定的正数 β 满足条件 $\beta^n=\alpha$ 就是 β 是根 $\sqrt[n]{\alpha}$ 的算术值。若 n 是偶数，则第二个值是 $-\beta$。类似的可以确定一个负实数的奇次根（一个答案）。关于指数函数我们以后再仔细讲。最后还要提出下面这个重要的结论：由于这些运

算的基本定律都成立,于是所有代数中的法则与恒等式当所含的字母作实数时,也都成立.

42. 实数集的确界,极限存在的判别法

现在证明[39]中所述的关于实数集合的确界的定理.

定理 1 若实数集合 E 有上界,则它有一个上确界;若 E 有下界,则它有一个下确界.

我们只证明这定理的第一部分. 已知 E 中所有的数小于某一个数 m. 作下面这样一个实数分划:任意一个实数,若大于 E 中所有的数,就令它在第二组,否则就在第一组. 例如,设

$$p \geqslant 0$$

所有的数 $m+p$ 都在第二组,又如 E 中所有的数都在第一组. 设 β 是所作的分划确定的实数. 由[40]中基本定理,它或者是第一组中的最大的,或者是第二组中的最小的. 现在证明 β 就是 E 的上确界. 首先由于所有的 E 中的数都在第一组,所以 E 中没有大于 β 的数. 并且当任意给定 $\varepsilon > 0$ 时, E 中一定有大于 $\beta - \varepsilon$ 的数,因为假若没有这样的数,则数 $\beta - \dfrac{\varepsilon}{3}$ 就大于 E 中所有的数,于是就应当在第二组,但是实际上小于 β,所以在第一组. 于是这个定理得证. 显然,若 β 属于 E,则它是 E 中的最大的数.

现在证明单调有界变量的极限存在[30]. 设变量 x 总是上升或者至少它不下降. 即它的任意一个值不小于在它前面的值. 此外,再设 x 是有界的,有这样一个数 M 存在,使得所有的 x 的值都小于 M. 考虑全部 x 的值的集合,由上面已经证明的定理,有一个数 β 存在,它是这个集合的上确界. 现在证明 β 就是 x 的极限. 设 ε 是任意一个正数. 根据上确界的定义,可以找出一个 x 的值大于 $\beta - \varepsilon$,这时,再由单调性,在它后面的 x 的值就都大于 $\beta - \varepsilon$,并且它们不能大于 β,于是根据 ε 的任意性,我们看出 $\beta = \lim x$ 同理可证下降变量的情形.

在证明柯西判别法以前[31],先证一个要用的定理:

定理 2 设有一个有限区间的序列

$$(a_1, b_1), (a_2, b_2), \cdots, (a_n, b_n), \cdots$$

其中每一个在后面的区间包含在它前面的区间里,即

$$a_{n+1} \geqslant a_n, b_{n+1} \leqslant b_n$$

并设这些区间的长度趋向零,即

$$b_n - a_n \to 0$$

在这种情形下,当 n 增加时,区间的端 a_n 与 b_n 趋向于同一个极限.

已知 $a_1 \leqslant a_2 \leqslant \cdots$ 并且无论 n 是多少 $a_n < b_1$,由此,序列 $a_1, a_2, \cdots$ 就是单调而有界的,所以有极限 $a_n \to a$,再由 $b_n - a_n \to 0$ 写成 $b_n = a_n + \varepsilon_n$,其中 $\varepsilon_n \to 0$,于是推知 b_n 也趋向一个极限,而且这个极限就是 a.

现在来证明柯西判别法. 我们只限于变量的值是编号的情形

$$x_1, x_2, \cdots, x_n, \cdots \tag{27}$$

要证明. 序列(27)有极限存在的必要且充分条件如下:对于任意给定的一个正数 ε,有这样一个 N 存在,使得当 m 与 $n > N$ 时

$$|x_m - x_n| < \varepsilon \tag{28}$$

现在证明这个条件是充分的,即满足这个条件的序列(27)有极限. 由以前[31]的讨论推得,若满足这个条件,则可能作出一个区间的序列

$$(a_1, b_1), (a_2, b_2), \cdots, (a_k, b_k), \cdots$$

它具有下述的性质:每一个在后面的区间,包含在它前面的区间里,而且 $b_k - a_k$ 趋向零,并且任意一个区间 (a_k, b_k) 对应于这样一个正整数 N_k,使得当 $s > N_k$ 时,所有的 x_s 都属于 (a_k, b_k). 这些区间就对应于[31]中的线段 $\overline{A'_k A_k}$. 由上面证的定理,就有

$$\lim_{k \to \infty} a_k = \lim_{k \to \infty} b_k = a \tag{29}$$

现在证明 a 是序列(27)的极限. 设给定一个正数 ε. 根据式(29),有这样一个正整数 l 存在,使得区间 (a_l, b_l) 以及所有在它后面的区间都在区间 $(a - \varepsilon, a + \varepsilon)$ 内.

由此推知,当 $s > N_l$ 时,所有的数 x_s 属于这个区间,即当 $s > N_l$ 时,$|a - x_s| < \varepsilon$,由于 ε 的任意性,我们得到 a 是序列(27)的极限,于是证明了条件(28)的充分性. 这个条件的必要性已经在[31]中证过. 对于非编号变量的情形,这种证法仍然有效.

43. 连续函数的性质

现在我们证明[35]中所述连续函数的性质,先证明一个辅助定理:

定理 3 若 $f(x)$ 在区间 (a, b) 上是连续的,而 ε 是一个任意给定的正数,则这个区间可以分成有限个新的区间,使得当 x_1 与 x_2 同属于任意一个新区间时

$$|f(x_2) - f(x_1)| < \varepsilon$$

我们用反证法,假设这个定理不成立,就会引出谬论. 设 (a, b) 不能分成如上所述的有限个部分. 我们由中点把它分成两个区间 $\left(a, \dfrac{a+b}{2}\right)$ 与 $\left(\dfrac{a+b}{2}, b\right)$.

若是对于这两个区间的任何一个,这定理都成立,那么对于整个区间(a,b)也就应当成立. 所以我们要算作这两个区间中至少有一个不能分成如定理所述的有限个部分. 取使这定理不成立的一个,再把它分成相等的两部分,像上面一样,又至少有一个使这定理不成立,再把这一个分成两半. 如此继续作下去,我们得到一个区间的序列

$$(a,b),(a_1,b_1),(a_2,b_2),\cdots,(a_n,b_n),\cdots$$

其中每一个是在它前面那个的一半,所以,长度$b_n - a_n$等于$\dfrac{b-a}{2^n}$,当n增加时,它趋向零,对于任意一个区间(a_n,b_n),这个定理不成立,就是无论哪个(a_n,b_n)也不能分成有限个新的区间,使得只要x_1与x_2同属于任意一个新区间时

$$|f(x_2)-f(x_1)|<\varepsilon$$

现在证明,这是错误的.

由[42]中的定理,a_n与b_n有一个共同的极限

$$\lim a_n = \lim b_n = \alpha \tag{30}$$

并且这个极限像所有的数a_n, b_n一样,在区间(a,b)上. 先假设α在(a,b)内. 已知当$x=\alpha$时,$f(x)$是连续的,于是推出[34],当定理中的ε给定时,就有这样一个η存在,使得区间$(\alpha-\eta,\alpha+\eta)$内所有的$x$都适合不等式

$$|f(\alpha)-f(x)|<\frac{\varepsilon}{2} \tag{31}$$

若x_1与x_2是区间$(\alpha-\eta,\alpha+\eta)$内任意两个值,则

$$f(x_2)-f(x_1)=f(x_2)-f(\alpha)+f(\alpha)-f(x_1)$$

因此

$$|f(x_2)-f(x_1)|\leqslant|f(x_2)-f(\alpha)|+|f(\alpha)-f(x_1)|$$

再根据式(31),有

$$|f(x_2)-f(x_1)|<\frac{\varepsilon}{2}+\frac{\varepsilon}{2}$$

即当x_1与x_2是区间$(\alpha-\eta,\alpha+\eta)$内任意两个值时

$$|f(x_2)-f(x_1)|<\varepsilon \tag{32}$$

但是根据式(30)必有一个区间(a_l,b_l)包含在区间$(\alpha-\eta,\alpha+\eta)$内. 所以,当$x_1$与$x_2$是区间$(a_l,b_l)$上任意两个值时,它们满足不等式(32). 即对于区间(a_l,b_l),这个定理成立甚至于不必再分. 这与以上对于任意一个区间(a_n,b_n),这定理不成立的假定互相矛盾. 由此,若α在区间(a,b)内,这个定理证完. 若α与这区间的一端重合,例如$\alpha=a$,则只要用区间$(\alpha,\alpha+\eta)$代替区间$(\alpha-\eta,\alpha+\eta)$,可以同样证明.

现在证明[35]中第三个性质:

定理 4 若 $f(x)$ 在区间 (a,b) 上连续,则它在这区间上一致连续,即当任意给定一个正数 ε 时,有这样一个正数 η 存在,使得区间 (a,b) 上的任意两个值 x_1 与 x_2,只要满足不等式 $|x_2-x_1|<\eta$ 就有 $|f(x_2)-f(x_1)|<\varepsilon$.

根据定理 3,我们可以把 (a,b) 分成有限个新的区间,使得当 x_1 与 x_2 同属于任意一个新区间时

$$|f(x_2)-f(x_1)|<\frac{\varepsilon}{2}$$

设这些新区间中最小的一个的长度是 η,现在证明,对于这个数 η,我们的定理成立. 实际上,若 x' 与 x'' 是 (a,b) 上两个值并且满足不等式 $|x''-x'|<\eta$,则或者 x' 与 x'' 属于同一个新区间或者它们分别属于两个相邻的新区间. 在第一种情形下,由新区间的作法,有

$$|f(x'')-f(x')|<\frac{\varepsilon}{2}$$

所以

$$|f(x'')-f(x')|<\varepsilon$$

在第二种情形下,我们把 x' 与 x'' 所在的两个区间的相接点记作 γ,于是可以写成

$$f(x'')-f(x')=f(x'')-f(\gamma)+f(\gamma)-f(x')$$

即

$$|f(x'')-f(x')|\leqslant|f(x'')-f(\gamma)|+|f(\gamma)-f(x')| \qquad (33)$$

但是 x'' 与 γ 在同一个新区间上,γ 与 x' 在同一个新区间上,所以

$$|f(x'')-f(\gamma)|<\frac{\varepsilon}{2},\ |f(\gamma)-f(x')|<\frac{\varepsilon}{2} \qquad (34)$$

由不等式(33)与(34),得到

$$|f(x'')-f(x')|<\varepsilon$$

于是定理证完.

系 由定理 3 得到下面一个系:在区间 (a,b) 上连续的函数,必有上界,且有下界,即在这区间上是有界的. 换句话说就是,有这样一个数 M 存在,使得 (a,b) 上所有的 x 的值满足不等式 $|f(x)|<M$,实际上,取定一个 $\varepsilon_0>0$,于是根据定理 3,令 $\varepsilon=\varepsilon_0$,就可以把 (a,b) 分成有限个具有所述特性的新区间. 设 n_0 是一组这样的新区间的数目. 当任意两个点属于同一个新区间时,就有 $|f(x_2)-f(x_1)|<\varepsilon_0$,由此直接推知,当 x 取区间 (a,b) 上任意一个值时 $|f(x)-f(a)|<n_0\varepsilon_0$,就是所有的 $f(x)$ 的值都在 $f(a)-n_0\varepsilon_0$ 与 $f(a)+n_0\varepsilon_0$ 之间.

由于在区间(a,b)上全部$f(x)$的值的集合有上界且有下界,它就有上确界与下确界[42]. 我们用β记它的上确界,α记它的下确界. 现在证明[35]中第一个性质.

定理 5 在区间(a,b)上连续的函数,在这区间上达到最大值与最小值.

我们要证明,在区间(a,b)上,有这样一个x的值存在,使得$f(x)$的值等于β,也有一个x的值,使得$f(x)$的值等于α. 我们只证明前一部分,用反证法. 假设(a,b)上没有x的值使得$f(x)$等于β(于是就总小于β). 作一个新函数

$$\varphi(x) = \frac{1}{\beta - f(x)}$$

由于分母不会等于零,这个新函数在区间(a,b)上也是连续的[34]. 从另一方面看,由上确界的定义,当任意取一个$\varepsilon > 0$时,(a,b)上就有这样的x的值,使得$f(x)$的值在$\beta - \varepsilon$与β之间. 这时$0 < \beta - f(x) < \varepsilon$,于是$\varphi(x) > \frac{1}{\varepsilon}$,由于$\varepsilon$可以取的任意小,所以在区间$(a,b)$上的连续函数$\varphi(x)$就没有上界,这与上述定理 3 的系不合.

最后我们证明[35]中第二个性质.

设$f(x)$在(a,b)上连续,而k是$f(a)$与$f(b)$之间的一个数. 为确定起见,假设$f(a) < k < f(b)$,作一个在区间(a,b)上连续的新函数

$$F(x) = f(x) - k$$

它在这区间两端的值

$$F(a) = f(a) - k < 0$$
$$F(b) = f(b) - k > 0$$

就是在这区间两端$F(x)$的值异号. 如果我们能证明在(a,b)内有这样一个值x_0存在,使得$F(x_0) = 0$,则这时$f(x_0) - k = 0$,即$f(x_0) = k$,于是这个性质就成立. 所以只要证明下面这个定理即可.

定理 6 若$f(x)$在区间(a,b)上连续,而$f(a)$与$f(b)$异号,则在这区间内至少有这样一个值x_0存在,使得$f(x_0) = 0$.

用反证法,设在区间(a,b)上,$f(x)$无论如何不等于零,作一个新函数

$$\varphi(x) = \frac{1}{f(x)} \tag{35}$$

它在区间(a,b)上也是连续的[34]. 设任意给定一个$\varepsilon > 0$,根据定理 3,我们可以在区间(a,b)内选出有限个点,把这些点与这区间的两个端点排好,使得在任意两个相邻点$f(x)$的差的绝对值小于ε. 注意$f(a)$与$f(b)$异号,我们可以肯定,在上述点中能够找出两个相邻的点ξ_1与ξ_2,使得$f(x)$的值异号,于是,一

方面,$f(\xi_1)$ 与 $f(\xi_2)$ 异号;另一方面
$$|f(\xi_2)-f(\xi_1)|<\varepsilon$$
但是,若两个异号的实数的差的绝对值小于 ε,则这两个数中每一个的绝对值小于 ε.例如
$$|f(\xi_1)|<\varepsilon$$
于是由(35),有
$$|\varphi_0(\xi_1)|>\frac{1}{\varepsilon}$$
由于 ε 可以取任意小,于是在区间 (a,b) 上连续的函数 $\varphi(x)$ 就不是在这区间上有界的了.这是错误的,由此定理证完.

44. 初等函数的连续性

以前我们已经证明多项式与有理函数是连续的[34].现在考虑指数函数
$$y=a^x \tag{36}$$
并且为确定起见,算作 $a>1$,当 x 取任意一个正有理数值时,这个函数已经完全确定.当 x 取负值时,它由下面这公式确定
$$a^x=\frac{1}{a^{-x}} \tag{37}$$
此外 $a^0=1$,当 x 取任意一个有理数值时,这函数是确定的.在代数学中还讲过,乘除法对应于指数加减的法则.

当 x 取一个正有理数值 $\frac{p}{q}$ 时
$$a^x=\sqrt[q]{a^p}$$
其中根号取算术值.显然 $a^p>1$,由对根号的规定推出:当 $x>0$ 时,$a^x>1$(应用[41]中定义).由式(37)推出当 $x<0$ 时,$0<a^x<1$,现在证明若 $x_2>x_1$,则 $a^{x_2}>a^{x_1}$,即 a^x 是上升函数.实际上
$$a^{x_2}-a^{x_1}=a^{x_1}(a^{x_2-x_1}-1)$$
而 $x_2-x_1>0$,于是推知,右边的两个因子都是正的.还要证明当 x 取有理数值趋向零时,$a^x\to 1$,先证明,x 自右经过所有的有理数值下降趋向零的情形.这时 a^x 下降,保持大于 1,于是推知有一个极限,我们记作 l.再注意,当 x 如上所述改变时,$2x$ 也同样自右经过所有的有理数值趋向零,显然 $a^{2x}=(a^x)^2$.取极限,就得到
$$l=l^2 \text{ 或 } l(l-1)=0$$

即 $l=1$ 或 $l=0$,但是由于 $a^x>1$,l 不能等于零,所以若 $x\to 0$ 自右,则 $a^x\to 1$,由式(37)推出,当 $x\to 0$ 自左时,会有同样的极限.所以,若 x 取有理数值趋向零,则 $a^x\to 1$,由此直接推出:若 x 取有理数值趋向一个有理极限 b,则 $a^x\to a^b$,实际上

$$a^x-a^b=a^b(a^{x-b}-1)$$

因为差 $x-b$ 趋向零,所以由以上所述 $a^{x-b}-1$ 也趋向零.

现在讲当 x 取无理数值时,函数(36)的定义.设 α 是一个无理数,而 $\mathrm{I}(\alpha)$ 与 $\mathrm{II}(\alpha)$ 是确定 α 的有理数分划的第一组与第二组.假设 x 经过 $\mathrm{I}(\alpha)$ 中所有的有理数值上升趋向 α,于是 a^x 上升,而且有界,因为它小于 $a^{x''}$,其中 x'' 是 $\mathrm{II}(\alpha)$ 中任意一个数.由此,当 x 如上所述改变时,a^x 有一个极限,我们暂时记作 L.同样,若 x 经过 $\mathrm{II}(\alpha)$ 中的有理数下降趋向 α,则 a^x 也有一个极限.现在我们证明这个极限也等于 L,设 x' 在 $\mathrm{I}(\alpha)$ 中,x'' 在 $\mathrm{II}(\alpha)$ 中,就有

$$a^{x''}-a^{x'}=a^{x'}(a^{x''-x'}-1)<L(a^{x''-x'}-1)$$

即

$$0<a^{x''}-a^{x'}<L(a^{x''-x'}-1)$$

当 x' 与 x'' 逼近于 α 时,差 $x''-x'$ 与零愿意多近就多近,根据上面的不等式,差 $a^{x''}-a^{x'}$ 也是与零愿意多近就多近,由此推出上面关于极限相同的肯定.我们取上述的极限 L 作 a^α 的定义,就是当 x 经过有理数值趋向 α 时,a^x 趋向的极限是 a^α.现在当 x 取任意一个实数值时,函数(36)就完全确定了.由以上所述,容易证明,这个函数是上升函数,就是若 x_1 与 x_2 是任意两个实数,满足不等式 $x_2>x_1$,则 $a^{x_2}>a^{x_1}$,证明这一点时,要分别考虑 x_1 与 x_2 都是无理数与有一个是有理数的情形.

还要证明,当 x 取任意一个实数值时,这个函数是连续的.这只要先证明,当我们允许 x 取所有的实数值趋向零时,$a^x\to 1$,这可以像 x 取有理数时一样证明.再应用公式

$$a^x-a^\alpha=a^\alpha(a^{x-\alpha}-1)$$

我们可以证明当 $x\to\alpha$ 时,$a^x\to a^\alpha$,于是得到,当 x 取任意一个实数值时,a^x 的连续性.

不难证明,当指数是任意一个实数时,所有的指数函数的基本性质都成立.假如,设 α 与 β 是两个无理数,并设 x 与 y 各取有理数值一齐改变 $x\to\alpha$,$y\to\beta$,对于有理指数有

$$a^x\cdot a^y=a^{x+y}$$

取极限并应用已经证明的指数函数的连续性,就得到对于无理指数也有同样的

性质
$$a^\alpha \cdot a^\beta = a^{\alpha+\beta}$$
这要证明指数乘积的法则
$$(a^\alpha)^\beta = a^{\alpha\beta}$$

若 $\beta=n$ 是一个正整数,则这个公式可以由指数和的法则直接推出,若 $\beta=\dfrac{p}{q}$ 是一个正有理数,则
$$(a^\alpha)^{\frac{p}{q}} = \sqrt[q]{(a^\alpha)^p} = \sqrt[q]{a^{\alpha p}} = a^{\alpha \frac{p}{q}}$$

对于负有理数,可以直接由公式(37)推出.现在假设 β 是一个无理数,并设 r 取有理数趋向 β.由以上所证
$$(a^\alpha)^r = a^{\alpha r}$$
取极限并应用指数函数的连续性,在左边取 a^α 作底就得到 $(a^\alpha)^\beta = a^{\alpha\beta}$.

在讲对数函数之前,先作一个关于反函数的提示:这个我们在[20]中已经谈过.若 $y=f(x)$ 在区间 (a,b) 上是一个上升的连续函数,并且 $f(a)=A$, $f(b)=B$,则根据连续函数的第二个性质,当 x 经过所有的实数值由 a 上升到 b 时,$f(x)$ 一定由 A 上升到 B,经过所有的 A 与 B 之间的值.由此,在区间 (A,B) 上任意一个 y 值对应于 (a,b) 上确定的 x 值,并且反函数 $x=\varphi(y)$ 是单值的,也是上升的.若当 $x=x_0$ 在 (a,b) 内时,$y_0=f(x_0)$,并且 x 只取在小区间 $(x_0-\varepsilon, x_0+\varepsilon)$ 内的值,则 y 就只取在某一个区间 $(y_0-\eta_1, y_0+\eta_2)$ 内的值.把 η_1 与 η_2 两个正数中小的一个记作 δ,我们可以肯定,若 y 在区间 $(y_0-\delta, y_0+\delta)$ 内,则对应的 x 值就在区间 $(x_0-\varepsilon, x_0+\varepsilon)$ 内,就是若 $|y-y_0|<\delta$,则 $|\varphi(y)-\varphi(y_0)|<\varepsilon$,由于 ε 的任意性,这就证明了当 $y=y_0$ 时,函数 $\varphi(y)$ 是连续的.若 x 与一端重合,例如 $x=a$,则在上面的理由中,要用区间 $(x_0, x_0+\varepsilon)$ 代替区间 $(x_0-\varepsilon, x_0+\varepsilon)$.类似的可以讨论下降函数 $f(x)$ 的情形.

回到函数(36).由于 $a>1$,则 $a=1+b$,其中 $b>0$,应用牛顿二项式公式,当 n 是一个正整数时
$$a^n = (1+b)^n > 1+nb$$
由此显见,当 x 无限增加时,a^x 无限上升.再由式(37)推出,当 $x \to -\infty$ 时,$a^x \to 0$.注意由于上面关于反函数的叙述,可以肯定,当 $y>0$ 时,式(36)的反函数
$$x = \log_a y \tag{38}$$
是单值的上升的连续函数.同样可以讨论 $0<a<1$ 的情形,只不过函数(36)与(38)都是下降而已.

现在介绍一个新概念——复合函数. 设 $y=f(x)$ 是一个在区间 $a \leqslant x \leqslant b$ 上的连续函数,并且它的值在区间 (c,d) 上. 再设 $z=F(y)$ 是一个在区间 $c \leqslant y \leqslant d$ 上的连续函数. 用 $f(x)$ 代入作 y,我们得到 x 的一个复合函数

$$z = F(y) = F[f(x)]$$

我们说,这个函数通过 y 依赖于 x_0,它确定在区间 $a \leqslant x \leqslant b$ 上. 不难看出,在这区间上,它是连续的. 实际上,根据 $f(x)$ 的连续性,x 的改变量是无穷小时,对应的 y 的改变量也是无穷小. 再根据 $F(y)$ 的连续性,y 的改变量是无穷小时,对应的 z 的改变量也是无穷小.

现在考虑幂函数

$$z = x^b \tag{39}$$

其中 b 是任意一个实指数,并且我们算作 x 只取正值. 对于指数函数的叙述直接推出,当任意一个 $x>0$ 时,函数(39)有确定的值. 应用对数的定义,取自然对数,我们可以把式(39)写成

$$z = e^{b \ln x}$$

设 $y = b \ln x$,于是 $z = e^y$,我们可以把这个函数考虑作 x 的复合函数,由指数函数与对数函数的连续性可以证明当任意一个 $x \geqslant 0$ 时函数(39)的连续性.

应用初等三角学中的公式,不难证明三角函数的连续性. 实际上,由三角公式

$$\sin(x+h) - \sin x = 2\sin\frac{h}{2}\cos\left(x+\frac{h}{2}\right)$$

推出

$$|\sin(x+h) - \sin x| \leqslant 2\left|\sin\frac{h}{2}\right|$$

因为

$$\left|\cos\left(x+\frac{h}{2}\right)\right| \leqslant 1$$

但是对于任意角度 a,有

$$|\sin a| < a$$

于是推知

$$|\sin(x+h) - \sin x| < |h|$$

于是推知,当 h 趋向零时,$|\sin(x+h) - \sin x|$ 趋向零,这给出当 x 取任意一个值时函数 $\sin x$ 的连续性. 同样可证对于所有的 x,函数 $\cos x$ 的连续性. 由公式

$$\tan x = \frac{\sin x}{\cos x}, \cot x = \frac{\cos x}{\sin x}$$

直接推知[34],对于所有的 x,$\tan x$ 与 $\cot x$ 的连续性,只是使分母成为零的值除外.

函数 $y = \sin x$ 在区间 $\left(-\frac{\pi}{2}, \frac{\pi}{2}\right)$ 上是上升的连续函数. 应用关于反函数的叙述,可以肯定,在区间 $-1 \leqslant y \leqslant 1$ 上,函数 $x = \arcsin y$ 的主值[24]是上升的连续函数. 类似的可以证明其他反三角函数的连续性.

§2 一级微商与微分

45. 微商概念

考虑一个点作直线运动. 由直线上一个定点算起,它所经过的距离 s 是时间 t 的函数

$$s = f(t)$$

于是在任意一个确定的时刻 t,对应的有一个确定的量 s. 若给 t 一个改变量 Δt,则在这个新的时刻 $t + \Delta t$ 将对应的有一个距离 $s + \Delta s$,其中 Δs 是在时间区间 Δt 内所经过的距离. 在等速运动中,距离的改变量与时间的改变量成正比,于是比 $\frac{\Delta s}{\Delta t}$ 是一个常量,表示这个运动的等速度. 在一般情形中,这个比依赖于所选出的时刻 t 与改变量 Δt,而它表示在 t 到 $t + \Delta t$ 这时间区间内运动的平均速度. 平均速度就是假想一个作等速运动的点在时间区间 Δt 内经过距离 Δs 所应有的速度. 在等加速度运动中,我们有

$$s = \frac{1}{2}gt^2 + v_0 t$$

所以

$$\frac{\Delta s}{\Delta t} = \frac{\frac{1}{2}g(t+\Delta t)^2 + v_0(t+\Delta t) - \frac{1}{2}gt^2 - v_0 t}{\Delta t} = gt + v_0 + \frac{1}{2}g\Delta t$$

Δt 这一段时间越短,我们就越可以认为所考虑的点的运动在这一段时间内是等速的. 于是当 Δt 趋向零时,这个比 $\frac{\Delta s}{\Delta t}$ 的极限确定在给定时刻 t 的速度 v,有

$$v = \lim_{\Delta t \to 0} \frac{\Delta s}{\Delta t}$$

例如,在等加速度运动中

$$v = \lim_{\Delta t \to 0} \frac{\Delta s}{\Delta t} = \lim_{\Delta t \to 0}(gt + v_0 + \frac{1}{2}g\Delta t) = gt + v_0$$

像距离一样,速度也是 t 的函数. 这个函数叫作 $f(t)$ 对于 t 的微商函数. 我们说速度是距离对于时间的微商.

考虑化学反应的某一种物质,这物质在时刻 t 已经起了反应的量 x 是 t 的一个函数. 若时间改变 Δt,则对应的 x 将有改变量 Δx,于是 $\frac{\Delta x}{\Delta t}$ 就表示在 Δt 这一段时间内化学反应的平均速率. 而当 Δt 趋向零时,这个比的极限就表示这个化学反应的时刻 t 的速率.

以前[32],我们考虑过物体吸收的热量 Q 是它的温度 $t°$ 的函数. 设 $\Delta t°$ 与 ΔQ 各是温度与热量的对应的改变量,精确的测量证明 ΔQ 与 $\Delta t°$ 不成正比,于是比 $\frac{\Delta Q}{\Delta t°}$ 表示在 $t°$ 到 $t° + \Delta t°$ 这温度区间内物体的平均比热. 而当 $\Delta t°$ 趋向零时,这个比的极限就是在温度 $t°$ 时物体的比热. 显然比热是热量对于温度的微商.

对于这些例子的讨论,我们得到下面关于微商函数的概念:

给定一个函数 $y = f(x)$,设对应于自变量的改变量 Δx,函数的改变量是 Δy,则当 Δx 趋向零时,比 $\frac{\Delta y}{\Delta x}$ 的极限叫作这个函数的微商.

记微商的符号用 y' 或 $f'(x)$,则

$$y' = f'(x) = \lim_{\Delta x \to 0} \frac{\Delta y}{\Delta x} = \lim_{\Delta x \to 0} \frac{f(x + \Delta x) - f(x)}{\Delta x}$$

求微商的运算叫作微分法.

以前讲过,极限可以不存在. 于是那时微商也就不存在. 假设微商存在,我们可以写成

$$\frac{f(x + \Delta x) - f(x)}{\Delta x} = f'(x) + \alpha$$

其中当 $\Delta x \to 0$ 时,$\alpha \to 0$[27].

再写成

$$f(x + \Delta x) - f(x) = [f'(x) + \alpha]\Delta x$$

于是立刻看出:若 $\Delta x \to 0$,则 $f(x + \Delta x) - f(x) \to 0$,即若当 x 取某一个值时,微商存在,则这时这个函数是连续的. 但是反过来说是不对的,由函数的连续性

不能判定微商的存在. 要注意, 在求微商时, 我们用到分式 $\frac{\Delta y}{\Delta x}$, 其中分子与分母都趋向零, 但是 Δx 永不等于零.

46. 微商的几何意义

为了了解微商的几何意义, 我们考虑函数 $y = f(x)$ 的图形. 在这图形上取一点 M, 坐标为 (x, y), 离它不远再在曲线上取一点 N, 坐标为 $(x + \Delta x, y + \Delta y)$. 作出他们的纵坐标 $\overline{M_1 M}$ 与 $\overline{N_1 N}$, 并过点 M 作直线平行于 OX 轴. 我们就有 (图 2.9)

$$\overline{MP} = \overline{M_1 N_1} = \Delta x, \overline{M_1 M} = y \tag{1}$$
$$\overline{N_1 N} = y + \Delta y, \overline{PN} = \Delta y$$

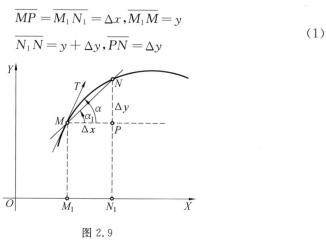

图 2.9

显然, 比 $\frac{\Delta y}{\Delta x}$ 等于割线 MN 与正向 OX 轴交角 α_1 的正切. 当 Δx 趋向零时, 点 N 将沿此曲线趋向点 M, 割线 MN 的极限位置就是这曲线在点 M 的切线 MT 的位置, 于是微商 $f'(x)$ 等于这曲线在点 $M(x, y)$ 的切线与正向 OX 轴交角 α 的正切, 就是等于这条切线的斜率.

公式 (1) 中, 诸线段的计算应注意其方向, 并且记着, 改变量 Δx 与 Δy 可以是正的, 也可以是负的.

由此, 我们看到, 微商 $f'(x)$ 的存在紧联着方程 $y = f(x)$ 的图形的切线的存在. 但是一个连续曲线可以在某些点没有切线, 或有平行于 OY 轴的切线, 它的斜率成为无穷大 (图 2.10). 于是, 当 x 取它们所对应的值时, 函数 $f(x)$ 就没有微商.

曲线上这种特殊点可以有任意多个, 甚至于有人已经证明了, 我们可以作出这样一个连续函数, 使得当 x 取任意一个值时, 都没有微商. 这种函数对应的图形是不能用我们的几何法表示的.

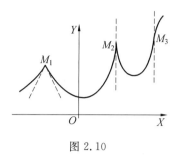

图 2.10

为简单起见,用 h 记自变量的改变量,那个比就写成
$$\frac{f(x+h)-f(x)}{h} \tag{2}$$

若 x 是使 $f(x)$ 有意义的某一区间内的一个定点,则比(2)是 h 的一个函数.这个函数除 $h=0$ 外确定于所有的足够小的 h 的值.当 $h \to 0$ 时,这个比的极限应依照[32]中所述来确定.如果它存在,就定出微商 $f'(x)$.这个极限的存在等于说下述事实成立[32]:当任意给定一个正数 ε 时,有这样一个正数 η 存在,使得当 $|h|<\eta$,而 $h \neq 0$ 时
$$\left| f'(x) - \frac{f(x+h)-f(x)}{h} \right| < \varepsilon$$

有时,当 h 沿正值自右方趋向零时,比(2)有一个极限;沿负值自左方趋向零时,有一个极限.这种极限平常用记号 $f'(x+0)$ 与 $f'(x-0)$ 来记,而叫作右微商与左微商.若这两个极限不同,则他们分别定出曲线在一个特殊点的两条切线的斜率(假设切线存在),图 2.10 中在点 M_1 画出这种切线.

微商存在等于说 $f'(x+0)$ 与 $f'(x-0)$ 存在,并且相等.这时
$$f'(x) = f'(x+0) = f'(x-0)$$
也有的连续函数在某些点 $f'(x+0)$ 与 $f'(x-0)$ 都不存在.图 2.11 中画出这样的曲线,当 $x=c$ 时,它没有微商.

若已知函数只在区间 (a,b) 上连续,则当 $x=a$ 时,我们只能有右微商 $f'(a+0)$.而在 $x=b$ 时,只能有左微商 $f'(b-0)$.这时我们说 $f'(x)$ 在(闭)区间 (a,b) 上有微商 $f'(x)$,意思是说:当 x 在这区间内时,微商用一般的意义,而当 x 是区间的一端时,微商只用这里说的意义.

若 $f(x)$ 确定于区间 (A,B) 上,(A,B) 比 (a,b) 较广,就是 $A<a, B>b$,而且 $f(x)$ 在 (A,B) 内有一般的微商 $f'(x)$,则它在区间 (a,b) 上有上述意义的微商.

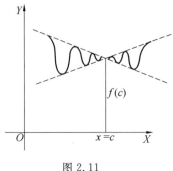

图 2.11

47. 简单函数的微商

由微商的概念知道,为要确定一个函数的微商,应先求出这个函数的改变量,用与它对应的自变量的改变量去除,再求当自变量的改变量趋向零时,这个比的极限. 现在用这方法求些简单函数的微商:

1) $y=b$(常量)[12].

由题意有

$$y' = \lim_{h \to 0} \frac{b-b}{h} = \lim_{h \to 0} \frac{0}{h} = 0$$

即常量的微商是零.

2) $y=x^n$ (n 是一个正整数).

由题意有

$$y' = \lim_{h \to 0} \frac{(x+h)^n - x^n}{h} = \lim_{h \to 0} \frac{x^n + nhx^{n-1} + \frac{n(n-1)}{2!}h^2 x^{n-2} + \cdots + h^n - x^n}{h}$$

$$= \lim_{h \to 0} \left[nx^{n-1} + \frac{n(n-1)}{2!}hx^{n-2} + \cdots + h^{n-1} \right] = nx^{n-1}$$

在特殊情形下,若 $y=x$,则 $y'=1$,以后我们再推广这幂函数的微商公式,以至于指数 n 可以取任意一个实数值.

3) $y = \sin x$.

由题意有

$$y' = \lim_{h \to 0} \frac{\sin(x+h) - \sin x}{h} = \lim_{h \to 0} \frac{2\cos\left(x + \frac{h}{2}\right)\sin\frac{h}{2}}{h}$$

$$= \lim_{h \to 0} \cos\left(x + \frac{h}{2}\right) \frac{\sin\frac{h}{2}}{\frac{h}{2}} = \cos x$$

因为当 $\dfrac{h}{2}$ 趋向零时,$\dfrac{\sin\dfrac{h}{2}}{\dfrac{h}{2}} \to 1$[33].

4) $y = \cos x.$

由题意有

$$y' = \lim_{h \to 0} \frac{\cos(x+h) - \cos x}{h} = \lim_{h \to 0}\left[-\frac{2\sin\left(x+\dfrac{h}{2}\right)\sin\dfrac{h}{2}}{h}\right]$$

$$= -\lim_{h \to 0} \sin\left(x + \frac{h}{2}\right)\frac{\sin\dfrac{h}{2}}{\dfrac{h}{2}} = -\sin x$$

5) $y = \ln x \, (x > 0).$

由题意有

$$y' = \lim_{h \to 0} \frac{\ln(x+h) - \ln x}{h} = \lim_{h \to 0} \frac{\ln\left(1 + \dfrac{h}{x}\right)}{h}$$

$$= \lim_{h \to 0} \frac{1}{x} \cdot \frac{\ln\left(1 + \dfrac{h}{x}\right)}{\dfrac{h}{x}} = \frac{1}{x}$$

因为当 $h \to 0$ 时,变量 $\alpha = \dfrac{h}{x}$ 也趋向零,而 $\dfrac{\ln(1+\alpha)}{\alpha} \to 1$[38].

6) $y = cu(x).$ 其中 c 是一个常量,$u(x)$ 是 x 的一个函数.

由题意有

$$y' = \lim_{h \to 0} \frac{cu(x+h) - cu(x)}{h} = c\lim_{h \to 0} \frac{u(x+h) - u(x)}{h} = cu'(x)$$

即一个常量与一个变量的乘积的微商等于这变量的微商与这常量的乘积. 或是说:求微商时,常因子可以提出来.

7) $y = \log_a x.$

我们知道,$\log_a x = \ln x \dfrac{1}{\ln a}$[38]. 应用情形 6) 中的公式得到

$$y' = \frac{1}{x} \cdot \frac{1}{\ln a}$$

8) 考虑几个函数之和的微商,用三个作例子

$$y = u(x) + v(x) + w(x)$$

$$y' = \lim_{h \to 0} \frac{[u(x+h) + v(x+h) + w(x+h)] - [u(x) + v(x) + w(x)]}{h}$$

$$= \lim_{h \to 0} \left[\frac{u(x+h) - u(x)}{h} + \frac{v(x+h) - v(x)}{h} + \frac{w(x+h) - w(x)}{h} \right]$$
$$= u'(x) + v'(x) + w'(x)$$

即几个函数之和的微商等于各函数的微商相加.

9) 现在考虑两个函数的乘积的微商
$$y = u(x) \cdot v(x)$$
$$y' = \lim_{h \to 0} \frac{u(x+h)v(x+h) - u(x)v(x)}{h}$$

在分子上加一个 $u(x+h)v(x)$ 再减去它,得到
$$y' = \lim_{h \to 0} \frac{u(x+h)v(x+h) - u(x+h)v(x) + u(x+h)v(x) - u(x)v(x)}{h}$$
$$= \lim_{h \to 0} u(x+h) \frac{v(x+h) - v(x)}{h} + \lim_{h \to 0} v(x) \frac{u(x+h) - u(x)}{h}$$
$$= u(x)v'(x) + v(x)u'(x)$$

即在两个因子的情形下,我们证明:乘积的微商等于用每一个因子的微商乘其余的因子,再把这些加起来.

证明三个因子的情形时,把其中两个的乘积先看成一个因子,再应用上面的公式
$$y = u(x)v(x)w(x)$$
$$y' = \{[u(x)v(x)]w(x)\}' = [u(x)v(x)]w'(x) + [u(x)v(x)]'w(x)$$
$$= u(x)v(x)w'(x) + u(x)v'(x)w(x) + u'(x)v(x)w(x)$$

用同样方法可以由 n 个证明到 $n+1$ 个,于是这个法则不难推到任何有限多个因子的情形.

10) 现在设 y 是一个商式
$$y = \frac{u(x)}{v(x)}$$

则
$$y' = \lim_{h \to 0} \frac{\dfrac{u(x+h)}{v(x+h)} - \dfrac{u(x)}{v(x)}}{h}$$
$$= \lim_{h \to 0} \frac{1}{v(x)v(x+h)} \cdot \frac{u(x+h)v(x) - v(x+h)u(x)}{h}$$

在第二个分式的分子上加一个乘积 $u(x)v(x)$,再减去它.注意,应用 $v(x)$ 的连续性,就得到
$$y' = \lim_{h \to 0} \frac{1}{v(x)v(x+h)} \cdot \frac{u(x+h)v(x) - u(x)v(x) + u(x)v(x) - v(x+h)u(x)}{h}$$

$$=\lim_{h\to 0}\frac{1}{v(x)v(x+h)}\left[v(x)\frac{u(x+h)-u(x)}{h}-u(x)\frac{v(x+h)-v(x)}{h}\right]$$

$$=\frac{u'(x)v(x)-v'(x)u(x)}{[v(x)]^2}$$

即分式(商)的微商等于分子的微商乘上分母减去分母的微商乘上分子,再用分母的平方除.

11) $y = \tan x$.

由题意有

$$y' = \left(\frac{\sin x}{\cos x}\right)' = \frac{(\sin x)'\cos x - (\cos x)'\sin x}{\cos^2 x}$$

$$= \frac{\cos^2 x + \sin^2 x}{\cos^2 x} = \frac{1}{\cos^2 x}$$

12) $y = \cot x$.

由题意有

$$y' = \left(\frac{\cos x}{\sin x}\right)' = \frac{(\cos x)'\sin x - (\sin x)'\cos x}{\sin^2 x}$$

$$= \frac{-\sin^2 x - \cos^2 x}{\sin^2 x} = -\frac{1}{\sin^2 x}$$

在 6),8),9),10) 的结论中,我们假设函数 $u(x), v(x), w(x)$ 都有微商,于是证明了函数 y 的微商存在.

48. 复合函数与反函数的微商

现在介绍一个新的概念——复合函数.设函数 $y=f(x)$,在区间 $a\leqslant x\leqslant b$ 上连续,并且函数的值在区间 $c\leqslant y\leqslant d$ 上,再设函数 $z=F(y)$ 在区间 $c\leqslant y\leqslant d$ 上连续.用 $f(x)$ 代入作 y,就得到一个 x 的复合函数

$$z = F(y) = F[f(x)]$$

我们说这样的函数通过 y 依赖于 x,不难看出这函数在区间 $a\leqslant x\leqslant b$ 上连续. 实际上,因为 $f(x)$ 是连续函数,当 x 的改变量是无穷小时,y 的改变量也是无穷小,又因为 $F(y)$ 是连续函数,当 y 的改变量是无穷小时,z 的改变量也是无穷小.

在我们推算求一个复合函数的微商的法则以前,先作一个提示:若 $z = F(y)$,当 $y = y_0$ 时有微商,则依照[45]所述,我们可以写成

$$\Delta z = F(y_0 + \Delta y) - F(y_0) = [F'(y_0) + \alpha]\Delta y \tag{3}$$

其中变量 α 是 Δy 的一个函数,确定于所有的足够小而不是零的 Δy 的值,并且

当 Δy 取不等于零的值趋向零时,$\alpha \to 0$,又因 $\Delta y=0$ 时,$\Delta z=0$,所以 $\Delta y=0$ 时,α 可以任意取值,等式(3)总是对的,于是当 $\Delta y=0$ 时,我们就令 $\alpha=0$,如此规定以后,我们就可以算作:无论怎么样,纵然 Δy 取等于零的值,只要 $\Delta y \to 0$,公式(3)中的 $\alpha \to 0$. 现在我们讲一个关于复合函数的定理.

定理 1 若 $y=f(x)$ 在点 $x=x_0$ 有微商 $f'(x_0)$,并且 $z=F(y)$ 在点 $y_0=f(x_0)$ 有微商 $F'(y_0)$,则 $F[f(x)]$ 在点 $x=x_0$ 有微商,并且等于乘积 $F'(y_0) \cdot f'(x_0)$.

给定自变量一个值 x_0,设 Δx 是它的改变量(不是零),并且
$$\Delta y = f(x_0 + \Delta x) - f(x_0)$$
是变量 y 的对应的改变量(可能等于零).再设
$$\Delta z = F(y_0 + \Delta y) - F(y_0)$$
如果当 $\Delta x \to 0$ 时,比 $\dfrac{\Delta z}{\Delta x}$ 的极限存在,那么当 $x=x_0$ 时,复合函数
$$z = F[f(x)]$$
对于 x 的微商就等于这个极限. 将式(3)的两边用 Δx 除
$$\frac{\Delta z}{\Delta x} = [F'(y_0) + \alpha] \frac{\Delta y}{\Delta x}$$
根据函数 $y=f(x)$ 在点 $x=x_0$ 的连续性,当 Δx 趋向零时,$\Delta y \to 0$,于是由以上所述,$\alpha \to 0$,同时比 $\dfrac{\Delta y}{\Delta x}$ 趋向微商 $f'(x_0)$. 将上面等式取极限,就得到
$$\lim_{\Delta x \to 0} \frac{\Delta z}{\Delta x} = F'(y_0) \cdot f'(x_0)$$
于是定理证完. 注意,$f(x)$ 在点 $x=x_0$ 连续是由微商 $f'(x)$ 存在推知的[45].

由上面证明的定理,可以得到下面求复合函数的微商的法则:复合函数的微商等于它对于中间变量的微商与中间变量对于自变量的微商的乘积
$$z'_x = F'(y) f'(x)$$
再讲求反函数的微商的法则,若 $y=f(x)$ 在区间 (a,b) 上连续并且上升(就是当 x 的值增加时,对应的 y 也增加),而
$$A = f(a), B = f(b)$$
则由[21]与[24],我们知道,在区间 (A,B) 上,有一个唯一的连续的反函数 $x=\varphi(y)$ 存在,它也是上升函数. 由于上升性,若 $\Delta x \neq 0$,则 $\Delta y \neq 0$,逆之亦然,由于连续性,若 $\Delta x \to 0$,则 $\Delta y \to 0$,逆之亦然.(类似的可以考虑下降函数的情形.)

定理 2 若 $f(x_0)$ 在点 x_0 有微商 $f'(x_0)$ 而不是零,则反函数 $\varphi(y)$ 在点 $y_0=f(x_0)$ 有微商

$$\varphi'(y_0) = \frac{1}{f'(x_0)} \tag{4}$$

用 Δx 与 Δy 记 x 与 y 的对应的改变量,就是
$$\Delta x = \varphi(y_0 + \Delta y) - \varphi(y_0), \Delta y = f(x_0 + \Delta x) - f(x_0)$$
并注意它们都不是零,那就可以写成
$$\frac{\Delta x}{\Delta y} = \frac{1}{\frac{\Delta y}{\Delta x}}$$

以上我们看到,Δx 与 Δy 一齐趋向零,将上面等式取极限就得到式(4).

由上面证明的定理,可以得到求反函数的微商的法则:反函数的微商等于直接函数在对应点的微商除 1.

求反函数的微商的法则很容易给以几何的解释[21],函数 $x = \varphi(y)$ 与 $y = f(x)$ 在 XOY 平面上有同一个图形,所不同的只是当考虑函数 $x = \varphi(y)$ 时,OY 轴作自变量的轴,而不是 OX 轴(图 2.12).作切线 MT,并回忆微商的几何意义就得到
$$f'(x) = \tan(OX, MT) = \tan \alpha$$
$$\varphi'(y) = \tan(OY, MT) = \tan \beta$$
在图 2.12 中,角 β 与 α 都算正的.

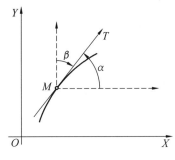

图 2.12

但是,显然 $\beta = \frac{\pi}{2} - \alpha$,于是
$$\tan \beta = \frac{1}{\tan \alpha}$$
即
$$\varphi'(y) = \frac{1}{f'(x)}$$

若 $x = \varphi(y)$ 是 $y = f(x)$ 的反函数,反之,函数 $y = f(x)$ 也可以算作 $x = \varphi(y)$ 的

反函数.

应用求反函数的微商的法则于指数函数：

1) $y = a^x (a > 0)$.

它的反函数是
$$x = \varphi(y) = \log_a y$$

由情形 7)[47]，有
$$\varphi'(y) = \frac{1}{y} \cdot \frac{1}{\ln a}$$

由此再用求反函数的微商的法则，就得到
$$y' = \frac{1}{\varphi'(y)} = y \ln a$$

或
$$(a^x)' = a^x \ln a$$

特别是在当 $a = e$ 时，则有
$$(e^x)' = e^x$$

由这公式再用求复合函数的微商的法则，我们就能计算幂函数的微商.

2) $y = x^n (x > 0)$.

这函数确定于所有大于零的 x 的值，而且有正值[19].

用对数的定义，我们可以把这个函数表示成一个复合函数
$$y = x^n = e^{n \ln x}$$

用求复合函数的微商的法则，就得到
$$y' = e^{n \ln x} \cdot \frac{n}{x} = x^n \cdot \frac{n}{x} = n x^{n-1}$$

这个结果不难推广到 x 取负值的情形，那时只要函数本身存在即可，例如 $y = x^{\frac{1}{3}} = \sqrt[3]{x}$.

应用求反函数的微商的法则，求反三角函数的微商：

3) $y = \arcsin x$.

我们考虑这个函数的主值[24]，就是在区间 $\left(-\frac{\pi}{2}, \frac{\pi}{2}\right)$ 上的角度，这个函数可以看作 $x = \sin y$ 的反函数. 依照求反函数的微商的法则，就有
$$y'_x = \frac{1}{x'_y} = \frac{1}{\cos y} = \frac{1}{\sqrt{1 - \sin^2 y}} = \frac{1}{\sqrt{1 - x^2}}$$

这个根式应取正号，因为 $\cos y$ 在区间 $\left(-\frac{\pi}{2}, \frac{\pi}{2}\right)$ 上是正的. 同样方法，可以得

到
$$(\arccos x)' = -\frac{1}{\sqrt{1-x^2}}$$

这里考虑的是 $\arccos x$ 的主值,就是在区间 $(0, \pi)$ 上的角度.

4) $y = \arctan x$.

$\arctan x$ 的主值在区间 $\left(-\dfrac{\pi}{2}, \dfrac{\pi}{2}\right)$ 内,而这函数可以看作

$$x = \tan y$$

的反函数,于是

$$y'_x = \frac{1}{x'_y} = \frac{1}{\dfrac{1}{\cos^2 y}} = \cos^2 y = \frac{1}{1+\tan^2 y} = \frac{1}{1+x^2}$$

同样方法可以得到

$$(\operatorname{arccot} x)' = -\frac{1}{1+x^2}$$

5) 考虑函数(幂指函数)

$$y = u^v$$

其中 u 与 v 都是 x 的函数.

我们可以写成

$$y = e^{v \ln u}$$

再用求复合函数的微商的法则,得到

$$y' = e^{v \ln u} (v \ln u)'$$

应用求乘积的微商的法则,再求 $\ln u$ 的微商,把它看作 x 的复合函数,最后得到

$$y' = e^{v \ln u} \left(v' \ln u + \frac{v}{u} u'\right)$$

或

$$y' = u^v \left(v' \ln u + \frac{v}{u} u'\right)$$

49. 微商公式与例题

我们把全部求出的微商公式列出如下

$$(c)' = 0 \tag{5}$$

$$(cu)' = cu' \tag{6}$$

$$(u_1 + u_2 + \cdots + u_n)' = u'_1 + u'_2 + \cdots + u'_n \tag{7}$$

$$(u_1 u_2 \cdots u_n)' = u'_1 u_2 \cdots u_n + u_1 u'_2 u_3 \cdots u_n + \cdots + u_1 u_2 \cdots u'_n \tag{8}$$

$$\left(\frac{u}{v}\right)' = \frac{u'v - v'u}{v^2} \tag{9}$$

$$(x^n)' = nx^{n-1}, (x)' = 1 \tag{10}$$

$$(\log_a x)' = \frac{1}{x} \cdot \frac{1}{\ln a}, (\ln x)' = \frac{1}{x} \tag{11}$$

$$(e^x)' = e^x, (a^x)' = a^x \ln a \tag{12}$$

$$(\sin x)' = \cos x \tag{13}$$

$$(\cos x)' = -\sin x \tag{14}$$

$$(\tan x)' = \frac{1}{\cos^2 x} \tag{15}$$

$$(\cot x)' = -\frac{1}{\sin^2 x} \tag{16}$$

$$(\arcsin x)' = \frac{1}{\sqrt{1-x^2}} \tag{17}$$

$$(\arccos x)' = -\frac{1}{\sqrt{1-x^2}} \tag{18}$$

$$(\arctan x)' = \frac{1}{1+x^2} \tag{19}$$

$$(\text{arccot } x)' = -\frac{1}{1+x^2} \tag{20}$$

$$(u^v)' = vu^{v-1}u' + u^v \ln u \cdot v' \tag{21}$$

$$y'_x = y'_u \cdot u'_x \quad (y \text{ 通过 } u \text{ 依赖于 } x) \tag{22}$$

$$x'_y = \frac{1}{y'_x} \tag{23}$$

应用已经求出的公式做下列例题：

1) $y = x^3 - 3x^2 + 7x - 10$.

用公式(3)(6)与(2)得到

$$y' = 3x^2 - 6x + 7$$

2) $y = \frac{1}{\sqrt[3]{x^2}} = x^{-\frac{2}{3}}$.

用公式(6)得到

$$y' = -\frac{2}{3}x^{-\frac{5}{3}} = -\frac{2}{3x\sqrt[3]{x^2}}$$

3) $y = \sin^2 x$.

令 $u = \sin x$，用公式(18)(6)与(9)，有

$$y' = 2u \cdot u' = 2\sin x \cos x = \sin 2x$$

4) $y = \sin x^2$.

令 $u = x^2$，用同样公式
$$y' = \cos u \cdot u' = 2x \cos x^2$$

5) $y = \ln(x + \sqrt{1+x^2})$.

先令 $u = x + \sqrt{1+x^2}$，再令 $v = x^2 + 1$，利用公式(18)并用公式(7)(3)与(6)得到

$$y' = \frac{1}{x+\sqrt{1+x^2}}(x+\sqrt{1+x^2})' = \frac{1}{x+\sqrt{1+x^2}}[1+(\sqrt{1+x^2})']$$

$$= \frac{1}{x+\sqrt{1+x^2}}\left[1 + \frac{1}{2\sqrt{1+x^2}}(1+x^2)'\right]$$

$$= \frac{1}{x+\sqrt{1+x^2}}\left(1 + \frac{x}{\sqrt{1+x^3}}\right)$$

$$= \frac{1}{x+\sqrt{1+x^2}} \cdot \frac{x+\sqrt{1+x^2}}{\sqrt{1+x^2}} = \frac{1}{\sqrt{1+x^2}}$$

6) $y = \left(\dfrac{x}{2x+1}\right)^n$.

令 $u = \dfrac{x}{2x+1}$，用公式(18)(6)与(5)得到

$$y' = n\left(\frac{x}{2x+1}\right)^{n-1}\left(\frac{x}{2x+1}\right)' = n\left(\frac{x}{2x+1}\right)^{n-1}\frac{2x+1-2x}{(2x+1)^2}$$

$$= \frac{nx^{n-1}}{(2x+1)^{n+1}}$$

7) $y = x^x$.

用公式(17)得到
$$y' = x^{x-1} \cdot x + x^x \ln x = x^x(1 + \ln x)$$

8) 方程

$$\frac{x^2}{a^2} + \frac{y^2}{b^2} - 1 = 0 \tag{24}$$

给定 y 是 x 的一个隐函数，要求 y 的微商，假设我们由已知方程解出 y，则得到 $y = f(x)$，将 $y = f(x)$ 代入方程的左方，必恒等于零，但是零的微商像常量的微商一样，应该是零，所以若把 y 算作由这方程所定的 x 的函数，求出已知方程左方对 x 的微商，它应该等于零

$$\frac{2x}{a^2} + \frac{2y}{b^2}y' = 0$$

因此
$$y' = -\frac{b^2 x}{a^2 y}$$

在这种情形下，y' 的表达式并不只用 x，而且用到 y，但是它与方程(24)解出 y(函数的显示式)再求微商的结果是一样的.

由解析几何学知道，方程(24)对应的图形是椭圆. 而 y' 的表达式给定这个椭圆在坐标为 (x,y) 的点的切线的斜率.

50. 微分概念

设 Δx 是自变量的任意一个改变量，不依赖于 x，我们叫它自变量的微分，用记号 Δx 或 dx 记. 这个记号不是表示 d 与 x 的乘积，而是整个用作一个记号来代表自变量的改变量，它是一个任意的量并不依赖于 x.

一个函数的微商与自变量的微分的乘积，叫作这个函数的微分.

函数的微分用记号 dy 或 $df(x)$ 来记
$$dy \text{ 或 } df(x) = f'(x)dx \tag{25}$$
由这公式得到，用微分的商来表达微商的方法
$$f'(x) = \frac{dy}{dx} = \frac{df(x)}{dx}$$

函数的微分与它的改变量不是一样的. 为要认清这两个的区别，我们看函数的图形. 在曲线上任取一点 $M(x,y)$ 与另外一点 N，作出切线 MT，点 M 与 N 的纵坐标以及平行于 OX 轴的直线 MP(图 2.13)，有
$$\overline{MP} = \overline{M_1 N_1} = \Delta x \text{ (或 } dx\text{)}$$
$$\overline{PN} = \Delta y \text{ (y 的改变量)}$$
$$\tan \angle PMQ = f'(x)$$

由此

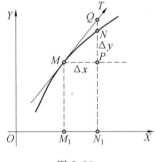

图 2.13

$$dy = f'(x)dx = \overline{MP}\tan\angle PMQ = \overline{PQ}$$

线段 $\overline{PQ}$ 代表函数的微分,线段 $\overline{PN}$ 代表函数的改变量,这两个并不重合. 如果我们假想在区间 $(x, x+dx)$ 上函数的改变量与自变量的改变量成正比,而比例系数恰好是切线 MT 的斜率,或者说是微商 $f'(x)$,那么在这区间上,线段 $\overline{MN}$ 就成为切线上的线段 $\overline{MQ}$,而 $\overline{PQ}$ 就代表改变量.

线段 $\overline{NQ}$ 代表微分与改变量的差. 下面我们证明:当 Δx 趋向零时,这个差与 Δx 比较起来是个较高级的无穷小[36].

因为比 $\dfrac{\Delta y}{\Delta x}$ 的极限就是微商,所以[26]

$$\frac{\Delta y}{\Delta x} = f'(x) + \varepsilon$$

其中 ε 是一个无穷小,由这等式得到

$$\Delta y = f'(x)\Delta x + \varepsilon \Delta x$$

或

$$\Delta y = dy + \varepsilon \Delta x$$

于是看出 dy 与 Δy 之差等于 $-\varepsilon \Delta x$. 而 $-\varepsilon \Delta x$ 与 Δx 之比等于 $-\varepsilon$,当 Δx 趋向零时,这个比也趋向零. 就是 dy 与 Δy 之差与 Δx 比较起来是个较高级的无穷小. 注意这个差的符号可以是正的,也可以是负的,在我们的图中,Δx 与这个差都是正的.

公式(25)给我们求函数的微分法则. 以下我们应用这法则到某些特殊的情形:

1) 若 c 是一个常量,则

$$dc = (c)'dx = 0 \cdot dx = 0$$

即常量的微分等于零.

2) $d[cu(x)] = [cu(x)]'dx = cu'(x)dx = cdu(x).$

即微分中的常因子可以提出来.

3) $d[u(x) + v(x) + w(x)] = [u(x) + v(x) + w(x)]'dx$
$= [u'(x) + v'(x) + w'(x)]dx = u'(x)dx + v'(x)dx + w'(x)dx$
$= du(x) + dv(x) + dw(x).$

即诸项和的微分等于各项的微分相加.

4) $d[u(x)v(x)w(x)] = [u(x)v(x)w(x)]'dx$
$= v(x)w(x)u'(x)dx + u(x)w(x)v'(x)dx + u(x)v(x)w'(x)dx$
$= v(x)w(x)du(x) + u(x)w(x)dv(x) + u(x)v(x)dw(x).$

即乘积的微分等于每个因子的微分各乘上其他的因子,再相加起来.

我们虽然只作了含三个因子的情形,但是同样方法适用于含任何有限多个因子的情形.

5) $\mathrm{d}\dfrac{u(x)}{v(x)} = \left[\dfrac{u(x)}{v(x)}\right]' \mathrm{d}x = \dfrac{v(x)u'(x)\mathrm{d}x - u(x)v'(x)\mathrm{d}x}{[v(x)]^2}$
$= \dfrac{v(x)\mathrm{d}u(x) - u(x)\mathrm{d}v(x)}{[v(x)]^2}.$

即商(分式)的微分等于分子的微分乘上分母减去分母的微分乘上分子,再被除于分母的平方.

6) 考虑复合函数 $y = f(u)$,其中 u 是 x 的函数.假设 y 依赖于 x,则
$$\mathrm{d}y = y'_x \mathrm{d}x = f'(u)u'_x \mathrm{d}x = f'(u)\mathrm{d}u$$
即求复合函数的微分时,可以先把辅助函数假想作自变数.

为比较函数的微分与改变量,我们考虑一个数值的例子:作一个函数
$$y = f(x) = x^3 + 2x^2 + 4x + 10$$
设 $x = 2, \Delta x = 0.01$,考虑它的改变量
$$f(2.01) - f(2) = (2.01)^3 + 2 \times (2.01)^2 +$$
$$4 \times 2.01 + 10 -$$
$$(2^3 + 2 \times 2^2 + 4 \times 2 + 10)$$
我们得到改变量
$$\Delta y = f(2.01) - f(2) = 0.240\,801$$
另外再求函数的微分. 在这情形下
$$\mathrm{d}x = 2.01 - 2 = 0.01$$
于是函数的微分
$$\mathrm{d}y = (3x^2 + 4x + 4)\mathrm{d}x = (3 \times 2^2 + 4 \times 2 + 4) \times 0.01 = 0.24$$
比较 $\mathrm{d}y$ 与 Δy,我们看出它们到三位小数为止是一样的.

51. 几个微分方程

我们已经证明,在区间 $(x, x + \mathrm{d}x)$ 上,若以函数的微分代替它的改变量,则函数的改变量与自变量的改变量就成正比,且有对应的比例系数,并且证明了由这样代替所产生的误差与 $\mathrm{d}x$ 比较起来是个较高级的无穷小. 研究自然现象时,应用到无穷小的分析,就是以此为基础的.

观察一个变化时,把它分成许多小的阶段,对每一个小的阶段,因为它很小,我们就可以应用上述的比例性质,得到一个方程表示自变量,函数以及它们

的微分（或微商）的关系，这个方程叫作对应于所考虑的变化的微分方程.由微分方程求未知函数的问题，就是微分方程的积分问题.

于是，应用无穷小的分析，去研究任何一个自然律，必须作出对应的微分方程，再求它的积分.这个积分问题常常是很难作的，我们以后再讲.我们在下面的例题中介绍几个对应于简单的自然现象的微分方程.

1) 气压的公式.

单位面积上，大气压力 p 是地面高度 h 的函数，考虑横断面积为一单位面积的直立空气柱.作高度为 h 及 $h+\mathrm{d}h$ 的两个横断面 A 及 A_1.由断面 A 换到断面 A_1，压力 p 减少（假设 $\mathrm{d}h>0$）的量就等于在 A 与 A_1 之间的一段气柱所包含空气的重量.若 $\mathrm{d}h$ 很小，在这一段内就可以把空气的密度 ρ 算作常量.因为柱体 AA_1 的底面积是 1，高是 $\mathrm{d}h$，所以容积是 $\mathrm{d}h$，而未知重量是 $\rho\mathrm{d}h$，于是 p 减少的量（当 $\mathrm{d}h>0$ 时）等于 $\rho\mathrm{d}h$，有

$$\mathrm{d}p=-\rho\cdot\mathrm{d}h$$

依照波义耳定律，密度 ρ 与压力 p 成正比

$$\rho=cp \quad (c\text{ 是一个常量})$$

我们最后得到微分方程

$$\mathrm{d}p=-cp\mathrm{d}h$$

或

$$\frac{\mathrm{d}p}{\mathrm{d}h}=-cp$$

2) 一级化学反应.

设某物质原来的质量为 a，发生化学反应.在时刻 t 到 $t+\mathrm{d}t$ 这时间区间内起反应的物质的量 $\mathrm{d}x$ 可以算作与 $\mathrm{d}t$ 及在时刻 t 尚未起反应的物质的量成正比例

$$\mathrm{d}x=c(a-x)\mathrm{d}t \text{ 或 } \frac{\mathrm{d}x}{\mathrm{d}t}=c(a-x)$$

变换这个微分方程，引入 x 的函数 $y=a-x$ 以代替 x，y 表示在时刻 t 尚未起反应的质量.注意 a 是常量，就得到

$$\frac{\mathrm{d}y}{\mathrm{d}t}=-\frac{\mathrm{d}x}{\mathrm{d}t}$$

于是一级化学反应的微分方程就可以写成

$$\frac{\mathrm{d}y}{\mathrm{d}t}=-cy$$

3) 冷却定律.

设将热到高温的某物体放在有定常温度 0° 的介质中,物体就要冷却,而它的温度 θ 是时间 t 的函数. 我们把 t 由物体放入介质的时刻算起,在时间区间 dt 内,物体放出的热量 dQ 可以算作与这区间 dt 的长短及在时刻 t 物体与介质的温度差成正比. (牛顿冷却定律) 于是可以写成

$$dQ = c_1 \theta dt \quad (c_1 \text{ 是一个常量})$$

将该物体的比热记作 k 就有

$$dQ = -k d\theta$$

这里我们写负号是因为在考虑的情形中,dQ 是负的(温度降低). 比较这两个 dQ 的表达式就得到

$$d\theta = -c\theta dt \quad (c = \frac{c_1}{k})$$

或

$$\frac{d\theta}{dt} = -c\theta$$

如果我们把 k 算作常量,c 就是个常量.

我们介绍的几个微分方程具有同样的形式. 他们都表示一个性质 —— 微商与函数成正比,并且有负的比例系数 $-c$.

我们在 [38] 中证明过,若连续计算复利,本金 a 经过 t 年应得本利和 $a e^{kt}$,其中 k 是利率(以百分表示)

$$y = a e^{kt} \tag{26}$$

求微商,得到

$$y' = a k e^{kt} = k y \tag{27}$$

在这情形下,我们得到微商与原来的函数成正比的性质. 因此这种性质叫作复利律. 以后我们可以证明函数(26)是微分方程(27)的解,a 是一个任意常量,我们将写作 C.

由此,我们的微分方程的解就是(用 $-c$ 代替 k)

$$p(h) = C e^{-ch}, \quad y(t) = C e^{-ct}, \quad \theta(t) = C e^{-ct} \tag{28}$$

其中 C 是一个常量,现在我们确定上式中每个常量 C 的物理意义. 在第一个公式中,令 $h = 0$ 得到

$$C = p(0) = p_0$$

其中 p_0 是当 $h = 0$ 时(就是地面上)的大气压力. 在第二个公式中,当 $t = 0$ 时,

$C=y(0)$ 就是 C 为开始时尚未起反应的质量,我们以前用 a 记它. 最后,在第三个公式中,令 $t=0$,就知道 C 是物体放入介质中时,该物体的初温 θ_0,于是最后得到

$$p(h)=p_0\mathrm{e}^{-ch},y(t)=a\mathrm{e}^{-ct},\theta(t)=\theta_0\mathrm{e}^{-ct} \tag{29}$$

52. 误差的估计

当实际测量或不精确计算时,任何一个量 x 会有误差 Δx,Δx 叫作观测的或计算的绝对误差或绝对误差. 它不表示观测的精确程度. 例如测量房子的长度时近 1 cm 的误差,实际上是允许的. 但是对测量两个邻近物体间的距离来讲(如烛与像幕),这样大小的误差就认为太不精确了. 于是引出相对误差的概念. 相对误差就等于绝对误差与这个被测量的量的值之比的绝对值 $\left|\dfrac{\Delta x}{x}\right|$.

现在设某一个量 y 由方程 $y=f(x)$ 确定. 由确定 x 时的误差 Δx,产生误差 Δy. 当 Δy 的值很小时,可以取微分 $\mathrm{d}y$ 作 Δy 的近似值,于是要测的量 y 的相对误差由下式表达:$\left|\dfrac{\mathrm{d}y}{y}\right|$.

例 1 我们知道,用正切电流计,确定电流强度 i 时,用公式 $i=c\cot\varphi$,设 $\mathrm{d}\varphi$ 是读角度 φ 时的误差

$$\mathrm{d}i=\frac{c}{\cos^2\varphi}\mathrm{d}\varphi,\frac{\mathrm{d}i}{i}=\frac{c}{c\cos^2\varphi\cdot\tan\varphi}\mathrm{d}\varphi=\frac{2}{\sin 2\varphi}\mathrm{d}\varphi$$

由此看出,当 φ 靠近 45° 时,确定 i 时的相对误差 $\left|\dfrac{\mathrm{d}i}{i}\right|$ 较小.

例 2 考虑乘积 uv,有

$$\mathrm{d}(uv)=v(\mathrm{d}u)+u(\mathrm{d}v),\frac{\mathrm{d}(uv)}{uv}=\frac{\mathrm{d}u}{u}+\frac{\mathrm{d}v}{v}$$

于是

$$\left|\frac{\mathrm{d}(uv)}{uv}\right|\leqslant\left|\frac{\mathrm{d}u}{u}\right|+\left|\frac{\mathrm{d}v}{v}\right|$$

就是说,乘积的相对误差不大于各因子的相对误差之和.

对于商有同样的法则,因为

$$\mathrm{d}\frac{u}{v}=\frac{v\mathrm{d}u-u\mathrm{d}v}{v^2}$$

$$\frac{\mathrm{d}\dfrac{u}{v}}{\dfrac{u}{v}}=\frac{\mathrm{d}u}{u}-\frac{\mathrm{d}v}{v}$$

$$\left|\frac{\mathrm{d}\dfrac{u}{v}}{\dfrac{u}{v}}\right| \leqslant \left|\frac{\mathrm{d}u}{u}\right| + \left|\frac{\mathrm{d}v}{v}\right|$$

例3 考虑圆面积的公式

$$Q = \pi r^2$$

则

$$\mathrm{d}Q = 2\pi r \mathrm{d}r$$

则

$$\frac{\mathrm{d}Q}{Q} = \frac{2\pi r \mathrm{d}r}{\pi r^2} = 2\frac{\mathrm{d}r}{r}$$

即用上面的公式求圆面积时,面积的相对误差等于确定半径时半径的相对误差的二倍.

例4 如果我们由一个角度的正弦与正切的对数求这个角度 φ,应用微分公式,就有

$$\mathrm{d}(\lg \sin \varphi) = \frac{\cos \varphi \mathrm{d}\varphi}{\lg \sin \varphi}, \mathrm{d}(\lg \tan \varphi) = \frac{\mathrm{d}\varphi}{\lg \tan \varphi \cdot \cos^2 \varphi}$$

因此

$$\mathrm{d}\varphi = \frac{\lg \sin \varphi}{\cos \varphi} \mathrm{d}(\lg \sin \varphi) \tag{30}$$

$$\mathrm{d}\varphi = \lg \sin \varphi \cdot \cos \varphi \cdot \mathrm{d}(\lg \tan \varphi)$$

假设确定 $\lg \sin \varphi$ 与 $\lg \tan \varphi$ 时,我们有同样的误差(这个误差依赖于所用对数表的小数位数).公式(30)中第一式所给 $\mathrm{d}\varphi$ 的绝对值比第二式较大.因为第一式中 $\lg \sin \varphi$ 除以 $\cos \varphi$,而第二式中则乘以 $\cos \varphi$,且 $|\cos \varphi| < 1$,因此求角度时用 $\lg \tan \varphi$ 表比较好.

§3 高级微商与微分

53. 高级微商

我们知道函数 $y = f(x)$ 的微商也是 x 的一个函数.再求它的微商,我们又得到一个新的函数,这叫作原来函数 $f(x)$ 的第二微商或二级微商.记作

$$y'' \text{ 或 } f''(x)$$

求第二微商的微商,就得到三级微商或第三微商
$$y''' \text{ 或 } f'''(x)$$
如此应用求微商的运算. 就可以得到任何级微商 $y^{(n)}$ 或 $f^{(n)}(x)$. 考虑下面的例子:

1) $y = e^{ax}, y' = ae^{ax}, y'' = a^2 e^{ax}, \cdots, y^{(n)} = a^n e^{ax}$.

2) $y = (ax+b)^k, y' = ak(ax+b)^{k-1}, y'' = a^2 k(k-1)(ax+b)^{k-2}, \cdots,$
$y^{(n)} = a^n k(k-1)(k-2)\cdots(k-n+1)(ax+b)^{k-n}$.

3) 我们知道
$$(\sin x)' = \cos x = \sin\left(x + \frac{\pi}{2}\right), (\cos x)' = -\sin x = \cos\left(x + \frac{\pi}{2}\right)$$

即求 $\sin x$ 与 $\cos x$ 的微商时,结果只是把角度增加 $\frac{\pi}{2}$,所以
$$(\sin x)'' = \left[\sin\left(x + \frac{\pi}{2}\right)\right]' = \sin\left(x + 2\frac{\pi}{2}\right) \cdot \left(x + \frac{\pi}{2}\right)' = \sin\left(x + 2\frac{\pi}{2}\right)$$

一般来讲
$$(\sin x)^{(n)} = \sin\left(x + n\frac{\pi}{2}\right), (\cos x)^{(n)} = \cos\left(x + n\frac{\pi}{2}\right)$$

4) $y = \ln(1+x), y' = \dfrac{1}{1+x}, y'' = -\dfrac{1}{(1+x)^2}, y''' = \dfrac{1 \times 2}{(1+x)^3}, \cdots, y^{(n)} = (-1)^{n+1}\dfrac{(n-1)!}{(1+x)^n}$.

5) 考虑几个函数的和
$$y = u + v + w$$
设函数 u, v 与 w 的相当级微商存在,我们应用求和的微商公式计算,就得到
$$y' = u' + v' + w', y'' = u'' + v'' + w'', \cdots, y^{(n)} = u^{(n)} + v^{(n)} + w^{(n)}$$
即和的任何级微商等于各项的该级微商之和,例如
$$y = x^3 - 4x^2 + 7x + 10, y' = 3x^2 - 8x + 7, y'' = 6x - 8, y''' = 6, y^{(4)} = 0$$
并且,一般来讲,当 $n > 3$ 时 $y^{(n)} = 0$,用同样方法能够证明,若 $n > m$,则 m 次多项式的 n 级微商等于 0.

现在考虑两个函数的乘积 $y = uv$ 的微商. 应用求乘积及和的微商的法则,就得到
$$y' = u'v + uv'$$
$$y'' = u''v + u'v' + u'v' + uv'' = u''v + 2u'v' + uv''$$

$$y''' = u'''v + u''v' + 2u''v' + 2u'v'' + u'v'' + uv'''$$
$$= u'''v + 3u''v' + 3u'v'' + uv'''$$

现在提出下面这个求微商的法则：为要求乘积 uv 的 n 级微商，先用牛顿二项式公式展开 $(u+v)^n$，再在得到的展开式中将 u 及 v 的指数换成微商的级指标，并将展开式中首尾两项的零次 ($u^0 = v^0 = 1$) 换成原来函数即可.

这个法则叫作莱布尼兹法则，形式上可以写成下面的样子
$$y^{(n)} = (u+v)^{(n)}$$

我们用数学归纳法证明这个法则是对的. 假设这法则对于 n 级微商是对的，就是说

$$y^{(n)} = (u+v)^{(n)} = u^{(n)}v + \frac{n}{1}u^{(n-1)}v' + \frac{n(n-1)}{2!}u^{(n-2)}v'' + \cdots +$$
$$\frac{n(n-1)\cdots(n-k+1)}{k!}u^{(n-k)}v^{(k)} + \cdots + uv^{(n)} \tag{1}$$

为要得到 $y^{(n+1)}$，求上式对 x 的微商. 依照求乘积的微商的公式，上式中一般项 $u^{(n-k)}v^k$ 就换成 $u^{(n-k+1)}v^{(k)} + u^{(n-k)}v^{(k+1)}$ 的和，但是形式上这个和可以写成
$$u^{n-k}v^k(u+v)$$

实际上，去掉括号，将指数换成微商的级指标，我们就得到 $u^{(n-k+1)}v^{(k)} + u^{(n-k)}v^{(k+1)}$ 的和. 式(1)中每一项都是这样，所以 $y^{(n+1)}$ 就是将式(1)的全部和形式上乘以 $u+v$，结果
$$y^{(n+1)} = (u+v)^{(n)} \cdot (u+v) = (u+v)^{(n+1)}$$

我们已经证明：若莱布尼兹法则对于某一个 n 是对的，则它对于 $n+1$ 也是对的. 但是我们确知这法则当 $n=1,2$ 及 3 时是对的，所以它对于所有 n 的正整数值都是对的.

考虑一个特例
$$y = e^x(3x^2 - 1)$$

求 $y^{(100)}$.

由题意得

$$y^{(100)} = (e^x)^{(100)}(3x^2-1) + \frac{100}{1}(e^x)^{(99)}(3x^2-1)' +$$
$$\frac{100}{1} \times \frac{99}{2}(e^x)^{(98)}(3x^2-1)'' +$$
$$\frac{100}{1} \times \frac{99}{2} \times \frac{98}{3}(e^x)^{(97)}(3x^2-1)''' + \cdots +$$
$$e^x(3x^2-1)^{(100)}$$

其中二次多项式的微商从三级起都等于零. 而
$$(e^x)^{(n)} = e^x$$

我们得到
$$y^{(100)} = e^x(3x^2-1) + 100e^x \cdot 6x + 4\,950e^x \cdot 6 = e^x(3x^2+600x+29\,699)$$

54. 二级微商的力学意义

考虑一个点的直线运动
$$s = f(t)$$
其中 t 是时间, s 是由直线上一定点算起的距离. 求出对于 t 的一级微商, 得到运动的速度
$$v = f'(t)$$
再求第二微商, 就是当 Δt 趋向零时, 比 $\dfrac{\Delta v}{\Delta t}$ 的极限. 这个比 $\dfrac{\Delta v}{\Delta t}$ 表示在时间区间 Δt 上, 速度改变的快慢. 就是在这时间区间上的平均加速度. 而当 Δt 趋向零时, 这个比的极限就是这个运动在时刻 t 的加速度 w, 则
$$w = f''(t)$$
假设 $f(t)$ 是一个二次多项式
$$s = at^2 + bt + c, v = 2at+b, w = 2a$$
就是说加速度 w 是一个常量, 而系数 $a = \dfrac{1}{2}w$, 当 $t=0$ 时, 得到 $b = v_0$, 就是说系数 b 等于初速, 而且 $c = s_0$, 就是说 c 等于由直线上起算点到 $t=0$ 时运动点的位置之间的距离. 将求出的 a, b 与 c 的值代入 s 的表达式中, 得到等加速度($w > 0$) 或等减速度($w < 0$) 运动的距离公式
$$s = \frac{1}{2}wt^2 + v_0 t + s_0$$

一般来讲, 知道距离变化的规律以后, 求对 t 的二级微商, 就能确定加速度 w. 于是应用牛顿第二定律 $f = mw$(m 是运动点的质量), 就能确定出作成这个运动的力 f.

以上所述, 仅适合于直线运动. 由力学可知, 在曲线运动中, $f''(t)$ 只是加速度矢量在轨道的切线上的投影.

例如考虑点 M 的简谐运动, 设 O 为点 M 所在的直线上一定点, 则由点 O 到点 M 的距离 s 由下式确定
$$s = a\sin\left(\frac{2\pi}{\tau}t + \omega\right)$$

其中振幅 a，振动周期 τ 及相 ω 都是常量，求微商就确定出速度 v 与力 f，则

$$v = \frac{2\pi a}{\tau} \cos\left(\frac{2\pi}{\tau} t + \omega\right)$$

$$f = m\omega = -\frac{4\pi^2 m}{\tau^2} a \sin\left(\frac{2\pi}{\tau} t + \omega\right) = -\frac{4\pi^2 m}{\tau^2} s$$

就是说力的大小与线段 OM 的长短成正比，而方向相反. 换句话说，就是力总是在由 M 到 O 的方向，而大小与点 M 到点 O 的距离成正比.

55. 高级微分

现在介绍函数的高级微分的概念，函数 $y = f(x)$ 的微分

$$dy = f'(x)dx$$

是 x 的函数，但是不要忘记自变量的微分 dx 永远算作不依赖于 x[50]，在下面求微商运算中，把 dx 看作像个常因子一样，把 dy 考虑作 x 的函数，就可以作出这个函数的微分，它叫作原来函数 $f(x)$ 的二级微分，用记号 $d^2 y$ 或 $d^2 f(x)$ 来记

$$d^2 y = d(dy) = [f'(x)dx]' dx = f''(x)(dx)^2$$

得到的又是 x 的一个函数. 再求它的微分就是三级微分

$$d^3 y = d(d^2 y) = [f''(x)dx^2]' dx = f'''(x)dx^3$$

一般来讲，继续求微分就得到函数 $f(x)$ 的 n 级微分的表达式

$$d^n f(x) \text{ 或 } d^n y = f^{(n)}(x) dx^n \tag{2}$$

由这公式，可以将 n 级微商表现成商的形式

$$f^{(n)}(x) = \frac{d^n y}{dx^n} \tag{3}$$

现在考虑复合函数 $y = f(u)$ 的情形，其中 u 是某一自变量的函数. 我们知道[50]，这函数的一级微分的形式与 u 是自变量的情形是一样的

$$dy = f'(u)du$$

当确定高级微分时，因为 u 不是自变量，我们就不能再把 du 算作常量，那么得到的公式就与公式(2)的形式不同了.

例如，应用求乘积的微分公式，二级微分就有表达式

$$d^2 y = d[f'(u)du] = du \, d[f'(u)] + f'(u)d(du) = f''(u)du^2 + f'(u)d^2 u$$

与公式(2)比较，它多了一项 $f'(u)d^2 u$.

若 u 是自变量，则 du 算作常量，而 $d^2 u = 0$，现在假设 u 是自变量 t 的线性函数，就是说

$$u = at + b$$

这时 $du = adt$，就是说 du 仍可算作常量，所以这样的复合函数的高级微分就可由公式(2)表达

$$d^n f(u) = f^{(n)}(u) du^n$$

就是说，若 x 是自变量或是一个自变量的线性函数，则表达式(2)用作高级微分是适合的.

由以上关于一级微分的叙述推知，一级微商的公式

$$y'_u = \frac{dy}{du}$$

当 u 不是自变量时，也可以用.

56. 函数的差分

用 h 记自变量的改变量，对应的函数的改变量就是

$$\Delta y = f(x+h) - f(x) \tag{4}$$

它也叫作函数 $f(x)$ 的一级差分. 这差分本身也是 x 的一个函数，我们可以再求它的差分，就是这个新函数在 $x+h$ 的值减掉在 x 的值. 这个新差分叫作原来函数 $f(x)$ 的二级差分，而记作 $\Delta^2 y$，用函数 $f(x)$ 的值来表达 $\Delta^2 y$ 是很容易的

$$\begin{aligned}\Delta^2 y &= \Delta(\Delta y) = [f(x+2h) - f(x+h)] - \\ &\quad [f(x+h) - f(x)] \\ &= f(x+2h) - 2f(x+h) + f(x)\end{aligned} \tag{5}$$

这个二级差分也是 x 的一个函数. 再确定这个函数的差分，就得到原来函数的三级差分. 将等式(5)的右方用 $x+h$ 代 x，再减掉等式(5)的右方，结果就得到 $\Delta^3 y$ 的表达式

$$\begin{aligned}\Delta^3 y &= [f(x+3h) - 2f(x+2h) + f(x+h)] - \\ &\quad [f(x+2h) - 2f(x+h) + f(x)] \\ &= f(x+3h) - 3f(x+2h) + 3f(x+h) - f(x)\end{aligned}$$

由此可以确定任何级差分，而 n 级差分将有下面的表达式

$$\Delta^n y = f(x+nh) - \frac{n}{1}f(x+\overline{n-1}h) + \frac{n(n-1)}{2!}f(x+\overline{n-2}h) - \cdots + (-1)^k \frac{n(n-1)\cdots(n-k+1)}{k!}f(x+\overline{n-k}h) + \cdots + (-1)^n f(x) \tag{6}$$

以上我们确知这公式当 $n=1,2$ 及 3 时是对的. 应用数学归纳法可以把它全部证明. 注意，为要计算 $\Delta^n y$，需先知道变量 x 取

$$x, x+h, x+2h, \cdots, x+nh$$

这些值时,函数 $f(x)$ 的 $n+1$ 个值.变量 x 的这些值作成公差为 h 的等差级数,或者说它们是等距离的值.

当 h 的值很小时,Δy 与 $\mathrm{d}y$ 也差得很少.像这一样,高级差分也可以用作同级微分的近似值.逆之亦然,例如,若只知道一个函数当变量取等距离值时的表,则因为没有函数的分析表达式,就不能正确的求出它的各级微商的值.但是我们可以计算比 $\dfrac{\Delta^n y}{\Delta x^n}$ 作为微商的近似值,用以代替正确的公式(3).现在作函数 $y=x^3$ 在区间 $(2,3)$ 上的差分及微分表为例子.取

$$\Delta x = h = 0.1$$

为作这个表,先算出函数 $y=x^3$ 的相继的值,再由这些值,依照公式(4)算出 Δy 的值,再由这些计算出 $\Delta^2 y$ 等,由此法继续用公式(6)计算差分.再用已知的公式(表顶所注)计算微分,设 $\mathrm{d}x=h=0.1$,如下表:

x	y	Δy	$\Delta^2 y$	$\Delta^3 y$	$\Delta^4 y$	$\mathrm{d}y = 3x^2\mathrm{d}x$	$\mathrm{d}^2 y = 6x\mathrm{d}x^2$	$\mathrm{d}^3 y = 6\mathrm{d}x^3$	$\mathrm{d}^4 y = 0$
2	8.000	1.261	0.126	0.006	0	1.200	0.120	0.006	0
2.1	9.261	1.387	0.132	0.006	0	1.323	0.126	0.006	0
2.2	10.648	1.519	0.138	0.006	0	1.452	0.132	0.006	0
2.3	12.167	1.657	0.144	0.006	0	1.587	0.138	0.006	0
2.4	13.824	1.801	0.150	0.006	0	1.728	0.144	0.006	0
2.5	15.625	1.951	0.156	0.006	0	1.875	0.150	0.006	0
2.6	17.576	2.107	0.162	0.006	0	2.028	0.156	0.006	0
2.7	19.683	2.269	0.168	0.006	—	2.187	0.162	0.006	—
2.8	21.952	2.437	0.174	—	—	2.352	0.168	—	—
2.9	24.389	2.611	—	—	—	2.523	—	—	—
3	27.000	—	—	—	—	—	—	—	—

比较二级微商 y'' 在 $x=2$ 时的正确值与近似值.在这种情形下 $y''=6x$,当 $x=2$ 时,$y''=12$,比 $\dfrac{\Delta^2 y}{h^2}$ 表达它的近似值,当 $x=2$ 时,我们得到

$$\frac{0.126}{(0.1)^2}=12.6$$

若 $f(x)$ 是 x 的多项式

$$y=f(x)=a_0 x^m + a_1 x^{m-1} + \cdots + a_{m-1} x + a_m$$

则用公式 (4) 计算 Δy, 得到 Δy 的表达式是一个 $m-1$ 次多项式, 首项是 $ma_0 hx^{m-1}$. 在 $y=x^3$ 的情形下, Δy 将是 x 的一个二次多项式, $\Delta^2 y$ 是一个一次多项式, $\Delta^3 y$ 是个常量. 而 $\Delta^4 y$ 是零 (与表比较). 读者在练习中可以证明: 上例中, 如表内所录, $d^2 y$ 的值比 $\Delta^2 y$ 落后一个阶段.

§4　应用微商概念研究函数

57. 函数的上升性与下降性的判别法

有了微商的知识, 使我们可能研究函数的主要性质. 我们由一个最简单而最基本的问题开始, 就是函数的上升性与下降性的问题.

若在某一区间上, 自变量较大的值对应于函数较大的值, 即当 $h>0$ 时
$$f(x+h)-f(x)>0$$
则叫作 $f(x)$ 在这区间上上升.

反之, 若 $h>0$ 时
$$f(x+h)-f(x)<0$$
则叫作函数下降.

若是作出函数的图形, 则上升区间将对应于这样的一部分曲线, 在这一部分曲线上, 较大的横坐标对应于较大的纵坐标. 如图 2.14 所示, 若指定方向, OX 轴向右, OY 轴向上, 则函数的上升区间将对应于这样一部分图形, 使得在横坐标增加的方向沿这曲线动时, 就要上升. 反之, 下降区间对应于这样一部分图形, 使得当如上述沿曲线动时, 就要下降. 在图 2.14 上, 图形的一部分 AB 对应于一个上升区间, 另一部分 BC 对应于一个下降区间. 由图直接看出, 第一部分的任意一条切线与正向 OX 轴作成一个角度 α, 由 OX 轴起到这条切线, 这个角度的正切是正的, 而这个角度的正切就相当于一级微商 $f'(x)$. 反之, 在另一部分 BC 上, 正向切线与正向 OX 轴所成角度的正切是负的, 即在这种情形下, $f'(x)$ 是负的. 比较这里得到的结果, 我们引出下面这个法则: $f'(x)>0$ 的区间是函数上升的区间, 而 $f'(x)<0$ 的区间是函数下降的区间.

以上我们由图得到这个法则. 以后我们再给它一个严格的分析证明. 现在应用所得到的法则作几个例子:

1) 证明不等式:

当 $x>0$ 时

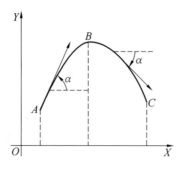

图 2.14

$$\sin x > x - \frac{x^3}{6}$$

先作一个函数

$$f(x) = \sin x - (x - \frac{x^3}{6})$$

求出微商 $f'(x)$，有

$$f'(x) = \cos x - 1 + \frac{x^2}{2}$$

$$= \frac{x^2}{2} - (1 - \cos x)$$

$$= \frac{x^2}{2} - 2\sin^2 \frac{x}{2}$$

$$= 2\left[\left(\frac{x}{2}\right)^2 - \left(\sin \frac{x}{2}\right)^2\right]$$

注意，一个角度的绝对值大于它的正弦的绝对值，于是可以肯定，在区间 $(0, +\infty)$ 上

$$f'(x) > 0$$

即在这区间上，$f(x)$ 上升，但是

$$f(0) = 0$$

所以当 $x > 0$ 时

$$f(x) = \sin x - \left(x - \frac{x^3}{6}\right) > 0$$

即当 $x > 0$ 时

$$\sin x > x - \frac{x^3}{6}$$

2) 同样可以证明：

当 $x>0$ 时
$$x>\ln(1+x)$$
作函数
$$f(x)=x-\ln(1+x)$$
于是
$$f'(x)=1-\frac{1}{1+x}$$
由这表达式显见，当 $x>0$ 时
$$f'(x)>0$$
即在区间 $(0,+\infty)$ 上，$f(x)$ 上升，但是
$$f(0)=0$$
于是推知当 $x>0$ 时
$$f(x)=x-\ln(1+x)>0$$
即当 $x>0$ 时
$$x>\ln(1+x)$$

3) 考虑在 [31] 中谈过的开普勒方程
$$x=q\sin x+a \quad (0<q<1)$$
我们可以先写成
$$f(x)=x-q\sin x-a=0$$
求微商 $f'(x)$，得到
$$f'(x)=1-q\cos x$$
注意，乘积 $q\cos x$ 的绝对值小于 1，因为 q 的条件是在 0 与 1 之间. 于是可以肯定，当 x 取任意一个值时，$f'(x)>0$，所以在区间 $(-\infty,+\infty)$ 内，$f(x)$ 上升. 于是推知，$f(x)$ 至多有一次等于零，就是，开普勒方程至多有一个实根.

若常量 a 是 π 的整数倍，即 $a=k\pi$，其中 k 是一个整数，则当 $x=k\pi$ 时，直接得到 $f(k\pi)=0$，于是，$x=k\pi$ 就是这个开普勒方程的唯一的根. 若 a 不是 π 的整数倍，则可以求出这样一个整数 k，使得
$$k\pi<a<(k+1)\pi$$
令 $x=k\pi$ 以及 $(k+1)\pi$，得到
$$f(k\pi)=k\pi-a<0$$
$$f(\overline{k+1}\pi)=(k+1)\pi-a>0$$
但是，若 $f(k\pi)$ 与 $f(\overline{k+1}\pi)$ 异号，在区间 $(k\pi,\overline{k+1}\pi)$ 内至少有一个 x 的值，使

得 $f(x)$ 等于零[35]. 即这个开普勒方程的唯一的根要在这区间内.

4) 考虑一个方程
$$f(x) = 3x^5 - 25x^3 + 60x + 15 = 0$$
求出微商 $f'(x)$,并且令它等于零
$$f'(x) = 15x^4 - 75x^2 + 60 = 15(x^4 - 5x^2 + 4) = 0$$
解这个四次方程,当 $x = -2, -1, 1$ 和 2 时,$f'(x)$ 等于零.

由此,我们可以把区间 $(-\infty, +\infty)$ 分成五个区间
$$(-\infty, -2), (-2, -1), (-1, 1), (1, 2), (2, +\infty)$$
在每一个区间内,$f'(x)$ 保持不变号,所以 $f(x)$ 的变化是单调的,即或者上升,或者下降. 于是在每一个区间内至多有一个根. 若在某一个区间的两端,$f(x)$ 的值异号,则方程 $f(x) = 0$ 在这区间内必有一个根. 若在两端 $f(x)$ 的值同号,则在对应的区间内没有根. 由此,为要确定这个方程的根的数目,只要确定,在上述五个区间的各端,$f(x)$ 的符号即可.

当 $x \to \pm\infty$ 时,为确定 $f(x)$ 的情形,把 $f(x)$ 写作
$$f(x) = x^5 \left(3 - \frac{25}{x^2} + \frac{60}{x^4} + \frac{15}{x^5} \right)$$
当 x 趋向 $-\infty$ 时,x^5 趋向 $-\infty$,而括号内的因子趋向 3,于是 $f(x)$ 趋向 $-\infty$. 同理,当 x 趋向 $+\infty$ 时,$f(x)$ 趋向 $+\infty$. 代入 $x = -2, -1, 1$ 与 2 诸值,得到下表:

x	$-\infty$	-2	-1	1	2	$+\infty$
$f(x)$	$-$	$-$	$-$	$+$	$+$	$+$

$f(x)$ 只有在区间 $(-1, 1)$ 的两端异号,于是推知,所考虑的方程只是在这区间内有一个实根.

以上我们确定了在一个区间上一个函数的上升性与下降性. 有时我们也说一个函数在一点 $x = x_0$ 上升或是下降. 那是下面的意义:若对于与 x_0 足够近的 x 来讲,当 $x < x_0$ 时,$f(x) < f(x_0)$,且当 $x > x_0$ 时,$f(x) > f(x_0)$,则当 $x = x_0$ 时,这个函数上升. 类似的可以给出一个函数在一点下降的定义. 由微商概念,直接推出,在一点 x_0 上升与下降的一个充分条件,就是,若 $f'(x_0) > 0$,则这函数在点 x_0 上升,若 $f'(x_0) < 0$,则在点 x_0 函数下降. 实际上,若 $f'(x_0) > 0$,则因为关系式
$$\frac{f(x_0 + h) - f(x_0)}{h}$$

以 $f'(x_0)$ 为极限,所以当 h 的绝地值足够小时,这个关系式有正值,就是分子与分母同号. 换句话说,就是,当 $h > 0$ 时
$$f(x_0+h)-f(x_0)>0$$
当 $h < 0$ 时
$$f(x_0+h)-f(x_0)<0$$
所以 $f(x)$ 在点 x_0 上升.

58. 函数的极大值与极小值

再考虑某一个函数 $f(x)$ 的图形(图 2.15). 在这个图形上,相继的有些函数的上升区间以及下降区间. $\overset{\frown}{AM_1}$ 对应于一个上升区间. 在它后面的 $\overset{\frown}{M_1M_2}$ 对应于一个下降区间. 再后面的 $\overset{\frown}{M_2M_3}$ 又对应于一个上升区间. 每一个上升区间与下降区间的接触点对应于曲线的一个顶点. 例如,考虑顶点 M_1,这个顶点的纵坐标大于所有与它足够近的左右各点的纵坐标. 我们说,这样的顶点对应于函数 $f(x)$ 的一个极大值.

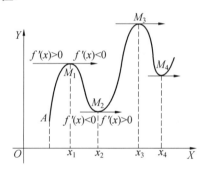

图 2.15

由此引出下面这个一般的分析的定义:若函数 $f(x)$ 在点 $x=x_1$ 的值 $f(x_1)$ 大于所有与它足够近的点的函数值,即若当 h 的绝对值足够小时,无论 h 是正的还是负的,函数的改变量
$$f(x_1+h)-f(x_1)<0$$
就说是 $f(x)$ 在点 $x=x_1$ 达到一个极大值.

再考虑顶点 M_2. 相反的,在这个顶点的纵坐标小于它所有的左右邻近的纵坐标,我们说这个顶点对应于函数的一个极小值. 分析的定义就是:若当 h 的绝对值足够小时,无论 h 是正的还是负的,总满足条件
$$f(x_2+h)-f(x_2)>0$$
就说 $f(x)$ 在点 $x=x_2$ 达到一个极小值.

由图 2.16 我们看到,在对应于函数的极大值的顶点与对应于函数的极小值的顶点,切线都平行于 OX 轴.即它的斜率等于零.但是并不只是在顶点才会有平行于 OX 轴的切线.例如,图 2.16 上,曲线上的点 M 并不是一个顶点,而在这点的切线平行于 OX 轴.

现在设在某一个值 $x=x_0$,$f'(x)$ 等于零,即在图形上对应的位置,切线平行于 OX 轴.我们讨论当 x 的值与 x_0 很近时,$f'(x)$ 的符号.

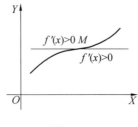

图 2.16

考虑下面三种情形:

Ⅰ.当 x 的值小于 x_0 时,$f'(x)$ 是正的;而当 x 的值大于 x_0 时,$f'(x)$ 是负的.换句话说,就是,当 x 经过 x_0 时,$f'(x)$ 由正值经过零到负值.在这种情形下,在 $x=x_0$ 之左,有一个上升区间,在 $x=x_0$ 之右有一个下降区间.$x=x_0$ 对应于曲线的一个顶点,它给出函数 $f(x)$ 的一个极大值(图 2.15).

Ⅱ.当 x 的值小于 x_0 时,$f'(x)$ 是负的;而当 x 的值大于 x_0 时,是正的,就是 $f'(x)$ 由负值经过零到正值.在这种情形下,在 $x=x_0$ 之左,有一个下降区间,在 $x=x_0$ 之右有一个上升区间.$x=x_0$ 对应于曲线的一个顶点,它给出函数的一个极小值(图 2.15).

Ⅲ.当 x 的值无论是小于或是大于 x_0 时,$f'(x)$ 有同一的符号.例如,假设总是正号,在这种情形下,所对应的图形上的点在一个上升区间之内,于是不是一个顶点(图 2.16).

由以上所述,引出下面一个法则,用以求那些 x 的值,使得 $f(x)$ 达到极大值或是极小值:

1) 求 $f'(x)$;
2) 求使 $f'(x)$ 等于零的 x 的值,即解方程 $f'(x)=0$;
3) 依照下表,讨论经过这些值时 $f'(x)$ 的符号的改变情形:

x	x_0-h	x_0	x_0+h	$f(x)$
$f'(x)$	$+$		$-$	极大值
	$-$	0	$+$	极小值
	$+$		$+$	上 升
	$-$		$-$	下 降

在这个表中，x_0-h 与 x_0+h 两个记号的下边应当确定出：当 x 的值小于 x_0 与大于 x_0 而与它足够近时的 $f'(x)$ 的符号. 这里 h 算作足够小的正数.

这样讨论时，假定 $f'(x_0)=0$，但是，对于所有的 x 的值，与 x_0 足够近而不是 x_0 时，$f'(x)$ 不等于零.

还要提出，在图 2.16 中，设点 M 的横坐标是 x_0，过点 M 的切线通过曲线的两侧. 在上述情形下，$f'(x_0)=0$，并且对于所有与 x_0 足够近而不是 x_0 的 x 的值，$f'(x)>0$，于是在这一段曲线上，有一个点的横坐标是 x_0，纵然 $f'(x_0)=0$，但是它是一个上升区间的内点.

有时，极大值的定义与以上所述略有不同：若函数 $f(x)$ 在点 $x=x_0$ 的值 $f(x_0)$ 不小于所有与它足够近的点的函数值，就是，当 h 的绝对值足够小时，无论 h 是正的还是负的，函数的改变量

$$f(x_1+h)-f(x_1) \leqslant 0$$

就说是 $f(x)$ 在点 x_0 达到一个极大值. 类似的可以由不等式

$$f(x_2+h)-f(x_2) \geqslant 0$$

确定在点 x_2 的极小值. 用这个定义时，若一个函数在一个有极大值或极小值的点，微商存在，则像以上一样，这个微商应当等于零.

例 1 求函数

$$f(x)=(x-1)^2(x-2)^3$$

的极大值与极小值.

求出一级微商

$$\begin{aligned} f'(x) &= 2(x-1)(x-2)^3+3(x-1)^2(x-2)^2 \\ &= (x-1)(x-2)^2(5x-7) \\ &= 5(x-1)(x-2)^2\left(x-\frac{7}{5}\right) \end{aligned}$$

由最后的表达式看出，当自变量取下列各值时

$$x_1=1, x_2=\frac{7}{5}, x_3=2$$

$f'(x)$ 等于零.

讨论这些情形. 当 $x=1$ 时,因子 $(x-2)^2$ 有正号,因子 $x-\dfrac{7}{5}$ 有负号. 当 x 的值与 1 足够近时,无论是大些还是小些,这两个因子的符号就是这样. 于是推知,当 x 的值与 1 足够近时,这两个因子的乘积一定有负号. 再考虑因子 $x-1$,当 $x=1$ 时,它等于零,$x<1$ 时,它有负号,而 $x>1$ 时,它有正号. 由此,整个乘积,也就是 $f'(x)$,当 $x<1$ 时,有正号,当 $x>1$ 时,有负号. 由此推知,$x=1$ 对应于函数 $f(x)$ 的一个极大值. 在函数 $f(x)$ 的表达式中,令 $x=1$,就得到所求的极大值,即这个函数的图形上顶点的纵坐标 $f(1)=0^2 \cdot (-1)^3=0$,类似的再考虑其余的值 $x_2=\dfrac{7}{5}$ 与 $x_3=2$,我们得到下表:

x	$1-h$	1	$1+h$	$\dfrac{7}{5}-h$	$\dfrac{7}{5}$	$\dfrac{7}{5}+h$	$2-h$	2	$2+h$
$f'(x)$	$+$	0	$-$	$-$	0	$+$	$+$	0	$+$
$f(x)$	上升	0 极大值	下降		$-\dfrac{108}{3\,125}$ 极小值	上升			

用上述方法讨论函数的极大值与极小值,有些麻烦,特别是在较复杂的问题中,当 x 取比考察的值较大与较小的值时,确定 $f'(x)$ 的符号,会相当费事. 不过在很多问题中,可以考虑二级微商 $f''(x)$,避免这种麻烦. 假设当 $x=x_0$ 时,$f'(x_0)=0$,代入这个值 $x=x_0$ 在二级微商的表达式中,假设得到一个正量,即 $f''(x_0)>0$,由于 $f''(x)$ 是 $f'(x)$ 的微商,在点 $x=x_0$ 这个微商有正值,就是说函数 $f'(x)$ 在对应的位置上升,当 $f'(x)$ 在点 $x=x_0$ 经过零时,应当由负值到正值. 由此,若 $f''(x_0)>0$,则函数 $f(x)$ 在点 $x=x_0$ 达到一个极小值. 同理可证,若 $f''(x_0)<0$,则函数 $f(x)$ 在点 $x=x_0$ 达到一个极大值. 最后,若代入 $x=x_0$ 在二级微商的表达式中得到零,即 $f''(x_0)=0$,则不能用二级微商来讨论 $x=x_0$ 的情形,就只好直接讨论 $f'(x)$ 的符号. 由此,我们得到下表:

x	$f'(x)$	$f''(x)$	$f(x)$
x_0	0	$-$	极大值
		$+$	极小值
		0	不一定

由以上所述,直接推知,应用二级微商时,不等式 $f''(x) \leqslant 0$ 是极大值的必要条件,而 $f''(x) \geqslant 0$ 是极小值的必要条件. 如果我们用
$$f(x_1+h)-f(x_1) \leqslant 0$$
作极大值的条件,而
$$f(x_2+h)-f(x_2) \geqslant 0$$
作极小值的条件,这仍然是对的.

例 2 求函数
$$f(x)=\sin x+\cos x$$
的极大值与极小值. 这个函数以 2π 为周期,即当以 $x+2\pi$ 代替 x 时,它不改变. 所以只讨论 x 取由 0 到 2π 这个区间上的值即可.

求出一级与二级微商
$$f'(x)=\cos x-\sin x$$
$$f''(x)=-\sin x-\cos x$$
令一级微商等于零,得到一个方程
$$\cos x-\sin x=0 \text{ 或 } \tan x=1$$
这个方程在区间 $(0,2\pi)$ 上的根是
$$x_1=\frac{\pi}{4}, x_2=\frac{5\pi}{4}$$
讨论 x 取这两个值时的 $f''(x)$ 的符号
$$f''\left(\frac{\pi}{4}\right)=-\sin\frac{\pi}{4}-\cos\frac{\pi}{4}=-\sqrt{2}<0$$
极大值
$$f\left(\frac{\pi}{4}\right)=\sqrt{2}$$
若
$$f''\left(\frac{5\pi}{4}\right)=-\sin\frac{5\pi}{4}-\cos\frac{5\pi}{4}=\sqrt{2}>0$$
极小值
$$f\left(\frac{5\pi}{4}\right)=-\sqrt{2}$$

最后,我们提出当求极大值与极小值时,有时发生的一种情形. 可能一个函数的图形有这样的点,在这些点上,切线或是不存在,或是平行于 OY 轴(图 2.17). 在第一种这样的点上,微商 $f'(x)$ 不存在;在第二种的点上,它成为无穷大,因为平行于 OY 轴的切线的斜率是无穷大. 但是由图 2.17 直接看到,这样的点可

以是函数的极大值或极小值.由此,严格来讲,以上所述求函数的极大值与极小值的法则,应当补充上下面一句话:函数的极大值与极小值,不仅是在使 $f'(x)$ 等于零的点出现,而在 $f'(x)$ 不存在或是成为无穷大的点也会出现.讨论后一类的点时,要用上述的第一个办法,就是要看,当 x 取较大与较小的值时,$f'(x)$ 的符号.

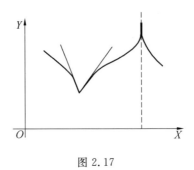

图 2.17

例 3 求函数
$$f(x) = (x-1)\sqrt[3]{x^2}$$
的极大值与极小值.

求出一级微商
$$f'(x) = \sqrt[3]{x^2} + \frac{2(x-1)}{3\sqrt[3]{x}} = \frac{5}{3} \cdot \frac{x - \frac{2}{5}}{\sqrt[3]{x}}$$

当 $x = \frac{2}{5}$ 时,它等于零. 当 $x = 0$ 时,成为无穷大. 讨论后一个值: 当 $x = 0$ 时,分子有负号,于是当 x 取与零足够近的值时,无论大于零还是小于零,分子总有负号. 当 $x < 0$ 时,分母有负号;而当 $x > 0$ 时,分母有正号. 于是推知,当 $x < 0$ 而与零足够近时,整个分式有正号,而当 $x > 0$ 时,为负号,就是,当 $x = 0$ 时,有一个极大值 $f(0) = 0$. 在点 $x = \frac{2}{5}$ 有一个极小值
$$f\left(\frac{2}{5}\right) = -\frac{3}{5}\sqrt[3]{\frac{4}{25}} = -\frac{3}{25}\sqrt[3]{20}$$

59. 作图

注意到函数 $f(x)$ 的极大值与极小值,使得作这函数的图形比较容易. 现在用下面几个例子阐明作函数图形的简单办法.

1) 设要作函数
$$y = (x-1)^2(x-2)^3$$
的图形,我们用前一段的讨论,得到这条曲线的两个顶点,一个极大值$(1,0)$,一个极小值$\left(\dfrac{7}{5}, -\dfrac{108}{3\,125}\right)$. 在图上标记出这两个点. 此外,再标记出这条曲线在两轴上的截点. 当 $x=0$ 时,$y=-8$,即 OY 轴上的截距是 $y=-8$. 令 y 等于零,即
$$(x-1)^2(x-2)^3 = 0$$
得到 OX 轴上的截距. 一个是 $x=1$,我们已经说过,它是一个顶点;另一个是 $x=2$,如前一段中所说,它不是一个顶点,但是这图形上对应点的切线平行于 OX 轴. 图 2.18 表示这条曲线的图形.

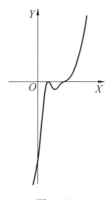

图 2.18

2) 画曲线
$$y = e^{-x^2}$$
求出一级微商
$$y' = -2x e^{-x^2}$$
令 $y'=0$,得到 $x=0$,不难看出,它对应于这条曲线的一个顶点(极大值),纵坐标是 $y=1$,这个点也就是这曲线在 OY 轴上的截点. 再令 $y=0$,得到一个方程 $e^{-x^2}=0$,它没有解,就是这曲线在 OX 轴上没有截点. 此外,还要注意,当 x 趋向 $+\infty$ 或 $-\infty$ 时,e^{-x^2} 的方幂 $-x^2$ 趋向 $-\infty$,于是 e^{-x^2} 趋向零,即当向左右两方无限远移时,曲线与 OX 轴无限接近. 由以上得到的性质作出这条曲线,如图 2.19 所示.

3) 作曲线
$$y = e^{-ax} \sin bx \quad (a>0)$$

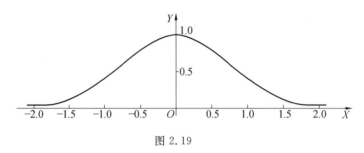

图 2.19

它的图形叫作阻尼振动图形. 因子 $\sin bx$ 的绝对值不大于 1, 所以全部曲线要在

$$y = e^{-ax} \text{ 与 } y = -e^{-ax}$$

两条曲线之间.

当 x 趋向 $+\infty$ 时, 因子 e^{-ax} 趋向零, 于是 $e^{-ax}\sin bx$ 趋向零. 即当向右无限远移时, 曲线与 OX 轴无限接近. 这条曲线在 OX 轴上的截距由方程

$$\sin bx = 0$$

确定, 即

$$x = \frac{k\pi}{b} \quad (k \text{ 为整数})$$

求出一级微商

$$y' = -ae^{-ax}\sin bx + be^{-ax}\cos bx = e^{-ax}(b\cos bx - a\sin bx)$$

但是我们知道, 括号内的表达式可以表示成下面的形式

$$b\cos bx - a\sin bx = k\sin(bx + \varphi_0)$$

其中 k 与 φ_0 是常量. 令一级微商等于零, 得到一个方程

$$\sin(bx + \varphi_0) = 0$$

这方程给出

$$bx + \varphi_0 = k\pi$$

即

$$x = \frac{k\pi - \varphi_0}{b} \quad (k \text{ 为整数}) \tag{1}$$

每当经过这样一个值时, $k\sin(bx + \varphi_0)$ 变一次号. 因为因子 e^{-ax} 不变号, 所以一级微商

$$y' = ke^{-ax}\sin(bx + \varphi_0)$$

也同样变号. 于是推知, 这些根依次对应于这个函数的极大值与极小值.

若是没有指数因子 e^{-ax}, 就只是一个正弦曲线

$$y = \sin bx$$

它的顶点的横坐标要由方程

$$\cos bx = 0$$

得出，即

$$x = \frac{(2k-1)\pi}{2b} \quad (k \text{ 为整数}) \tag{1'}$$

由此，我们看出，指数因子不仅影响振动的振幅，也改变了这条曲线各个顶点的横坐标．比较方程(1)与(1')，不难看出，这些横坐标差一个常量 $\left(-\frac{\pi}{2b}-\frac{\varphi_0}{b}\right)$．

图 2.20 表示当 $a=1, b=2\pi$ 时的一个阻尼振动的图形．虚线对应于方程 $y=\pm e^{-ax}$ 的图形．这条曲线的顶点不在虚线曲线上，如上所述，差一个常量．

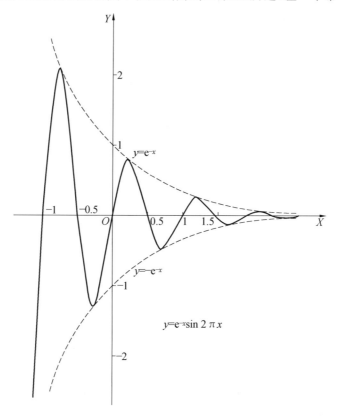

图 2.20

4）作曲线

$$y = \frac{x^3 - 3x}{6}$$

求出一级与二级微商

$$y' = \frac{x^2 - 1}{2}$$
$$y'' = x$$

令一级微商等于零,得到 $x_1=1$ 与 $x_2=-1$,代入这些值到二级微商中,确知第一个值对应于一个极小值,第二个值对应于一个极大值. 代入这些值到 y 的表达式中,确定这条曲线的对应顶点

$$\left(-1, \frac{1}{3}\right), \left(1, -\frac{1}{3}\right)$$

令 $x=0$,得到 $y=0$,即坐标原点 $(0,0)$ 在这条曲线上. 最后,令 $y=0$,除 $x=0$ 外,得到两个值 $x=\pm\sqrt{3}$,即这曲线与坐标轴的交点是 $(0,0),(\sqrt{3},0)$ 与 $(-\sqrt{3},0)$. 再注意,当用 $-x$ 与 $-y$ 代替 x 与 y 时,方程的两侧都只变号,即坐标原点是这条曲线的对称中心(图 2.21).

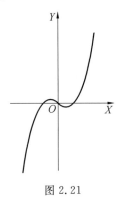

图 2.21

60. 函数的最大值与最小值

现在考虑当自变量 x 取区间 (a,b) 上的值时,函数 $f(x)$ 的值,我们要求这些值的最大的与最小的. 若函数 $f(x)$ 连续,则如[35]所述,它必定达到一个最大值与一个最小值,即这函数对应的图形在这区间上必有一个最大的纵坐标与一个最小的纵坐标. 应用前述法则,我们可以求出函数在这区间 (a,b) 内所有的极大值与极小值. 若函数 $f(x)$ 在这区间内有最大值,则这个最大值就是在区间 (a,b) 内函数诸极大值中的最大的. 但是有时最大值不在区间内,而在它的一端 $x=a$ 或 $x=b$. 所以,求一个函数的最大值时,不仅要比较区间内所有的极大值,也要注意在区间两端的函数值. 同样,确定一个函数的最小值时,要求出在区间内所有的极小值,以及当 $x=a$ 与 $x=b$ 时的函数的值. 这里我们提出,极大值与极小值可以都没有,但是,一个连续函数在一个有界区间 (a,b) 上,一定

有一个最大值与一个最小值.

现在提出几个特殊情形,这时求最大值与最小值特别简单.例如,若函数 $f(x)$ 在区间 (a,b) 上上升,显然,当 $x=a$ 时,它取最小值;当 $x=b$ 时,它取最大值,对于下降函数恰好相反.

若在这区间内,函数有一个极大值,而没有极小值,则这个唯一的极大值就是这函数的最大值(图 2.22),因此,在这种情形下,要确定一个函数的最大值,就不必定出在区间两端的函数值.同理,若函数在一个区间内有一个极小值,而没有极大值,则这个极小值就是函数的最小值.在下面前四个问题中,都有这里所说的情形出现.

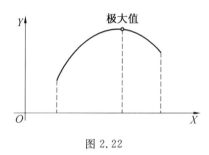

图 2.22

1) 给定一条线段,长度为 l,试把它分为两段,使得以这两段作边的矩形,面积最大.

设 x 是其中一段的长度,$l-x$ 是另一段的长度.由于矩形的面积等于两邻边的乘积,这个问题就是要求这样一个 x 的值,使得在区间 $(0,l)$ 上,当 x 取这个值时,函数
$$f(x)=x(l-x)$$
达到最大值.

求出一级与二级微商
$$f'(x)=(l-x)-x=l-2x, f''(x)=-2<0$$
令一级微商等于零,只得到一个值 $x=\dfrac{l}{2}$,因为 $f''(x)$ 总是负的,所以它对应于一个极大值.由此,求得边长为 $\dfrac{l}{2}$ 的正方形面积最大.

2) 由半径为 R 的圆上割去一个扇形,把剩下的部分围成一个圆锥,试求割去扇形的角度多大时,所作的圆锥容积最大.

我们不用割去扇形的角度作自变量 x,而用 2π 减掉这个角度,就是说剩下的扇形的角度是 x.当 x 的值逼近 0 或 2π 时,圆锥的容积都逼近零,显然,在区

间$(0,2\pi)$内,有这样一个 x 的值存在,使得这个容积最大.

把剩下的部分围成圆锥时(图 2.23),斜高等于 R,底面周长等于 Rx,底面半径为 $r=\dfrac{Rx}{2\pi}$,高

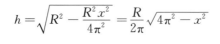

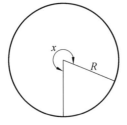

图 2.23

这圆锥的容积就是

$$v(x)=\frac{1}{3}\pi\frac{R^2x^2}{4\pi^2}\cdot\frac{R}{2\pi}\sqrt{4\pi^2-x^2}=\frac{R^3}{24\pi^2}x^2\sqrt{4\pi^2-x^2}$$

求这个函数的极大值时,我们可以不管常因子 $\dfrac{R^3}{24\pi^2}$. 剩下的乘积 $x^2\sqrt{4\pi^2-x^2}$ 是正的,于是当它的平方达到最大值时,它也达到最大值. 由此,我们可以在区间$(0,2\pi)$内考虑函数

$$f(x)=4\pi^2x^4-x^6$$

求出一级微商

$$f'(x)=16\pi^2x^3-6x^5$$

对于全部 x 值,它都存在. 令它等于零,得到三个值

$$x_1=0,\ x_2=-2\pi\sqrt{\frac{2}{3}},\ x_3=2\pi\sqrt{\frac{2}{3}}$$

前两个值不在区间$(0,2\pi)$内,在这区间内的,只有一个值 $x_3=2\pi\sqrt{\dfrac{2}{3}}$,但是以上我们知道在这区间内应当有一个极大值,于是不必讨论,就可以肯定,x_3 对应于有最大容积的圆锥.

3) 直线 L 将平面分为两部分介质 Ⅰ 与 Ⅱ. 一个点在介质 Ⅰ 中运动的速率是 v_1,在介质 Ⅱ 中运动的速率是 v_2. 试求这个点经过怎样一个路线时,由介质 Ⅰ 内点 A 到介质 Ⅱ 内点 B 能够最快.

设 $\overline{AA_1}$ 与 $\overline{BB_1}$ 各为由 A 与 B 到直线 L 的垂线,记作

$$\overline{AA_1}=a, \overline{BB_1}=b, \overline{A_1B_1}=c$$

并且直线 L 上的坐标由 A_1 算起,以 $\overline{A_1B_1}$ 为正向(图 2.24).

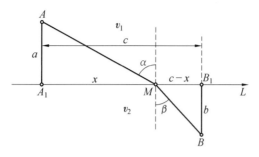

图 2.24

显然,在介质 Ⅰ 以及介质 Ⅱ 中,这个点的路线都应当是直线,但是沿直线 AB 的路线不一定就是"最快的路线". 所以"最快的路线"应当由两条直线段 $\overline{AM}$ 与 $\overline{MB}$ 组成,其中,点 M 在直线 L 上. 取点 M 的坐标 x 作自变量,时间 t 就由下面这个公式确定于区间 $(-\infty, +\infty)$ 上

$$t=f(x)=\frac{\overline{AM}\text{之长}}{v_1}+\frac{\overline{MB}\text{之长}}{v_2}=\frac{\sqrt{a^2+x^2}}{v_1}+\frac{\sqrt{b^2+(c-x)^2}}{v_2}$$

现在要求它的最小值.

求出一级与二级微商

$$f'(x)=\frac{x}{v_1\sqrt{a^2+x^2}}-\frac{c-x}{v_2\sqrt{b^2+(c-x)^2}}$$

$$f''(x)=\frac{a^2}{v_1(a^2+x^2)^{\frac{3}{2}}}+\frac{b^2}{v_2[b^2+(c-x)^2]^{\frac{3}{2}}}$$

对于全部的 x 值,这两个微商都存在,并且 $f''(x)$ 总有正号. 于是 $f'(x)$ 在区间 $(-\infty, +\infty)$ 上上升,所以最多有一次等于零. 但是

$$f'(0)=-\frac{c}{v_2\sqrt{b^2+c^2}}<0$$

而

$$f'(c)=\frac{c}{v_1\sqrt{a^2+c^2}}>0$$

所以方程

$$f'(x)=0$$

在 0 与 c 之间,有一个唯一的根,因为 $f''(x)>0$,它对应于函数 $f(x)$ 的极小值. 坐标 0 与 c 各对应于点 A_1 与 B_1,所以,未知点 M 必在点 A_1 与 B_1 之间.

现在解释所求的解的几何意义,过点 M 作直线 L 的垂线,线段 $\overline{AM}$, $\overline{BM}$ 与这垂线的交角各记作 α,β. 未知点 M 的坐标 x 应当使得 $f'(x)$ 等于零,即应当满足方程

$$\frac{x}{v_1\sqrt{a^2+x^2}} = \frac{c-x}{v_2\sqrt{b^2+(c-x)^2}}$$

这可以写成

$$\frac{\overline{A_1M}}{v_1|\overline{AM}|} = \frac{\overline{MB_1}}{v_2|\overline{BM}|}$$

或

$$\frac{\sin\alpha}{v_1} = \frac{\sin\beta}{v_2}$$

即

$$\frac{\sin\alpha}{\sin\beta} = \frac{v_1}{v_2}$$

所以在"最快的路线"中,α 与 β 的正弦之比等于在介质 I 与 II 中速率的比. 这个结果正如同光的折射定律,于是推知,光的折射是这样的,光线由一种介质中的一点到另一种介质中的一点时,选择"最快的路线".

4) 设在实验中确定一个量 x,由于仪器的不精确,对同一个量作几次观测,会得到 n 个不同的值

$$a_1, a_2, a_3, \cdots, a_n$$

若量 x 的某一个值与这 n 个值之差的平方和最小,这个值叫作量 x 的"最可能的"值. 由此,求这个值就要求一个 x 的值使得函数

$$f(x) = (x-a_1)^2 + (x-a_2)^2 + \cdots + (x-a_n)^2$$

在区间 $(-\infty, +\infty)$ 上有最小值.

求出一级与二级微商

$$f'(x) = 2(x-a_1) + 2(x-a_2) + \cdots + 2(x-a_n)$$
$$f''(x) = 2 + 2 + \cdots + 2 = 2n > 0$$

令一级微商等于零,得到唯一的一个解

$$x = \frac{a_1 + a_2 + \cdots + a_n}{n}$$

因为二级微商是正的,所以这个值对应于一个极小值. 由此,x 的"最可能的"值,就是由观测得到的值的算术平均值.

5) 求一点 M 到一个圆周的最短距离.

取圆心 O 作坐标原点,直线 OM 作 OX 轴. 设 $OM = a$,圆周的半径是 R,圆

周的方程是
$$x^2 + y^2 = R^2$$
点 M 的坐标是 $(a,0)$, 由点 M 到圆周上任意一点的距离是
$$\sqrt{(x-a)^2 + y^2}$$
现在求这个距离的平方的最小值. 由圆周的方程, 得到 y^2 的表达式 $R^2 - x^2$, 代入到距离的平方的表达式中得到一个函数
$$f(x) = (x-a)^2 + (R^2 - x^2) = -2ax + a^2 + R^2$$
其中自变量 x 可以在区间 $-R \leqslant x \leqslant R$ 上改变. 因为一级微商
$$f'(x) = -2a$$
无论 x 取什么值, 总是负的, 所以 $f(x)$ 总是下降的, 于是, 在区间的右端, 当 $x = R$ 时, 它达到最小值. 最短距离就是线段 $\overline{PM}$ 的长 (图 2.25).

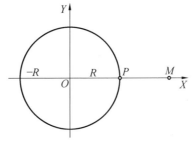

图 2.25

6) 在已知正圆锥中, 作一个内接正圆柱, 使得它的全面积最大.

用 R 与 H 各记圆锥的底面半径与高, r 与 h 各记圆柱的底面半径与高. 要求函数
$$S = 2\pi r^2 + 2\pi r h$$
的最大值.

因为这个圆柱内接于一个已知圆锥, r 与 h 有条件限制. 由相似三角形 ABD 与 AMN, 得到 (2.26)
$$\frac{\overline{MN}}{\overline{AN}} = \frac{\overline{BD}}{\overline{AD}}$$
或
$$\frac{h}{R-r} = \frac{H}{R}$$
由此
$$h = \frac{R-r}{R} H$$

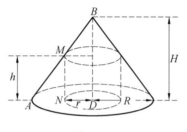

图 2.26

代入这个 h 的值到 S 的表达式中,得到

$$S = 2\pi\left[r^2 + rH\left(1 - \frac{r}{R}\right)\right]$$

由此,S 就是一个自变量 r 的函数,r 可以在区间 $0 \leqslant r \leqslant R$ 上改变. 求出一级和二级微商

$$\frac{dS}{dr} = 2\pi\left(2r + H - \frac{2r}{R}H\right), \frac{d^2S}{dr^2} = 4\pi\left(1 - \frac{H}{R}\right)$$

令 $\dfrac{dS}{dr}$ 等于零,得到 r 的一个值

$$r = \frac{HR}{2(H-R)} \tag{2}$$

为使这个值在区间 $(0, R)$ 内,它必须满足不等式

$$0 < \frac{HR}{2(H-R)} \text{ 与 } \frac{HR}{2(H-R)} < R \tag{3}$$

第一个不等式相当于说 H 应当大于 R,把第二个不等式两侧用一个正量 $2(H-R)$ 乘,得到

$$R < \frac{H}{2}$$

适合这个条件时,$\dfrac{d^2S}{dr^2}$ 有负号. 于是值 (2) 对应于函数 S 的唯一的极大值,也就是这时这个圆柱有最大的全面积. 只要把 r 的值 (2) 代入到 S 的表达式中,就可以确定这个量.

现在假设值 (2) 不在区间 $(0, R)$ 内,即不等式 (3) 中有一个不被满足. 这时有两个可能:或者 $H \leqslant R$,或者 $H > R$,但是 $R \geqslant \dfrac{H}{2}$. 这两种情形都满足不等式

$$H \leqslant 2R \tag{4}$$

把 $\dfrac{dS}{dr}$ 的表达式写成

134

$$\frac{dS}{dr}=2\pi(2r+H-\frac{2r}{R}H)=\frac{2\pi}{R}[(2R-H)r+H(R-r)]$$

由这个表达式看出,当 $0<r<R$,而 R 与 H 满足式(4)时, $\frac{dS}{dr}>0$,即函数 S 在区间 $(0,R)$ 上上升,所以当 $r=R$ 时,达到最大值. 但是当 r 取这个值时,显然 $h=0$,于是得到的解可以考虑作一个扁平的圆柱,它的两底都与已知圆锥的底重合,而全面积为 $2\pi R^2$.

61. 费马定理

以前我们应用初等几何,叙述了讨论函数的上升性与下降性,最大值与最小值,极大值与极小值的方法. 现在我们由分析的立场,介绍几个定理与公式,给上述诸法则以分析的证明,并且借此再讨论函数的其他性质. 下面的叙述中,我们详细列出每一个定理或公式成立时所需要的全部条件.

费马定理 若函数 $f(x)$ 在区间 (a,b) 上连续,在这区间内每一个点微商都存在,并且在区间内某一点 $x=c$ 达到最大(或最小)值,则在点 $x=c$,一级微商等于零,即 $f'(c)=0$.

为确定起见,假设值 $f(c)$ 是函数的最大值. 至于最小值的情形,可以类似的得到证明. 由所给的条件,点 $x=c$ 在区间内,并且,无论 h 是正的还是负的,差 $f(c+h)-f(c)$ 一定不是正的

$$f(c+h)-f(c)\leqslant 0$$

作出比

$$\frac{f(c+h)-f(c)}{h}$$

因为这分式的分子小于或等于零,所以当 $h>0$ 时

$$\frac{f(c+h)-f(c)}{h}\leqslant 0 \tag{5}$$

而当 $h<0$ 时

$$\frac{f(c+h)-f(c)}{h}\geqslant 0 \tag{6}$$

因为点 $x=c$ 在区间内,由所给条件,在这点微商存在,就是上面所写的分式,当 h 以任何方式趋向零时,趋向一个确定的极限 $f'(c)$. 先设 h 沿正值趋向零,这时由不等式(5)取极限得到

$$f'(c)\leqslant 0 \tag{7}$$

同理,若 h 沿负值趋向零,则由不等式(6)取极限得到

$$f'(c) \geqslant 0 \qquad (8)$$

比较不等式(7)与(8),我们得到要证明的结果 $f'(c)=0$.

62. 罗尔定理

若函数 $f(x)$ 在区间 (a,b) 上连续,在这区间内每一点有微商,并且在这区间两端,函数值相等,即 $f(a)=f(b)$,则在这区间内至少有这样一个值 $x=c$ 存在,使得微商等于零,即 $f'(c)=0$.

在考虑的区间上,这个连续函数 $f(x)$ 应当达到一个最大值 M 与一个最小值 m. 若是这个最大值与这个最小值相同,就是 $M=m$,则显然由此可以推知,这个函数在整个区间上保持一个常值,等于 m(或 M). 但是,我们知道,一个常量的微商等于零. 于是推知,在这个简单情形下,在区间内任意一点,微商等于零. 再考虑一般的情形,以下我们算作 $m < M$. 由于所给条件在两端函数值相同,即 $f(a)=f(b)$,则至少 m 或 M 中有一个数与这个在两端的值不同. 例如,设这是 M,即这个函数在两端达不到最大值,而是在区间内. 设 $x=c$ 是达到最大值的点. 应用费马定理,在这个点 $f'(c)=0$. 于是罗尔定理得证.

特殊情形:若 $f(a)=f(b)=0$,罗尔定理可以简述如下:在一个函数的两个根之间,它的一级微商至少有一个根.

罗尔定理具有简单的几何意义. 由所给条件,$f(a)=f(b)$,即对应于这区间的两端,曲线 $y=f(x)$ 的纵坐标相等. 而在这区间内微商存在,就是这曲线有确定的切线. 罗尔肯定,这时,在这区间内,至少存在这样一个点,使得微商等于零,就是在这点的切线平行于 OX 轴(图 2.27).

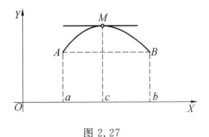

图 2.27

附注 若在罗尔定理中,区间内所有的点微商都存在,这条件不成立,则这定理可以不对.

例如:函数

$$f(x) = 1 - \sqrt[3]{x^2}$$

在区间 $(-1,1)$ 上连续,并且 $f(-1)=f(1)=0$,但是微商

$$f'(x) = -\frac{2}{3\sqrt[3]{x}}$$

在这区间内不为零.这是因为当 $x=0$ 时,$f'(x)$ 不存在(为 ∞)(图 2.28).图 2.29 表示另一个例子.在这种情形下,曲线 $y=f(x)$ 具有 $f(a)=f(b)=0$ 这条件.由图看出,在区间 (a,b) 内,切线总不平行于 OX 轴,即 $f'(x)$ 不为零.这是因为在点 $x=\alpha$ 的左右,这曲线有两条不同的曲线.于是推知,在这点没有确定的微商存在,而不满足罗尔定理中在区间内任意一点微商都存在这个条件.

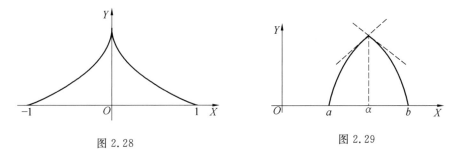

图 2.28　　　　　　　　图 2.29

63. 拉格朗日公式

现在假设函数 $f(x)$ 在区间 (a,b) 上连续,在这区间内有微商,但是罗尔定理中 $f(a)=f(b)$ 这条件可以不适合.作一个函数
$$F(x) = f(x) + \lambda x$$
其中 λ 是一个常量,我们要确定它,使得这个新函数 $F(x)$ 满足罗尔定理的条件,即需要使得
$$F(a) = F(b)$$
或
$$f(a) + \lambda a = f(b) + \lambda b$$
由此
$$\lambda = -\frac{f(b) - f(a)}{b - a}$$

对于 $F(x)$,由罗尔定理可以肯定,在 a 与 b 之间,有这样一个值 $x=c$,使得
$$F'(c) = f'(c) + \lambda = 0 \quad (a < c < b)$$
由此,代入上面求出的 λ 的值,就得到
$$f'(c) = -\lambda \text{ 或 } f'(c) = \frac{f(b) - f(a)}{b - a}$$
后一个等式可以写成
$$f(b) - f(a) = (b - a)f'(c) \tag{9}$$

这个等式叫作拉格朗日公式. 值 c 在 a 与 b 之间, 所以比 $\dfrac{c-a}{b-a}=\theta$ 在 0 与 1 之间, 我们可以写成
$$c=a+\theta(b-a) \quad (0<\theta<1)$$
于是拉格朗日公式可以写成
$$f(b)-f(a)=(b-a)f'[a+\theta(b-a)] \quad (0<\theta<1)$$
设 $b=a+h$, 我们还得到下面的公式
$$f(a+h)-f(a)=hf'(a+\theta h)$$
拉格朗日公式给函数 $f(x)$ 的改变量 $f(b)-f(a)$ 一个正确的表达式, 所以也叫作改变量公式.

我们知道, 一个常量的微商等于零. 由拉格朗日公式, 我们可以作出它的逆命题: 若在区间 (a,b) 上任意一点, 微商 $f'(x)$ 都等于零, 则函数 $f(x)$ 在这区间上是一个常量.

实际上, 在区间 (a,b) 上任意取一个值 x, 对于区间 (a,x), 应用拉格朗日公式, 得到
$$f(x)-f(a)=(x-a)f'(\xi) \quad (0<\xi<x)$$
但是, 由所给条件 $f'(\xi)=0$, 于是推知
$$f(x)-f(a)=0$$
即
$$f(x)=f(a)=\text{一个常量}$$

我们只知道, 公式(9)中的量 c 是在 a 与 b 之间, 所以拉格朗日公式不能确实通过微商算出函数的改变量, 但是它可帮助我们来估计, 用函数的微分代替它的改变量时, 所产生的误差.

例 设
$$f(x)=\lg x$$
微商是
$$f'(x)=\dfrac{1}{x}\cdot\dfrac{1}{\ln 10}=\dfrac{M}{x} \quad (M=0.434\,29\cdots)$$
于是由拉格朗日公式得
$$\lg(a+h)-\lg a=h\dfrac{M}{a+\theta h} \quad (0<\theta<1)$$
或
$$\lg(a+h)=\lg a+h\dfrac{M}{a+\theta h}$$

用微分代替改变量,得到近似公式

$$\lg(a+h) - \lg a = h\frac{M}{a}$$

或

$$\lg(a+h) = \lg a + h\frac{M}{a}$$

比较由拉格朗日公式得到的正确等式与这个近似等式,看出误差是

$$h\frac{M}{a} - h\frac{M}{a+\theta h} = \frac{\theta h^2 M}{a(a+\theta h)}$$

设 $a=100, h=1$,得到近似等式

$$\lg 101 = \lg 100 + \frac{M}{100} = 2.00434\cdots$$

具有误差

$$\frac{\theta M}{100(100+\theta)} \quad (0<\theta<1)$$

用 1 代替这个分式分子中的 θ,用 0 代替分母中的 θ,可以说,这样算出的 $\lg 101$ 的值的误差小于

$$\frac{M}{100^2} = 0.00004\cdots$$

把拉格朗日公式写成

$$\frac{f(b)-f(a)}{b-a} = f'(c) \quad (a<c<b)$$

作出函数 $y=f(x)$ 的图形(图 2.30),注意,比

$$\frac{f(b)-f(a)}{b-a} = \frac{\overline{CB}}{\overline{AC}} = \tan\angle CAB$$

给出弦 AB 的斜率,而 $f'(c)$ 给出过这曲线的 $\overset{\frown}{AB}$ 上一点 M 的切线的斜率. 由此,拉格朗日公式相当于:在这曲线的弧上有这样一个点,使得过这点的切线平行于弦. 当这个弦平行于 OX 轴时,即 $f(a)=f(b)$ 时,是这个的一个特殊情形,也就是罗尔定理的情形.

附注 由拉格朗日公式直接可以推出上升性与下降性的判别法. 这是以前我们用图来说明的. 实际上,假设在某一个区间内,一级微商是正的,并设 x 与 $x+h$ 是这区间内两个点. 由拉格朗日公式

$$f(x+h) - f(x) = hf'(x+\theta h) \quad (0<\theta<1)$$

看出,当 h 是正的时,因为右边的乘积中两个因子都是正的,左边的差就是一个正量. 由此,假设在某一个区间上微商是正的,我们就得到

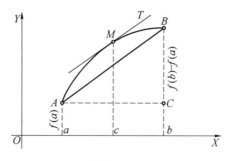

图 2.30

$$f(x+h) - f(x) > 0$$

即在这区间上,这个函数上升,同理,同上面的公式可以直接推出下降性的判别法.

还要提出,如果在考虑的点,函数并不达到最大值或最小值,而只达到一个极大值或极小值,证明费马定理时引用的理由仍然成立.由这个理由告诉我们,在这样的点,若是一级微商存在,它应当等于零.

64. 柯西公式

假设函数 $f(x)$ 与 $\varphi(x)$ 都在区间 (a,b) 上连续,在这区间内每一点都有微商,并且 $\varphi'(x)$ 在这区间内任何一点都不等于零.应用拉格朗日公式到函数 $\varphi(x)$,得到

$$\varphi(b) - \varphi(a) = (b-a)\varphi'(c_1) \quad (a < c_1 < b)$$

但是由所给条件 $\varphi'(c_1) \neq 0$,推知

$$\varphi(b) - \varphi(a) \neq 0$$

作一个函数

$$F(x) = f(x) + \lambda\varphi(x)$$

其中 λ 是一个常量.我们这样确定它,使得

$$F(a) = F(b)$$

即

$$f(a) = \lambda\varphi(a) = f(b) + \lambda\varphi(b)$$

由此

$$\lambda = -\frac{f(b) - f(a)}{\varphi(b) - \varphi(a)}$$

当这样选定 λ 后,应用罗尔定理到 $F(x)$,于是推知,有这样一个值 $x=c$ 存在,使

得
$$F'(c) = f'(c) + \lambda \varphi'(c) = 0 \quad (a < c < b)$$
这个方程给出
$$\frac{f'(c)}{\varphi'(c)} = -\lambda \quad (\varphi'(c) \neq 0)$$
由此,代入求出的 λ 的值,得到
$$\frac{f(b) - f(a)}{\varphi(b) - \varphi(a)} = \frac{f'(c)}{\varphi'(c)} \quad (a < c < b)$$
或
$$\frac{f(b) - f(a)}{\varphi(b) - \varphi(a)} = \frac{f'[a + \theta(b - a)]}{\varphi'[a + \theta(b - a)]} \quad (0 < \theta < 1) \tag{10}$$
或
$$\frac{f(a + h) - f(a)}{\varphi(a + h) - \varphi(a)} = \frac{f'(a + \theta h)}{\varphi'(a + \theta h)}$$
这是柯西公式. 在这个公式中,设 $\varphi(x) = x$,有 $\varphi'(x) = 1$,于是这个公式就变为
$$\frac{f(b) - f(a)}{b - a} = \frac{f'(c)}{1}$$
或
$$f(b) - f(a) = (b - a)f'(c)$$
我们得到,拉格朗日公式是柯西公式的一个特殊情形.

65. 定未定式

若当 $x = a$ 时,两个函数 $\varphi(x)$ 与 $\psi(x)$ 都等于零,则当 $x = a$ 时,商 $\frac{\varphi(x)}{\psi(x)}$ 是这样的一个未定式 $\frac{0}{0}$. 现在讲求这样的未定式的方法. 我们假设当 x 的值逼近于 a 时,函数 $\varphi(x)$ 与 $\psi(x)$ 连续,而有一级微商,并且当 x 的值逼近于 a (但不等于 a) 时, 微商 $\psi'(x)$ 不等于零.

现在先证明一个定理,若上面的假设成立,并且当 x 趋向 a 时,比 $\frac{\varphi'(x)}{\psi'(x)}$ 趋向一个极限 b,则比 $\frac{\varphi(x)}{\psi(x)}$ 也趋向这个极限.

注意
$$\psi(a) = \varphi(a) = 0$$
并应用柯西公式[64],得到

$$\frac{\varphi(x)}{\psi(x)} = \frac{\varphi(x)-\varphi(a)}{\psi(x)-\psi(a)} = \frac{\varphi'(\xi)}{\psi'(\xi)} \quad (\xi\text{ 在 }a\text{ 与 }x\text{ 之间}) \tag{11}$$

由于所给的关于 $\varphi(x)$ 与 $\psi(x)$ 的假设,我们可以用柯西公式.

若 x 趋向 a,则 ξ 也趋向 a,因为它在 a 与 x 之间. 这时,由所给的条件,等式 (11) 的右边趋向 b,于是推知,这等式左边的比 $\frac{\varphi(x)}{\psi(x)}$ 也趋向这个极限.

由这里证的定理推出定 $\frac{0}{0}$ 型未定式的法则:当求商 $\frac{\varphi(x)}{\psi(x)}$ 的极限时,若是 $\frac{0}{0}$ 型未定式,可以用微商的比代替函数的比,而求这个新比的极限.

这个法则是法国数学家洛必达首先给的,所以叫作洛必达法则.

若微商的比也是 $\frac{0}{0}$ 型未定式,则可以对它再用这个法则,并且可以类推.

应用这个法则做几个例题:

1) $\lim\limits_{x\to 0}\dfrac{(1+x)^n-1}{x}=\lim\limits_{x\to 0}\dfrac{n(1+x)^{n-1}}{1}=n.$

2) $\lim\limits_{x\to 0}\dfrac{x-\sin x}{x^3}=\lim\limits_{x\to 0}\dfrac{1-\cos x}{3x^2}=\lim\limits_{x\to 0}\dfrac{\sin x}{6x}=\lim\limits_{x\to 0}\dfrac{\cos x}{6}=\dfrac{1}{6}$,即差 $x-\sin x$ 与 x 比较是个三级无穷小.

3) $\lim\limits_{x\to 0}\dfrac{x-x\cos x}{x-\sin x}=\lim\limits_{x\to 0}\dfrac{1-\cos x+x\sin x}{1-\cos x}=\lim\limits_{x\to 0}\dfrac{\sin x+\sin x+x\cos x}{\sin x}=$
$\lim\limits_{x\to 0}\dfrac{2\cos x+\cos x-x\sin x}{\cos x}=3.$

由这个例题的结果引出一个实用上较方便的伸直圆弧的方法.

考虑一个圆周,半径等于 1. 取这圆周的一个直径作 OX 轴,过这直径一端的切线作 OY 轴(图 2.31).

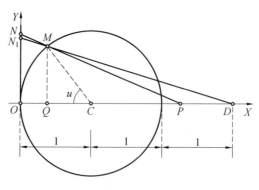

图 2.31

取某一个 $\overset{\frown}{OM}$,设 OY 轴上线段 $\overline{ON}$ 之长等于 $\overset{\frown}{OM}$ 之长,联结直线 NM,设

NM 交 OX 轴于点 P.

$\overline{OM}$ 的长度记作 u（半径取作 1），直线 NM 的方程就是

$$\frac{x}{\overline{OP}} + \frac{y}{u} = 1$$

为计算 $\overline{OP}$ 的长度，注意直线 NM 上点 M 的坐标

$$x = \overline{OQ} = 1 - \cos u, \quad y = \overline{QM} = \sin u$$

这个坐标应当满足上面的方程

$$\frac{1-\cos u}{\overline{OP}} + \frac{\sin u}{u} = 1$$

由此

$$\overline{OP} = \frac{u - u\cos u}{u - \sin u}$$

例 3）的结果说明，当 $u \to 0$ 时，$\overline{OP} \to 3$，即设点 D 在 OX 轴上，距离坐标原点等于这个圆的半径的三倍. 则点 P 趋向点 D. 由此得到一个近似的伸直圆弧的简单方法. 为要伸直一个 $\overset{\frown}{OM}$，只要先作 OD 等于圆半径的三倍，再引直线 DM. 这条直线在 OY 轴上截下一条线段 $\overline{ON_1}$，这条线段给出 $\overset{\frown}{OM}$ 的近似长度. 当弧不太大时，这个方法可以得到很好的结果，纵然弧是 $\frac{\pi}{2}$，误差也不过在 5% 左右.

66. 其他类型的未定式

前面证明的定理，对于 $\frac{\infty}{\infty}$ 型的未定式也成立. 设

$$\lim_{x \to a} \varphi(x) = \lim_{x \to a} \psi(x) = \infty \tag{12}$$

而

$$\lim_{x \to a} \frac{\varphi'(x)}{\psi'(x)} = b \tag{13}$$

并且当 x 的值逼近于 a 时，$\psi'(x)$ 不等于零. 现在我们证明比 $\frac{\varphi(x)}{\psi(x)}$ 也趋向极限 b.

考虑自变量的两个逼近于 a 的值 x 与 x_0，其中 x 在 x_0 与 a 之间，由柯西公式得到

$$\frac{\varphi(x) - \varphi(x_0)}{\psi(x) - \psi(x_0)} = \frac{\varphi'(\xi)}{\psi'(\xi)} \quad (\xi \text{ 在 } x \text{ 与 } x_0 \text{ 之间})$$

但是从另一方面看

$$\frac{\varphi(x)-\varphi(x_0)}{\psi(x)-\psi(x_0)}=\frac{\varphi(x_0)}{\psi(x_0)}\cdot\frac{1-\dfrac{\varphi(x_0)}{\varphi(x)}}{1-\dfrac{\psi(x_0)}{\psi(x)}}$$

比较这两个表达式,得到

$$\frac{\varphi(x)}{\psi(x)}\cdot\frac{1-\dfrac{\varphi(x_0)}{\varphi(x)}}{1-\dfrac{\psi(x_0)}{\psi(x)}}=\frac{\varphi'(x)}{\psi'(x)}$$

或

$$\frac{\varphi(x)}{\psi(x)}=\frac{\varphi'(\xi)}{\psi'(\xi)}\cdot\frac{1-\dfrac{\psi(x_0)}{\psi(x)}}{1-\dfrac{\varphi(x_0)}{\varphi(x)}} \tag{14}$$

其中 ξ 在 x 与 x_0 之间,于是它在 a 与 x_0 之间. 先取定一个与 a 足够近的值 x_0,无论在 x_0 与 a 之间怎样取 x,根据条件(13),等式(14)右边第一个因子与 b 之差可以任意小. 由此,取定了值 x_0,再令 x 趋向 a,根据条件(12),等式(14)右边第二个因子趋向 1,所以我们可以肯定,当 x 逼近于 a 时,等式(14)左边的比 $\dfrac{\varphi(x)}{\psi(x)}$ 与 b 之差可以任意小,即

$$\lim_{x\to a}\frac{\varphi(x)}{\psi(x)}=b$$

由这里证的定理,我们就可以应用洛必达法则来定 $\dfrac{\infty}{\infty}$ 型的未定式了.

再提出几种未定式. 考虑乘积 $\varphi(x)\psi(x)$,设

$$\lim_{x\to a}\varphi(x)=0,\lim_{x\to a}\psi(x)=\infty$$

这是 $0\cdot\infty$ 型未定式. 不难把它化为 $\dfrac{0}{0}$ 型或是 $\dfrac{\infty}{\infty}$ 型

$$\varphi(x)\psi(x)=\frac{\varphi(x)}{\dfrac{1}{\psi(x)}}=\frac{\psi(x)}{\dfrac{1}{\varphi(x)}}$$

最后考虑表达式 $\varphi(x)^{\psi(x)}$,设

$$\lim_{x\to a}\varphi(x)=1,\lim_{x\to a}\psi(x)=\infty$$

这是 1^∞ 型未定式. 考虑所给表达式的对数

$$\ln[\varphi(x)^{\psi(x)}]=\psi(x)\ln\varphi(x)$$

就化成 $0\cdot\infty$ 型未定式. 定这种未定式,就要先求表达式的对数的极限,由它的对数的极限就知道这表达式的极限. 用同样方法可以定 ∞^0 与 0^0 型未定式.

现在考虑几个例题：

1) $$\lim_{x\to+\infty}\frac{e^x}{x}=\lim_{x\to+\infty}\frac{e^x}{1}=+\infty$$

$$\lim_{x\to+\infty}\frac{e^x}{x^2}=\lim_{x\to+\infty}\frac{e^x}{2x}=\lim_{x\to+\infty}\frac{e^x}{2}=+\infty$$

同样可以证明，若 n 是任何一个正值，当 $x\to+\infty$ 时，比 $\frac{e^x}{x^n}$ 趋向无穷大，即当 x 无限上升时，指数函数 e^x 比 x 的正幂上升得快。

2) $$\lim_{x\to+\infty}\frac{\ln x}{x^n}=\lim_{x\to+\infty}\frac{\frac{1}{x}}{nx^{n-1}}=\lim_{x\to+\infty}\frac{1}{nx^n}=0$$

即 $\ln x$ 比任何一个 x 的正幂上升得慢。

3) $$\lim_{x\to+0}x^n\ln x=\lim_{x\to+0}\frac{\ln x}{\frac{1}{x^n}}=\lim_{x\to+0}\frac{\frac{1}{x}}{\frac{-n}{x^{n+1}}}$$

$$=-\lim_{x\to+0}\frac{x^n}{n}=0\quad(n>0)$$

4) 求当 x 趋向 $+0$ 时，x^x 的极限。求出这个表达式的对数，得到一个 $0\cdot\infty$ 型未定式。根据例3)，这个未定式的极限是 0，于是推知

$$\lim_{x\to+0}x^x=1$$

5) 求

$$\lim_{x\to\infty}\frac{x+\sin x}{x}$$

这个比的分子与分母都趋向无穷大，由洛必达法则，用微商的比代替函数的比，得到

$$\lim_{x\to\infty}\frac{1+\cos x}{1}$$

但是，当 x 无限上升时，$1+\cos x$ 不趋向一个极限。因为 $\cos x$ 在 1 与 -1 之间摆动，不过很容易看出，所给的比趋向一个极限

$$\lim_{x\to\infty}\frac{x+\sin x}{x}=\lim_{x\to\infty}\left(1+\frac{\sin x}{x}\right)=1$$

所以，在这种情形下，这未定式还是可定的，但是洛必达法则是不能用的。这个结果并不违反我们所证的定理，因为在这个定理中只是肯定，若微商的比趋向一个极限，则函数的比也趋向同一个极限，但是并不可逆。

6) 最后我们提出 $\infty\pm\infty$ 型的未定式。这常常先化为 $\frac{0}{0}$ 型的未定式，再来计

算,例如

$$\lim_{x\to 0}\left(\frac{1}{\sin x}-\frac{1}{x+x^2}\right)=\lim_{x\to 0}\frac{x+x^2-\sin x}{(x+x^2)\sin x}$$

等号右边的表达式是一个 $\frac{0}{0}$ 型未定式,用上述方法得到

$$\lim_{x\to 0}\left(\frac{1}{\sin x}-\frac{1}{x+x^2}\right)=1$$

§5 二元函数

67. 基本概念

到现在为止,我们只考虑过一元函数. 现在我们考虑二元函数

$$u=f(x,y)$$

为要确定这样函数的特殊值,应当给出自变量的值: $x=x_0, y=y_0$,每一对这样的 x 与 y 的值,对应于坐标平面上一个点 M_0,以 (x_0,y_0) 为坐标,有时,当 $x=x_0, y=y_0$ 时,函数的值也可以说是在平面上点 $M_0(x_0,y_0)$ 的函数值. 这样一个函数可以确定在整个平面上,或是只确定在平面的一部分上,即在某一区域上. 若 $f(x,y)$ 是一个多项式,例如

$$u=f(x,y)=x^2+xy+y^2-2x+3y+7$$

则它是一个确定在整个平面上的函数. 下面的式子

$$u=\sqrt{1-(x^2+y^2)}$$

表示一个确定在圆周 $x^2+y^2=1$ 以内的函数,这个圆以坐标原点为圆心,以 1 为半径,并且在这圆周上,$u=0$. 与区间相类似,平面上一个区域可以由不等式 $a\leqslant x\leqslant b, c\leqslant y\leqslant d$ 确定. 这是一个矩形,它的边平行于坐标轴,这矩形的周界也算在这区域上. 不等式 $a<x<b, c<y<d$ 就只确定矩形的内点. 若周界算作属于区域,则这区域叫闭的. 若周界算作不属于区域,则这区域叫作开的. 现在我们讲二元函数的极限的定义. 假设一个函数确定于一点 $M_0(x_0,y_0)$ 以及与 M_0 足够近的点 $M(x,y)$.

定义 1 若当点 $M(x,y)$ 以任何方式趋向 $M_0(x_0,y_0)$,但不与 M_0 重合时,变量 $f(x,y)$ 有一个同一的极限 A,则写作

$$\lim_{\substack{x\to x_0 \\ y\to y_0}} f(x,y)=A$$

或
$$\lim_{M \to M_0} f(x,y) = A$$

这个定义相当于说:当任意给定一个正数 ε 时,有这样一个正数 η 存在,使得除去 $x = x_0, y = y_0$ 一对值外,当
$$|x - x_0| < \eta$$
而且
$$|y - y_0| < \eta$$
时
$$|f(x,y) - A| < \varepsilon$$

这里 $x = x_0, y \neq y_0$ 或 $x \neq x_0, y = y_0$ 的值还是可以取的. 若点 M_0 在确定 $f(x,y)$ 的区域的周界上,则点 M 应当只在确定这函数的区域内趋向 M_0.

很自然的可以给出连续函数的定义.

定义 2 若
$$\lim_{\substack{x \to x_0 \\ y \to y_0}} f(x,y) = f(x_0, y_0)$$

或
$$\lim_{M \to M_0} f(x,y) = f(x_0, y_0)$$

则叫作函数 $f(x,y)$ 在点 $M_0(x_0, y_0)$ 连续.

若一个函数在一个区域上任何一点都连续,就叫作这个函数在这区域上连续.

例如:函数 $w = \sqrt{1 - x^2 - y^2}$ 在确定它的圆内连续. 若是把这圆的边界算上,它仍然是连续的,这边界就是圆周,在其上 $w = 0$.

与在一个区间上一元连续函数的性质相类似,在一个闭区域上连续的函数具有下列两个性质:

1) 在这区域内或边界上,至少有这样一个点,使得这函数在这点达到最大(最小)值,即这个函数值不小(大)于在区域内以及边界上其余点的函数值.

2) 它在这区域上(包括周界)一致连续,即当任意给定一个正数 ε 时,对于整个区域,有这样一个正数 η 存在,使得当 $|x_2 - x_1|$ 与 $|y_2 - y_1| < \eta$ 时
$$|f(x_2, y_2) - f(x_1, y_1)| < \varepsilon$$
其中 (x_1, y_1) 与 (x_2, y_2) 在这区域上.

由函数连续性的定义推出下面一个推理. 若 $f(x,y)$ 在点 (a,b) 连续,我们令 $y = b$,则一元函数 $f(x,b)$ 当 $x = a$ 时连续. 类似的,函数 $f(a,y)$ 当 $y = b$ 时

连续.

68. 二元函数的偏微商与全微分

设在函数 $u=f(x,y)$ 中,变量 y 保持一个常值,只是 x 改变;u 可以看成一个 x 的函数,于是可以计算 u 的改变量与微商. 当 y 保持一个常值,而 x 改变一个量 Δx 时,这函数 u 得到的改变量记作 $\Delta_x u$,有

$$\Delta_x u = f(x+\Delta x, y) - f(x,y)$$

求极限

$$\lim_{\Delta x \to 0} \frac{\Delta_x u}{\Delta x} = \lim_{\Delta x \to 0} \frac{f(x+\Delta x, y) - f(x,y)}{\Delta x}$$

就得到微商.

在 y 保持常值的假定下,这样算出的微商叫作函数 u 对 x 的偏微商,记作

$$\frac{\partial f(x,y)}{\partial x} \text{ 或 } f'_x(x,y) \text{ 或 } \frac{\partial u}{\partial x}$$

注意,$\dfrac{\partial u}{\partial x}$ 不能解释作一个分式,它只是记偏微商的一个记号. 若 $f(x,y)$ 对 x 有偏微商,则当固定 y 时,它是 x 的一个连续函数. 同样确定改变量 $\Delta_y u$,以及 u 对 y 的偏微商,在 x 不变的假定下

$$\frac{\partial f(x,y)}{\partial y} \text{ 或 } f'_y(x,y) \text{ 或 } \frac{\partial u}{\partial y} = \lim_{\Delta y \to 0} \frac{\Delta_y u}{\Delta y} = \lim_{\Delta y \to 0} \frac{f(x,y+\Delta y) - f(x,y)}{\Delta y}$$

例如:若

$$u = x^2 + y^2$$

则

$$\frac{\partial u}{\partial x} = 2x, \frac{\partial u}{\partial y} = 2y$$

考虑克拉波朗方程

$$pv = RT$$

这时量 p,v 与 T 中任何一个依赖于其余两个,并由这方程确定. 应当算作有两个自变量. 我们得到下表:

自变量	T,p	T,v	p,v
函数	$v = \dfrac{RT}{p}$	$p = \dfrac{RT}{v}$	$T = \dfrac{pv}{R}$
偏微商	$\dfrac{\partial v}{\partial T} = \dfrac{R}{p}, \dfrac{\partial v}{\partial p} = -\dfrac{RT}{p^2}$	$\dfrac{\partial p}{\partial T} = \dfrac{R}{v}, \dfrac{\partial p}{\partial v} = -\dfrac{RT}{v^2}$	$\dfrac{\partial T}{\partial p} = \dfrac{v}{R}, \dfrac{\partial T}{\partial v} = \dfrac{p}{R}$

由此得到下面这关系式

$$\frac{\partial v}{\partial T} \cdot \frac{\partial T}{\partial p} \cdot \frac{\partial p}{\partial v} = -1$$

若是我们把这等式左边相消,得到1,而不是-1.但是,在这等式中的几个偏微商是在不同的假定下计算的:$\frac{\partial v}{\partial T}$是在$p$是常量的假定下,$\frac{\partial T}{\partial p}$是在$v$是常量时,$\frac{\partial p}{\partial v}$是在$T$是常量时,所以上面所说的相消是不允许的.

当x与y一齐改变时,函数得到的全部改变量记作Δu,有

$$\Delta u = f(x + \Delta x, y + \Delta y) - f(x, y)$$

加减一项$f(x, y + \Delta y)$可以写成

$$\Delta u = [f(x + \Delta x, y + \Delta y) - f(x, y + \Delta y)] + [f(x, y + \Delta y) - f(x, y)]$$

第一个方括号内是当变量y保持一个值$y + \Delta y$不变时,函数u的改变量,第二个方括号内是当x的值不变时,函数的改变量.设在点(x, y)的一个邻近区域内,$f(x, y)$有偏微商,因为在每种情形下都只有一个自变量,应用拉格朗日公式得到

$$\Delta u = f'_x(x + \theta \Delta x, y + \Delta y)\Delta x + f'_y(x, y + \theta_1 \Delta y)\Delta y$$

其中θ与θ_1都在0与1之间.假设偏微商$\frac{\partial u}{\partial x}$与$\frac{\partial u}{\partial y}$都连续,我们可以肯定,当$\Delta x$与$\Delta y$趋向零时,$\Delta x$的系数趋向$f'_x(x, y)$,$\Delta y$的系数趋向$f'_y(x, y)$,所以

$$\Delta u = [f'_x(x, y) + \varepsilon]\Delta x + [f'_y(x, y) + \varepsilon_1]\Delta y$$

或

$$\Delta u = f'_x(x, y)\Delta x + f'_y(x, y)\Delta y + \varepsilon \Delta x + \varepsilon_1 \Delta y \tag{1}$$

其中ε与ε_1以及Δx与Δy一齐都是无穷小量,这个公式与在一元函数时证明的公式[48]

$$\Delta y = y' \Delta x + \varepsilon \Delta x$$

类似.乘积$\varepsilon \Delta x$,$\varepsilon_1 \Delta y$与Δx,Δy比较起来,都是较高级的无穷小.

等式(1)右边前两项的和叫作函数u的全微分du.改变量Δx,Δy是自由改变的,像在一元的情形一样,它们与微分dx,dy全同,于是

$$du = f'_x(x, y)dx + f'_y(x, y)dy$$

或

$$du = \frac{\partial u}{\partial x}dx + \frac{\partial u}{\partial y}dy \tag{2}$$

由上述乘积$\varepsilon \Delta x$与$\varepsilon_1 \Delta y$的性质,我们可以说,当Δx与Δy的值很小时,全微分

$\mathrm{d}u$ 给出函数的全改变量 Δu 的一个近似量. 从另一方面看,乘积 $\frac{\partial u}{\partial x}\mathrm{d}x$ 与 $\frac{\partial u}{\partial y}\mathrm{d}y$ 各给出改变量 $\Delta_x u$ 与 $\Delta_y u$ 的近似量,由此,当自变量的改变量很小时,函数的部分改变量的和是全改变量的一个近似量

$$\Delta u \sim \mathrm{d}u \sim \Delta_x u + \Delta_y u$$

等式(2)表达多元函数的一个重要性质,可以叫作"小作用量的分离性",它的要点是:当作用量 Δx 与 Δy 很小时,它们共同产生的效果,用每一个小作用量所产生的效果之和来代替,是相当准确的.

69. 复合函数与隐函数的微商

现在设函数 $u = f(x, y)$ 通过 x 与 y 依赖于 t. 即设 x 与 y 不是自变量,而是自变量 t 的函数,我们确定 u 对 t 的微商 $\frac{\mathrm{d}u}{\mathrm{d}t}$.

若自变量 t 得到一个改变量 Δt,则函数 x 与 y 各得到改变量 Δx 与 Δy,而 u 得到一个改变量 Δu,有

$$\Delta u = f(x + \Delta x, y + \Delta y) - f(x, y)$$

在[68]中,我们看到,这个改变量可以写成

$$\Delta u = f'_x(x + \theta \Delta x, y + \Delta y)\Delta x + f'_y(x, y + \theta_1 \Delta y)\Delta y$$

用 Δt 除这等式的两边

$$\frac{\Delta u}{\Delta t} = f'_x(x + \theta \Delta x, y + \Delta y)\frac{\Delta x}{\Delta t} + f'_y(x, y + \theta_1 \Delta y)\frac{\Delta y}{\Delta t}$$

这里我们假定 x 与 y 对 t 有微商,于是它们是 t 的连续函数. 所以当 Δt 趋向零时, Δx 与 Δy 也趋向零,根据假定 $\frac{\partial u}{\partial x}$ 与 $\frac{\partial u}{\partial y}$ 是连续的,取这等式的极限,得到

$$\frac{\mathrm{d}u}{\mathrm{d}t} = f'_x(x, y)\frac{\mathrm{d}x}{\mathrm{d}t} + f'_y(x, y)\frac{\mathrm{d}y}{\mathrm{d}t} \tag{3}$$

这等式表达出,在多元函数的情形下,求一个复合函数的微商的法则.

特别是假定变量 x 占有自变量 t 的地位,于是 y 是 x 的一个函数,则函数 $u = f(x, y)$,一方面直接依赖于 x,一方面通过中间变量 y 依赖于 x. 注意 $\frac{\mathrm{d}x}{\mathrm{d}x} = 1$,等式(3) 就成为

$$\frac{\mathrm{d}u}{\mathrm{d}x} = f'_x(x, y) + f'_y(x, y)\frac{\mathrm{d}y}{\mathrm{d}x} \tag{4}$$

微商 $\frac{\mathrm{d}u}{\mathrm{d}x}$ 叫作 u 对 x 的全微商,它与偏微商 $f'_x(x, y)$ 不同.

应用上述求复合函数微商的法则来求隐函数的微商. 方程
$$F(x,y)=0 \tag{5}$$
确定 y 是 x 的一个隐函数. 假若由这方程解 y, 得到 $y=\varphi(x)$, 把这表达式代入到原方程中, 应当得到一个恒等式 $0=0$, 因为 $y=\varphi(x)$ 是方程(5)的一个解, 由此我们可以把 0 看作是 x 的一个复合函数, 它一方面直接依赖于 x, 一方面要通过中间变量 $y=\varphi(x)$.

这个常量对 x 的微商应当等于零, 应用法则(4), 得到
$$F'_x(x,y)+F'_y(x,y)y'=0$$
由此
$$y'=-\frac{F'_x(x,y)}{F'_y(x,y)}$$
如此得到的 y' 的表达式中有 x 也有 y, 若是需要只通过自变量 x 的 y' 的表达式, 则把方程(5)中解出的 y 代入即可.

§6 微商概念的几何应用

70. 弧的微分

在积分的讨论中, 将要说明弧长的求法并求出弧长的微分表达式. 现在我们只介绍这个公式, 不给证明, 只给初等几何的解释.

设一个曲线的弧长 s 由某一定点 A 算起. 设 $\overset{\frown}{MN}$ 是由某一点 $M(x,y)$ 起, 弧长的改变量 Δs, 而 Δx 与 Δy 是对应的 x 与 y 的改变量.

由直角三角形(图 2.32)得到
$$(\overset{\frown}{MN})^2=\Delta x^2+\Delta y^2$$

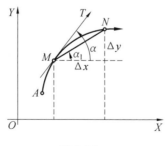

图 2.32

由此
$$\frac{(\overline{MN})^2}{\Delta x^2} = 1 + \left(\frac{\Delta y}{\Delta x}\right)^2$$

用弧长 Δs 代替弦 MN，再取极限，得到
$$\left(\frac{\mathrm{d}s}{\mathrm{d}x}\right)^2 = 1 + \left(\frac{\mathrm{d}y}{\mathrm{d}x}\right)^2$$

或
$$\frac{\mathrm{d}s}{\mathrm{d}x} = \pm\sqrt{1+y'^2} \tag{1}$$

由此得到微分 $\mathrm{d}s$ 的表达式
$$\mathrm{d}s = \pm\sqrt{1+y'^2}\,\mathrm{d}x$$

或
$$\mathrm{d}s = \pm\sqrt{(\mathrm{d}x)^2 + (\mathrm{d}y)^2} \tag{2}$$

给曲线一个确定的方向，我们算作弧长的正向。设点 N 的位置，使得 $\overparen{MN}$ 是正的。当点 N 趋向点 M 时，正向 $\overline{MN}$ 的极限确定切线的一个方向，我们叫作切线的正向。设 α_1 是正向 $\overline{MN}$ 与正向 OX 轴作成的角度。由于横坐标 x 的改变量 Δx 是线段 $\overline{MN}$ 在 OX 轴上的投影，于是推知
$$\Delta x = \overline{MN} \cdot \cos\alpha_1 \quad (\overline{MN} = \sqrt{\Delta x^2 + \Delta y^2})$$

在这等式中，$\overline{MN}$ 算作正的。用 $\overparen{MN}$ 的长度（等于 Δs）除这等式的两边，得到
$$\frac{\Delta x}{\Delta s} = \frac{\sqrt{\Delta x^2 + \Delta y^2}}{\Delta s}\cos\alpha_1$$

由所给条件 $\overparen{MN}$ 在正向，于是 Δs 有正号，所以，根据式(1)，当 N 趋向 M 时，比 $\frac{\sqrt{\Delta x^2 + \Delta y^2}}{\Delta s}$ 趋向1，而角度 α_1 趋向角度 α，α 是正向切线 $\overline{MT}$ 与正向 $\overline{OX}$ 轴作成的角度。由上面等式取极限，得到
$$\cos\alpha = \frac{\mathrm{d}x}{\mathrm{d}s} \tag{3}$$

同理，作 $\overline{MN}$ 在 OY 轴上的投影，得到
$$\sin\alpha = \frac{\mathrm{d}y}{\mathrm{d}s} \tag{4}$$

注意，当求公式(1)时，我们考虑 s 是 x 的一个函数，但是也可以反过来考虑，若是沿曲线的正向来算，我们知道弧长 $AM = s$，则这个弧的端点 M 就完全确定，也可以说这个点的坐标 x 与 y 就完全确定。如此，曲线上点 M 的坐标可以考虑作自变量 s 的函数

$$x=\varphi(s), y=\psi(s)$$

71. 凸性,凹性与曲率

图 2.33 与 2.34 各表示曲线的凸与凹的情形,这里所谓凸凹,是依照坐标的方向来讲的.

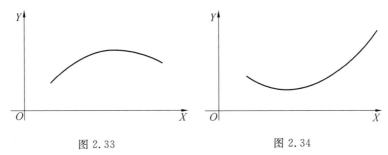

图 2.33　　　　　图 2.34

有时一条曲线 $y=f(x)$ 也有凸的部分,也有凹的部分(图 2.35).一条曲线凸的部分与凹的部分的分界点叫作扭转点.

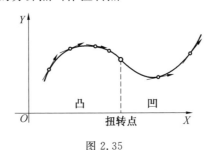

图 2.35

若在 x 增加的方向沿曲线动,切线与正向 OX 轴作成的角度 α 就在变,由图 2.36 看出,在凸的部分上,这角度减小;在凹的部分上,它增加.于是推知 $\tan\alpha$ 就是微商 $f'(x)$,也这样变,因为角度 α 增加(减小)时,$\tan\alpha$ 也增加(减小).但是,$f'(x)$ 的下降区间,就是它的微商是负的区间,也就是 $f''(x)<0$ 的区间,同理,$f'(x)$ 的上升区间就是 $f''(x)>0$ 的区间.如此,我们得到一个定理:

在 $f''(x)<0$ 的部分,曲线成凸状,在 $f''(x)>0$ 的部分,曲线成凹状.经过扭转点时,$f''(x)$ 变号.

由这定理,用与以前类似的理由[58],得到求一条曲线的扭转点的法则:为要求一条曲线的扭转点,先要求出使 $f''(x)$ 等于零或使它不存在的点,再讨论当 x 经过这些值时,$f''(x)$ 符号改变的情形,应用下表:

	扭转点		非扭转点	
$f''(x)$	$+\ -$	$-\ +$	$-\ -$	$+\ +$
	凹 凸	凸 凹	凸	凹

若是考虑到沿曲线运动时,切线与正向 OX 轴作成的角度 α 的改变,我们就很自然的得到这曲线弯曲的程度. 两个有等长 Δs 的弧,切线转的较多的,就是改变量 $\Delta \alpha$ 较大的,弯的比较深. 这样考虑就引起 Δs 的平均曲率以及在一点的曲率两个概念:一个弧两端的切线的夹角 $\Delta \alpha$ 与这弧长 Δs 之比叫作这段弧的平均曲率. 当 Δs 趋向零时,这个比的极限叫作在所给点的曲率(图 2.36).

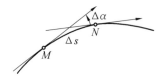

图 2.36

如此,我们得到曲线 C 的表达式

$$C = \left| \frac{\mathrm{d}\alpha}{\mathrm{d}s} \right|$$

但是 $\tan \alpha$ 是一级微商 y',就是

$$\alpha = \arctan y'$$

由此,求出复合函数 $\arctan y'$ 对 x 的微分

$$\mathrm{d}\alpha = \frac{y''}{1+y'^2} \mathrm{d}x$$

我们知道

$$\mathrm{d}s = \pm \sqrt{1+y'^2}\, \mathrm{d}x$$

用 $\mathrm{d}s$ 除 $\mathrm{d}\alpha$,得到曲率的表达式

$$C = \pm \frac{y''}{(1+y'^2)^{\frac{3}{2}}} \tag{5}$$

为使 C 得到正值,在凸的部分取负号,在凹的部分取正号.

在曲线上 y' 或 y'' 不存在的这些点,曲率也不存在. 在 y'' 等于零的点,曲率也等于零,于是在这种点附近,曲线很直. 例如,在一个扭转点附近.

设曲线上点的坐标由弧长 s 来表达,我们讲过

$$\cos \alpha = \frac{\mathrm{d}x}{\mathrm{d}s}, \sin \alpha = \frac{\mathrm{d}y}{\mathrm{d}s}$$

角度 α 也就是 s 的一个函数,求上面的等式对 s 的微商,得到

$$-\sin\alpha\,\frac{\mathrm{d}\alpha}{\mathrm{d}s}=\frac{\mathrm{d}^2 x}{\mathrm{d}s^2},\cos\alpha\,\frac{\mathrm{d}\alpha}{\mathrm{d}s}=\frac{\mathrm{d}^2 y}{\mathrm{d}s^2}$$

把这两个等式乘方再相加,就得到

$$\left(\frac{\mathrm{d}\alpha}{\mathrm{d}s}\right)^2=\left(\frac{\mathrm{d}^2 x}{\mathrm{d}s^2}\right)^2+\left(\frac{\mathrm{d}^2 y}{\mathrm{d}s^2}\right)^2$$

或

$$C^2=\left(\frac{\mathrm{d}^2 x}{\mathrm{d}s^2}\right)^2+\left(\frac{\mathrm{d}^2 y}{\mathrm{d}s^2}\right)^2$$

由此

$$C=\sqrt{\left(\frac{\mathrm{d}^2 x}{\mathrm{d}s^2}\right)^2+\left(\frac{\mathrm{d}^2 y}{\mathrm{d}s^2}\right)^2}$$

量 $\frac{1}{C}$ 叫作曲率半径,根据式(5),我们得到曲率半径 R 的表达式

$$R=\left|\frac{\mathrm{d}s}{\mathrm{d}\alpha}\right|=\pm\frac{(1+y'^2)^{\frac{3}{2}}}{y''}$$

$$R=\pm\frac{1}{\sqrt{\left(\frac{\mathrm{d}^2 x}{\mathrm{d}s^2}\right)^2+\left(\frac{\mathrm{d}^2 y}{\mathrm{d}s^2}\right)^2}}$$

若是一条直线,y 就是 x 的一次多项式,所以 y'' 恒等于零,即沿整个直线,曲率等于零,而曲率半径成为无穷大.

若是一个半径为 r 的圆周,则显然(图 2.37)

$$\Delta s=r\Delta\alpha,R=\lim\frac{\Delta s}{\Delta\alpha}=r$$

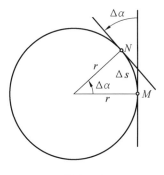

图 2.37

即沿整个圆周,曲率半径是一个常量.以后我们会看到,只有圆周才有这个性质.

注意,曲率半径的改变并不一定与切线的改变完全随合.考虑一条曲线,由

一个圆周的一段 $\overset{\frown}{BC}$，与一条线段 AB 组成，AB 恰好是这圆周过点 B 的切线（图 2.38）。在 AB 这一部分上，曲率半径成为无穷大；在 BC 这一部分上，它等于这圆周的半径 r。如此，在点 B，它不连续，虽然正向切线的改变是连续的。这个情形可以解释一辆车在拐弯时的冲动。设一辆车以常速率 v 运动，由力学知道，在沿轨道的法线方向，有一个力等于 $m\dfrac{v^2}{R}$，其中 m 是运动物体的质量，R 是轨道的曲率半径。由此看出，在曲率半径不连续的点，这个力也不连续，于是产生一个冲动。

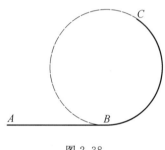

图 2.38

72. 渐近线

现在我们来研究曲线的无穷支线，就是坐标 x 与 y 中有一个或是两个无限增加的情形。双曲线与抛物线都是有无穷支线的曲线的例子。

若有一条直线适合以下条件，当曲线上的一点沿一条无穷支线无限远移时，这点与这直线的距离趋向零，则这条直线叫作这曲线的渐近线。

先讲曲线的平行于 OY 轴的渐近线。这样的渐近线的方程应当有下面的形式

$$x = c$$

其中 c 是一个常量，在这情形下，当沿对应的无穷支线动时，x 应当趋向 c，而 y 趋向无穷大（图 2.39）。如此，我们得到下面一个法则：

曲线

$$y = f(x) \tag{6}$$

所有的平行于 OY 轴的渐近线可以这样得到，即求这样的值 $x = c$，使得当 x 趋向 c 时，$f(x)$ 趋向无穷大。

为要讨论曲线与渐近线的相关位置，需要确定当 x 自左与自右趋向 c 时，$f(x)$ 的符号。

现在求不平行于 OY 轴的渐近线。这时，渐近线的方程应当有下面的形式

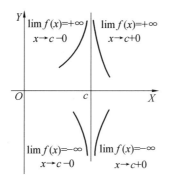

图 2.39

$$\eta = a\xi + b$$

其中,为与曲线的变动坐标 x 与 y 区别起见,用 ξ 与 η 作渐近线的变动坐标.

设 ω 是这渐近线与正向 OX 轴作成的角度. $\overline{MK}$ 是曲线上的点到这渐近线的距离, $\overline{MK_1}$ 是当横坐标 x 相同时,曲线上点的纵坐标与渐近线上点的纵坐标之差(图 2.40).由直角三角形得到

$$|\overline{MK_1}| = \frac{\overline{MK}}{|\cos \omega|} \quad (\omega \neq \frac{\pi}{2})$$

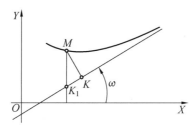

图 2.40

于是条件

$$\lim \overline{MK} = 0$$

就相当于条件

$$\lim \overline{MK_1} = 0 \tag{7}$$

若渐近线不平行于 OY 轴,当沿对应的无穷支线远移时, x 趋向无穷大.注意, $\overline{MK_1}$ 是当横坐标相同时,曲线与渐近线上的点的纵坐标之差,条件(7)就可以写成

$$\lim_{x \to \infty}[f(x) - ax - b] = 0 \tag{8}$$

我们需要由此得到 a 与 b 的值.

条件(8)可以写成

$$\lim_{x\to\infty} x\left[\frac{f(x)}{x}-a-\frac{b}{x}\right]=0$$

但是第一个因子趋向无穷大,所以方括号内的表达式应当趋向零

$$\lim_{x\to\infty}\left[\frac{f(x)}{x}-a-\frac{b}{x}\right]=\lim_{x\to\infty}\frac{f(x)}{x}-a=0$$

即

$$a=\lim_{x\to\infty}\frac{f(x)}{x}$$

求出 a 以后,再由条件(8)确定 b,有

$$b=\lim_{x\to\infty}[f(x)-ax]$$

所以,曲线

$$y=f(x)$$

有不平行于 OY 轴的渐近线存在的必要且充分条件是:当沿无穷支线远移时,x 趋向无穷大,且下面两个极限存在

$$a=\lim_{x\to\infty}\frac{f(x)}{x},\ b=\lim_{x\to\infty}[f(x)-ax]$$

这时,渐近线的方程是

$$\eta=a\xi+b$$

为要讨论曲线与渐近线的相关位置,需要分别考虑 x 趋向 $+\infty$ 与 $-\infty$ 时,差

$$f(x)-(ax+b)$$

的符号.

若它是"+"号,则曲线在渐近线之上;若是"-"号,则在渐近线之下,若当 x 无限增加时,这个差不保持一个不变的符号,则曲线在渐近线上下摆动(图 2.41).

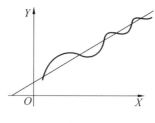

图 2.41

73. 作图

现在讲作曲线
$$y = f(x)$$
时应当讨论的步骤. 这里比在 [59] 中所作的完全些.

作图时要讨论下列几点:

1) 确定自变量 x 的改变区间.

2) 确定曲线与坐标轴的交点.

3) 确定曲线的顶点.

4) 确定曲线的凸部, 凹部与扭转点.

5) 确定曲线的渐近线.

6) 若是曲线关于坐标轴有对称性, 明确出来.

为使所作的曲线比较正确, 还要取出曲线上一列的点, 这些点的坐标由曲线的方程计算出来.

Ⅰ. 画曲线
$$y = \frac{(x-3)^2}{4(x-1)}$$

1) x 可以在区间 $(-\infty, +\infty)$ 上改变.

2) 令 $x = 0$, 得到 $y = -\frac{9}{4}$, 令 $y = 0$, 得到 $x = 3$, 即曲线与坐标轴在点 $(0, -\frac{9}{4})$ 与 $(3, 0)$ 相交.

3) 求出一级与二级微商
$$f'(x) = \frac{(x-3)(x+1)}{4(x-1)^2}, f''(x) = \frac{2}{(x-1)^3}$$

应用以前的法则, 得到顶点 $(3, 0)$——极小值, $(-1, -2)$——极大值.

4) 由二级微商的表达式看出, 当 $x > 1$ 时, 它是正的; 当 $x < 1$ 时, 它是负的, 即在区间 $(1, \infty)$ 内, 曲线是凹的; 在区间 $(-\infty, 1)$ 内, 是凸的. 因为 $f''(x)$ 只有当 $x = 1$ 时变号, 而 x 的这个值对应于一条平行于 OY 轴的渐近线, 所以没有扭转点.

5) 当 $x = 1$ 时, y 成为无穷大, 于是这条曲线有一条渐近线
$$x = 1$$
再求不平行于 OY 轴的渐近线

$$a=\lim_{x\to\infty}\frac{(x-3)^2}{4x(x-1)}=\lim_{x\to\infty}\frac{\left(1-\frac{3}{x}\right)^2}{4\left(1-\frac{1}{x}\right)}=\frac{1}{4}$$

$$b=\lim_{x\to\infty}\left[\frac{(x-3)^2}{4(x-1)}-\frac{x}{4}\right]=\lim_{x\to\infty}\frac{-5x+9}{4(x-1)}=\lim_{x\to\infty}\frac{-5+\frac{9}{x}}{4\left(1-\frac{1}{x}\right)}=-\frac{5}{4}$$

即

$$y=\frac{1}{4}x-\frac{5}{4}$$

是一条不平行于 OY 轴的渐近线. 请读者自己讨论曲线与渐近线的相关位置.

6) 不对称.

由得到的这些性质作出曲线(图 2.42).

Ⅱ. 讨论曲线

$$y=c(a^2-x^2)(5a^2-x^2) \quad (c<0)$$
$$y_1=c(a^2-x^2)^2$$

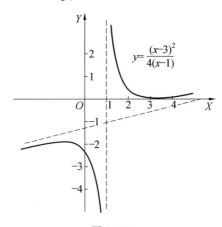

图 2.42

这条曲线的形状是一根梁在适当重量的影响下弯曲的状态. 第一条曲线是两端自由的情形. 第二条曲线是两端钉死的情形. 梁两端的距离是 $2a$, 这距离的中点是坐标原点, 过这中点的铅直线是 OY 轴, 方向向上.

1) 显然, 我们只注意 x 在区间 $(-a,a)$ 上的值.

2) 令 $x=0$, 得到 $y=5ca^4, y_1=ca^4$, 即在第一种情形下, 梁的中点下降距离是第二种情形的五倍. 当 $x=\pm a$ 时, $y=y_1=0$, 这对应于梁的两端.

3) 求出微商
$$y' = -4cx(3a^2 - x^2), y'' = -12c(a^2 - x^2)$$
$$y'_1 = -4cx(a^2 - x^2), y''_1 = -4c(a^2 - 3x^2)$$

在这两种情形下，当 $x=0$ 时，都有对应的极小值，这就是上面谈到的梁弛垂的中点.

4) 在第一种情形下，在区间 $(-a, a)$ 内，$y'' > 0$，即整个梁是向上凹的. 在第二种情形下，当 $x = \pm \dfrac{a}{\sqrt{3}}$ 时，y'' 等于零，并且变号，即对应点是这梁的扭转点.

5) 没有无穷支线.

6) 在这两种情形下，用 $-x$ 代替 x 时，方程都不变，即两条曲线都是关于 OY 轴对称的.

图 2.43 表示这两条曲线. 为简单起见，我们取 $a=1, c=-1$. 实际上，梁两端的距离比弛垂度大得多，即 a 比 c 大得多，于是，从外表看，曲线就有些不同了.

请读者求曲线
$$y = e^{-x^2}$$
的扭转点，图 2.19 表示它的图形.

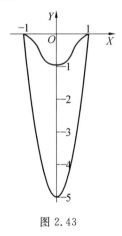

图 2.43

74. 有参变方程的曲线

当给定一个几何图形的性质，求它的方程时，有时很不容易，甚至有时就不可能用坐标 x 与 y 的关系式来表达这性质. 在这种情形下，有时可以引用一个辅助变量，再分别由这个图形上的点的横坐标 x 与纵坐标 y 对于这第三个变量的关系式来表达.

用这方法得到两个方程
$$\begin{cases} x = \varphi(t) \\ y = \psi(t) \end{cases} \tag{9}$$

这两个方程联合起来,也可以求出曲线,并且可以讨论它的性质.因为每一个 t 的值确定曲线上一个对应点的坐标.

这种处理曲线的方法叫作参变法,辅助变量 t 叫作参变量.为要得到曲线的一般的方程,即求 x 与 y 的关系式,需要由方程(9)中消去参变量 t,这可以由其中一个方程解出 t,再把得到的结果代入到另一个方程中即可.

曲线的参变处理法,特别是在力学中常遇到.当研究一个点运动的轨道时,它的位置依赖于时间 t,所以坐标是 t 的函数.确定这两个函数,就得到这个轨道的参变方程.

例如,圆心在点 (x_0, y_0),半径为 r 的圆周的参变方程是
$$\begin{cases} x = x_0 + r\cos t \\ y = y_0 + r\sin t \end{cases} \tag{10}$$

写作
$$x - x_0 = r\cos t, y - y_0 = r\sin t$$

平方再相加,就消去参变量 t,得到一般的圆周方程
$$(x - x_0)^2 + (y - y_0)^2 = r^2$$

同理
$$\begin{cases} x = a\cos t \\ y = b\sin t \end{cases} \tag{11}$$

是椭圆
$$\frac{x^2}{a^2} + \frac{y^2}{b^2} = 1$$

的参变方程.

设 y 是 x 的一个函数,由参变式(9)确定.参变量的改变量 Δt 对应于改变量 Δx 与 Δy,用 Δt 除分式 $\dfrac{\Delta y}{\Delta x}$ 的分子与分母,就得到 y 对 x 的微商表达式
$$y' = \lim_{\Delta x \to 0} \frac{\Delta y}{\Delta x} = \lim_{\Delta t \to 0} \frac{\dfrac{\Delta y}{\Delta t}}{\dfrac{\Delta x}{\Delta t}} = \frac{\psi'(t)}{\varphi'(t)}$$

或

$$\frac{\mathrm{d}y}{\mathrm{d}x}=\frac{\psi'(t)}{\varphi'(t)} \tag{12}$$

求出 y 对 x 的二级微商

$$y''=\frac{\mathrm{d}\left(\frac{\mathrm{d}y}{\mathrm{d}x}\right)}{\mathrm{d}x}$$

应用求商式的微分法则,得到[53]

$$y''=\frac{\mathrm{d}^2y\mathrm{d}x-\mathrm{d}^2x\mathrm{d}y}{(\mathrm{d}x)^3} \tag{13}$$

但是,根据式(9),有

$$\mathrm{d}x=\varphi'(t)\mathrm{d}t, \mathrm{d}^2x=\varphi''(t)\mathrm{d}t^2$$
$$\mathrm{d}y=\psi'(t)\mathrm{d}t, \mathrm{d}^2y=\psi''(t)\mathrm{d}t^2$$

代入到式(13)中,消去 $(\mathrm{d}t)^3$,最后得到

$$y''=\frac{\psi''(t)\varphi'(t)-\varphi''(t)\psi'(t)}{[\varphi'(t)]^3} \tag{14}$$

注意由公式(13)所给的 y'' 的表达式,与[55]中公式(3)所给的微商的表达式(当 $n=2$ 时)

$$y''=\frac{\mathrm{d}^2y}{\mathrm{d}x^2} \tag{15}$$

不同,式(15)只是当 x 是自变量时可以用,而在参变表达式(9)中,自变量是 t. 若 x 是自变量,则 $\mathrm{d}x$ 算作一个常量[50],即它不依赖于 x,于是 $\mathrm{d}^2x=\mathrm{d}(\mathrm{d}x)=0$,因为常量的微分是零. 这时公式(13)化为公式(15).

能确定 y' 与 y'',我们就可以讨论曲线的切线方向,凸部,凹部等问题.

特例:已知方程

$$x^3+y^3-3axy=0 \quad (a>0) \tag{16}$$

作它的曲线,这条曲线叫作"笛卡儿叶形线". 引用参变量 t,设

$$y=tx \tag{17}$$

方程(17)的图形是直线,它的斜率 t 是个变量,考虑这些直线与曲线(16)的交点. 把方程(17)中 y 的表达式代入到方程(16),消去 x^2,得到

$$x=\frac{3at}{1+t^3}$$

再由方程(17),有

$$y=\frac{3at^2}{1+t^3}$$

这两个方程是笛卡儿叶形线的参变方程. 求出 x 与 y 对 t 的微商

$$\begin{cases} x'_t = 3a\,\dfrac{(1+t^3)-3t^2\cdot t}{(1+t^3)^2} = \dfrac{6a\left(\dfrac{1}{2}-t^3\right)}{(1+t^3)^2} \\ y'_t = 3a\,\dfrac{2t(1+t^3)-3t^2\cdot t^2}{(1+t^3)^2} = \dfrac{3at(2-t^3)}{(1+t^3)^2} \end{cases} \tag{18}$$

为要讨论当 t 在区间 $(-\infty,+\infty)$ 上改变时, x 与 y 的改变情形, 把这区间分作几部分, 使得在每一个部分区间内, 微商 x'_t 与 y'_t 都不变号并且不成为无穷大. 为此, 我们先求出一些值

$$t = -1, 0, \frac{1}{\sqrt[3]{2}}, \sqrt[3]{2}$$

在这些值中, 微商成为零或是无穷大. 由公式(18)确定在每一个区间内微商的符号, 并算出在这些区间端点 x 与 y 的值, 如此, 我们得到下面的表:

t 的区间	x'_t	y'_t	x	y
$(-\infty,-1)$	$+$	$-$	由 0 上升到 $+\infty$	由 0 下降到 $-\infty$
$(-1,0)$	$+$	$-$	由 $-\infty$ 上升到 0	到 $+\infty$ 下降到 0
$\left(0,\dfrac{1}{\sqrt[3]{2}}\right)$	$+$	$+$	由 0 上升到 $\sqrt[3]{4}a$	由 0 上升到 $\sqrt[3]{2}a$
$\left(\dfrac{1}{\sqrt[3]{2}},\sqrt[3]{2}\right)$	$-$	$+$	由 $\sqrt[3]{4}a$ 下降到 $\sqrt[3]{2}a$	由 $\sqrt[3]{2}a$ 上升到 $\sqrt[3]{4}a$
$(\sqrt[3]{2},+\infty)$	$-$	$-$	由 $\sqrt[3]{2}a$ 下降到 0	由 $\sqrt[3]{4}a$ 下降到 0

根据这个表, 我们得到曲线的图形, 如图 2.44 所示.

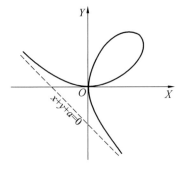

图 2.44

为要计算切线的斜率, 有公式

$$y' = \frac{y'_t}{x'_t} = \frac{t(2-t^3)}{2\left(\frac{1}{2}-t^3\right)} \tag{19}$$

注意,当 $t=0$ 与 $t=\infty$ 时,x 与 y 都成为零,由图上看出,曲线自交于坐标原点.由公式(19):

当 $t=0$ 时
$$y'_x = 0$$

当 $t=\infty$ 时
$$y'_x = \lim_{t\to\infty}\frac{t(2-t^3)}{2\left(\frac{1}{2}-t^3\right)} = \lim_{t\to\infty}\frac{t\left(\frac{2}{t^3}-1\right)}{2\left(\frac{1}{2t^3}-1\right)} = \infty$$

即这条曲线的两支交于原点,一支与 OX 轴相切,一支与 OY 轴相切.

当 t 趋向 -1 时,x 与 y 都趋向无穷大,于是曲线有无穷支线,现在来确定它的渐近线

$$\text{渐近线的斜率} = \lim_{x\to\infty}\frac{y}{x} = \lim_{t\to-1}\frac{3at^2(1+t^3)}{3at(1+t^3)} = -1$$

$$b = \lim_{t\to-1}(y+x) = \lim_{t\to-1}\frac{3at^2+3at}{1+t^3} = \lim_{t\to-1}\frac{6at+3a}{3t^2} = -a$$

即渐近线的方程是
$$y = -x - a \text{ 或 } x+y+a = 0$$

75. 方得瓦方程

若是算作气体确实适合波义耳－马瑞特与盖鲁撒克定律,则得到压力 p,容积 v 与温度 T 的关系式

$$pv = RT$$

其中 R 是一个常量,若是考虑"1 g 分子量"的气体,即所考虑气体重量的克数等于它的分子量时,对于任何气体,这个常量是一样的.

实际上,气体并不恰好适合上述的关系,方得瓦给了另一个公式,表达的比较正确些.这个公式是

$$\left(p+\frac{a}{v^2}\right)(v-b) = RT$$

其中 a 与 b 是两个正的常量,对于不同的气体,这两个常量也不同.

由这方程解 p,得到

$$p = \frac{RT}{v-b} - \frac{a}{v^2} \tag{20}$$

如果 T 是一个常量，p 就只依赖于 v，即考虑气体的等温变化. 求 p 对 v 的一级微商

$$\frac{\mathrm{d}p}{\mathrm{d}v} = -\frac{RT}{(v-b)^2} + \frac{2a}{v^3} = \frac{1}{(v-b)^2}\left[\frac{2a(v-b)^2}{v^3} - RT\right] \tag{21}$$

我们只考虑 $v>b$ 的值. 至于这个条件以及将要得到的曲线的物理意义，请读者从物理课程学习.

令这微商等于零，得到方程

$$\frac{2a(v-b)^2}{v^3} - RT = 0 \tag{22}$$

为要讨论当 v 由 b 变到 $+\infty$ 时，这个方程左边的改变情形，先确定它对 v 的微商，根据所给条件，RT 是一个常量，于是

$$\left[\frac{2a(v-b)^2}{v^3}\right]' = 2a\frac{2(v-b)v^3 - 3v^2(v-b)^2}{v^6} = -\frac{2a(v-b)(v-3b)}{v^4}$$

由此看出，当 $b<v<3b$ 时，这个微商是正的；当 $v>3b$ 时，它是负的，即方程 (22) 的左边在区间 $(b,3b)$ 上上升，以后 v 再增加时，它下降，所以当 $v=3b$ 时，它达到一个极大值，等于

$$\frac{8a}{27b} - RT$$

直接代入，不难算出，当 $v=b$ 以及 $v=+\infty$ 时，方程 (22) 的左边成为 $-RT$，这时有负号. 若求出的极大值也是负的，即若

$$RT > \frac{8a}{27b}$$

则方程 (22) 的左边总是负的，于是由表达式 (21)，微商 $\dfrac{\mathrm{d}p}{\mathrm{d}v}$ 总是负的，即 v 上升时，p 下降.

反之，若

$$RT < \frac{8a}{27b}$$

则当 $v=3b$ 时，方程 (22) 的左边达到一个正的极大值. 于是方程 (22) 有一个根 v_1 在区间 $(b,3b)$ 内，还有一个根 v_2 在区间 $(3b,+\infty)$ 内. 当 v 的值经过 v_1 时，方程 (22) 的左边由负号变到正号. 于是推知 $\dfrac{\mathrm{d}p}{\mathrm{d}v}$ 也在这时，由负号变到正号，即 v 的这个值对应于 p 的一个极小值. 同理，值 $v=v_2$ 对应于一个 p 的极大值.

最后，若

$$RT = \frac{8a}{27b} \tag{23}$$

则方程(22)左边的极大值等于零.于是值 $v=v_1$ 与 $v=v_2$ 并为一个值 $v=3b$,当经过这个值时,方程(22)的左边以及 $\dfrac{\mathrm{d}p}{\mathrm{d}v}$ 保持负号不变,即 v 上升时,p 总下降,而值 $v=3b$ 对应于曲线的扭转点 k,对应于这个扭转点的值 $v=v_k$,$p=p_k$ 以及由条件(23)确定的 $T=T_k$,叫作气体的临界容积,临界压力以及临界温度.图 2.45 上表示对应于这三种情形的曲线.

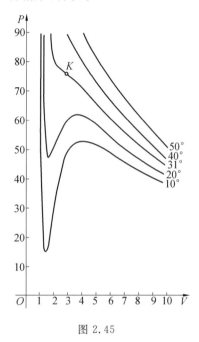

图 2.45

76. 曲线的奇异点

考虑一条曲线的隐示方程

$$F(x,y)=0 \tag{24}$$

公式

$$y'=-\frac{F'_x(x,y)}{F'_y(x,y)} \tag{25}$$

确定这条曲线的切线的斜率,其中 (x,y) 是切点的坐标.

考虑 $F(x,y)$ 是 x 与 y 的多项式这种特殊情形.在这种情形下,曲线(24)叫作代数的.如果代入曲线上任意一点 M 的坐标到偏微商 $F'_x(x,y)$ 与 $F'_y(x,y)$ 中,得到确定的值,则在任何情形下,方程(25)给出确定的切线的斜率,但是当点的坐标使得偏微商 $F'_x(x,y)$ 与 $F'_y(x,y)$ 都等于零时除外,这样的点 M 叫作曲线(24)的奇异点.

坐标满足方程(24)与方程
$$F'_x(x,y)=0, F'_y(x,y)=0 \tag{26}$$
的点叫作代数曲线(24)的奇异点.

至于椭圆
$$\frac{x^2}{a^2}+\frac{y^2}{b^2}=1$$
由条件(26)得到 $x=y=0$,但是点$(0,0)$不在这椭圆上,所以椭圆没有奇异点.同样可以肯定,双曲线与抛物线也没有奇异点.

若是笛卡儿叶形线
$$x^3+y^3-3axy=0$$
条件(26)就是
$$3x^2-3ay=0, 3y^2-3ax=0$$
于是直接看出,坐标原点$(0,0)$是这曲线的一个奇异点. 讨论笛卡儿叶形线时,我们说过,这曲线在坐标原点自交,并且曲线的两支在这交点有不同的切线:一支的切线是 OX 轴,另一支的切线是 OY 轴.

若曲线的两支交于一点,并且每一支各有它自己的切线,这样的奇异点叫作曲线的叉点.

如此,坐标原点是笛卡儿叶形线的叉点.

下面几个例子中举出几种代数曲线的奇异点.

1) 考虑曲线
$$y^2-ax^3=0 \quad (a>0)$$
这曲线叫作半立方抛物线. 不难验证,坐标原点使这方程的左边以及它对 x 与 y 的偏微商都等于零,于是,坐标原点是这曲线的一个奇异点. 为要讨论曲线在这个奇异点附近的形状,我们作这曲线的图形. 这方程的显示式是
$$y=\pm\sqrt{ax^3}$$
为要作这曲线,只要讨论对应于正号的一部分即可,因为对应于负号的一部分与第一部分对称,以 OX 轴为对称轴. 由这方程看出,x 只可以不小于0,并且当 x 由 0 上升到 $+\infty$ 时,y 也由 0 上升到 $+\infty$.

求出一级与二级微商
$$y'=\frac{3}{2}\sqrt{ax}$$
$$y''=\frac{3\sqrt{a}}{4\sqrt{x}}$$

当 $x=0$ 时，$y'=0$，并且 x 可以只取正值趋向零，我们可以肯定 OX 轴是曲线的这一支在坐标原点的右切线. 此外，还看出对于这一支，y'' 在区间 $(0,+\infty)$ 上保持正号，即这一支凹向上.

图 2.46 表示讨论的曲线的图形. 这曲线的两支在坐标原点相遇，都止于此点，并且这两支在这点有共同的切线，在这奇异点附近，曲线的两支位于切线两侧（在这个例子中，两支整个在切线两侧），这样的奇异点叫作第一类歧点.

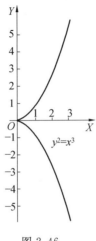

图 2.46

2）考虑曲线
$$(y-x^2)^2 - x^5 = 0$$
不难证实，坐标原点是这曲线的一个奇异点. 这曲线方程的显示式是
$$y = x^2 \pm \sqrt{x^5}$$
由这方程看出，x 可以由 0 变到 $+\infty$. 求出一级与二级微商
$$y' = 2x \pm \frac{5}{2}\sqrt{x^3},\ y'' = 2 \pm \frac{15}{4}\sqrt{x}$$
分别讨论对应于正号与负号的两支.

注意，在两种情形下，当 $x=0$ 时，都有 $y'=0$，于是，像例 1）一样，在坐标原点，这两支的右切线都是 OX 轴. 用前面的方法讨论这两支，得到下面的结果：第一支，当 x 由 0 上升到 $+\infty$ 时，y 由 0 上升到 $+\infty$，并且是凹的曲线；第二支，当 $x=\frac{16}{25}$ 时，有一个顶点（极大值），当 $x=\frac{64}{225}$ 时，有一个扭转点，并且当 $x=1$ 时，与 OX 轴相交.

由这些性质，得到曲线的图形，如图 2.47 所示.

曲线的两支在坐标原点相遇，都止于此，并且这两支在这点有共同的切线，在这奇异点附近,曲线的两支位于切线的同侧,这样的奇异点叫作第二类歧点.

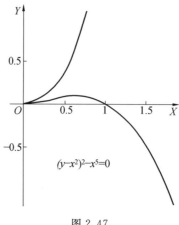

图 2.47

3) 讨论曲线
$$y^2 - x^4 + x^6 = 0$$
坐标原点是这条曲线的一个奇异点.曲线方程的显示式是
$$y = \pm x^2 \sqrt{1 - x^2}$$

曲线的隐示方程中,只有 x 与 y 的偶次幂,所以,两个坐标轴都是曲线的对称轴,于是只讨论对应于 x 与 y 都是正值的一部分曲线即可.根据曲线的显示方程,x 可以由 -1 变到 1.

求出一级微商
$$y' = \frac{x(2 - 3x^2)}{\sqrt{1 - x^2}}$$

当 $x = 0$ 时,$y = y' = 0$,即在坐标原点,切线与 OX 轴重合.而当 $x = 1$ 时,$y = 0, y' = \infty$,即在点 $(1, 0)$,切线平行于 OY 轴.用以前的法则求出,当 $x = \sqrt{\dfrac{2}{3}}$ 时,曲线有一个顶点.

由这些性质以及曲线的对称性,得到曲线如图 2.48 所示.

对应于正号与负号的两支曲线,在坐标原点,彼此相切,这样的奇异点叫作切触点.

4) 讨论曲线
$$y^2 - x^2(x - 1) = 0$$
坐标原点是这条曲线的一个奇异点.这条曲线的显示方程是
$$y = \pm \sqrt{x^2(x - 1)}$$

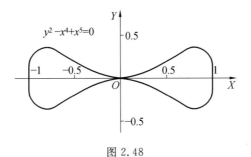

图 2.48

注意,根号下的表达式不能是负的,所以可以肯定,x 应当或者等于 0,或者不小于 1.

当 $x=0$ 时,$y=0$.现在讨论这条曲线对应于正号的一支.当 x 由 1 增加到 $+\infty$ 时,y 由 0 增加到 $+\infty$.

由一级微商的表达式

$$y' = \frac{3x-2}{2\sqrt{x-1}}$$

当 $x=1$ 时,y' 成为 ∞,即在点 $(1,0)$,切线平行于 OY 轴.这条曲线的两支关于 OX 轴对称.由这些性质,得到曲线如图 2.49 所示.在这种情形下,点 O 的坐标 $(0,0)$ 满足曲线的方程,但是在它附近没有曲线上其他的点.

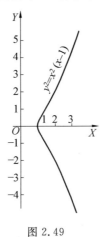

图 2.49

代数曲线的奇异点只能有上述的几种,但是有时,一条代数曲线上有这样的点,它是同一类的或是不同类的几个奇异点的重合点.不是代数曲线的曲线叫作超越曲线.

请读者自己讨论,方程

$$y = x\ln x$$

对应的曲线,如图 2.50 所示.坐标原点是这条曲线的一个终止点.

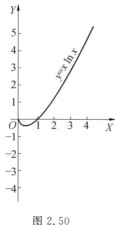

图 2.50

77. 曲线的线素

由曲线的切线与曲率的基本公式,再介绍几个关于切线的新概念.

若曲线的方程是

$$y = f(x) \tag{27}$$

则切线的斜率是 y 对 x 的微商 $f'(x)$,切线的方程就可以写成

$$Y - y = y'(X - x) \quad (y' = f'(x)) \tag{28}$$

其中(x, y) 是切点的坐标,(X, Y) 是切线的变动坐标.经过点(x, y),垂直于在这点的切线的直线,叫作曲线在这点的法线.由解析几何学知道,互相垂直的两条直线的斜率互为负倒数,即法线的斜率是 $-\dfrac{1}{y'}$,于是,法线的方程可以写成

$$Y - y = -\frac{1}{y'}(X - x)$$

或

$$(X - x) + y'(Y - y) = 0 \tag{29}$$

设 M 是曲线上一点,T 与 N 是过点 M 的曲线的切线及法线与 OX 轴的交点,Q 是点 M 在 OX 轴上的垂直投影(图 2.51).在 OX 轴上的线段$\overline{QT}$ 与$\overline{QN}$,各叫作曲线在点 M 的切距与法距.这两条线段对应的数是正的还是负的,由它们在 OX 轴上的方向确定.线段$\overline{MT}$ 与$\overline{MN}$ 的长度各叫作曲线在点 M 的切线长与法线长.这两个长度总算作是正的.OX 轴上点 Q 的横坐标等于点 M 的横坐标 x.T 与 N 两个点是切线及法线与 OX 轴的交点,所以要确定这两个点的横坐标,需要在切线与法线的方程中,令 $Y = 0$,再解出 X.如此,我们得到,点 T 的横

坐标的表达式 $x - \dfrac{y}{y'}$，与点 N 的横坐标的表达式 $x + yy'$。现在不难确定切距与法距这两个量

$$\begin{cases} \overline{QT} = \overline{OT} - \overline{OQ} = x - \dfrac{y}{y'} - x = -\dfrac{y}{y'} \\ \overline{QN} = \overline{ON} - \overline{OQ} = x + yy' - x = yy' \end{cases} \quad (30)$$

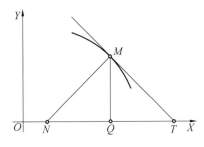

图 2.51

再由直角三角形 MQT 与 MQN 可以确定切线长与法线长

$$\begin{cases} |\overline{MT}| = \sqrt{\overline{MQ}^2 + \overline{QT}^2} = \sqrt{y^2 + \dfrac{y^2}{y'^2}} = \pm \dfrac{y}{y'}\sqrt{1 + y'^2} \\ |\overline{MN}| = \sqrt{\overline{MQ}^2 + \overline{QN}^2} = \sqrt{y^2 + y^2 y'^2} = \pm y\sqrt{1 + y'^2} \end{cases} \quad (31)$$

其中"$\pm$"需要这样取，使得右边的表达式是正的.

回忆曲线的曲率半径的公式[71]，有

$$R = \pm \dfrac{(1 + y'^2)^{\frac{3}{2}}}{y''} \quad (32)$$

把法线长记作 n，由式(31)第二个公式得到

$$\sqrt{1 + y'^2} = \pm \dfrac{n}{y}$$

把 $\sqrt{1 + y'^2}$ 的值代入到公式(32)中，得到下面这个曲率半径的表达式

$$R = \pm \dfrac{n^3}{y^3 y''} \quad (32')$$

若曲线的参变方程是

$$x = \varphi(t), y = \psi(t)$$

则 y 对 x 的一级微商 y' 与二级微商 y'' 的公式是[74]

$$y' = \dfrac{\mathrm{d}y}{\mathrm{d}x} = \dfrac{\psi'(t)}{\varphi'(t)}, y'' = \dfrac{\mathrm{d}^2 y \mathrm{d}x - \mathrm{d}^2 x \mathrm{d}y}{\mathrm{d}x^3} = \dfrac{\psi''(t)\varphi'(t) - \varphi''(t)\psi'(t)}{[\varphi'(t)]^3} \quad (33)$$

若把这两个表达式代入公式(32)中，得到在这种情形下曲率半径的表达

式
$$R = \pm \frac{(\mathrm{d}x^2 + \mathrm{d}y^2)^{\frac{3}{2}}}{\mathrm{d}^2 y \mathrm{d}x - \mathrm{d}^2 x \mathrm{d}y} = \pm \frac{\{[\varphi'(t)]^2 + [\psi'(t)]^2\}^{\frac{3}{2}}}{\psi''(t)\varphi'(t) - \varphi''(t)\psi'(t)} = \pm \frac{\mathrm{d}s}{\mathrm{d}\alpha} \quad (34)$$

其中 α 是切线与 OX 轴作成的角度.

若曲线的隐示方程是
$$F(x,y) = 0$$
则由公式(25)得到切线的方程是
$$F'_x(x,y)(X-x) + F'_y(x,y)(Y-y) = 0 \quad (35)$$

78. 悬链线

方程
$$y = \frac{a}{2}(\mathrm{e}^{\frac{x}{a}} + \mathrm{e}^{-\frac{x}{a}}) \quad (a > 0)$$

所对应的曲线叫作悬链线.

这曲线所表示的是一条有重量的链子两端悬起时平衡的形状. 依照[73]所述法则,不难作出它的图形,如图 2.52. 求出 y 的一级与二级微商
$$y' = \frac{1}{2}(\mathrm{e}^{\frac{x}{a}} - \mathrm{e}^{-\frac{x}{a}})$$
$$y'' = \frac{1}{2a}(\mathrm{e}^{\frac{x}{a}} + \mathrm{e}^{-\frac{x}{a}}) = \frac{y}{a^2}$$

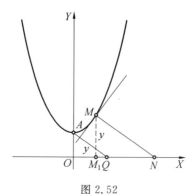

图 2.52

由此
$$1 + y'^2 = 1 + \frac{(\mathrm{e}^{\frac{x}{a}} - \mathrm{e}^{-\frac{x}{a}})^2}{4}$$
$$= \frac{4 + \mathrm{e}^{\frac{2x}{a}} - 2 + \mathrm{e}^{-\frac{2x}{a}}}{4}$$

$$= \frac{(e^{\frac{x}{a}} + e^{-\frac{x}{a}})^2}{4} = \frac{y^2}{a^2}$$

代入这个 $1+y'^2$ 的表达式到式(31)的第二个公式中,得到这条曲线的法线长

$$n = \frac{y^2}{a}$$

代入 n 与 y'' 的表达式到公式(32')中,得到

$$R = \frac{y^6 a^2}{a^3 y^3 \cdot y} = \frac{y^2}{a} = n$$

就是悬链线的曲率半径之长等于法线 MN 之长. 当 $x=0$ 时,悬链线的纵坐标之长取最小值 $y=a$,曲线上对应的点 A 叫作顶点.

图上所画的其他的线是我们以后要用的. 用 $-x$ 代替 x 时,悬链线的方程不变,即 OY 轴是悬链线的对称轴.

79. 旋轮线

设一个圆,半径是 a,在一条不动的直线上滚,没有滑动. 当这样滚时,这个圆的圆周上一点 M 所画出的几何轨迹叫作旋轮线.

将圆滚时所沿的直线取作 OX 轴,点 M 开始时的位置,即开始时圆周与 OX 轴的切点,取作坐标原点. 圆周转的角度记作 t. 圆心记作 C,在某一位置,圆周与 OX 轴的切点记作 N,点 M 在 OX 轴上的投影记作 Q,过点 N 的直径记作 NN_1,点 M 在 NN_1 上的投影记作 R(图 2.53).

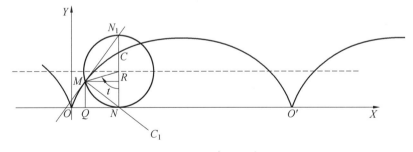

图 2.53

由于没有滑动

$$\overline{ON} = \overparen{NM} = at$$

利用参变量 $t = \angle NCM$,这旋轮线上点 M 的坐标可以表达成

$$x = \overline{OQ} = \overline{ON} - \overline{QN} = at - a\sin t = a(t - \sin t)$$
$$y = \overline{QM} = \overline{NC} - \overline{RC} = a - a\cos t = a(1 - \cos t)$$

这是旋轮线的参变方程.

首先要注意，只考虑 t 在区间 $(0,2\pi)$ 上改变的情形即可，这对应于圆周旋转一圈. 旋转一圈后，点 M 与点 O' 重合，点 O' 又是圆周与直线的切点，但是平移了一段 $\overline{OO'}=2\pi a$. 再转时，得到的图形就与 $\overset{\frown}{OO'}$ 全同，于是把这弧向右平移一段 $2\pi a$，就得到所要的一部分曲线，以下类推. 现在计算 x 与 y 对 t 的一级与二级微商

$$\begin{cases} \dfrac{\mathrm{d}x}{\mathrm{d}t}=\varphi'(t)=a(1-\cos t),\dfrac{\mathrm{d}y}{\mathrm{d}t}=\psi'(t)=a\sin t \\ \dfrac{\mathrm{d}^2 x}{\mathrm{d}t^2}=\varphi''(t)=a\sin t,\dfrac{\mathrm{d}^2 y}{\mathrm{d}t^2}=\psi''(t)=a\cos t \end{cases} \tag{36}$$

根据式(33) 的第一个公式，得到切线的斜率

$$y'=\frac{a\sin t}{a(1-\cos t)}=\frac{2\sin\dfrac{t}{2}\cos\dfrac{t}{2}}{2\sin^2\dfrac{t}{2}}=\cot\frac{t}{2}$$

由这公式得到作旋轮线的切线的简单方法. 联结点 N_1 与点 M. $\angle MN_1N$ 是一个圆周角，由 $\overset{\frown}{NM}=t$ 确定，于是它等于 $\dfrac{t}{2}$. 由 $\text{Rt}\triangle RMN_1$ 得到(图 2.53)

$$\triangle RMN_1=\frac{\pi}{2}-\frac{t}{2},\tan\triangle RMN_1=\tan\left(\frac{\pi}{2}-\frac{t}{2}\right)=\cot\frac{t}{2}$$

比较这表达式与 y' 的表达式，看出 MN_1 就是这旋轮线的切线，即：

为要作旋轮线在一点 M 的切线，先作出滚动的圆周与 OX 轴的切点 N，再作过点 N 的直径 NN_1，联结点 M 与点 N_1 就是所要的切线.

直线 MN 垂直于直线 MN_1，所以直线 MN 是旋轮线的法线. 法线长 $n=\overline{MN}$ 直接由 $\text{Rt}\triangle N_1MN$ 确定

$$n=2a\sin\frac{t}{2}$$

应用公式(34) 与表达式(36)，得到旋轮线的曲率半径

$$R=\pm\frac{\left[a^2(1-\cos t)^2+a^2\sin^2 t\right]^{\frac{3}{2}}}{a\cos t\cdot a(1-\cos t)-a\sin t\cdot a\sin t}$$

$$=\pm\frac{a(2-2\cos t)^{\frac{3}{2}}}{\cos t-1}=a2^{\frac{3}{2}}(1-\cos t)^{\frac{1}{2}}=4a\sin\frac{t}{2}$$

最后在表达式中，我们只留下正号，因为对于旋轮线的第一支，t 在区间 $(0,2\pi)$ 上，于是 $\sin\dfrac{t}{2}$ 不可以是负的.

比较这个表达式与法线长 n 的表达式，得到 $R=2n$，即旋轮线的曲率半径

等于法线长的两倍(图 2.53 上 MC_1).

若画出旋轮线的点不在圆周上,而在圆内或圆外,则当圆滚时,它画出的曲线,对应的叫作短辐旋轮线或长辐旋轮线(有时统称为余摆线).

点 M 到圆心的距离记作 h,其余按照上面的记法.先考虑 $h < a$ 的情形,即点 M 在圆内的情形(图 2.54).直接由图得到
$$\begin{cases} x = \overline{OQ} = \overline{ON} - \overline{QN} = at - h\sin t \\ y = \overline{QM} = \overline{NC} - \overline{RC} = a - h\cos t \end{cases}$$

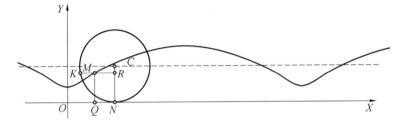

图 2.54

至于 $h > a$ 的情形,方程是一样的,但是曲线的图形如图 2.55 所示.

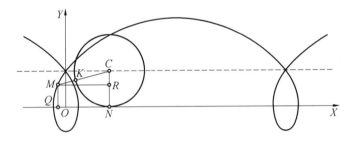

图 2.55

80. 圆外旋轮线与圆内旋轮线

若是一个圆不在一条直线上滚动,而是沿另外一个不动的圆滚动,则由圆周上一定点 M 可以画出两类曲线:若滚动的圆在不滚动的圆外叫作圆外旋轮线,若滚动的圆在不滚动的圆内,叫作圆内旋轮线.

求圆外旋轮线的方程.取不滚动圆的圆心作坐标原点,联结圆心 O 到点 K 的直线作 OX 轴,点 K 是开始时点 M 的位置,即开始时两圆的切点.滚动圆周的半径记作 a,不滚动圆周的半径记作 b,当滚动圆周转一个角度 $\varphi = \angle NCM$ 时,两圆周的切点记作 N,不滚动圆的半径 ON 与 OX 轴的交角记作 t,取 t 作参变量(图 2.56).

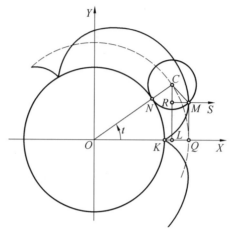

图 2.56

根据滚动的圆没有滑动,可以写成

$$\overset{\frown}{KN} = \overset{\frown}{NM}$$

即

$$bt = a\varphi, \varphi = \frac{bt}{a}$$

由图直接求出

$$\begin{cases} x = \overline{OQ} = \overline{OL} + \overline{LQ} = \overline{OC}\cos\angle KOC - \overline{CM}\cos\angle SMC \\ \quad = (a+b)\cos t - a\cos(t+\varphi) = (a+b)\cos t - a\cos\frac{a+b}{a}t \\ y = \overline{QM} = \overline{LC} - \overline{RC} = \overline{OC}\sin\angle KOC - \overline{CM}\sin\angle SMC \\ \quad = (a+b)\sin t - a\sin(t+\varphi) = (a+b)\sin t - a\sin\frac{a+b}{a}t \end{cases} \quad (37)$$

这条曲线是由一组全同的弧组成的,每一个弧对应于滚动的圆旋转一圈,即角度 φ 增加 2π,而角度 t 增加 $\frac{2a\pi}{b}$。如此,这些弧的端点对应于值

$$t = 0, \frac{2a\pi}{b}, \frac{4a\pi}{b}, \cdots, \frac{2pa\pi}{b}, \cdots$$

若要回到原来的点 K,必须且仅须这些端点中有一个与 K 重合,即有整数 p 与 q 存在,满足条件

$$\frac{2pa\pi}{b} = 2q\pi$$

因为点 K 对应于绕 O 转整数圈。上面这条件可以写成

$$\frac{a}{b}=\frac{q}{p}$$

这样的数 q 与 p 存在,必须且仅须 a 与 b 两条线段是可以通约的量. 若比 $\frac{a}{b}$ 是个无理数,就不可能等于两个整数的比.

由此推知,一个圆外旋轮线是封闭曲线,必须且仅须两个圆的半径可以通约,否则这曲线不封闭,离开点 K 以后,无论如何不会再回到它.

这件事对于圆内旋轮线也是一样(图 2.57). 圆内旋轮线的方程可以由圆外旋轮线的方程得到,只要用 $-a$ 代替 a 即可

$$\begin{cases} x=(b-a)\cos t+a\cos\dfrac{b-a}{a}t \\ y=(b-a)\sin t-a\sin\dfrac{b-a}{a}t \end{cases} \tag{38}$$

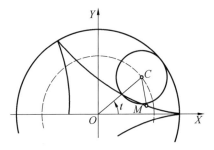

图 2.57

提出一种特殊情形. 设对于一个圆外旋轮线, $b=a$,即滚动的圆与不动的圆半径相等. 这时,得到的曲线只有一支(图 2.58). 代入 $b=a$ 到方程(37)中,得到这条曲线的方程

$$x=2a\cos t-a\cos 2t, y=2a\sin t-a\sin 2t$$

这条曲线叫作心脏线.

我们确定曲线上点 M 到点 K 的距离 r. 由于点 K 的坐标是 $(a,0)$,先求出 $x-a$ 与 y 的表达式

$$\begin{aligned} x-a &= 2a\cos t-a(\cos^2 t-\sin^2 t)-a \\ &= 2a\cos t-2a\cos^2 t=2a\cos t(1-\cos t) \end{aligned}$$

$$y=2a\sin t-2a\sin t\cos t=2a\sin t(1-\cos t)$$

由此

$$\begin{aligned} r=|\overline{KM}| &= \sqrt{(x-a)^2+y^2} \\ &= \sqrt{4a^2\cos^2 t(1-\cos t)^2+4a^2\sin^2 t(1-\cos t)^2} \end{aligned}$$

$$= 2a(1-\cos t)$$

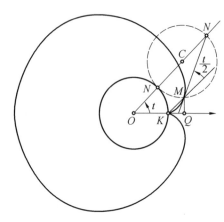

图 2.58

差 $x-a$ 与 y 各为 $\overline{KM}$ 在 OX 与 OY 轴上的投影,但是由上面的表达式看出,$x-a$ 与 y 各等于线段 $\overline{KM}$ 的长度乘上 $\cos t$ 与 $\sin t$,所以我们可以肯定,线段 $\overline{KM}$ 与正向 OX 轴作成角度 t,即平行于半径 ON. 这个结果对我们以后作心脏线的切线时是很重要的. 引用角度 $\theta = \pi - t$,即线段 $\overline{KM}$ 与负向 OX 轴的交角. 这时我们得到

$$r = 2a(1+\cos\theta)$$

这个方程是心脏线的极坐标方程,谈到极坐标时,我们再仔细讨论这条曲线.

现在提出一个圆内旋轮线的特殊情形. 令方程(38)中,$b=2a$,得到
$$x=2a\cos t = b\cos t, y=0$$
即若不滚动圆的半径是滚动圆的半径的二倍,则点 M 在不滚动圆的一个直径上滚动.

现在假设 $b=4a$. 在这种情形下,圆内旋轮线由四支组成(图 2.59). 这时它叫作星形线,方程(38)当 $b=4a$ 时,成为

$$\begin{aligned}
x &= 3a\cos t + a\cos 3t \\
&= 3a\cos t + a(4\cos^3 t - 3\cos t) \\
&= 4a\cos^3 t = b\cos^3 t \\
y &= 3a\sin t - a\sin 3t \\
&= 3a\sin t - a(3\sin t - 4\sin^3 t) \\
&= 4a\sin^3 t = b\sin^3 t
\end{aligned}$$

把这两个方程两边都乘 $\dfrac{2}{3}$ 次方,再相加,于是消去参变量 t,得到星形线的

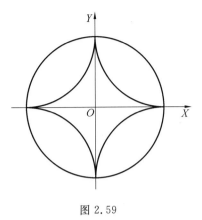

图 2.59

隐示方程
$$x^{\frac{2}{3}} + y^{\frac{2}{3}} = b^{\frac{2}{3}}$$

81. 圆的渐伸线

把一个绕在半径为 a 的圆周上的绳子伸开,保持绳子与圆周在将要离开的点 K 相切,这时绳端 M 画出的曲线叫作圆的渐伸线(图 2.60).

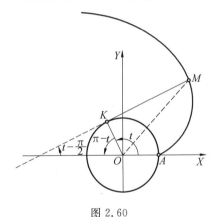

图 2.60

取半径 OK 与正向 OX 轴作成的角度 t 作参变量,注意
$$\overline{KM} = \overset{\frown}{AK} = at$$

得到圆的渐伸线的参变方程
$$x = \overline{OM} \text{ 在 } OX \text{ 轴上的投影}$$
$$= \overline{OK} \text{ 在 } OX \text{ 轴上的投影} +$$
$$\overline{KM} \text{ 在 } \overline{OX} \text{ 轴上的投影}$$
$$= a\cos t + at\sin t$$

$$y = \overline{OM} \text{ 在 } OY \text{ 轴上的投影}$$
$$= \overline{OK} \text{ 在 } OY \text{ 轴上的投影} +$$
$$\overline{KM} \text{ 在 } OY \text{ 轴上的投影}$$
$$= a\sin t - at\cos t$$

应用式(33)第一个公式,确定切线的斜率

$$y' = \frac{a\cos t - a\cos t + at\sin t}{-a\sin t + a\sin t + at\cos t} = \tan t$$

于是它的法线的斜率就等于

$$-\cot t = \tan\left(t - \frac{\pi}{2}\right)$$

由此看出,直线 MK 是圆的渐伸线的法线. 以后我们会看到,任何曲线的渐伸线都有这个性质.

82. 极坐标曲线

设平面上的点 M 由极坐标确定:

1) 由一个给定的点 O(极点)到点 M 的距离是 r;

2) 正向 $\overline{OM}$ 与一条给定的有定向的直线 L(极轴)作成的角是 θ(图 2.61).

一般 r 叫作向量半径,θ 叫作极角. 若取极轴作 OX 轴,极点作坐标原点,则显然(图 2.62)

$$x = r\cos\theta, y = r\sin\theta \qquad (39)$$

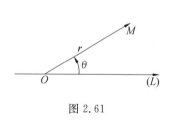

图 2.61

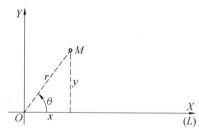

图 2.62

给定点 M 一个位置,对应的有一个确定的正值 r,与无数个值 θ,这些 θ 的值彼此之差是 2π 的一个倍数. 若 M 与 O 重合,则 $r = 0$,而 θ 就完全不确定了.

任何一个如 $r = f(\theta)$(显示)或 $F(r, \theta) = 0$(隐示)的函数关系在极坐标定的平面上有一个图形. 常用的是显示方程

$$r = f(\theta) \qquad (40)$$

以后我们考虑 r 不仅取正值,它也取负值,并且若某一个 θ 的值对应于负的

r 的值,则规定仍在 θ 的值所确定的直线上取这个 r 的值,只是取在相反的方向.

对于一条给定的曲线,r 是 θ 的一个函数,于是方程(39)就是这条曲线的参变方程,这时 x 与 y 一方面直接依赖于 θ,一方面间接通过 r 依赖于 θ. 所以,在这种情形下,我们可以应用公式(33)与(34)[77]. 切线与 OX 轴交角记作 α,用式(33)的第一个公式,得到

$$\tan \alpha = y' = \frac{r'\sin\theta + r\cos\theta}{r'\cos\theta - r\sin\theta}$$

其中 r' 记 r 对 θ 的微商.

再引用向量半径与曲线的切线作成的角 μ(图 2.63),就有

$$\mu = \alpha - \theta$$

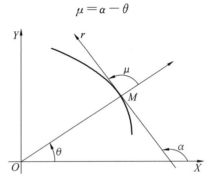

图 2.63

于是

$$\cos\mu = \cos\alpha\cos\theta + \sin\alpha\sin\theta$$
$$\sin\mu = \sin\alpha\cos\theta - \cos\alpha\sin\theta$$

由等式(39)对 s 求微商,注意 $\dfrac{dx}{ds}$ 与 $\dfrac{dy}{ds}$ 各等于 $\cos\alpha$ 与 $\sin\alpha$,得到

$$\cos\alpha = \cos\theta\frac{dr}{ds} - r\sin\theta\frac{d\theta}{ds}$$
$$\sin\alpha = \sin\theta\frac{dr}{ds} + r\cos\theta\frac{d\theta}{ds}$$

代入 $\cos\alpha$ 与 $\sin\alpha$ 的表达式到 $\cos\mu$ 与 $\sin\mu$ 的表达式中,得到

$$\cos\mu = \frac{dr}{ds}, \sin\mu = \frac{rd\theta}{ds} \tag{41}$$

于是

$$\tan\mu = \frac{rd\theta}{dr} = \frac{r}{\frac{dr}{d\theta}} = \frac{r}{r'} \tag{41'}$$

由式(39)推知

$$dx = \cos\theta dr - r\sin\theta d\theta$$
$$dy = \sin\theta dr + r\cos\theta d\theta$$

所以
$$ds = \sqrt{(dx)^2 + (dy)^2} = \sqrt{(dr)^2 + r^2(d\theta)^2} \tag{42}$$

再由等式 $\alpha = \mu + \theta$,就有
$$R = \pm\frac{ds}{d\alpha} = \pm\frac{[(dr)^2 + r^2(d\theta)^2]^{\frac{1}{2}}}{d\mu + d\theta}$$

分子,分母都用 $d\theta$ 除,得到
$$R = \pm\frac{(r^2 + r'^2)^{\frac{1}{2}}}{1 + \dfrac{d\mu}{d\theta}}$$

由公式(41'),有
$$\mu = \arctan\frac{r}{r'}, \quad \frac{d\mu}{d\theta} = \frac{1}{1 + \left(\dfrac{r}{r'}\right)^2} \cdot \frac{r'^2 - rr''}{r'^2} = \frac{r'^2 - rr''}{r^2 + r'^2}$$

其中 r' 与 r'' 各为 r 对 θ 的一级与二级微商,代入 $\dfrac{d\mu}{d\theta}$ 的表达式到上面 R 的表达式中,最后得到

$$R = \pm\frac{(r^2 + r'^2)^{\frac{3}{2}}}{r^2 + 2r'^2 - rr''} \tag{43}$$

83. 螺线

我们考虑三种螺线:

阿基米德螺线
$$r = a\theta$$

双曲螺线
$$r\theta = a \quad (a > 0, b > 0)$$

对数螺线
$$r = be^{a\theta}$$

图 2.64 表示阿基米德螺线的形状,其中虚线对应于 $\theta < 0$ 时的一部分曲线. θ 的负值对应于 r 的负值,于是这些值取在 θ 的值所确定的直线上,但在相反方向.

任意一个向量半径与曲线相交无数次,其中每两个相邻交点的距离是一个常量,等于 $2a\pi$. 这是由于某一个给定的值 θ 所对应的向量半径,当 θ 改变 2π,

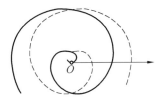

图 2.64

$4\pi,\cdots$ 时,它的位置不变,而 r 的长度由方程 $r=a\theta$ 确定,所以要得到改变量 $2a\pi,4a\pi,\cdots$.

图 2.65 表示双曲螺线的形状.假设 $\theta>0$,讨论当 θ 趋向于零时曲线的变化,由方程

$$r=\frac{a}{\theta}$$

说明这时 r 要趋向无穷大.在曲线上,对应于足够小的 θ 的值,取一点 M,并作垂直于极轴的线段 $\overline{MQ}$,由直角三角形 MOQ 得到

$$\overline{QM}=r\sin\theta=\frac{a\sin\theta}{\theta}$$

于是当 θ 趋向零时

$$\lim_{\theta\to 0}\overline{QM}=\lim_{\theta\to 0}a\,\frac{\sin\theta}{\theta}=a$$

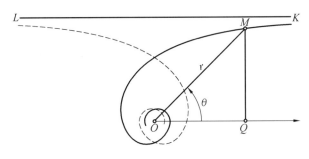

图 2.65

所以,当 θ 趋向零时,曲线上点 M 到极轴的距离趋向 a,设直线 LK 平行于极轴,与极轴的距离为 a,则这条曲线以 LK 为渐近线.

再者,θ 没有有限值使得 r 成为零,不过只是当 θ 趋向无穷大时,r 趋向零.所以与阿基米德螺线相反,这曲线无限逼近于极点 O,但是总不经过 O.这样的点叫作曲线的渐近点.

图 2.66 表示对数螺线的形状.当 $\theta=0$ 时,$r=b$;当 θ 趋向 $+\infty$ 时,r 趋向 $+\infty$,而当 θ 趋向 $-\infty$ 时,r 趋向零.在考虑的情形下

$$r' = ab\,\mathrm{e}^{a\theta}, \tan\mu = \frac{r}{r'} = \frac{1}{a}$$

即向量半径与对数螺线的切线作成的角 μ 是个常量.

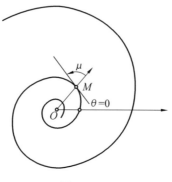

图 2.66

84. 蚶线与心脏线

以 $OA=2a$ 为直线作一个圆(图 2.67). 由圆周上点 O 作所有的向量半径,在每一个向量半径上,由它与圆周的交点 D 截一段 $\overline{DM}$,令 $\overline{DM}$ 的长度等于定量 h. 这样的点 M 的几何轨迹叫作蚶线.

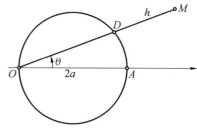

图 2.67

注意

$$\overline{OD} = 2a\cos\theta, \overline{OM} = r$$

就求出蚶线的方程

$$r = 2a\cos\theta + h$$

若 $h > 2a$,则方程给出的 r 只有正值,对应的曲线如图 2.68 所示. 若 $h < 2a$,则 r 取负值,曲线的图形如图 2.69 所示. 这条曲线在点 O 自交. 最后,若 $h = 2a$,蚶线的方程是

$$r = 2a(1+\cos\theta)$$

即在这种情形下的蚶线成为[80]中的心脏线,只是位置不同(图 2.70). 这时值

$\theta = \pi$ 对应于 $r=0$,即这条曲线经过点 O.

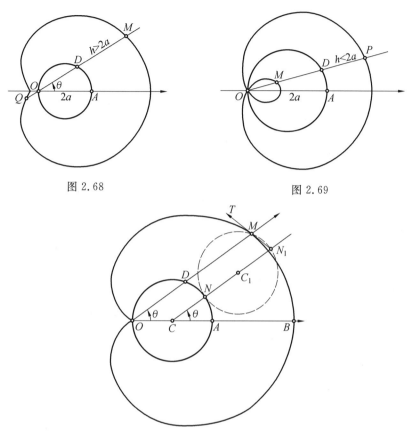

图 2.68　　　　　　　　　图 2.69

图 2.70

求出 r 对 θ 的一级与二级微商
$$r' = -2a\sin\theta, r'' = -2a\cos\theta$$
算出 $\tan\mu$,有
$$\tan\mu = \frac{r}{r'} = \frac{2a(1+\cos\theta)}{-2a\sin\theta} = -\cot\frac{\theta}{2} = \tan\left(\frac{\pi}{2} + \frac{\theta}{2}\right)$$
即
$$\mu = \frac{\pi}{2} + \frac{\theta}{2} \tag{44}$$

以前[80]我们说过,心脏线可以由一个圆上的点画成,这个圆沿上述以 $OA = 2a$ 为直径的圆滚动,并且滚动的圆与不滚动的圆半径相等.设 C 是不滚动圆的圆心,M 是心脏线上一点,对应于点 M 的位置,滚动的圆与不滚动圆的切

点是 N,NN_1 是滚动圆的直径(图 2.70). 以前我们讲过,直线 OM 与 CN_1 平行[①],即 $\angle ACN = \theta$,于是推知

$$\overset{\frown}{NM} = \overset{\frown}{ON} = \pi - \theta$$

$\angle MN_1N$ 是对 $\overset{\frown}{NM}$ 的圆周角,于是等于 $\dfrac{\pi}{2} - \dfrac{\theta}{2}$,最后得到 OM 与 N_1M 的交角等于

$$\pi - \left(\dfrac{\pi}{2} - \dfrac{\theta}{2}\right) = \dfrac{\pi}{2} + \dfrac{\theta}{2} = \mu$$

由此看出,N_1M 是这心脏线在点 M 的切线. 如此,我们得到下面的法则:

为要作心脏线在点 M 的切线,先找出滚动圆与不滚动圆在这时的切点 N,再作滚动圆的直径 NN_1,MN_1 就是所要的切线,于是直线 MN 就是法线.

上面求出的作心脏线的切线的法则,由运动学来看,可以直接得到. 我们知道,一般平面上一个不变系的运动在一个给定的时刻,如同绕一个不动的点(瞬时中心)转,不过一般这个瞬时中心的位置随时在变. 在图 2.70 所示的情形中,滚动圆与不滚动圆的切点 N 是瞬时中心,于是点 M 运动的速度在沿这心脏线的切线方向,这个切线垂直于 MN,即 MN 是这心脏线的法线,而它的垂线 MN_1 是这心脏线的切线. 由这观点来看,上述作切线的法则适用于较普遍的曲线,只要这条曲线是当一个圆周在任何一条曲线上滚动时,圆周上一点画成的轨迹即可.

85. 卡西尼卵形线与双纽线

设点 M 到两个定点 F_1 与 F_2 的距离的乘积是个常量

$$\overline{F_1M} \cdot \overline{F_2M} = b^2$$

这样的点 M 的几何轨迹叫作卡西尼卵形线.

$\overline{F_1F_2}$ 的长度记作 $2a$. 取 $\overline{F_1F_2}$ 所在直线作极轴,线段 $\overline{F_1F_2}$ 的中点作极点.

由三角形 OMF_1 与 OMF_2(图 2.71) 得到

$$\overline{F_1M}^2 = r^2 + a^2 + 2ar\cos\theta$$

$$\overline{F_2M}^2 = r^2 + a^2 - 2ar\cos\theta$$

代入这两个表达式到上面的公式中,两边乘方,得到

$$r^4 - 2a^2r^2\cos 2\theta + a^4 - b^4 = 0$$

由此

---

① 在 [80] 中,这两条直线是 KM 与 ON_1(图 2.58).

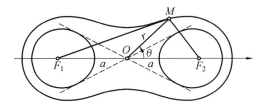

图 2.71

$$r^2 = a^2\cos 2\theta \pm \sqrt{a^4\cos^2 2\theta - (a^4 - b^4)}$$

图 2.71 表示对应于 $a^2 < b^2$ 与 $a^2 > b^2$ 两种情形的图形,第二个情形对应的曲线是两个分开的封闭曲线. 我们只考虑一种最重要的情形,即 $a^2 = b^2$ 时,这时所对应的曲线叫作双纽线,它的方程是

$$r^2 = 2a^2\cos 2\theta$$

由这个方程,只有当 $\cos 2\theta \geqslant 0$ 时,即 θ 在

$$\left(0, \frac{\pi}{4}\right), \left(\frac{3\pi}{4}, \frac{5\pi}{4}\right), \left(\frac{7}{4}\pi, 2\pi\right)$$

这些区间中的一个上时,r 才有实数值,并且当 $\theta = \frac{\pi}{4}, \frac{3\pi}{4}, \frac{5\pi}{4}, \frac{7\pi}{4}$ 时,r 等于零.

由这些性质作出曲线(图 2.72).

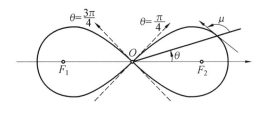

图 2.72

这条曲线在点 O 自交,虚线表示曲线的两支在交点 O 的切线. 求双纽线的方程的两边对 θ 的微商,得到

$$2rr' = -4a^2\sin 2\theta$$

或

$$r' = -\frac{2a^2\sin 2\theta}{r}$$

由此

$$\tan \mu = \frac{r}{r'} = -\frac{r^2}{2a^2\sin 2\theta} = -\frac{2a^2\cos 2\theta}{2a^2\sin 2\theta}$$

$$= -\cot 2\theta = \tan\left(\frac{\pi}{2} + 2\theta\right)$$

$$\mu = \frac{\pi}{2} + 2\theta$$

根据公式(39),由极坐标化为直角坐标,就有

$$r^2 = x^2 + y^2, \cos\theta = \frac{x}{r}, \sin\theta = \frac{y}{r}$$

双纽线的方程可以写成

$$r^2 = 2a^2(\cos^2\theta - \sin^2\theta)$$

代入上面的表达式,得到双纽线在直角坐标的方程

$$x^2 + y^2 = 2a^2 \frac{x^2 - y^2}{x^2 + y^2}$$

或

$$(x^2 + y^2)^2 = 2a^2(x^2 - y^2)$$

由此看出,双纽线是一条四次代数曲线.

定积分与不定积分概念

第三章

§1 积分学的基本问题与不定积分

86. 不定积分概念

微分学的基本问题是求给定的函数的微商或微分.

积分学的第一个基本问题是一个相反的问题,就是求一个函数,使它有给定的微商或微分.

设给定一个未知函数 y 的微商
$$y' = f(x)$$
或微分
$$\mathrm{d}y = f(x)\mathrm{d}x$$

若函数 y 以给定的函数 $f(x)$ 为微商,或以 $f(x)\mathrm{d}x$ 为微分,则 y 叫作 $f(x)$ 的原函数.

例如,若
$$f(x) = x^2$$
则显然,$F(x) = \dfrac{1}{3}x^3$ 是一个原函数.

实际上
$$\left(\frac{1}{3}x^3\right)' = \frac{1}{3} \cdot 3x^2 = x^2$$

设我们求出给定的函数 $f(x)$ 的任何一个原函数 $F(x)$,它以 $f(x)$ 为微商,即
$$F'(x)=f(x)$$
因为任意一个常量 C 的微商等于零,我们就有
$$[F(x)+C]'=F'(x)=f(x)$$
即若 $F(x)$ 是 $f(x)$ 的一个原函数,则 $F(x)+C$ 也是 $f(x)$ 的原函数.

由此推知,若是一个求原函数的问题有一个解,则它有无穷多个解,彼此只差上述的一个任意常数项. 还可以证明,如此作法就得到这个问题所有的解,即:

若 $F(x)$ 是给定的函数 $f(x)$ 的任何一个原函数,则原函数的一般表达式具有下面这形式
$$F(x)+C$$
其中 C 是一个任意常量.

实际上,设 $F_1(x)$ 是任意一个函数,以 $f(x)$ 为微商,于是
$$F'_1(x)=f(x)$$
另外,再考虑一个函数 $F(x)$,也以 $f(x)$ 为微商,于是
$$F'(x)=f(x)$$
由第一个等式减去第二个等式,得到
$$F'_1(x)-F'(x)=[F_1(x)-F(x)]'=0$$
因此,根据以前的定理[63]
$$F_1(x)-F(x)=C$$
其中 C 是一个常量,于是证完.

这里得到的结果还可以写成:若两个函数的微商(或微分)恒等,则这两个函数只差一个常数项.

原函数的一般表达式也叫作给定的函数 $f(x)$ 或给定的微分 $f(x)\mathrm{d}x$ 的不定积分,记作
$$\int f(x)\mathrm{d}x$$
并且,函数 $f(x)$ 叫作被积函数,而 $f(x)\mathrm{d}x$ 叫作被积表达式.

求出任何一个原函数 $F(x)$,根据以上所述,可以写成
$$\int f(x)\mathrm{d}x=F(x)+C$$
其中 C 是一个任意常量.

现在我们讲不定积分在力学中与几何学中的意义. 设有速度对于时间的分析关系式
$$v = f(t)$$
要求距离 s 对于时间的表达式. 因为沿给定轨道运动的点的速度是距离对时间的微商 $\dfrac{\mathrm{d}s}{\mathrm{d}t}$, 于是问题就是要求 $f(t)$ 的一个原函数, 即
$$s = \int f(t)\mathrm{d}t$$

我们得到, 在无穷多个解, 彼此差一个常数项. 这个答案的不定性是由于我们没有规定距离 s 由什么地方算起. 例如: 若 $v = gt + v_0$(等加速度运动), 则得到 s 的表达式
$$s = \frac{1}{2}gt^2 + v_0 t + C \tag{1}$$

不难验证, 表达式(1)对 t 的微商与表达式 $v = gt + v_0$ 全同. 如果我们同意, 距离 s 由 $t = 0$ 时运动点所在的位置算起, 即若当 $t = 0$ 时, $s = 0$, 则我们应当在公式(1)中设常量 $C = 0$. 在上面的考虑中, 我们没有把自变量记作 x, 而记作 t, 实际上, 没有关系.

现在来看在几何学中求原函数的问题. 关系式 $y' = f(x)$ 指明: 未知原函数
$$y = F(x)$$
的图形, 或者说积分曲线, 当 x 取任意一个值时, 它的切线有确定的斜率
$$y' = f(x) \tag{2}$$

换句话说, 即要求一条曲线, 当 x 取任意一个值时, 这曲线的切线方向由关系式(2)所规定. 若作出一条这样的积分曲线, 则把它平行于 OY 轴任意移动一段时, 如此得到的所有的曲线在 x 取同一个值时, 有互相平行的切线, 与最初的曲线一样, 斜率都是 $y' = f(x)$(图 3.1).

上述的平行移动相当于把纵坐标改变一个常量 C, 于是作为这个问题的答案的曲线的一般方程就是
$$y = F(x) + C \tag{3}$$

为要完全确定未知积分曲线的位置, 即未知原函数的表达式, 应当给出这条积分曲线必须经过的任何一个点, 可以是它与任何一条平行于 OY 轴的直线
$$x = x_0$$
的交点. 这样给就相当于, 当 $x = x_0$ 时, 给定未知函数的初值 y_0, 代入这个初值到方程(3)中, 就得到确定任意常量 C 的方程
$$y_0 = F(x_0) + C$$

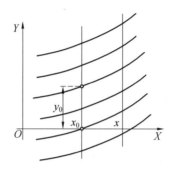

图 3.1

于是,满足补充的初始条件的原函数是
$$y = F(x) + [y_0 - F(x_0)]$$

在讲不定积分的性质与原函数的求法之前,我们先讲积分学中第二个基本问题,以及它与上述第一个问题(求原函数的问题)的联系. 以下讲一个新的概念,就是定积分的概念. 为要自然的引入这个新概念,我们由直觉的面积的表示法开始,并由此推出定积分概念与不定积分概念的联系. 如此,下面两节中所用的理由是以直觉的面积的表示法为基础,并不是这个新问题的严格的叙述. 逻辑上严格的建立积分学基础的方法,叙述在 88 段最后. 至于它的完整的理论,叙述在本章之末.

87. 定积分为和的极限

在平面 XOY 上画出函数 $f(x)$ 的图形,并且我们算作这个图形是一条连续曲线,整个在 OX 轴以上,即这图形所有的纵坐标都是正的. 考虑界于 OX 轴, 这个图形, 以及两个纵坐标 $x=a, x=b$ 之间的面积 S_{ab}(图 3.2),求出这块面积的大小. 由点
$$a = x_0 < x_1 < x_2 < \cdots < x_{k-1} < x_k < \cdots < x_{n-1} < x_n = b$$
把区间 (a, b) 分为 n 个部分.

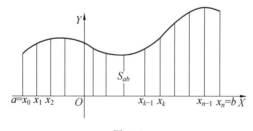

图 3.2

考虑面积 S_{ab} 被分为 n 个竖条,第 k 条的底长是 $x_k - x_{k-1}$. 用 m_k 与 M_k 各记函数 $f(x)$ 在区间 (x_{k-1}, x_k) 上的最小值与最大值,即这图形在这区间上的最小纵坐标与最大纵坐标. 每一条的面积在两个矩形面积之间,这两个矩形都以 $x_k - x_{k-1}$ 为底,各以 m_k 与 M_k 为高. 它们各为这一条的内接与外接矩形(图 3.3). 如此,第 k 条面积的大小在所述两个矩形面积

$$m_k(x_k - x_{k-1}) \text{ 与 } M_k(x_k - x_{k-1})$$

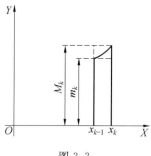

图 3.3

之间,所以,全部所考虑的面积 S_{ab} 就在所有如上所述的内接矩形面积和与外接矩形面积和之间,即 S_{ab} 在和

$$\begin{aligned} s_n &= m_1(x_1 - a) + m_2(x_2 - x_1) + \cdots + m_k(x_k - x_{k-1}) + \cdots + \\ & \quad m_{n-1}(x_{n-1} - x_{n-2}) + m_n(b - x_{n-1}) \\ S_n &= M_1(x_1 - a) + M_2(x_2 - x_1) + \cdots + M_k(x_k - x_{k-1}) + \cdots + \\ & \quad M_{n-1}(x_{n-1} - x_{n-2}) + M_n(b - x_{n-1}) \end{aligned} \tag{4}$$

之间.

如此,我们就有不等式

$$s_n \leqslant S_{ab} \leqslant S_n \tag{5}$$

现在对于每一条,任意作一个中间矩形,以 $x_k - x_{k-1}$ 为底,以区间 (x_{k-1}, x_k) 上任何一点 ξ_k 对应的纵坐标 $f(\xi_k)$ 为高(图 3.4). 考虑这些中间矩形的面积和

$$\begin{aligned} S'_n &= f(\xi_1)(x_1 - a) + f(\xi_2)(x_2 - x_1) + \cdots + f(\xi_k)(x_k - x_{k-1}) + \cdots + \\ & \quad f(\xi_{n-1})(x_{n-1} - x_{n-2}) + f(\xi_n)(b - x_{n-1}) \end{aligned} \tag{6}$$

像面积 S_{ab} 一样,这个和也在内接矩形和与外接矩形面积和之间,即我们有不等式

$$s_n \leqslant S'_n \leqslant S_n \tag{7}$$

现在将区间分划的部分数 n 无限增加,并且使每一个差 $x_k - x_{k-1}$ 趋向零. 因为函数 $f(x)$ 是连续的,则当区间 (x_{k-1}, x_k) 之长无限减小时,函数 $f(x)$ 在这

区间上的最大值与最小值之差 $M_k - m_k$ 就趋向零,而与在整个区间 (a,b) 上的位置无关(连续函数性质[35]). 如此,我们把差

$$M_1 - m_1, M_2 - m_2, \cdots, M_k - m_k, \cdots, M_{n-1} - m_{n-1}, M_n - m_n$$

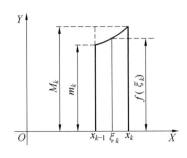

图 3.4

中最大的记作 ε_n,则当如上所述取极限时,ε_n 趋向零. 现在我们确定外接矩形面积和与内接矩形面积和之差

$$S_n - s_n = (M_1 - m_1)(x_1 - a) + (M_2 - m_2)(x_2 - x_1) + \cdots + (M_k - m_k)(x_k - x_{k-1}) + \cdots + (M_n - m_n)(b - x_{n-1})$$

由此,用 ε_n 代替所有的差 $M_k - m_k$,并注意所有的差 $x_k - x_{k-1}$ 都是正的,于是

$$S_n - s_n \leqslant \varepsilon_n(x_1 - a) + \varepsilon_n(x_2 - x_1) + \cdots + \varepsilon_n(x_k - x_{k-1}) + \cdots + \varepsilon_n(b - x_{n-1})$$

即

$$S_n - s_n \leqslant \varepsilon_n [(x_1 - a) + (x_2 - x_1) + \cdots + (x_k - x_{k-1}) + \cdots + (b - x_{n-1})] = \varepsilon_n(b - a)$$

如此,我们可以写成

$$0 \leqslant S_n - s_n \leqslant \varepsilon_n(b - a)$$

即

$$\lim_{n \to \infty}(S_n - s_n) = 0 \tag{8}$$

从另一方面看,对于任意的 n,我们有

$$s_n \leqslant S_{ab} \leqslant S_n \tag{9}$$

并且面积 S_{ab} 是一个确定的量. 由公式(8)与(9)直接推知,面积 S_{ab} 这个量是 s_n 与 S_n 的共同极限

$$\lim s_n = \lim S_n = S_{ab}$$

因为中间矩形的面积和 S'_n 在 s_n 与 S_n 之间,于是它也应当趋向面积 S_{ab},即

$$\lim S'_n = S_{ab}$$

这个和 S'_n 比 s_n 与 S_n 较普遍些,因为这时我们可以在区间 (x_{k-1}, x_k) 上任意选

择 ξ_k,当然也可以取 $f(\xi_k)$ 等于最小纵坐标 m_k 或最大纵坐标 M_k.

这样选择的话,和 S'_n 就成为和 s_n 和 S_n.

由以上的考虑,我们得到:

若函数 $f(x)$ 在区间 (a,b) 上连续,我们由点
$$a=x_0<x_1<x_2<\cdots<x_{k-1}<x_k<\cdots<x_{n-1}<x_n=b$$
把区间 (a,b) 分为 n 部分,并且用 $x=\xi_k$ 记区间 (x_{k-1},x_k) 上任何一个值,算出对应的函数值 $f(\xi_k)$,再作和
$$\sum_{k=1}^{n}f(\xi_k)(x_k-x_{k-1})^{①} \tag{10}$$
则当区间分划的部分数 n 无限增加,而第一个差 x_k-x_{k-1} 都无限减小时,这个和趋向一个确定的极限.这个极限等于以 OX 轴,函数 $f(x)$ 的图形与两个纵坐标 $x=a,x=b$ 为界的面积.

上述的极限叫作函数 $f(x)$ 的定积分,自变量 x 取在下限 $x=a$ 与上限 $x=b$ 之间,记作
$$\int_a^b f(x)\mathrm{d}x$$

注意,当每一个差 x_k-x_{k-1} 无限减小时,和(10)的极限 J 存在,就引出下面的肯定:当任意给定一个正数 ε 时,就有这样一个正数 δ 存在,使得当所有的(正)差
$$x_k-x_{k-1}<\delta$$
而 ξ_k 是区间 (x_{k-1},x_k) 上任何一点时
$$\left|J-\sum_{k=1}^{n}f(\xi_k)(x_k-x_{k-1})\right|<\varepsilon$$
这个极限 J 就是定积分.

以上我们假设函数 $f(x)$ 的图形整个在 OX 轴之上,就是这图形所有的纵坐标都是正的.现在考虑一般的情形,就是这图形的某些部分在 OX 轴之上,而其他部分在 OX 轴之下的情形(图 3.5).

若在这种情形下,我们作出和(6),则对应于在 OX 轴之下的一部分图形,得到的项 $f(\xi_k)(x_k-x_{k-1})$ 就是负的,因为差 x_k-x_{k-1} 是正的,而纵坐标 $f(\xi_k)$ 是负的.

---

① 符号 $\sum_{k=1}^{n}f(\xi_k)(x_k-x_{k-1})$ 是和(6)的简单记法.

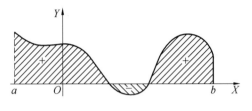

图 3.5

这时取极限得到的定积分是这样的总面积,其中 OX 轴上的面积算正的,OX 轴下的算负的,即在一般情形下,定积分

$$\int_a^b f(x)\mathrm{d}x$$

给出界于 OX 轴,函数 $f(x)$ 的图形与纵坐标 $x=a, x=b$ 之间的面积的代数和. 这时,在 OX 轴之上的面积取正号,在 OX 轴之下的取负号.

以后我们将看到,不仅是在计算面积的问题中要求像式(6)这种和的极限,而是在很多的、各种各样的自然现象的研究中都会出现. 现在看一个例子. 设点 M 在 OX 轴上运动,由横坐标 $x=a$ 到 $x=b$,并且有一个沿 OX 轴方向的力 T 作用在这点上. 若力 T 是个常量,则当点 M 的运动由 $x=a$ 的位置到 $x=b$ 的位置时,这个力所作的功由乘积 $R=T(b-a)$ 确定,即力与点所经过距离的乘积. 若力 T 是个变量,则上面这公式就不能用了. 现在设力的大小依赖于点在 OX 轴上的位置,就是说它是点的横坐标的一个函数 $T=f(x)$.

在这种情形下,为要计算功,把点所经过的全部距离分作若干段

$$a=x_0 < x_1 < x_2 < \cdots < x_{k-1} < x_k < \cdots < x_{n-1} < x_n = b$$

考虑其中一段 (x_{k-1}, x_k). 当这点由 x_{k-1} 到 x_k 时,我们把作用在这点上的力姑且算作是个常量,它等于在区间 x_{k-1}, x_k 上某一点 ξ_k 的力的值 $f(\xi_k)$. 当 $x_k - x_{k-1}$ 之长较小时,这样计算所产生的误差也较小. 所以在 (x_{k-1}, x_k) 这一段上,我们得到功的近似表达式

$$R_k \sim f(\xi_k)(x_k - x_{k-1})$$

于是对于全部所作的功,我们就有近似表达式

$$R \sim \sum_{k=1}^n f(\xi_k)(x_k - x_{k-1})$$

当数目 n 无限增加而每一段 $x_k - x_{k-1}$ 无限减小时,取极限得到一个定积分表示正确的未知的功的大小

$$R = \int_a^b f(x)\mathrm{d}x$$

由上述几何学的或力学的解释抽象化,于是可以建立函数 $f(x)$ 在区间

$a \leqslant x \leqslant b$ 上的定积分的概念,就是像式(6)这样的和的极限.积分学的第二个基本问题是研究定积分的性质以及它的计算.若 $f(x)$ 是给定的函数,$x=a$ 与 $x=b$ 是给定的两个数,则定积分

$$\int_a^b f(x) \mathrm{d}x$$

是一个确定的数.记号"$\int$"是字母 S 的变形,借以记定积分是由一个和取极限而来的.被积表达式 $f(x) \mathrm{d}x$ 借以记这个和的每一项的形式,就是 $f(\xi_k)(x_k - x_{k-1})$.定积分记号下的字母 x 平常叫作积分变量.关于这个字母,我们还要提出下面一点.我们已经说过,定积分的量是一个确定的数,自然并不依赖于积分变量的记号 x,所以我们在定积分中,可以用任何一个字母记积分变量.显然,这对于积分的量没有影响,积分的量只依赖于 $f(x)$ 的图形的纵坐标与积分限 a,b.所以,自变量的记法可以任意,例如

$$\int_a^b f(x) \mathrm{d}x = \int_a^b f(t) \mathrm{d}t$$

积分学的第二个问题——定积分的计算——表面上看是一个很复杂的问题,要作出像式(6)那样的和,再取极限,取这极限时,上述的和的项数无限增加,而每一项都趋向零.此外,表面上看,积分学的第二个问题与第一个问题(求给定函数 $f(x)$ 的原函数)没有关系.

在下一段中,我们要说明,这两个问题彼此紧密的联系着,若是知道 $f(x)$ 的原函数,则定积分 $\int_a^b f(x) \mathrm{d}x$ 的计算就非常简单.

88. 定积分与不定积分的联系

再考虑界于 OX 轴,函数 $f(x)$ 的图形与纵坐标 $x=a,x=b$ 之间的面积 S_{ab}.现在我们只考虑这面积界于左边的纵坐标 $x=a$ 与一个可移动的纵坐标之间的一部分,这个可移动的纵坐标对应于可变的值 x(图 3.6).这面积 S_{ax} 的大小显然依赖于右边的纵坐标的位置,即它是 x 的一个函数.这个量就要表示成函数 $f(x)$ 由下限 a 到上限 x 的定积分.因为现在字母 x 用作上限,为避免相混,我们用另一个字母,例如 t,记积分变量.如此,我们可以写成

$$S_{ax} = \int_a^x f(t) \mathrm{d}t \tag{11}$$

这里我们得到一个有可变上限的定积分,显然,它的量是这上限的一个函数.现在证明这个函数是 $f(x)$ 的一个原函数.为要计算这个函数的微商,我们

先考虑对应于自变量 x 的改变量 Δx,这函数的改变量 ΔS_{ax}. 显然
$$\Delta S_{ax} = S_{M_1 MNN_1}$$

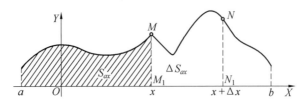

图 3.6

把函数 $f(x)$ 的图形在区间 $(x, x+\Delta x)$ 上的最小纵坐标与最大纵坐标各记作 m 与 n. 图 3.7 上用较大尺度画出 $M_1 MNN_1$ 的形状,它整个位于以 n 为高,以 Δx 为底的矩形之内,而把以 m 为高,以 Δx 为底的矩形包含在内,所以

$$m\Delta x \leqslant \Delta S_{ax} \leqslant n\Delta x$$

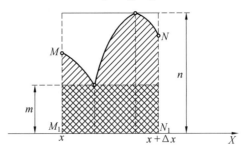

图 3.7

或,用 Δx 除

$$m \leqslant \frac{\Delta S_{ax}}{\Delta x} \leqslant n$$

当 $\Delta x \to 0$ 时,根据函数 $f(x)$ 的连续性,m 与 n 这两个量趋向一个共同的极限 —— 纵坐标 $M_1 M = f(x)$ 在点 x 的值,所以

$$\lim_{\Delta x \to 0} \frac{\Delta S_{ax}}{\Delta x} = f(x)$$

这就是我们要证明的. 这里得到的结果可以叙述如下:有可变上限的定积分

$$\int_a^x f(t)\,\mathrm{d}t$$

是这上限的一个函数,它对这上限的微商等于被积函数 $f(x)$. 换句话说,有可变上限的定积分是被积函数的一个原函数.

已经建立了定积分与不定积分的联系,我们现在讲,若是知道了 $f(x)$ 的任何一个原函数 $F_1(x)$,如何可以计算出定积分

$$\int_a^b f(x)\mathrm{d}x$$

的值. 我们已经说明, 有可变上限的定积分也是 $f(x)$ 的一个原函数, 根据[86], 我们可以写成

$$\int_a^x f(t)\mathrm{d}t = F_1(x) + C \tag{12}$$

其中 C 是一个常量. 为要确定这个常量, 我们注意, 当面积 S_{ax} 右边的纵坐标与左边的重合时, 就是 $x=a$ 时, 则显然面积的大小成为零, 即当 $x=a$ 时, 公式 (12) 的左边等于零. 于是推知

$$0 = F_1(a) + C$$

就是

$$C = -F_1(a)$$

代入求出的 C 的值到式 (12) 中, 得到

$$\int_a^x f(t)\mathrm{d}t = F_1(x) - F_1(a)$$

最后, 设 $x=b$, 就有

$$\int_a^b f(t)\mathrm{d}t = F_1(b) - F_1(a) \text{ 或 } \int_a^b f(x)\mathrm{d}x = F_1(b) - F_1(a) \tag{13}$$

如此, 我们得到下面这个通过原函数的值表达定积分的量的基本法则: 定积分的量等于被积函数的一个原函数在积分上限与下限的值之差.

上述的法则说明, 积分学中第一个问题的解就解决了第二个问题, 就是求出原函数就可以计算出定积分, 如此, 我们计算定积分时, 就不必再作复杂的求和与取极限的演算了.

例如: 求定积分

$$\int_0^1 x^2 \mathrm{d}x$$

不难看出, $\frac{1}{3}x^3$ 是 x^2 的一个原函数, 实际上

$$\left(\frac{1}{3}x^3\right)' = \frac{1}{3} \cdot 3x^2 = x^2$$

应用我们的法则, 就有[①]

$$\int_0^1 x^2 \mathrm{d}x = \frac{1}{3}x^3 \bigg|_{x=0}^{x=1} = \frac{1}{3} \times 1^3 - \frac{1}{3} \times 0^3 = \frac{1}{3}$$

---

① 记号 $\varphi(x)\bigg|_a^b$ 记差 $\varphi(b) - \varphi(a)$.

若是我们不用原函数,而直接由定义计算这个定积分,就是求和的极限,计算就很复杂. 由点
$$0 < \frac{1}{n} < \frac{2}{n} < \cdots < \frac{n-1}{n} < 1$$
分区间 $(0,1)$ 成 n 等份.

如此,我们就有 n 个区间
$$\left(0, \frac{1}{n}\right), \left(\frac{1}{n}, \frac{2}{n}\right), \left(\frac{2}{n}, \frac{3}{n}\right), \cdots, \left(\frac{n-1}{n}, 1\right)$$
每个的长都等于 $\frac{1}{n}$. 作和 (6) 时,取每个区间的左端作 ξ_k,即
$$\xi_1 = 0, \xi_2 = \frac{1}{n}, \xi_3 = \frac{2}{n}, \cdots, \xi_n = \frac{n-1}{n}$$
所有的差 $x_k - x_{k-1} = \frac{1}{n}$,注意被积函数在每个区间左端的值是
$$f(\xi_1) = 0, f(\xi_2) = \frac{1}{n^2}, f(\xi_3) = \frac{2^2}{n^2}, \cdots, f(\xi_n) = \frac{(n-1)^2}{n^2}$$
我们可以写成
$$\begin{aligned}\int_0^1 x^2 \,\mathrm{d}x &= \lim_{n\to\infty}\left(0 \cdot \frac{1}{n} + \frac{1}{n^2} \cdot \frac{1}{n} + \frac{2^2}{n^2} \cdot \frac{1}{n} + \cdots + \frac{(n-1)^2}{n^2} \cdot \frac{1}{n}\right) \\ &= \lim_{n\to\infty} \frac{1^2 + 2^2 + \cdots + (n-1)^2}{n^3}\end{aligned} \quad (14)$$

为要计算分子中的和,写出一列很明显的等式
$$(1+1)^3 = 1 + 3 \times 1 + 3 \times 1^2 + 1^3$$
$$(1+2)^3 = 1 + 3 \times 2 + 3 \times 2^2 + 2^3$$
$$(1+3)^3 = 1 + 3 \times 3 + 3 \times 3^2 + 3^3$$
$$\vdots$$
$$[1+(n-1)]^3 = 1 + 3 \cdot (n-1) + 3(n-1)^2 + (n-1)^3$$
逐项相加,得到
$$\begin{aligned}2^3 + 3^3 + \cdots + n^3 = (n-1) &+ 3[1 + 2 + \cdots + \\ (n-1)] &+ 3[1^2 + 2^2 + \cdots + \\ (n-1)^2] &+ 1^3 + 2^3 + \cdots + (n-1)^3\end{aligned}$$
消去等式两边的相同项,再取等差级数的和,可以写成
$$n^3 = (n-1) + 3\frac{n(n-1)}{2} + 3[1^2 + 2^2 + \cdots + (n-1)^2] + 1$$
由此

$$1^2 + 2^2 + \cdots + (n-1)^2 = \frac{n^3 - n}{3} - \frac{n(n-1)}{2} = \frac{n(n-1)(2n-1)}{6}$$

代入到表达式(14)中,得到

$$\int_0^1 x^2 \mathrm{d}x = \lim_{n \to \infty} \frac{n(n-1)(2n-1)}{6n^3} = \frac{1}{6} \lim_{n \to \infty} \left(1 - \frac{1}{n}\right)\left(2 - \frac{1}{n}\right) = \frac{2}{6} = \frac{1}{3}$$

弄清楚了积分学的两个问题以及它们之间的关系,我们以下开始考虑第一个问题,即求不定积分的性质以及它的解.

上面我们讲用定积分的理由是以几何学为基础的,就是考虑面积 S_{ab} 与 S_{ax}. 特别在说明基本命题,和(6)有极限时,假定了任意一条连续曲线对应的有确定的面积 S_{ab}. 全面来讲,这样的假定不是严格的分析的基本步骤. 严格的分析的方法是这样的:不用几何学来解释,直接用分析方法证明,和

$$\sum_{k=1}^{n} f(\xi_k)(x_k - x_{k-1})$$

的极限 S 存在,以后再取它作为面积 S_{ab} 的定义. 我们在本章之末再介绍这个证明,并且可以把函数 $f(x)$ 的连续性的条件放宽.

还要提出,以上我们说过:当被积函数连续时,定积分对上限的微商等于被积函数(以上限为变量). 说明这个基本命题时,也是用了几何的解释. 在本章的下一节中,我们再讲这个命题的严格的分析的证明. 由这个命题以及连续函数的定积分的存在性,就可以肯定任何一个连续函数必有原函数,即有不定积分. 以下我们讲不定积分的基本性质时,只限于讨论连续函数的不定积分.

在叙述定积分的性质时,我们再严格的证明公式(13). 如此,就只剩下对于连续函数,和(10)的极限存在,这一件事没有证明. 上面说过,这个我们留在本章之末再证.

89. 不定积分的性质

在[86]中,我们看到,同一函数的两个原函数只差一个常数项. 这是不定积分的第一个性质.

Ⅰ. 若两个函数或两个微分恒等,则它们的不定积分只能差一个常数项.

反之,若要证明两个函数只差一个常数项,只需证明它们的微商(或微分)恒等.

下面的性质 Ⅱ 与 Ⅲ 可以直接由不定积分为原函数的概念直接推出. 就是说,不定积分

$$\int f(x) \mathrm{d}x$$

是这样一个函数,它对 x 的微商等于被积函数 $f(x)$,或者说,它的微分等于被积表达式 $f(x)\mathrm{d}x$.

Ⅱ. 不定积分的微商等于被积函数,而它的微分等于被积表达式

$$\left(\int f(x)\mathrm{d}x\right)' = f(x)$$

$$\mathrm{d}\int f(x)\mathrm{d}x = f(x)\mathrm{d}x \tag{15}$$

Ⅲ. 与式(15)相同,我们有

$$\int F'(x)\mathrm{d}x = F(x) + C$$

由[50],这个公式还可以写成

$$\int \mathrm{d}F(x) = F(x) + C \tag{16}$$

由此,与特性 Ⅱ 联合起来,得到:若不要不定积分等式中的任意常数项,则当符号"$\int$"与 d 紧接着时,无论哪个在前,哪个在后,都可以消掉.

Ⅳ. 被积函数的常因子可以提出来

$$\int Af(x)\mathrm{d}x = A\int f(x)\mathrm{d}x + C^{①} \tag{17}$$

Ⅴ. 代数和的积分等于各项积分的代数和

$$\int (u+v-w+\cdots)\mathrm{d}x = \int u\mathrm{d}x + \int v\mathrm{d}x - \int w\mathrm{d}x + \cdots + C \tag{18}$$

公式(17)与(18)的正确性不难证明,只要求出两边的微商,由于所得到的微商恒等,就可以相信它们成立. 例如:对于等式(17),有

$$\left(\int Af(x)\mathrm{d}x\right)' = Af(x)$$

$$\left(A\int f(x)\mathrm{d}x + C\right)' = A\left(\int f(x)\mathrm{d}x\right)' = Af(x)$$

90. 简单积分表

由简单微商公式表,倒转顺序,就可以得到下面这表:

---

① 有时后面的任意常数项了解作包含在不定积分中. 这时,等式(17)就是
$$\int Af(x)\mathrm{d}x = A\int f(x)\mathrm{d}x$$

$\int \mathrm{d}x = x + C$	$\int x^m \mathrm{d}x = \dfrac{x^{m+1}}{m+1} + C \quad (m \neq -1)$
$\int \dfrac{\mathrm{d}x}{x} = \ln x + C$	$\int a^x \mathrm{d}x = \dfrac{a^x}{\ln a} + C$
$\int \mathrm{e}^x \mathrm{d}x = \mathrm{e}^x + C$	$\int \sin x \mathrm{d}x = -\cos x + C$
$\int \cos x \mathrm{d}x = \sin x + C$	$\int \dfrac{\mathrm{d}x}{\cos^2 x} = \tan x + C$
$\int \dfrac{\mathrm{d}x}{\sin^2 x} = -\cot x + C$	$\int \dfrac{\mathrm{d}x}{1+x^2} = \arctan x + C$
$\int \dfrac{\mathrm{d}x}{\sqrt{1-x^2}} = \arcsin x + C$	

若要证明这个表中的公式成立,只要断定右边的微商与左边的被积函数恒等即可. 一般来讲,如果知道了一个函数的微商是给定的函数,就得到这个给定的函数的不定积分. 但是一般情形下,纵然给定的函数很简单,在微商表中也不一定找得到. 于是,积分学的问题比微分学的问题麻烦得多. 所有的工作在于设法变换给定的积分,使得成为上表中所含有的形式.

积分的变换需要练习纯熟,应用以下所讲的积分学的基本法则,作起来可以容易些.

91. 分部积分法则

我们知道,若 u, v 是 x 的任何两个函数,则[50]
$$\mathrm{d}(uv) = u\mathrm{d}v + v\mathrm{d}u$$
或
$$u\mathrm{d}v = \mathrm{d}(uv) - v\mathrm{d}u$$
根据性质 Ⅰ,Ⅴ 与 Ⅲ[89],由此我们推出
$$\int u\mathrm{d}v = \int [\mathrm{d}(uv) - v\mathrm{d}u]$$
$$= \int \mathrm{d}(uv) - \int v\mathrm{d}u + C$$
$$= uv - \int v\mathrm{d}u + C$$

于是给出分部积分的公式

$$\int u\,\mathrm{d}v = uv - \int v\,\mathrm{d}u + C \tag{19}$$

它把积分 $\int u\,\mathrm{d}v$ 的计算化为 $\int v\,\mathrm{d}u$ 的计算，希望后者可以比较简单.

例1 $\int \ln x\,\mathrm{d}x.$

设

$$u = \ln x,\ \mathrm{d}x = \mathrm{d}v$$

就有

$$\mathrm{d}u = \frac{\mathrm{d}x}{x},\ v = x$$

由此，根据式(19) 有

$$\int \ln x\,\mathrm{d}x = x\ln x - \int x\,\frac{\mathrm{d}x}{x} = x\ln x - x + C$$

平常计算时，$u, \mathrm{d}v, \mathrm{d}u$ 与 v 不必写出来，只要都想着即可.

例2 $\int \mathrm{e}^x x^2\,\mathrm{d}x = \int x^2 \cdot \mathrm{e}^x\,\mathrm{d}x = \int x^2\,\mathrm{d}\mathrm{e}^x = x^2\mathrm{e}^x - \int \mathrm{e}^x\,\mathrm{d}x^2 = x^2\mathrm{e}^x - 2\int \mathrm{e}^x x\,\mathrm{d}x$

$$\int \mathrm{e}^x x\,\mathrm{d}x = \int x\,\mathrm{d}\mathrm{e}^x = x\mathrm{e}^x - \int \mathrm{e}^x\,\mathrm{d}x = x\mathrm{e}^x - \mathrm{e}^x$$

最后结果

$$\int \mathrm{e}^x x^2\,\mathrm{d}x = \mathrm{e}^x[x^2 - 2x + 2] + C$$

例3 $\int \sin x \cdot x^3\,\mathrm{d}x = \int x^3 \cdot \sin x\,\mathrm{d}x = \int x^3\,\mathrm{d}(-\cos x)$

$$= -x^3\cos x - \int(-\cos x)\,\mathrm{d}x^3$$

$$= -x^3\cos x + 3\int x^2 \cdot \cos x\,\mathrm{d}x$$

$$= -x^3\cos x + 3\int x^2\,\mathrm{d}\sin x$$

$$= -x^3\cos x + 3x^2\sin x - 3\int \sin x\,\mathrm{d}x^3$$

$$= -x^3\cos x + 3x^2\sin x - 6\int x\sin x\,\mathrm{d}x$$

$$= -x^3\cos x + 3x^2\sin x - 6\int x\,\mathrm{d}(-\cos x)$$

$$= -x^3\cos x + 3x^2\sin x + 6x\cos x - 6\int \cos x\,\mathrm{d}x$$

$$= -x^3\cos x + 3x^2\sin x + 6x\cos x - 6\sin x + C$$

这些例子中所讲的方法可以普遍用来计算下面形式的积分

$$\int \ln x \cdot x^m \mathrm{d}x, \int \mathrm{e}^{ax} \cdot x^m \mathrm{d}x, \int \sin bx \cdot x^m \mathrm{d}x, \int \cos bx \cdot x^m \mathrm{d}x$$

其中 m 是任意的正整数. 只要注意, 当继续变换时, 要使 x 的方幂降低, 直到 x^0 为止.

92. 换元法则

例 1 有时引用新的变量 t 代替 x, 可以把积分 $\int f(x)\mathrm{d}x$ 化简, 设

$$x = \varphi(t) \tag{20}$$

为要依照公式(20), 把一个不定积分的积分变量换为新的变量 t, 只需把被积表达式变换成用新的变量 t 来表达即可

$$\int f(x)\mathrm{d}x = \int f[\varphi(t)]\varphi'(t)\mathrm{d}t + C \tag{21}$$

根据性质 I [89], 我们只要证明公式(21)左右两边的微分全同. 取微分, 得到

$$\mathrm{d}\left(\int f(x)\mathrm{d}x\right) = f(x)\mathrm{d}x = f[\varphi(t)]\varphi'(t)\mathrm{d}t$$

$$\mathrm{d}\left(\int f[\varphi(t)]\varphi'(t)\mathrm{d}t\right) = f[\varphi(t)]\varphi'(t)\mathrm{d}t$$

有时, 不直接代入式(20), 而反过来代入

$$t = \psi(x), \psi'(x)\mathrm{d}x = \mathrm{d}t$$

例 2 $\int (ax+b)^m \mathrm{d}x \, (m \neq -1)$.

为要简化这积分, 设

$$ax + b = t, a\mathrm{d}x = \mathrm{d}t, \mathrm{d}x = \frac{\mathrm{d}t}{a}$$

代入到所给的积分中, 得到

$$\int (ax+b)^m \mathrm{d}x = \frac{1}{a}\int t^m \mathrm{d}t = \frac{1}{a}\frac{t^{m+1}}{m+1} + C = \frac{1}{a}\frac{(ax+b)^{m+1}}{m+1} + C$$

例 3 $\int \frac{\mathrm{d}x}{ax+b} = \frac{1}{a}\int \frac{\mathrm{d}t}{t} = \frac{1}{a}\ln t + C = \frac{\ln(ax+b)}{a} + C.$

例 4 $\int \frac{\mathrm{d}x}{a^2+x^2} = \int \frac{\mathrm{d}x}{a^2\left(1+\frac{x^2}{a^2}\right)} = \frac{1}{a}\int \frac{\mathrm{d}\left(\frac{x}{a}\right)}{1+\left(\frac{x}{a}\right)^2} = \frac{1}{a}\arctan\frac{x}{a} + C$ (代入

$t = \frac{x}{a}$).

例 5 $\int \frac{\mathrm{d}x}{\sqrt{a^2-x^2}} = \int \frac{\mathrm{d}\left(\frac{x}{a}\right)}{\sqrt{1-\left(\frac{x}{a}\right)^2}} = \arcsin \frac{x}{a} + C.$

例 6 $\int \frac{\mathrm{d}x}{\sqrt{x^2+a}}.$

为要计算这个积分,要用欧拉的替换,我们仔细叙述如下. 由公式
$$\sqrt{x^2+a} = t - x, \quad t = x + \sqrt{x^2+a}$$
引入新变量 t.

为要确定 x 与 $\mathrm{d}x$,我们乘方
$$x^2 + a = t^2 - 2tx + x^2$$
$$x = \frac{t^2-a}{2t} = \frac{1}{2}\left(t - \frac{a}{t}\right)$$
$$\sqrt{x^2+a} = t - \frac{t^2-a}{2t} = \frac{t^2+a}{2t}$$
$$\mathrm{d}x = \frac{1}{2}\left(1 + \frac{a}{t^2}\right)\mathrm{d}t = \frac{1}{2}\frac{t^2+a}{t^2}\mathrm{d}t$$

代入到所给的积分中,就有
$$\int \frac{\mathrm{d}x}{\sqrt{x^2+a}} = \int \frac{2t}{t^2+a} \cdot \frac{1}{2} \cdot \frac{t^2+a}{t^2} \mathrm{d}t = \int \frac{\mathrm{d}t}{t}$$
$$= \ln t + C = \ln(x + \sqrt{x^2+a}) + C$$

例 7 积分
$$\int \frac{\mathrm{d}x}{x^2-a^2}$$
要用一个特殊的方法计算,我们以后要仔细讲,这个方法是分解被积函数成部分分式法.

分解被积函数的分母成因式乘积
$$x^2 - a^2 = (x-a)(x+a)$$
把它化成部分分式和的形式
$$\frac{1}{x^2-a^2} = \frac{A}{x-a} + \frac{B}{x+a}$$
为要确定 A 与 B,通分母,得到恒等式
$$1 = A(x+a) + B(x-a) = (A+B)x + a(A-B)$$

当 x 取任意值时,这个恒等式总成立. 于是 A 与 B 应当由条件

$$a(A-B)=1, A+B=0$$

确定,所以

$$A=-B=\frac{1}{2a}$$

最后得到

$$\frac{1}{x^2-a^2}=\frac{1}{2a}\left[\frac{1}{x-a}-\frac{1}{x+a}\right]$$

$$\int\frac{\mathrm{d}x}{x^2-a^2}=\frac{1}{2a}\left[\int\frac{\mathrm{d}x}{x-a}-\int\frac{\mathrm{d}x}{x+a}\right]$$

$$=\frac{1}{2a}[\ln(x-a)-\ln(x+a)]+C$$

$$=\frac{1}{2a}\ln\frac{x-a}{x+a}+C$$

例 8 如

$$\int\frac{mx+n}{x^2+px+q}\mathrm{d}x$$

形式的积分,可以化成前面作过的形式,把被积函数的分母配方,得到

$$x^2+px+q=\left(x+\frac{p}{2}\right)^2+q-\frac{p^2}{4}$$

再设

$$x+\frac{p}{2}=t, x=t-\frac{p}{2}, \mathrm{d}x=\mathrm{d}t$$

于是

$$mx+n=m\left(t-\frac{p}{2}\right)+n=At+B$$

其中我们假设

$$A=m, B=n-\frac{mp}{2}$$

最后,假设

$$q-\frac{p^2}{4}=\pm a^2$$

其中应当取正号或负号,依赖于这等式左边的符号,a 算作正的,于是我们可以把所给的积分写成

$$\int\frac{mx+n}{x^2+px+q}\mathrm{d}x=\int\frac{At+B}{t^2\pm a^2}\mathrm{d}t=A\int\frac{t\mathrm{d}t}{t^2\pm a^2}+B\int\frac{\mathrm{d}t}{t^2\pm a^2}$$

这里第一个积分不难计算,设
$$t^2 \pm a^2 = z, 2t\mathrm{d}t = \mathrm{d}z$$
则
$$\int \frac{t\mathrm{d}t}{t^2 \pm a^2} = \frac{1}{2}\int \frac{\mathrm{d}z}{z} = \frac{1}{2}\ln z = \frac{1}{2}\ln(t^2 \pm a^2)$$
第二个积分,我们在例 4(+) 与例 7(−) 中已经作过.

例 9 如
$$\int \frac{mx+n}{\sqrt{x^2+px+q}}\mathrm{d}x$$
形式的积分像前一个一样,也用配方的方法. 我们用例 8 中的记法,所给的积分可以写成
$$\int \frac{mx+n}{\sqrt{x^2+px+q}}\mathrm{d}x = \int \frac{At+B}{\sqrt{t^2+b}}\mathrm{d}t$$
$$= A\int \frac{t\mathrm{d}t}{\sqrt{t^2+b}} + B\int \frac{\mathrm{d}t}{\sqrt{t^2+b}} \quad (b = \pm a^2 = q - \frac{p^2}{4})$$

这里第一个积分可以用换元法计算,设
$$t^2 + b = z^2, 2t\mathrm{d}t = 2z\mathrm{d}z$$
则
$$\int \frac{t\mathrm{d}t}{\sqrt{t^2+b}} = \int \frac{z\mathrm{d}z}{z} = \int \mathrm{d}z = z = \sqrt{t^2+b}$$

第二个积分已经在例 6 中解出,等于 $\ln(t+\sqrt{t^2+b})$.

例 10 类似的可以用配方法作积分
$$\int \frac{mx+n}{\sqrt{q+px-x^2}}\mathrm{d}x$$
先化成
$$A_1 \int \frac{t\mathrm{d}t}{\sqrt{a^2-t^2}} + B_1 \int \frac{\mathrm{d}t}{\sqrt{a^2-t^2}}$$
替换 $a^2 - t^2 = z^2$,就有
$$\int \frac{t\mathrm{d}t}{\sqrt{a^2-t^2}} = -\sqrt{a^2-t^2} + C$$
第二个积分在例 5 中已经解出.

例 11 $\int \sin^2 x \mathrm{d}x = \int \frac{1-\cos 2x}{2}\mathrm{d}x = \frac{1}{2}\left(x - \frac{1}{2}\sin 2x\right) + C$
$$= \frac{1}{2}(x - \sin x\cos x) + C$$

$$\int \cos^2 x \, dx = \int \frac{1+\cos 2x}{2} dx = \frac{1}{2}\left(x+\frac{1}{2}\sin 2x\right)+C$$
$$= \frac{1}{2}(x+\sin x \cos x)+C$$

例 12 积分
$$\int \sqrt{x^2+a} \, dx$$

可以用分部积分法作
$$\int \sqrt{x^2+a} \, dx = x\sqrt{x^2+a} - \int x \cdot d\sqrt{x^2+a}$$
$$= x\sqrt{x^2+a} - \int \frac{x^2}{\sqrt{x^2+a}} dx$$

在最后的积分中被积函数的分子加减 a，就可以写成
$$\int \sqrt{x^2+a} \, dx = x\sqrt{x^2+a} - \int \sqrt{x^2+a} \, dx + a\int \frac{dx}{\sqrt{x^2+a}}$$

或
$$2\int \sqrt{x^2+a} \, dx = x\sqrt{x^2+a} + a\int \frac{dx}{\sqrt{x^2+a}}$$

由此最后得到
$$\int \sqrt{x^2+a} \, dx = \frac{1}{2}[x\sqrt{x^2+a} + a\ln(x+\sqrt{x^2+a})]+C$$

93. 一级微分方程的例子

在 [51] 中，我们考虑过简单的微分方程，一级微分方程的一般形式是
$$F(x,y,y')=0$$
这是自变量 x，未知函数 y 以及 y 的微商 y' 的一个关系式。平常可以由这方程解出 y，于是写成
$$y'=f(x,y)$$
其中 $f(x,y)$ 是 x 与 y 的已知函数。

我们现在不考虑这方程的一般情形，这留到本书第二卷再讲，现在只讲几个简单的例子。

可分离变量的方程 —— 这时函数 $f(x,y)$ 可以表示成两个函数的比的形式，其中一个只依赖于 x，另一个只依赖于 y，有
$$f(x,y)=\frac{\varphi(x)}{\psi(y)} \tag{22}$$

因为 $y' = \dfrac{\mathrm{d}y}{\mathrm{d}x}$ 这个方程可以写成

$$\psi(y)\mathrm{d}y = \varphi(x)\mathrm{d}x$$

于是方程的一边只有 x 出现,另一边只有 y 出现. 这样的作法叫作分离变量. 因为

$$\psi(y)\mathrm{d}y = \mathrm{d}\!\int\!\psi(y)\mathrm{d}y,\ \varphi(x)\mathrm{d}x = \mathrm{d}\!\int\!\varphi(x)\mathrm{d}x$$

根据性质 I[89],得到

$$\int\psi(y)\mathrm{d}y = \int\varphi(x)\mathrm{d}x + C \tag{23}$$

由此,作出积分,可以得到未知函数 y.

例 1 一级化学反应.

若反应刚开始时,物质的量记作 a,在时刻 t,已经起反应的物质的量记作 x,我们就有[51]方程

$$\frac{\mathrm{d}x}{\mathrm{d}t} = c(a-x) \tag{24}$$

其中 c 是反应常量. 现在我们有一个条件

$$x\Big|_{t=0} = 0 \tag{25}$$

分离变量,得到

$$\frac{\mathrm{d}x}{a-x} = c\mathrm{d}t$$

求积分

$$\int\frac{\mathrm{d}x}{a-x} = \int c\mathrm{d}t + C_1,\ -\ln(a-x) = ct + C_1$$

其中 C_1 是个任意常量. 由此得到

$$a - x = \mathrm{e}^{-ct-C_1} = C\mathrm{e}^{-ct}$$

其中 $C = \mathrm{e}^{-C_1}$ 也是一个任意常量. 它可以由条件(25)确定,根据上面的等式,当 $t=0$ 时,得到 $a=C$,于是最后得到

$$x = a(1 - \mathrm{e}^{-ct})$$

例 2 二级化学反应.

设在一样溶液中,有两种物质,在反应开始时,两种物质的量用克分子来表达,各为 a 与 b. 再设在时刻 t,两种物质已经起反应的量相等,我们记作 x,于是剩余的量就是 $a-x$ 与 $b-x$.

由二级化学反应的基本定律,反应进行的速率与这些剩余量的乘积成正

比，即
$$\frac{\mathrm{d}x}{\mathrm{d}t}=k(a-x)(b-x)$$

现在要解这个方程，配合以初始条件
$$x\Big|_{t=0}=0$$

分离变量，就有
$$\frac{\mathrm{d}x}{(a-x)(b-x)}=k\mathrm{d}t$$

求积分
$$\int\frac{\mathrm{d}x}{(a-x)(b-x)}=kt+C_1 \tag{26}$$

其中 C_1 是个任意常量．

为要计算左边的积分，我们用分解部分分式的方法（例 7）[92]
$$\frac{1}{(a-x)(b-x)}=\frac{A}{a-x}+\frac{B}{b-x}$$
$$1=A(b-x)+B(a-x)=-(A+B)x+(Ab+Ba)$$

于是
$$-(A+B)=0, Ba+Ab=1$$

由此
$$A=-B=\frac{1}{b-a}$$

所以
$$\int\frac{\mathrm{d}x}{(a-x)(b-x)}=\frac{1}{b-a}\left[\int\frac{\mathrm{d}x}{a-x}-\int\frac{\mathrm{d}x}{b-x}\right]=\frac{1}{b-a}\ln\frac{b-x}{a-x}$$

代入在式(26)中，就有
$$\ln\frac{b-x}{a-x}=(b-a)kt+(b-a)C_1$$
$$\frac{b-x}{a-x}=C\mathrm{e}^{(b-a)kt}$$

其中 $C=\mathrm{e}^{(b-a)C_1}$．

于是没有任何困难就可以确定出未知函数 x．

请读者自己解 $a=b$ 的特殊情形，在这种情形下，上面的公式失去意义．

例 3 求经过坐标原点与向量半径交成定角的所有曲线[①](图 3.8). 设 $M(x,y)$ 是未知曲线上的一点,由图可知

$$\omega = \alpha - \theta$$

$$\tan \omega = \tan(\alpha - \theta) = \frac{\tan \alpha - \tan \theta}{1 + \tan \alpha \tan \theta} = \frac{y' - \dfrac{y}{x}}{1 + y'\dfrac{y}{x}}$$

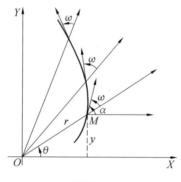

图 3.8

为计算方便起见,记作

$$\tan \omega = \frac{1}{a}$$

通分母,把得到的微分方程写成

$$x + yy' = a(y'x - y)$$

或两边乘以 dx,有

$$x\,dx + y\,dy = a(x\,dy - y\,dx) \tag{27}$$

若取 OX 轴作极轴,坐标原点 O 作极点,由直角坐标 x, y 化为极坐标 r, θ,这个方程就很容易积分. 由[82]有

$$x^2 + y^2 = r^2,\ \theta = \arctan \frac{y}{x}$$

于是

$$x\,dx + y\,dy = r\,dr,\ d\theta = \frac{1}{1 + \dfrac{y^2}{x^2}} d\,\frac{y}{x} = \frac{x\,dy - y\,dx}{x^2 + y^2}$$

方程(27)就可以写成下面的形式

---

① 在两条曲线的交点,它们的切线的交角,叫作这两条曲线的交角.

$$r\mathrm{d}r = ar^2\mathrm{d}\theta \text{ 或 } \frac{\mathrm{d}r}{r} = a\mathrm{d}\theta$$

求积分,就有

$$\ln r = a\theta + C_1, r = Ce^{a\theta}$$

其中 $C = e^{C_1}$.

这里所得到的曲线叫作对数螺线[83].

§2 定积分的性质

94. 定积分的基本性质

我们讲过,定积分

$$\int_a^b f(x)\mathrm{d}x \tag{1}$$

是

$$\sum_{k=1}^n f(\xi_k)(x_k - x_{k-1}) \quad (x_{k-1} \leqslant \xi_k \leqslant x_k) \tag{2}$$

的和的极限.

这里我们算作 $a < b$,于是,$x_{k-1} < x_k$.

若 $a > b$,则定积分(1)仍可以像以前一样,确定作和(2)的极限,不过这时只是

$$a = x_0 > x_1 > x_2 > \cdots > x_{k-1} > x_k > \cdots > x_{n-1} > x_n = b$$

即所有的差 $x_k - x_{k-1}$ 都是负的.若颠倒上下限 a 与 b,就是把 a 算作上限,b 算作下限,则中间分点 x_k 需要算作依照相反的顺序,于是和(2)中所有的差 $x_k - x_{k-1}$ 变号,推知这个和以及它的极限也变号,即

$$\int_b^a f(x)\mathrm{d}x = -\int_a^b f(x)\mathrm{d}x \tag{3}$$

此外,由于定积分可以解释作面积,自然算作

$$\int_a^a f(x)\mathrm{d}x = 0 \tag{4}$$

还要提出一个等式

$$\int_a^b \mathrm{d}x = b - a \tag{5}$$

实际上,这时,对于所有 x 的值,被积函数等于 1,则

$$\int_a^b \mathrm{d}x = \lim[(x_1-a)+(x_2-x_1)+\cdots+(x_{n-1}-x_{n-2})+(b-x_{n-1})]$$

但是方括号内是一个常量 $b-a$. 显然,表达式(5)给出以 $b-a$ 为底,高等于1的矩形的面积[87].

现在列举定积分的性质如下,由以上所述,我们可以直接写出前三个性质:

Ⅰ. 上下限相同的定积分等于零.

Ⅱ. 颠倒定积分的上下限时,绝对值保持不变,只是变号

$$\int_b^a f(x)\mathrm{d}x = -\int_a^b f(x)\mathrm{d}x$$

当 $a<b$ 时,应用这个性质可以计算由 b 到 a 的定积分,右边的积分算作存在.

Ⅲ. 定积分的量不依赖于积分变量的记号

$$\int_a^b f(x)\mathrm{d}x = \int_a^b f(t)\mathrm{d}t$$

这个在[87]中已经讲过.

以后,如果不特别提出,我们考虑的函数算作在积分区间上是连续的.

Ⅳ. 若有一列数

$$a,b,c,\cdots,k,l$$

依任何顺序排列,则

$$\int_a^l f(x)\mathrm{d}x = \int_a^b f(x)\mathrm{d}x + \int_b^c f(x)\mathrm{d}x + \cdots + \int_k^l f(x)\mathrm{d}x \tag{6}$$

我们只证明有三个数 a,b,c 的情形,这个证明不难推广到任意多个数的情形.

先设 $a<b<c$. 由定义推知

$$\int_a^c f(x)\mathrm{d}x = \lim \sum_{i=1}^n f(\xi_i)(x_i - x_{i-1})$$

并且无论把区间 (a,c) 怎样分,只要每一部分都趋向零,而数目 n 无限增加,所得的极限是一样的. 我们可以把区间 (a,c) 这样分,使得每次点 b 都是一个分点. 这时和

$$\sum_{i=1}^n f(\xi_i)(x_i - x_{i-1})$$

就可以分作两组,一组把区间 (a,b) 分成若干部分,另一组把区间 (b,c) 分成若干部分,并且这两组的部分数都无限增加,而每一部分趋向零. 这两组和各自趋向

$$\int_a^b f(x)\mathrm{d}x, \int_b^c f(x)\mathrm{d}x$$

最后得到

$$\int_a^c f(x)\mathrm{d}x = \lim \sum_{i=1}^n f(\xi_i)(x_i - x_{i-1}) = \int_a^b f(x)\mathrm{d}x + \int_b^c f(x)\mathrm{d}x$$

于是证完.

现在设 b 在区间 (a,c) 之外,例如 $a < c < b$,由上面的证明,可以写成

$$\int_a^b f(x)\mathrm{d}x = \int_a^c f(x)\mathrm{d}x + \int_c^b f(x)\mathrm{d}x$$

由此

$$\int_a^c f(x)\mathrm{d}x = \int_a^b f(x)\mathrm{d}x - \int_c^b f(x)\mathrm{d}x$$

但是,根据性质 II. 我们有

$$-\int_c^b f(x)\mathrm{d}x = \int_b^c f(x)\mathrm{d}x$$

即

$$\int_a^c f(x)\mathrm{d}x = \int_a^b f(x)\mathrm{d}x + \int_b^c f(x)\mathrm{d}x$$

类似的可以考虑这些点的其他排列情形.

V. 常因子可以由定积分号下提出来,即

$$\int_a^b Af(x)\mathrm{d}x = A\int_a^b f(x)\mathrm{d}x$$

因为

$$\int_a^b Af(x)\mathrm{d}x = \lim \sum_{i=1}^n Af(\xi_i)(x_i - x_{i-1})$$

$$= A\lim \sum_{i=1}^n f(\xi_i)(x_i - x_{i-1})$$

$$= A\int_a^b f(x)\mathrm{d}x$$

VI. 代数和的定积分等于每项的定积分的代数和,因为,例如

$$\int_a^b [f(x) - \varphi(x)]\mathrm{d}x = \lim \sum_{i=1}^n [f(\xi_i) - \varphi(\xi_i)](x_i - x_{i-1})$$

$$= \lim \sum_{i=1}^n f(\xi_i)(x_i - x_{i-1}) -$$

$$\lim \sum_{i=1}^n \varphi(\xi_i)(x_i - x_{i-1})$$

$$= \int_a^b f(x)\mathrm{d}x - \int_a^b \varphi(x)\mathrm{d}x$$

95. 中值定理

Ⅶ. 若在区间 (a,b) 上,函数 $f(x)$ 与 $\varphi(x)$ 满足条件
$$f(x) \leqslant \varphi(x) \tag{7}$$
则
$$\int_a^b f(x)\mathrm{d}x \leqslant \int_a^b \varphi(x)\mathrm{d}x \quad (b>a) \tag{8}$$
简单来讲,就是说不等式积分后保持不等.

作出差
$$\int_a^b \varphi(x)\mathrm{d}x - \int_a^b f(x)\mathrm{d}x = \int_a^b [\varphi(x) - f(x)]\mathrm{d}x$$
$$= \lim \sum_{i=1}^n [\varphi(\xi_i) - f(\xi_i)](x_i - x_{i-1})$$

根据不等式(7),这个和中每一项都是正的,或是说,至少不是负的.于是推知,这个和的极限,也就是这两个积分之差,不会是负的,由此推出不等式(8).

再由几何的解释来看.先设两条曲线
$$y = f(x), y = \varphi(x)$$
都在 OX 轴之上(图 3.9).这时,界于曲线 $y=f(x)$,OX 轴与纵坐标 $x=a$,$x=b$ 之间的图形,整个在界于曲线 $y=\varphi(x)$ 的类似图形之内,所以前一个图形的面积不大于后一个的面积,即
$$\int_a^b f(x)\mathrm{d}x \leqslant \int_a^b \varphi(x)\mathrm{d}x$$

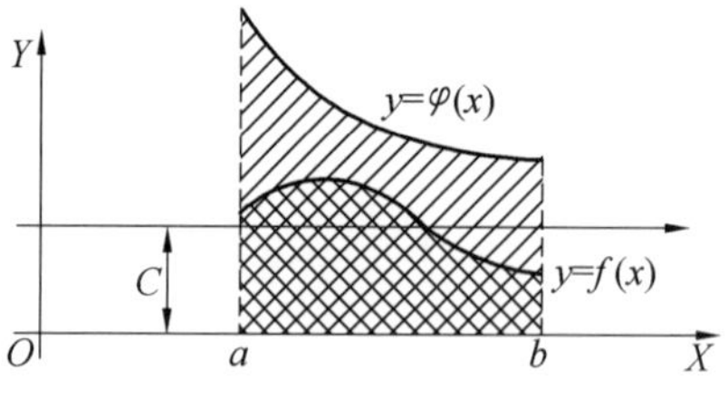

图 3.9

在一般情形下,无论所给的曲线与 OX 轴的相对位置如何,只要条件(7)成立,我们总可以把图形向上移动,使得两条曲线都在 OX 轴之上,这样移动之后,每个函数 $f(x)$ 与 $\varphi(x)$ 都增加同一个常数项 C,于是两个图形的面积都增加了以 $b-a$ 为底,以 C 为高的一块矩形面积,所以其差不变.

推理 若在区间 (a,b) 上,有

$$|f(x)| \leqslant \varphi(x) \leqslant M \tag{9}$$

则

$$\left|\int_a^b f(x)\mathrm{d}x\right| \leqslant \int_a^b \varphi(x)\mathrm{d}x \leqslant M(b-a) \quad (b>a) \tag{10}$$

实际上,条件(9) 相当于

$$-M \leqslant -\varphi(x) \leqslant f(x) \leqslant \varphi(x) \leqslant M$$

求这个不等式由 a 到 b 的积分(性质 Ⅶ),再应用式(5),得到

$$-M(b-a) \leqslant -\int_a^b \varphi(x)\mathrm{d}x \leqslant \int_a^b f(x)\mathrm{d}x \leqslant \int_a^b \varphi(x)\mathrm{d}x \leqslant M(b-a)$$

这就相当于不等式(10).

设 $\varphi(x) = |f(x)|$,由式(10) 得到一个重要的不等式

$$\left|\int_a^b f(x)\mathrm{d}x\right| \leqslant \int_a^b |f(x)|\mathrm{d}x \tag{10'}$$

我们知道,关于和的性质:和的绝对值不大于各项绝对值的和,这个性质推广到积分就是公式(10′). 在这公式中,只有当 $f(x)$ 在区间 (a,b) 上不变号时,等号成立.

由性质 Ⅶ 推出一个非常重要的定理:

中值定理　若函数 $\varphi(x)$ 在区间 (a,b) 上不变号,则

$$\int_a^b f(x)\varphi(x)\mathrm{d}x = f(\xi)\int_a^b \varphi(x)\mathrm{d}x \tag{11}$$

其中 ξ 是在区间 (a,b) 上的一个值.

为确定起见,算作在区间 (a,b) 上 $\varphi(x) \geqslant 0$,并且用 m 与 M 分别记 $f(x)$ 在区间 (a,b) 上的最小值与最大值. 因为

$$m \leqslant f(x) \leqslant M$$

(只有当 $f(x)$ 是个常量时,两个"="号才能同时成立),而且 $\varphi(x) \geqslant 0$,则

$$m\varphi(x) \leqslant f(x)\varphi(x) \leqslant M\varphi(x)$$

根据性质 Ⅶ,设 $b>a$,有

$$m\int_a^b \varphi(x)\mathrm{d}x \leqslant \int_a^b f(x)\varphi(x)\mathrm{d}x \leqslant M\int_a^b \varphi(x)\mathrm{d}x$$

由此显然看出,有这样一个数 P 存在,满足不等式 $m \leqslant P \leqslant M$,使得

$$\int_a^b f(x)\varphi(x)\mathrm{d}x = P\int_a^b \varphi(x)\mathrm{d}x \tag{12}$$

因为函数 $f(x)$ 连续,所以在区间 (a,b) 上,它要取 m 与 M 之间所有的值,自然要取这个数 P 作它的值[35]. 所以,在区间 (a,b) 上,存在一个值 ξ,使得

$$f(\xi) = P$$

于是公式(11)证完.

若在区间(a,b)上, $\varphi(x) \leqslant 0$, 则$-\varphi(x) \geqslant 0$. 由以上的证明, 得
$$\int_a^b f(x)[-\varphi(x)]\mathrm{d}x = f(\xi)\int_a^b -\varphi(x)\mathrm{d}x$$
提出负号, 两边乘以-1, 就化为公式(11).

同理, 若$b < a$, 则由以上推知
$$\int_b^a f(x)\varphi(x)\mathrm{d}x = f(\xi)\int_b^a \varphi(x)\mathrm{d}x$$
把两边积分的上下限都颠倒, 再用-1乘, 就得到公式(11), 如此, 所有的情形都已经证明了.

特别地, 可以设$\varphi(x) = 1$, 这时我们得到中值定理的一个重要的特殊情形
$$\int_a^b f(x)\mathrm{d}x = f(\xi)\int_a^b \mathrm{d}x = f(\xi)(b-a) \tag{13}$$

定积分的值等于两个因子的乘积, 一个因子是积分区间之长, 另一个因子是当自变量取某一个中间值时被积函数的值.

若$a > b$, 这个区间之长应当带负号. 这定理的特殊情形的几何意义就相当于考虑界于任何一条曲线, OX轴与纵坐标$x=a, x=b$之间的面积时, 总可以求出一个矩形, 面积与它相等, 并且这个矩形以$b-a$作底, 而高等于这曲线在区间(a,b)上的一个纵坐标(图3.10).

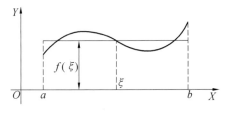

图 3.10

不难证明, 在公式(11)或(13)中出现的数ξ总可以算作在区间(a,b)内.

96. 原函数的存在性

Ⅷ. 若一个定积分的上限是变量, 则这积分对上限的微商等于被积函数对应于上限的值.

注意, 积分
$$\int_a^b f(x)\mathrm{d}x$$
的量依赖于积分的上下限a与b. 考虑积分

$$\int_a^x f(t)\,\mathrm{d}t$$

下限是常量 a，上限是变量 x，并且为与上限 x 区别起见，把积分变量记作 t. 这个积分的量就是上限 x 的一个函数

$$F(x) = \int_a^x f(t)\,\mathrm{d}t \tag{14}$$

现在要证明

$$\frac{\mathrm{d}F(x)}{\mathrm{d}x} = f(x)$$

为此，我们根据微商的定义[45]，计算 $F(x)$ 的微商

$$\frac{\mathrm{d}F(x)}{\mathrm{d}x} = \lim_{h \to 0} \frac{F(x+h) - F(x)}{h}$$

我们有

$$F(x+h) = \int_a^{x+h} f(t)\,\mathrm{d}t = \int_a^x f(t)\,\mathrm{d}t + \int_x^{x+h} f(t)\,\mathrm{d}t$$

(根据性质 IV[94])，由此

$$F(x+h) - F(x) = \int_x^{x+h} f(t)\,\mathrm{d}t,\ \frac{F(x+h) - F(x)}{h} = \frac{1}{h}\int_x^{x+h} f(t)\,\mathrm{d}t$$

应用式(13)，即

$$\int_x^{x+h} f(t)\,\mathrm{d}t = f(\xi) \cdot h$$

其中 ξ 记区间 $(x, x+h)$ 内的某一个值，于是

$$\frac{F(x+h) - F(x)}{h} = f(\xi)$$

当 h 趋向零时，这个数 ξ 所在的区间 $(x, x+h)$ 上任何一个值都趋向 x，根据函数 $f(x)$ 的连续性，$f(\xi)$ 就趋向 $f(x)$，所以

$$\frac{\mathrm{d}F(x)}{\mathrm{d}x} = \lim_{h \to 0} \frac{F(x+h) - F(x)}{h} = \lim_{h \to 0} f(\xi) = f(x)$$

于是证完.

注意，当 $x=a$ 时，我们可以限制 h 只取正值，当 $x=b$ 时，只取负值($a<b$)，于是 $F(x)$ 在整个(闭)区间 (a,b) 上有微商 $f(x)$. 至于在这闭区间两端时，微商的定义，我们已经在[46]中讲过.

由这个性质推出一个结果[45]，定积分 $F(x)$ 考虑作上限 x 的函数时，在区间 (a,b) 上是连续的，这里需要算作 $F(a) = 0$.

IX. 任何一个连续函数必有原函数或不定积分.

函数(14)是 $f(x)$ 的一个原函数，当 $x=a$ 时，它等于零.

若 $F_1(x)$ 是一个原函数的表达式,则如[88]中所述

$$\int_a^b f(x)\,\mathrm{d}x = F_1(b) - F_1(a) \tag{15}$$

97. 间断的被积函数

以上所有的讨论中,我们假设被积函数 $f(x)$ 在整个积分区间 (a,b) 上是连续的.

现在我们讲几种不连续函数的积分概念.

若在区间 (a,b) 上有一点 c,在这点,被积函数 $f(x)$ 不连续,但是当任意两个小的正数 ε' 与 ε'' 趋向零时,积分

$$\int_a^{c-\varepsilon'} f(x)\,\mathrm{d}x,\ \int_{c+\varepsilon''}^b f(x)\,\mathrm{d}x \quad (a<b)$$

各自趋向确定的极限,则这两个极限各叫作函数 $f(x)$ 对应于区间 (a,c) 与 (c,b) 的定积分,即若上述极限存在,则

$$\int_a^c f(x)\,\mathrm{d}x = \lim_{\varepsilon' \to 0} \int_a^{c-\varepsilon'} f(x)\,\mathrm{d}x$$

$$\int_c^b f(x)\,\mathrm{d}x = \lim_{\varepsilon'' \to 0} \int_{c+\varepsilon''}^b f(x)\,\mathrm{d}x$$

在这种情形下,我们设

$$\int_a^b f(x)\,\mathrm{d}x = \int_a^c f(x)\,\mathrm{d}x + \int_c^b f(x)\,\mathrm{d}x$$

若点 c 与区间 (a,b) 的一端重合,则只需考虑两个极限

$$\lim_{\varepsilon \to 0} \int_{a+\varepsilon}^b f(x)\,\mathrm{d}x,\ \lim_{\varepsilon \to 0} \int_a^{b-\varepsilon} f(x)\,\mathrm{d}x$$

中的一个.

最后,若在区间 (a,b) 上不连续点 c 不只一个,则要把这区间分为若干部分,使每一部分中只有一个不连续点.

根据以上所述,关于记号

$$\int_a^b f(x)\,\mathrm{d}x$$

的意义,性质 IX 与公式

$$\int_a^b f(x)\,\mathrm{d}x = F_1(b) - F_1(a)$$

仍然成立,只需在整个区间 (a,b) 上,除 $x=c$ 外

$$F_1'(x) = f(x)$$

并且在整个区间 (a,b) 上,包括 $x=c$ 在内,$F_1(x)$ 是连续的.

对于这个肯定,我们只证明在区间(a,b)内有一个不连续点c的情形,至于有几个不连续点或是$c=a$或b时,可以与这个完全类似的讨论.

因为在区间$(a,c-\varepsilon')$与$(c+\varepsilon'',b)$上,函数$f(x)$是连续的,所以在这两个区间上,可以应用公式(15),于是就有

$$\int_a^{c-\varepsilon'} f(x)\mathrm{d}x = F_1(c-\varepsilon') - F_1(a)$$

$$\int_{c+\varepsilon''}^b f(x)\mathrm{d}x = F_1(b) - F_1(c+\varepsilon'')$$

根据$F_1(x)$的连续性,我们可以写成

$$\int_a^c f(x)\mathrm{d}x = \lim_{\varepsilon' \to 0}[F_1(c-\varepsilon') - F_1(a)] = F_1(c) - F_1(a)$$

$$\int_c^b f(x)\mathrm{d}x = \lim_{\varepsilon'' \to 0}[F_1(b) - F_1(c+\varepsilon'')] = F_1(b) - F_1(c)$$

即

$$\int_a^b f(x)\mathrm{d}x = \int_a^c f(x)\mathrm{d}x + \int_c^b f(x)\mathrm{d}x$$
$$= [F_1(c) - F_1(a)] + [F_1(b) - F_1(c)]$$
$$= F_1(b) - F_1(a)$$

于是证完.

从几何的观点来看,所考虑的情形就是曲线$y=f(x)$在点c不连续,而对应于这曲线的面积存在. 例如:

当$0 \leqslant x < 2$时

$$f(x) = \frac{x}{2} + \frac{1}{2}$$

当$2 \leqslant x \leqslant 3$时

$$f(x) = x$$

所确定的函数的图形(图 3.11).界于这条曲线,OX轴,纵坐标$x=0$与可变纵坐标$x=x_1$之间的面积是x的一个连续函数,纵然函数$f(x)$当$x=2$时不连续.从另一方面看,不难求出$f(x)$的一个原函数,在整个区间$(0,3)$上连续. 这个函数$F_1(x)$可由下式确定:

当$0 \leqslant x \leqslant 2$时

$$F_1(x) = \frac{x^2}{4} + \frac{x}{2}$$

当$2 \leqslant x \leqslant 3$时

$$F_1(x) = \frac{x^2}{2}$$

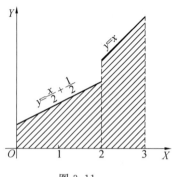

图 3.11

实际上,求 $F_1(x)$ 的微商得到,在区间 $(0,2)$ 上
$$F_1(x) = \frac{x}{2} + \frac{1}{2}$$
在区间 $(2,3)$ 上,$F_1'(x)=x$. 此外,当 $x=2$ 时,由 $F_1(x)$ 的两个表达式得到同一个值 2,所以 $F_1(x)$ 是连续的.

界于这曲线,OX 轴与纵坐标 $x=0$,$x=3$ 之间的面积,表达如下
$$\int_0^3 f(x)\mathrm{d}x = \int_0^2 f(x)\mathrm{d}x + \int_2^3 f(x)\mathrm{d}x = F_1(3) - F_1(0) = \frac{9}{2}$$
直接考虑图形,不难相信这式子成立.

再考虑一个函数 $y=x^{-\frac{2}{3}}$(图 3.12).当 $x=0$ 时,它成为 ∞,但是当 x 取这个值时,它的原函数 $3x^{\frac{1}{3}}$ 保持连续,所以可以写成
$$\int_{-1}^1 x^{-\frac{2}{3}}\mathrm{d}x = 3x^{\frac{1}{3}}\bigg|_{-1}^1 = 6$$
换句话说,纵然当 x 逼近于 0 时,所考虑的曲线移向无穷远,但是在纵坐标 $x=-1$ 与 $x=1$ 之间,它有完全确定的对应的面积.

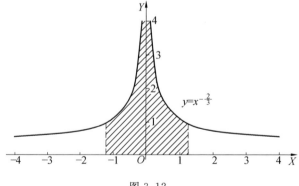

图 3.12

当 $x=0$ 时,函数 $\frac{1}{x^2}$ 的原函数 $-\frac{1}{x}$ 成为无穷大. 在这种情形下,当点 O 在区间 (a,b) 内时,对于这个函数不能用公式(15),曲线 $\frac{1}{x^2}$ 在这样的区间上没有有限的面积.

98. 无穷限

以上的讨论可以推广到无穷区间的情形,于是面积

$$\int_a^\infty f(x)\mathrm{d}x = \lim_{b\to\infty}\int_a^b f(x)\mathrm{d}x \tag{16}$$

$$\int_{-\infty}^b f(x)\mathrm{d}x = \lim_{a\to-\infty}\int_a^b f(x)\mathrm{d}x \tag{17}$$

这里假设这些极限存在.

若当 x 趋向 $+\infty$ 或 $-\infty$ 时,原函数趋向确定的极限,则上面的极限就一定存在. 我们把这两个极限简写作 $F_1(+\infty)$ 与 $F_1(-\infty)$,就有

$$\int_a^{+\infty} f(x)\mathrm{d}x = \lim_{b\to+\infty}[F_1(b)-F_1(a)] = F_1(+\infty)-F_1(a) \tag{18}$$

$$\int_{-\infty}^b f(x)\mathrm{d}x = \lim_{a\to-\infty}[F_1(b)-F_1(a)] = F_1(b)-F_1(-\infty) \tag{19}$$

$$\int_{-\infty}^{+\infty} f(x)\mathrm{d}x = \int_{-\infty}^a f(x)\mathrm{d}x + \int_a^{+\infty} f(x)\mathrm{d}x = F_1(+\infty)-F_1(-\infty) \tag{20}$$

这就是把公式(14)推广到无穷区间的情形.

从几何的观点来看,上述条件成立,可以说是,对应于 $x\to\pm\infty$ 时,曲线的无穷支有对应的面积.

如此,我们把以前对连续函数与有限区间所建立的定积分的概念,推广到不连续函数与无穷区间的情形. 这个推广的重点在于,先计算在一个较短区间上连续函数的积分,再取极限. 如此得到的概念,为与原来的区别起见,叫作广义积分或反常积分.

注意,有时,在有限区间上,不连续函数的积分直接具有[94]中所述和的极限的意义. 我们以后再讲. 例如,图 3.11 上所示的面积就是如此. 于是这个积分并非不正常. 但是,若被积函数在积分区间上不是有界的(成为无穷大),或是这个区间是无穷的,则积分就不是正常的了.

例 曲线 $y=\frac{1}{1+x^2}$,当 $x=\pm\infty$ 时,移向无穷远,而它与 OX 轴之间的面积是有限的(图 3.13),因为

$$\int_{-\infty}^{+\infty} \frac{\mathrm{d}x}{1+x^2} = \arctan x \Big|_{-\infty}^{+\infty} = \frac{\pi}{2} - \left(-\frac{\pi}{2}\right) = \pi$$

计算这个积分时,要记住函数 $\arctan x$ 不能任意取这个多值函数的值,而如[24]所确定的,只取在 $-\frac{\pi}{2}$ 与 $\frac{\pi}{2}$ 之间的唯一的值.否则,上面这式子就失去意义.

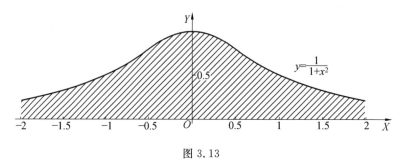

图 3.13

99. 定积分的换元法则

设 $f(x)$ 在区间 (a,b) 上或在较广的区间 (A,B) 上连续,再设函数 $\varphi(t)$ 在区间 (α,β) 上单值连续且有连续的微商,并且

$$\varphi(\alpha) = a, \varphi(\beta) = b \tag{21}$$

再设,当 t 在区间 (α,β) 上变化时, $\varphi(t)$ 的值出现在区间 (a,b) 上或较广的区间 (A,B) 上,在这区间上 $f(x)$ 是连续的.这时,复合函数 $f[\varphi(t)]$ 在区间 (α,β) 上是 t 的一个连续函数.

在上述的假定下,若用新变量 t 替换 x,有

$$x = \varphi(t) \tag{22}$$

则定积分变换成

$$\int_a^b f(x)\mathrm{d}x = \int_\alpha^\beta f[\varphi(t)]\varphi'(t)\mathrm{d}t \tag{23}$$

为了证明这个,我们考虑有可变上限的积分

$$F(x) = \int_a^x f(y)\mathrm{d}y, \Psi(t) = \int_\alpha^t f[\varphi(z)]\varphi'(z)\mathrm{d}z$$

根据式(22), $F(x)$ 是 t 的复合函数

$$F(x) = F[\varphi(t)] = \int_a^{\varphi(t)} f(y)\mathrm{d}y$$

用求复合函数的微商的法则,计算它的微商,就有

$$\frac{\mathrm{d}F(x)}{\mathrm{d}t} = \frac{\mathrm{d}F(x)}{\mathrm{d}x} \frac{\mathrm{d}x}{\mathrm{d}t}$$

但是根据性质 Ⅷ[96]，有
$$\frac{\mathrm{d}F(x)}{\mathrm{d}x} = f(x)$$
并由公式(22)推知
$$\frac{\mathrm{d}x}{\mathrm{d}t} = \varphi'(t)$$
由此
$$\frac{\mathrm{d}F(x)}{\mathrm{d}t} = f(x)\varphi'(t) = f[\varphi(t)]\varphi'(t)$$

现在计算函数 $\Psi(t)$ 的微商．根据性质 Ⅷ[96] 以及我们的假定，就有
$$\frac{\mathrm{d}\Psi(t)}{\mathrm{d}t} = f[\varphi(t)]\varphi'(t)$$

如此，考虑作 t 的函数，则函数 $\Psi(t)$ 与 $F(x)$ 在区间 (α,β) 上具有共同的微商，所以，它们只能差一个常数项，但是，当 $t = \alpha$ 时，我们有
$$x = \varphi(\alpha) = a, F(x)\bigg|_{t=\alpha} = F(a) = 0, \Psi(\alpha) = 0$$
即当 $t = \alpha$ 时，这两个函数相等，于是当 t 在区间 (α,β) 上取任何一个值时，它们都相等．特别是当 $t = \beta$ 时，就有
$$F(x)\bigg|_{t=\beta} = F(b) = \int_a^b f(x)\mathrm{d}x = \int_\alpha^\beta f[\varphi(t)]\varphi'(t)\mathrm{d}t$$

于是证完．

有时不用
$$x = \varphi(t)$$
代入，而反过来用
$$t = \psi(x) \tag{24}$$
代入．

这时上下限 β 与 α 由
$$\alpha = \psi(a), \beta = \psi(b)$$
确定，这里需要注意，由方程(24)解出的 x 的表达式(22)，应当满足上面所述的条件．特别是函数 $\varphi(t)$ 应当是 t 的一单值函数．若 $\varphi(t)$ 不是单值的，则公式(23)可能不成立．

例如，在积分
$$\int_{-1}^1 \mathrm{d}x = 2$$
中，用新变量

$$t = x^2$$

替换 x,我们得到公式(23)右边的积分,上下限都是 1,结果等于 0,这不可能. 这个错误就是由于 x 通过 t 的表达式

$$x = \sqrt{t}$$

是个多值函数.

例 若 $f(-x) = f(x)$,则函数 $f(x)$ 叫作偶函数;若 $f(-x) = -f(x)$,就叫作奇函数.

例如,$\cos x$ 是个偶函数,$\sin x$ 是个奇函数.

现在证明:若 $f(x)$ 是偶函数,则

$$\int_{-a}^{a} f(x) dx = 2 \int_{0}^{a} f(x) dx$$

若 $f(x)$ 是奇函数,则

$$\int_{-a}^{a} f(x) dx = 0$$

把这积分分成两个(性质 Ⅳ[94])

$$\int_{-a}^{a} f(x) dx = \int_{-a}^{0} f(x) dx + \int_{0}^{a} f(x) dx$$

在第一个积分中替换变量 $x = -t$,应用性质 Ⅱ 与 Ⅲ[94],有

$$\int_{-a}^{0} f(x) dx = -\int_{a}^{0} f(-t) dt = \int_{0}^{a} f(-t) dt = \int_{0}^{a} f(-x) dx$$

代入到上面的公式中

$$\int_{-a}^{a} f(x) dx = \int_{0}^{a} f(-x) dx + \int_{0}^{a} f(x) dx = \int_{0}^{a} [f(-x) + f(x)] dx$$

若 $f(x)$ 是偶函数,则和 $f(-x) + f(x)$ 等于 $2f(x)$;若 $f(x)$ 是奇函数,则这个和等于零,于是证明了上面的肯定.

100. 分部积分法则

定积分的分部积分[91]公式可以写成

$$\int_{a}^{b} u(x) dv(x) = u(x)v(x) \Big|_{a}^{b} - \int_{a}^{b} v(x) du(x) \qquad (25)$$

实际上,把恒等式

$$u(x) dv(x) = d[u(x)v(x)] - v(x) du(x)$$

逐项积分,得到

$$\int_{a}^{b} u(x) dv(x) = \int_{a}^{b} d[u(x)v(x)] - \int_{a}^{b} v(x) du(x)$$

根据性质 IV[94],有
$$\int_a^b \mathrm{d}[u(x)v(x)] = \int_a^b \frac{\mathrm{d}[u(x)v(x)]}{\mathrm{d}x}\mathrm{d}x = u(x)v(x)\Big|_a^b$$
于是给出公式(25). 这里 $u(x)$ 与 $v(x)$ 算作是在区间(a,b)上有连续微商的.

例 计算积分
$$\int_0^{\frac{\pi}{2}} \sin^n x \mathrm{d}x, \int_0^{\frac{\pi}{2}} \cos^n x \mathrm{d}x$$
设
$$I_n = \int_0^{\frac{\pi}{2}} \sin^n x \mathrm{d}x$$
分部积分,就有
$$\begin{aligned}
I_n &= \int_0^{\frac{\pi}{2}} \sin^{n-1} x \sin x \mathrm{d}x = -\int_0^{\frac{\pi}{2}} \sin^{n-1} x \mathrm{d}\cos x \\
&= -\sin^{n-1} x \cos x \Big|_0^{\frac{\pi}{2}} + \int_0^{\frac{\pi}{2}} (n-1)\sin^{n-2} x \cos x \cdot \cos x \mathrm{d}x \\
&= (n-1)\int_0^{\frac{\pi}{2}} \sin^{n-2} x \cos^2 x \mathrm{d}x \\
&= (n-1)\int_0^{\frac{\pi}{2}} \sin^{n-2} x (1-\sin^2 x) \mathrm{d}x \\
&= (n-1)\int_0^{\frac{\pi}{2}} \sin^{n-2} x \mathrm{d}x - (n-1)\int_0^{\frac{\pi}{2}} \sin^n x \mathrm{d}x \\
&= (n-1)I_{n-2} - (n-1)I_n
\end{aligned}$$
即
$$I_n = (n-1)I_{n-2} - (n-1)I_n$$
由此解出 I_n,有
$$I_n = \frac{n-1}{n} I_{n-2} \tag{26}$$
这个公式叫作递推公式,因为它把积分 I_n 的计算化为同样的积分,但是有较小的附标 $n-2$.

现在我们依 n 是偶数或奇数分为两种情形来考虑.

1) $n = 2k$(偶). 根据式(26),我们有
$$\begin{aligned}
I_{2k} &= \frac{2k-1}{2k} I_{2k-2} = \frac{(2k-1)(2k-3)}{2k(2k-2)} I_{2k-4} = \cdots \\
&= \frac{(2k-1)\cdot(2k-3)\cdot\cdots\cdot 3\cdot 1}{2k\cdot(2k-2)\cdot\cdots\cdot 4\cdot 2} I_0
\end{aligned}$$

因为
$$I_0 = \int_0^{\frac{\pi}{2}} \mathrm{d}x = \frac{\pi}{2}$$

最后得到
$$I_{2k} = \frac{(2k-1)\cdot(2k-3)\cdot\cdots\cdot 3\cdot 1}{2k\cdot(2k-2)\cdot\cdots\cdot 4\cdot 2}\cdot\frac{\pi}{2}$$

2) $n = 2k+1$(奇). 与上面类似求出

$$I_{2k+1} = \frac{2k\cdot(2k-2)\cdot\cdots\cdot 4\cdot 2}{(2k+1)\cdot(2k-1)\cdot\cdots\cdot 5\cdot 3} I_1, \quad I_1 = \int_0^{\frac{\pi}{2}} \sin x \mathrm{d}x = -\cos x \Big|_0^{\frac{\pi}{2}} = 1$$

所以
$$I_{2k+1} = \frac{2k\cdot(2k-2)\cdot\cdots\cdot 4\cdot 2}{(2k+1)\cdot(2k-1)\cdot\cdots\cdot 5\cdot 3}$$

积分
$$\int_0^{\frac{\pi}{2}} \cos^n x \mathrm{d}x$$

可以用同样方法计算,但是注意
$$\int_0^{\frac{\pi}{2}} \cos^n x \mathrm{d}x = \int_0^{\frac{\pi}{2}} \sin^n\left(\frac{\pi}{2} - x\right) \mathrm{d}x$$

由此,设
$$\frac{\pi}{2} - x = t$$

则
$$x = \frac{\pi}{2} - t$$

由基本公式(23)与性质 Ⅱ[94]就有
$$\int_0^{\frac{\pi}{2}} \cos^n x \mathrm{d}x = -\int_{\frac{\pi}{2}}^0 \sin^n t \mathrm{d}t = \int_0^{\frac{\pi}{2}} \sin^n t \mathrm{d}t$$

综合上面得到的结果,可以写成

$$\int_0^{\frac{\pi}{2}} \sin^{2k} x \mathrm{d}x = \int_0^{\frac{\pi}{2}} \cos^{2k} x \mathrm{d}x = \frac{(2k-1)\cdot(2k-3)\cdot\cdots\cdot 3\cdot 1}{2k\cdot(2k-2)\cdot\cdots\cdot 4\cdot 2}\cdot\frac{\pi}{2} \quad (27)$$

$$\int_0^{\frac{\pi}{2}} \sin^{2k+1} x \mathrm{d}x = \int_0^{\frac{\pi}{2}} \cos^{2k+1} x \mathrm{d}x = \frac{2k\cdot(2k-2)\cdot\cdots\cdot 4\cdot 2}{(2k+1)\cdot(2k-1)\cdot\cdots\cdot 5\cdot 3} \quad (28)$$

§3 定积分概念的应用

101. 面积的计算

在[87]中我们讲过,界于给定的曲线 $y=f(x)$,OX 轴与两个纵坐标 $x=a$,$x=b$ 之间的"面积"由定积分

$$\int_a^b f(x)\mathrm{d}x$$

表达.

但是,无论如何,如此确定的面积并不是由所给曲线与 OX 轴作成的真正的面积和,而只是它们的代数和,每一块在 OX 轴之下的面积带有负号. 因此,为要得到在普通意义下这些面积的和,应当计算

$$\int_a^b |f(x)|\mathrm{d}x$$

所以,图 3.14 上画有斜线的面积等于

$$\int_a^c f(x)\mathrm{d}x - \int_c^g f(x)\mathrm{d}x + \int_g^h f(x)\mathrm{d}x - \int_h^k f(x)\mathrm{d}x + \int_k^b f(x)\mathrm{d}x$$

两条曲线

$$y=f(x), y=\varphi(x) \tag{1}$$

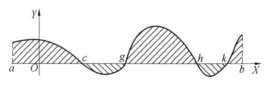

图 3.14

在两个纵坐标

$$x=a, x=b$$

之间的面积,由定积分

$$\int_a^b [f(x)-\varphi(x)]\mathrm{d}x \tag{2}$$

确定,这里假设在区间 (a,b) 上,一条曲线在另一条之上,即如果

$$f(x) \geqslant \varphi(x)$$

先设两条曲线都在 OX 轴之上. 由图 3.15 看出,未知面积 S 等于界于所给

曲线与 OX 轴之间的两块面积之差

$$S = \int_a^b f(x)\mathrm{d}x - \int_a^b \varphi(x)\mathrm{d}x = \int_a^b [f(x) - \varphi(x)]\mathrm{d}x$$

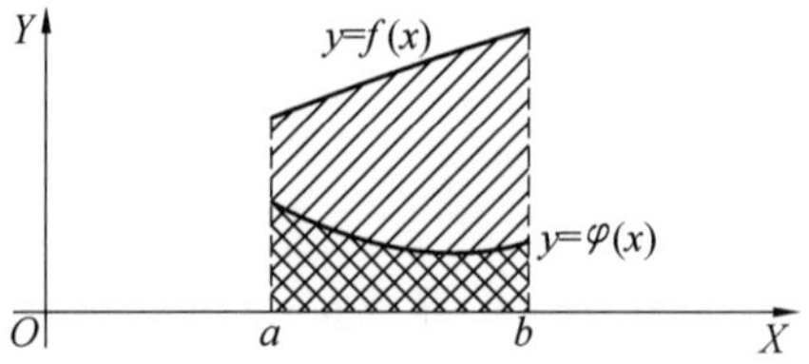

图 3.15

这就是所要证明的. 在一般情形下, 无论曲线关于 OX 轴的位置怎样, 总可以把 OX 轴向下移, 使得两条曲线都在 OX 轴之上. 这样移动相当于两个函数 $f(x)$ 与 $\varphi(x)$ 都增加一个相同的常数项, 但是差 $f(x) - \varphi(x)$ 保持不变.

作为一个练习, 求证: 若给定两条相交的曲线, 其中一条有时在另一条之上, 有时在另一条之下, 则界于它们与纵坐标 $x=a, x=b$ 之间的面积等于

$$\int_a^b |f(x) - \varphi(x)|\,\mathrm{d}x \tag{3}$$

例1 界于二次抛物线

$$y = ax^2 + bx + c$$

OX 轴以及距离为 h 的两个纵坐标之间的面积等于

$$\frac{h}{6}(y_1 + y_2 + 4y_0) \tag{4}$$

其中 y_1 与 y_2 各记这曲线在两端的纵坐标, y_0 记与两端等距的纵坐标.

我们假设这曲线在 OX 轴之上.

当证明公式(4)时, 我们可以算作左边的纵坐标在 OY 轴上(图3.16), 这并不失一般性, 因为把整个图形平行于 OX 轴移动时, 所考虑的面积, 两端与中间纵坐标的相对位置, 以及这些纵坐标的大小都不改变. 在这假定下, 设抛物线的方程有如

$$y = ax^2 + bx + c$$

我们的未知面积就由下面这定积分来表达

$$S = \int_0^h (ax^2 + bx + c)\mathrm{d}x = \left(a\frac{x^3}{3} + b\frac{x^2}{2} + cx \right) \bigg|_0^h$$

$$= a\frac{h^3}{3} + b\frac{h^2}{2} + ch = \frac{h}{6}(2ah^2 + 3bh + 6c)$$

按上面的记法, 我们有

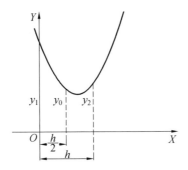

图 3.16

$$y_0 = (ax^2 + bx + c)\Big|_{x=\frac{h}{2}} = \frac{1}{4}ah^2 + \frac{1}{2}bh + c$$

$$y_1 = (ax^2 + bx + c)\Big|_{x=0} = c$$

$$y_2 = (ax^2 + bx + c)\Big|_{x=h} = ah^2 + bh + c$$

由此推知

$$y_1 + y_2 + 4y_0 = 2ah^2 + 3bh + 6c$$

于是证明上面的肯定.

例 2 椭圆的面积.

方程

$$\frac{x^2}{a^2} + \frac{y^2}{b^2} = 1$$

对应的椭圆关于两个坐标轴都对称,所以未知面积 S 等于在第一象限上的一部分椭圆的面积的四倍,即

$$S = 4\int_0^a y\,dx$$

(图 3.17). 为避免由椭圆的方程解出 y,再代入到这积分中的复杂计算,我们利用椭圆的参变方程

$$x = a\cos t, y = b\sin t \tag{5}$$

用新变量 t 替换 x,则 y 立刻由式(5)中第二个方程表达. 当 x 由 0 变到 a 时,t 由 $\frac{\pi}{2}$ 变到 0,因为在这情形下,换元法的条件都满足,于是

$$S = 4\int_{\frac{\pi}{2}}^0 b\sin t\,d(a\cos t) = -4ab\int_{\frac{\pi}{2}}^0 \sin^2 t\,dt = 4ab\int_0^{\frac{\pi}{2}} \sin^2 t\,dt$$

由公式(27)[100],当 $k=1$ 时,我们有

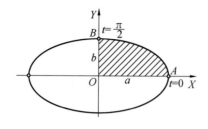

图 3.17

$$\int_0^{\frac{\pi}{2}} \sin^2 t \, dt = \frac{1}{2} \cdot \frac{\pi}{2} = \frac{\pi}{4}$$

由此最后求出

$$S = \pi ab \tag{6}$$

当 $a=b$ 时,这椭圆成为半径是 a 的圆,我们就得到以前知道的圆面积的表达式 πa^2.

例 3 计算在两条曲线

$$y = x^2, x = y^2$$

之间的面积.

解这两条曲线的联立方程,得到所给的曲线(图 3.18)交于两点 $(0,0)$,$(1,1)$. 因为在区间 $(0,1)$ 上

$$\sqrt{x} \geqslant x^2$$

根据式(2),未知面积由下式表达

$$S = \int_0^1 (\sqrt{x} - x^2) dx = \left(\frac{2}{3} x^{\frac{3}{2}} - \frac{x^3}{3} \right) \Big|_0^1 = \frac{1}{3}$$

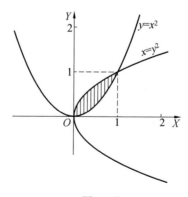

图 3.18

102. 扇形的面积

界于极坐标方程
$$r = f(\theta) \tag{7}$$
对应的曲线,以及与正向极轴各作成角 α,β 的两个向量半径
$$\theta = \alpha, \theta = \beta \tag{8}$$
之间的面积,由公式
$$S = \int_\alpha^\beta \frac{1}{2} r^2 \,\mathrm{d}\theta = \int_\alpha^\beta \frac{1}{2} [f(\theta)]^2 \,\mathrm{d}\theta \tag{9}$$
表达.

把两个向量半径(8)之间的角分为 n 份. 于是所考虑的面积(图 3.19)被分为 n 个小单元. 考虑这样一个界于向量半径 θ 与 $\theta + \Delta\theta$ 之间的小面积. 用 ΔS 记这小面积, m 与 M 各记函数 $r = f(\theta)$ 在区间 $(\theta, \theta + \Delta\theta)$ 上的最小值与最大值, 我们看到 ΔS 在两个圆扇形面积之间, 这两个圆扇形的张角都是 $\Delta\theta$, 半径各为 m 与 M, 即
$$\frac{1}{2} m^2 \Delta\theta \leqslant \Delta S \leqslant \frac{1}{2} M^2 \Delta\theta$$

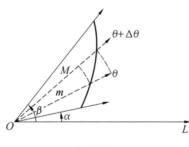

图 3.19

所以,可以写成
$$\Delta S = \frac{1}{2} P^2 \Delta\theta$$
其中 P 记 m 与 M 之间的一个值.

因为连续函数 $f(\theta)$ 在区间 $(\theta, \theta + \Delta\theta)$ 上取 m 与 M 之间所有的值, 则在这区间上一定可以找出这样一个值 θ', 使得
$$f(\theta') = P$$
而这时
$$\Delta S = \frac{1}{2} [f(\theta')]^2 \,\mathrm{d}\theta \tag{10}$$

现在,若增加小扇形 ΔS 的数目,而使每一个的张角都趋向 0,回忆[87] 所述,取极限,就得到

$$S = \lim \sum \Delta S = \lim \sum \frac{1}{2}[f(\theta')]^2 \Delta\theta = \int_\alpha^\beta \frac{1}{2}[f(\theta)]^2 \mathrm{d}\theta = \int_\alpha^\beta \frac{1}{2} r^2 \mathrm{d}\theta$$

于是证完.

注意,证明公式(9) 时,关键在于用一个张角为 $\Delta\theta$,半径为 $f(\theta')$ 的圆扇形的面积来代替扇形面积 ΔS.

用近似表达式

$$\Delta S = \frac{1}{2} r^2 \Delta\theta$$

其中 $r = f(\theta')$,而 θ' 是区间 $(\theta, \theta + \Delta\theta)$ 上任意一个值,代替正确表达式(10),再取极限,我们得到的扇形面积与以上的结果一样

$$\lim \sum \frac{1}{2}[f(\theta')]^2 \mathrm{d}\theta = \int_\alpha^\beta \frac{1}{2} r^2 \mathrm{d}\theta \tag{11}$$

这样引出的公式(11)中的被积表达式具有简单的几何意义:$\frac{1}{2} r^2 \mathrm{d}\theta$ 是张角为 $\mathrm{d}\theta$ 的扇形面积的近似表达式,所以简称极坐标下的面积单元.

例 求界于闭曲线

$$r = a\cos 3\theta \quad (a > 0)$$

的面积.

用描迹法不难作出这条曲线,如图 3.20 所示,这叫作三叶玫瑰线. 以它为界的整个面积等于图上画斜线的一部分面积的六倍,而这块画斜线的面积对应于 θ 由 0 变到 $\frac{\pi}{6}$,所以由公式(9)就有

$$S = 6\int_0^{\frac{\pi}{6}} \frac{1}{2} a^2 \cos^2 3\theta \mathrm{d}\theta = a^2 \int_0^{\frac{\pi}{6}} \cos^2 3\theta \mathrm{d}(3\theta) = a^2 \int_0^{\frac{\pi}{2}} \cos^2 t \mathrm{d}t$$

103.弧长

设 A, B 是给定的曲线上两个点,以这两点为端点作这曲线的内接折线,当这折线的边数无限增加,而每边之长趋向零时,这折线的周界长趋向的极限,叫作这曲线在 A, B 两点间的弧长.

设所给曲线(图 3.21)的参变方程是

$$x = \varphi(t), y = \psi(t) \tag{12}$$

并且点 A 与点 B 各对应于参变量 t 的值 α 与 $\beta (\alpha < \beta)$. 为要计算 $\overparen{AB}$ 的长,在这

弧上标记出一列的点
$$M_1, M_2, \cdots, M_{i-1}, M_i, \cdots, M_{n-1}$$

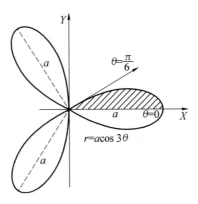

图 3.20

各对应于参变量 t 的值
$$t_1, t_2, \cdots, t_{i-1}, t_i, \cdots, t_{n-1}$$

点 M_i 的坐标记作
$$x_i = \varphi(t_i), y_i = \psi(t_i)$$

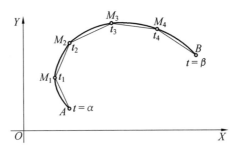

图 3.21

再用解析几何学中线段长的公式,就得到这折线周界长的表达式
$$\sum_{i=1}^n \sqrt{(x_i - x_{i-1})^2 + (y_i - y_{i-1})^2} = $$
$$\sum_{i=1}^n \sqrt{[\varphi(t_i) - \varphi(t_{i-1})]^2 + [\psi(t_i) - \psi(t_{i-1})]^2}$$

其中 $t_0 = \alpha, t_n = \beta$,所以,依定义,所考虑的弧长 s 由公式
$$s = \lim \sum_{i=1}^n \sqrt{[\varphi(t_i) - \varphi(t_{i-1})]^2 + [\psi(t_i) - \psi(t_{i-1})]^2} \qquad (13)$$

表达.

应用[63]改变量的公式,就有
$$\varphi(t_i) - \varphi(t_{i-1}) = (t_i - t_{i-1})\varphi'(\tau'_i)$$
$$\psi(t_i) - \psi(t_{i-1}) = (t_i - t_{i-1})\psi'(\tau''_i)$$
其中 τ'_i, τ''_i 各记 t 在区间 (t_i, t_{i-1}) 内的一个值,由此我们得到
$$\sqrt{[\varphi(t_i) - \varphi(t_{i-1})]^2 + [\psi(t_i) - \psi(t_{i-1})]^2}$$
$$= (t_i - t_{i-1})\sqrt{\varphi'^2(\tau'_i) + \psi'^2(\tau''_i)}$$
在这根号下用 $\psi'^2(\tau'_i)$ 代替 $\psi'^2(\tau''_i)$,所产生的误差记作 η_i,即设
$$\sqrt{\varphi'^2(\tau'_i) + \psi'^2(\tau''_i)} = \sqrt{\varphi'^2(\tau'_i) + \psi'^2(\tau'_i)} + \eta_i$$

根据以上所述,τ' 与 τ'' 都在区间 (t_{i-1}, t_i) 内,所以差 $\tau''_i - \tau'_i$ 的绝对值小于 $t_i - t_{i-1}$. 于是,假设函数 $\varphi'(t)$ 与 $\psi'(t)$ 在区间 (α, β) 上都是连续的[①],根据一致连续性[35],可以肯定,当 n 无限增加而所有的差都无限减小时,量 $|\eta_i|$ 中的最大的趋向零. 公式(13)可以写成
$$s = \lim \sum_{i=1}^{n} \{\sqrt{\varphi'^2(\tau'_i) + \psi'^2(\tau'_i)} + \eta_i\}(t_i - t_{i-1})$$
或
$$s = \lim \sum_{i=1}^{n} \sqrt{\varphi'^2(\tau'_i) + \psi'^2(\tau'_i)}(t_i - t_{i-1}) + \lim \sum_{i=1}^{n} \eta_i(t_i - t_{i-1}) \quad (14)$$
取第一个和的极限,给出定积分
$$\int_{\alpha}^{\beta} \sqrt{\varphi'^2(t) + \psi'^2(t)}\, dt$$
再证第二个和的极限等于零. 把量 $|\eta_1|, |\eta_2|, \cdots, |\eta_n|$ 中的最大的记作 δ_n. 如上所述 $\delta_n \to 0$.

于是显然
$$\left|\sum_{i=1}^{n} \eta_i(t_i - t_{i-1})\right| \leqslant \sum_{i=1}^{n} |\eta_i|(t_i - t_{i-1})$$
$$\leqslant \sum_{i=1}^{n} \delta_n(t_i - t_{i-1})$$
$$= \delta_n \sum_{i=1}^{n} (t_i - t_{i-1})$$

最后的和是区间 (α, β) 所分成的每一部分的长的和,于是推知,它等于整个区间的长 $\beta - \alpha$,即

---

① 若 $\varphi'(t)$ 与 $\psi'(t)$ 不同时等于零,这就是只考虑切线连续改变的曲线.

$$\left|\sum_{i=1}^{n}\eta_i(t_i-t_{i-1})\right|\leqslant \delta_n(\beta-\alpha)$$

根据 $\delta_n \to 0$，我们就有

$$\sum_{i=1}^{n}\eta_i(t_i-t_{i-1}) \to 0$$

由公式(14)推知

$$s=\int_{\alpha}^{\beta}\sqrt{\varphi'^2(t)+\psi'^2(t)}\,\mathrm{d}t \tag{15}$$

所以，若给定曲线的方程

$$x=\varphi(t), y=\psi(t)$$

并且 $\varphi'(t)$ 与 $\psi'(t)$ 都是连续函数，则这曲线在 A 与 B 两点间的弧长由公式

$$s=\int_{\alpha}^{\beta}\sqrt{\varphi'^2(t)+\psi'^2(t)}\,\mathrm{d}t$$

表达，其中 α 与 β 各为点 A 与 B 所对应的 t 的值。

考虑在区间 (α,β) 上的一个变量 t，对应于曲线的 $\overset{\frown}{AB}$ 上一个变点 M。$\overset{\frown}{AM}$ 的长就是 t 的一个函数，由公式

$$s(t)=\int_{\alpha}^{\beta}\sqrt{\varphi'^2(t)+\psi'^2(t)}\,\mathrm{d}t$$

表达。

应用求积分对上限的微商的法则，可以写成

$$\frac{\mathrm{d}s}{\mathrm{d}t}=\sqrt{\varphi'^2(t)+\psi'^2(t)}$$

就是

$$\mathrm{d}s=\sqrt{\varphi'^2(t)+\psi'^2(t)}\,\mathrm{d}t$$

再注意

$$\varphi'(t)=\frac{\mathrm{d}x}{\mathrm{d}t}, \psi'(t)=\frac{\mathrm{d}y}{\mathrm{d}t}$$

我们得到弧的微分公式[70]，有

$$\mathrm{d}s=\sqrt{\varphi'^2(t)+\psi'^2(t)}\,\mathrm{d}t=\sqrt{(\mathrm{d}x)^2+(\mathrm{d}y)^2}$$

于是公式(15)可以写成较简短的形式

$$s=\int_{(A)}^{(B)}\mathrm{d}s=\int_{(A)}^{(B)}\sqrt{(\mathrm{d}x)^2+(\mathrm{d}y)^2} \tag{16}$$

其中 (A) 与 (B) 各记，依照所选择的积分变量，对应于曲线上点 A 与 B，这积分应当取的下限与上限。

特别地，若曲线由显示式

$$y=f(x)$$

给出,并且 A 与 B 各对应于自变量 x 的值 a 与 b,公式(15)就成为

$$s=\int_a^b \sqrt{1+\left(\frac{\mathrm{d}y}{\mathrm{d}x}\right)^2}\,\mathrm{d}x = \int_a^b \sqrt{1+y'^2}\,\mathrm{d}x \tag{17}$$

若曲线由极坐标方程

$$r=f(\theta)$$

给出,则引用直角坐标 x,y 与极坐标 r,θ 的关系式[82],有

$$x=r\cos\theta,\ y=r\sin\theta \tag{18}$$

我们可以考虑这两个方程是这曲线以 θ 为参变量的参变方程. 这时就有

$$\mathrm{d}x=\cos\theta\,\mathrm{d}r-r\sin\theta\,\mathrm{d}\theta$$
$$\mathrm{d}y=\sin\theta\,\mathrm{d}r+r\cos\theta\,\mathrm{d}\theta$$
$$(\mathrm{d}x)^2+(\mathrm{d}y)^2=(\mathrm{d}r)^2+r^2(\mathrm{d}\theta)^2$$

由此

$$\mathrm{d}s=\sqrt{(\mathrm{d}x)^2+(\mathrm{d}y)^2}=\sqrt{(\mathrm{d}r)^2+r^2(\mathrm{d}\theta)^2} \tag{19}$$

若点 A 与 B 对应于极角 θ 的值 α 与 β(图 3.22),则公式(15)给我们

$$s=\int_\alpha^\beta \sqrt{r^2+\left(\frac{\mathrm{d}r}{\mathrm{d}\theta}\right)^2}\,\mathrm{d}\theta \tag{20}$$

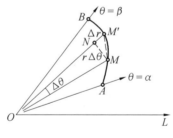

图 3.22

$\mathrm{d}s$ 的表达式(19)叫作弧的微分的极坐标式,它可以直接由图得到,当 $\widehat{MM'}$ 非常小时,可以用它的弦代替这个弧,于是计算这个弦长,这个弦恰好是直角三角形 MNM' 的弦,而这直角三角形的两腰各与 $r\mathrm{d}\theta,\mathrm{d}r$ 近似相等.

例 1 由顶点 $(0,0)$ 算起,到横坐标为 x 的变点止,抛物线 $y=x^2$ 的弧长 s,依公式(17),由积分

$$s=\int_0^x \sqrt{1+y'^2}\,\mathrm{d}x=\int_0^x \sqrt{1+4x^2}\,\mathrm{d}x=\frac{1}{2}\int_0^{2x}\sqrt{1+t^2}\,\mathrm{d}t \tag{21}$$

表达,其中设 $t=2x$.

根据[92]例 12 有

$$\int \sqrt{1+t^2}\,dt = \frac{1}{2}\left[t\sqrt{1+t^2} + \ln(t+\sqrt{1+t^2})\right] + C$$

代入到式(21)中,不难得到

$$s = \frac{1}{4}\left[2x\sqrt{1+4x^2} + \ln(2x+\sqrt{1+4x^2})\right]$$

例 2 椭圆

$$\frac{x^2}{a^2} + \frac{y^2}{b^2} = 1$$

的周界长,根据它关于坐标轴的对称性,等于它在第一象限的弧长的四倍. 引用椭圆的参变方程

$$x = a\cos t,\ y = b\sin t$$

注意点 A 与 B 各对应于参变量的值 0 与 $\frac{\pi}{2}$,依公式(15),我们得到未知长 l 的表达式

$$l = 4\int_0^{\frac{\pi}{2}} \sqrt{a^2\sin^2 t + b^2\cos^2 t}\,dt \tag{22}$$

这个积分算不出来有限型,只可以用以后讲的近似计算法处理.

例 3 对数螺线

$$r = Ce^{a\theta}$$

由向量半径 $\theta=\alpha$ 到 $\theta=\beta$ 之间的弧长,根据式(20)由积分

$$\int_\alpha^\beta \sqrt{r^2 + \left(\frac{dr}{d\theta}\right)^2}\,d\theta = C\sqrt{1+a^2}\int_\alpha^\beta e^{a\theta}\,d\theta = \frac{C\sqrt{1+a^2}}{a}(e^{a\beta} - e^{a\alpha})$$

表达.

例 4 在[78]中我们考虑过悬链线,设 $M(x,y)$ 是其上一点. 计算 $\widehat{AM}$(图 2.52)之长. 注意[78]中 $1+y'^2$ 的表达式,得到

$$\widehat{AM} = \int_0^x \sqrt{1+y'^2}\,dx = \int_0^x \frac{y}{a}\,dx$$

$$= \frac{1}{2}\int_0^x (e^{\frac{x}{a}} + e^{-\frac{x}{a}})\,dx$$

$$= \frac{a}{2}(e^{\frac{x}{a}} - e^{-\frac{x}{a}}) = ay'$$

由此

$$a^2 + \widehat{AM}^2 = a^2 + a^2 y'^2 = a^2(1+y'^2) = y^2$$

就是 $\widehat{AM}$ 之长等于一个直角三角形的一腰之长,这个直角三角形的弦长等于点 M 的纵坐标,另一腰等于 a. 如此,我们得到下面作 $\widehat{AM}$ 之长的法则.

以悬链线的顶点 A 为圆心,作一圆,半径等于点 M 的纵坐标,设这圆与 OX 轴交于一点 Q,则线段 $\overline{OQ}$(O 是坐标原点) 就表示伸直的 $\overset{\frown}{AM}$.

上面的公式中,我们按照情况选择符号,当点 M 在悬链线的右半部时,y' 有正号.

例5 在[79]中,我们考虑过旋轮线,现在确定它的一支 OO'(图 2.53) 的弧长以及界于这一支与 OX 轴之间的面积 S,有

$$l = \int_0^{2\pi} \sqrt{\varphi'^2(t) + \psi'^2(t)}\, dt$$

$$= \int_0^{2\pi} \sqrt{a^2(1-\cos t)^2 + a^2 \sin^2 t}\, dt$$

$$= a\int_0^{2\pi} \sqrt{2 - 2\cos t}\, dt$$

$$= a\int_0^{2\pi} \sqrt{4\sin^2 \frac{t}{2}}\, dt$$

$$= 2a^2 \int_0^{2\pi} \sin\frac{t}{2}\, dt$$

$$= 2a\left[-2\cos\frac{t}{2}\right]_0^{2\pi} = 8a$$

即旋轮线的一支的弧长等于滚动圆的直径的四倍

$$S = \int_0^{2\pi a} y\, dx = \int_0^{2\pi} \psi(t)\varphi'(t)\, dt$$

$$= a^2 \int_0^{2\pi} (1 - \cos t)^2\, dt$$

$$= a^2 \int_0^{2\pi} (1 - 2\cos t + \cos^2 t)\, dt$$

$$= 2\pi a^2 - 2a^2[\sin t]_0^{2\pi} + a^2\left[\frac{1}{2}t + \frac{1}{4}\sin 2t\right]_0^{2\pi}$$

$$= 2\pi a^2 + \pi a^2 = 3\pi a^2$$

即界于旋轮线的一支与滚动圆时所在的直线之间的面积等于滚动圆的面积的三倍.

为计算 l,当开方 $\sqrt{4\sin^2 \frac{t}{2}}$ 时,应当取这个根的算术值,因为当 t 由 0 改变到 2π 时,函数 $\sin\frac{t}{2}$ 是正的.

例6 在[84]中考虑的心脏线关于极轴对称(图 2.70),所以,为要计算它的周界长 l,只需计算当 θ 在区间 $(0, \pi)$ 上改变时对应的弧长,再把得到的结果

放大两倍
$$l = 2\int_0^\pi \sqrt{r^2 + r'^2}\,d\theta = 2\int_0^\pi \sqrt{4a^2(1+\cos\theta)^2 + 4a^2\sin^2\theta}\,d\theta$$
$$= 8a\int_0^\pi \cos\frac{\theta}{2}\,d\theta = 8a\left[2\sin\frac{\theta}{2}\right]_0^\pi = 16a$$

即心脏线的周界长等于滚动圆(或不滚动圆)的直径的八倍.

104. 利用横断面计算体积法

计算给定的立体的体积也可以化为定积分来计算,只需我们能够确定,这立体垂直于一定方向的诸横断面的面积.

用 V 记所给立体的体积(图 3.23),设立体垂直于一定方向的所有的横断面的面积,取这些横断面所垂直的方向作 OX 轴的方向. 于是任何一个断面由这断面与 OX 轴交点的横坐标 x 确定,所以这断面的面积是 x 的函数,我们算作是已知的,记作 $S(x)$.

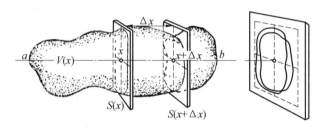

图 3.23

再设 a 与 b 各记这立体两端断面的横坐标. 为要计算体积 V,由 $x=a$ 到 $x=b$ 作若干断面把这物体分为若干单元. 考虑这样的一个单元 ΔV,它所界的两个断面的横坐标各记作 x 与 $x+\Delta x$. 用高等于 Δx,对应于横坐标 x 的断面作底的正柱体体积代替体积 ΔV(图 3.24). 这样的正柱体体积由乘积 $S(x)\Delta x$ 表达,于是我们得到上述体积 V 的近似表达式

$$\sum S(x)\Delta x$$

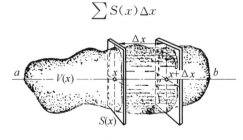

图 3.24

这个和要取到由断面分成的每一个单元. 当单元的数目无限增加,而 Δx 中的最大的趋向零时,取极限,得到一个定积分,它给出体积 V 的正确的值,于是引出下面的结果:

若已知一个给定立体垂直于一定方向的所有的横断面的面积,取这些横断面所垂直的方向作 OX 轴的方向,则这立体的体积由公式

$$V = \int_a^b S(x) \mathrm{d}x \tag{23}$$

表达,其中 $S(x)$ 是横坐标为 x 的横断面面积,a 与 b 各为这立体两端断面的横坐标.

例 求如图 3.25 所示的一块"圆柱的楔形段"的体积,其中 ABE 是一个正圆柱的底的一半,ABD 是过底的直径 AB 的一个平面. 取直径 AB 与 OX 轴,点 A 作坐标原点,圆柱的底半径记作 r,平面 ABD 与底的交角记作 α.

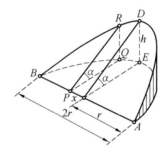

图 3.25

垂直于直径 AB 的断面具有直角三角形 PQR 的形状,它的面积由公式

$$S(x) = \frac{1}{2} \overline{PQ} \cdot \overline{QR} = \frac{1}{2} \tan \alpha \, \overline{PQ}^2$$

表达.

再由已知的圆周的性质,线段 $\overline{PQ}$ 是直径 $\overline{AB}$ 上的线段 $\overline{AP}$ 与 $\overline{PB}$ 的等比中项,所以

$$\overline{PQ}^2 = \overline{AP} \cdot \overline{PB} = x(2r - x)$$

于是

$$S(x) = \frac{1}{2} x(2r - x) \tan \alpha$$

应用公式(23)求未知体积,得到

$$V = \int_0^{2r} S(x) \mathrm{d}x = \frac{1}{2} \tan \alpha \int_0^{2r} x(2r-x) \mathrm{d}x$$
$$= \frac{1}{2} \tan \alpha \left[rx^2 - \frac{x^3}{3} \right]_0^{2r}.$$

$$= \frac{2}{3}r^3\tan\alpha = \frac{2}{3}r^2 h$$

其中引用这楔形段的高 $h = r\tan\alpha$.

105. 回转体的体积

若考虑的立体是由一条给定的曲线 $y = f(x)$ 绕 OX 轴回转得到的,它的横断面就是以 y 为半径的圆(图 3.26),所以

$$S(x) = \pi y^2$$

$$V = \int_a^b \pi y^2 \mathrm{d}x$$

即由曲线

$$y = f(x)$$

在纵坐标 $x = a$ 与 $x = b$ 之间的一部分,绕 OX 轴回转所得到的回转体的体积, 由公式

$$V = \int_a^b \pi y^2 \mathrm{d}x \tag{24}$$

表达.

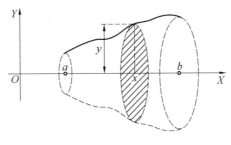

图 3.26

例 回转椭圆体的体积. 由椭圆

$$\frac{x^2}{a^2} + \frac{y^2}{b^2} = 1 \quad (a > b)$$

绕它的长轴回转而成的立体叫作长回转椭圆体(图 3.27). 在这种情形下,两端的横坐标是 $-a$ 与 a,所以,公式(24) 给出

$$V_{长} = \pi\int_{-a}^{a} y^2 \mathrm{d}x = \pi\int_{-a}^{a} b^2(1 - \frac{x^2}{a^2})\mathrm{d}x = \pi b^2\left[x - \frac{x^3}{3a^2}\right]_{-a}^{a} = \frac{4}{3}\pi ab^2 \tag{25}$$

同样可以求这椭圆绕它的短轴回转而成的扁回转椭圆体的体积,只要把 x, y 互换,再用 b 换 a,就得到

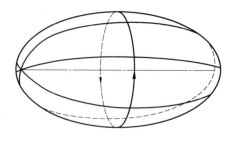

图 3.27

$$V_{扁} = \pi \int_{-b}^{b} x^2 \, dy = \pi \int_{-b}^{b} a^2 \left(1 - \frac{y^2}{b^2}\right) dy = \frac{4}{3}\pi b a^2 \tag{26}$$

若 $a=b$，则两种回转椭圆体都成为半径是 a 的球，而体积等于 $\frac{4}{3}\pi a^3$.

106. 回转体的侧面积

给定平面 XOY 上一段曲线，作这曲线的内接折线，当折线的边数无限增加，而每边之长趋向零时，这样的折线绕 OX 轴回转而成的立体的侧面体所趋向的极限，叫作这段曲线绕 OX 轴转成的回转体的侧面积.

若回转的一段曲线在 A,B 两点之间，则这个回转体的侧面积由公式

$$F = \int_{(A)}^{(B)} 2\pi y \, ds \tag{27}$$

表达，其中 ds 是所给的曲线的弧的微分，即

$$ds = \sqrt{(dx)^2 + (dy)^2}$$

用这公式时，曲线由显示式或参变式给定都可以，(A) 与 (B) 两个记号指明，应当在自变量对应于点 A 与 B 的两个值之间作积分. 若曲线由显示式

$$y = f(x)$$

给定，而点 A 与 B 的横坐标各为 a 与 b，则

$$ds = \sqrt{1 + y'^2} \, dx$$

$$F = 2\pi \int_a^b y \sqrt{1 + y'^2} \, dx \tag{28}$$

设曲线由参变方程

$$x = \varphi(t), y = \psi(t)$$

给定，而点 A 与 B 所对应的 t 的值各为 α 与 β（图 3.28），我们现在来证明上面的公式.

由定义，侧面积 F 等于折线 $\overline{AM_1M_2\cdots M_{i-1}M_i\cdots M_{n-1}B}$ 回转所成诸截锥的

侧面积总和的极限.

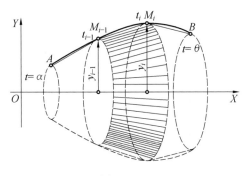

图 3.28

设点 M_i 所对应的参变量的值是 t_i,于是它的坐标就是
$$x_i = \varphi(t_i), y_i = \psi(t_i) \quad (t_0 = \alpha, t_n = \beta)$$
考虑线段 $\overline{M_{i-1}M_i}$ 绕 OX 轴回转所成的截锥.因为这截锥两底的半径各为
$$y_{i-1} = \psi(t_{i-1}), y_i = \psi(t_i)$$
而斜高为[103]
$$\overline{M_{i-1}M_i} = \sqrt{(x_i - x_{i-1})^2 + (y_i - y_{i-1})^2}$$
回忆初等几何中截锥侧面积的公式,有
$$F = \lim \sum_{i=1}^{n} \pi [\psi(t_i) + \psi(t_{i-1})] \overline{M_{i-1}M_i}$$
像求弧长的公式时一样,我们有
$$\overline{M_{i-1}M_i} = \sqrt{[\varphi(t_i) - \varphi(t_{i-1})]^2 + [\psi(t_i) - \psi(t_{i-1})]^2}$$
$$= (t_i - t_{i-1}) \sqrt{\varphi'^2(\tau'_i) + \psi'^2(\tau''_i)}$$
其中 τ'_i, τ''_i 各为区间 (t_{i-1}, t_i) 中的一个值.

再根据所考虑的函数的一致连续性,若是除去差 $t_i - t_{i-1}$ 外,我们用 t_i 来代替自变量的值 t_{i-1}, τ'_i 与 τ''_i,则所产生的误差当 n 足够大而每个区间 (t_{i-1}, t_i) 都足够小时,可以任意的小,于是可以写成
$$F = \lim \sum_{i=1}^{n} [2\pi \psi(t_i) \sqrt{\varphi'^2(t_i) + \psi'^2(t_i)} + \eta_i](t_i - t_{i-1})$$
其中量 η_i 的绝对值中的最大的趋向零,所以,像[103]中一样,最后就有
$$F = \int_{\alpha}^{\beta} 2\pi \psi(t) \sqrt{\varphi'^2(t) + \psi'^2(t)} \, dt = \int_{(A)}^{(B)} 2\pi y \, ds$$
于是证完.

例 长回转椭圆体与扁回转椭圆体的表面积.

先考虑长回转椭圆体的表面积.应用[105]例中的记号,由公式(28),我们有

$$F_{\text{长}} = 2\pi \int_{-a}^{a} y\sqrt{1+y'^2}\,dx = 2\pi \int_{-a}^{a} \sqrt{y^2 + (yy')^2}\,dx$$

由椭圆的方程,就有

$$y^2 = b^2\left(1-\frac{x^2}{a^2}\right),\ yy' = -\frac{b^2 x}{a^2}$$

因此

$$(yy')^2 = \frac{b^4 x^2}{a^4}$$

$$F_{\text{长}} = 2\pi \int_{-a}^{a} \sqrt{b^2 - \frac{b^2 x^2}{a^2} + \frac{b^4 x^2}{a^4}}\,dx = 2\pi b \int_{-a}^{a} \sqrt{1 - \frac{x^2}{a^2}\left(1-\frac{b^2}{a^2}\right)}\,dx$$

引用椭圆的离心率的表达式

$$\varepsilon^2 = \frac{a^2 - b^2}{a^2}$$

就有(参考[99]例)

$$F_{\text{长}} = 2\pi b \int_{-a}^{a} \sqrt{1-\frac{\varepsilon^2 x^2}{a^2}}\,dx = 4\pi b \int_0^a \sqrt{1-\frac{\varepsilon^2 x^2}{a^2}}\,dx$$

$$= \frac{4\pi ba}{\varepsilon} \int_0^a \sqrt{1-\left(\frac{\varepsilon x}{a}\right)^2}\,d\left(\frac{\varepsilon x}{a}\right)$$

$$= \frac{4\pi ab}{\varepsilon} \int_0^\varepsilon \sqrt{1-t^2}\,dt$$

用分部积分法,就有(参考[92]例12)

$$\int \sqrt{1-t^2}\,dt = t\sqrt{1-t^2} + \int \frac{t^2}{\sqrt{1-t^2}}\,dt$$

$$= t\sqrt{1-t^2} - \int \sqrt{1-t^2}\,dt + \int \frac{dt}{\sqrt{1-t^2}}$$

因此

$$\int \sqrt{1-t^2}\,dt = \frac{1}{2}\left[t\sqrt{1-t^2} + \arcsin t\right]$$

于是最后得到

$$F_{\text{长}} = 2\pi ab\left[\sqrt{1-\varepsilon^2} + \frac{\arcsin \varepsilon}{\varepsilon}\right] \tag{29}$$

当 $\varepsilon=0$ 时,就是当 $b=a$,而椭圆成为半径为 a 的球时,取极限,这公式仍然适用.这时,方括弧内第二项是个未定式,解它,[65]就有

$$\left.\frac{\arcsin \varepsilon}{\varepsilon}\right|_{\varepsilon=0} = \left.\frac{\frac{1}{\sqrt{1-\varepsilon^2}}}{1}\right|_{\varepsilon=0} = 1$$

现在看扁回转椭圆体. 把 x 与 y, a 与 b 对换,我们得到

$$F_{扁} = 2\pi \int_{-b}^{b} \sqrt{x^2 + (xx')^2}\, dy$$

其中 x 算作 y 的函数.

由椭圆的方程,就有

$$x^3 = a^2\left(1 - \frac{y^2}{b^2}\right),\ xx' = -\frac{a^2 y}{b^2},\ (xx')^2 = \frac{a^4 y^2}{b^4}$$

因此

$$F_{扁} = 2\pi a \int_{-b}^{b} \sqrt{1 + \frac{y^2}{b^2}\left(\frac{a^2}{b^2} - 1\right)}\, dy = 4\pi a \int_{0}^{b} \sqrt{1 + \frac{y^2 a^2 \varepsilon^2}{b^4}}\, dy$$

$$= \frac{4\pi b^2}{\varepsilon} \int_{0}^{\frac{a\varepsilon}{b}} \sqrt{1 + t^2}\, dt = \frac{2\pi b^2}{\varepsilon}\left[t\sqrt{1+t^2} + \ln(t + \sqrt{1+t^2})\right]\Big|_{0}^{\frac{a\varepsilon}{b}}$$

$$= \frac{2\pi b^2}{\varepsilon}\left[\frac{a\varepsilon}{b}\sqrt{1 + \frac{a^2\varepsilon^2}{b^2}} + \ln\left(\frac{a\varepsilon}{b} + \sqrt{1 + \frac{a^2\varepsilon^2}{b^2}}\right)\right]$$

$$= \frac{2\pi b^2}{\varepsilon}\left[\frac{a\varepsilon}{b}\sqrt{\frac{a^2}{b^2}} + \ln\left(\frac{a\varepsilon}{b} + \sqrt{\frac{a^2}{b^2}}\right)\right]$$

$$= 2\pi a^2 + \frac{2\pi b^2}{\varepsilon}\ln\frac{a(1+\varepsilon)}{b}$$

于是最后得到

$$F_{扁} = 2\pi a^2 + \frac{2\pi b^2}{\varepsilon}\ln\frac{a(1+\varepsilon)}{b} \tag{30}$$

107. 重心的确定,古鲁金定理

设给定 n 个质点

$$M_1(x_1, y_1), M_2(x_2, y_2), \cdots, M_n(x_n, y_n)$$

每个质点的质量各等于

$$m_1, m_2, \cdots, m_n$$

成一质点系. 如果点 G 的坐标 x_G, y_G 满足下列条件

$$Mx_G = \sum_{i=1}^{n} m_i x_i,\ My_G = \sum_{i=1}^{n} m_i y_i \tag{31}$$

其中用 M 记这一系的总质量

$$M = \sum_{i=1}^{n} m_i$$

则点 G 叫作这一系的重心.

根据重心的定义,我们可以把这一系的点任意分组,于是拆成若干部分系,计算全系的重心 G 时,可以先看成每一部分系的质量集中在一点,就是这个部分系的重心,再由这些求全系的重心.

我们不预备证明这个一般的原则,就简单的情形,如三个或四个质点的质点系,来验证一下是很容易的.

下面我们不讨论质点系,而讨论充满平面上某一个区域或是某一条线的物质.

为简单起见,我们只考虑均匀的物体,取密度为 1,这样,一条线的质量就等于这线的长度,一块平面区域的质量就等于它的面积.

先求一条曲线 $\overset{\frown}{AB}$(图 3.29)的重心,设其长为 s. 根据上述的一般原则,把 $\overset{\frown}{AB}$ 分成 n 个小单元 Δs. 为要计算全系的重心,对于每一个单元,我们取一点,就是这小单元的重心,而看作这小单元的全部质量 $\Delta m = \Delta s$ 集中在这一点[①].

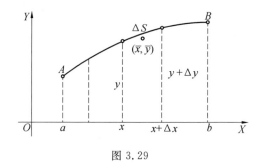

图 3.29

考虑这些单元中的一个 Δs,它的两端的坐标记作 (x, y),$(x+\Delta x, y+\Delta y)$,它的重心的坐标记作 $(\bar{x}, \bar{y})$. 当单元 Δs 足够小时,可以算作点 $(\bar{x}, \bar{y})$ 离开点 (x, y) 任意多近.

由公式(31),仿照[104],就有

$$M x_G = s x_G = \sum \bar{x} \Delta m = \sum \bar{x} \Delta s = \lim \sum x \Delta s = \int_{(A)}^{(B)} x \, ds \tag{32}$$

$$M y_G = s y_G = \sum \bar{y} \Delta m = \sum \bar{y} \Delta s = \lim \sum y \Delta s = \int_{(A)}^{(B)} y \, ds \tag{33}$$

---

① 每一个这样的小单元的重心,通常不在这曲线上,单元越小时,重心与曲线越近,如图 3.29 所示.

再由公式
$$s = \int_{(A)}^{(B)} \mathrm{d}s = \int_{(A)}^{(B)} \sqrt{(\mathrm{d}x)^2 + (\mathrm{d}y)^2}$$
计算出 s，就确定了重心 G 的坐标．

由公式(32)与(33)推出一个重要的定理．

古鲁金定理 1 由平面上一段已知弧，绕这平面上一条不穿过这弧的直线作轴，回转而成的立体的侧面积等于这段弧的长度与这段弧的重心回转时所经过路程的长度之乘积．

实际上，把回转轴取作 OX 轴，由 $\overset{\frown}{AB}$ 回转所成立体的侧面积，由式(27)，就是
$$F = 2\pi \int_{(A)}^{(B)} y \mathrm{d}s = 2\pi y_G \cdot s$$
(根据式(33))，于是证完．

再考虑一块平面区域 S(它的面积也记作 S)．为简单起见，设这个区域界于两条曲线之间，这两条曲线的纵坐标各记作
$$y_1 = f_1(x)$$
$$y_2 = f_2(x)$$
(图 3.30)．

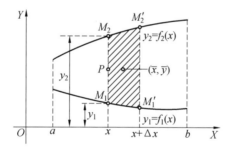

图 3.30

根据本段开始所述的一般原则，由平行于 OY 轴的直线分这图形成 n 个竖条，为要求这个图形的重心 G，我们取出每一个这样的竖条的重心，而看作每一竖条的质量 $\Delta m = \Delta S$ 集中在它的重心．考虑一个这样的竖条作为它的界线的两条直线 $\overline{M_1 M_2}$ 与 $\overline{M_1' M_2'}$ 的横坐标各记作 x 与 $x + \Delta x$，这一竖条的重心的坐标记作 $\bar{x}, \bar{y}$．当竖条足够狭时，即它的宽 Δx 足够小时，点 $(\bar{x}, \bar{y})$ 与线段 $\overline{M_1 M_2}$ 的中点 P 可以任意近，据此可以写成近似等式
$$\bar{x} \sim x, \bar{y} \sim \frac{y_1 + y_2}{2}$$

再由竖条的质量 Δm 等于它的面积 ΔS,于是就可以等于这样一个矩形的面积,这个矩形以 Δx 为底,其高与线段 $\overline{M_1 M_2}$ 之长 $y_2 - y_1$ 所差任意小,即
$$\Delta m \sim (y_2 - y_1)\Delta x$$

应用公式(31),可以写成

$$\begin{aligned} M x_G = S x_G &= \sum x \Delta m = \lim \sum [x(y_2 - y_1)] \Delta x \\ &= \int_a^b x(y_2 - y_1)\mathrm{d}x \end{aligned} \tag{34}$$

$$\begin{aligned} M y_G = S y_G &= \sum \bar{y} \Delta m = \lim \sum \left(\frac{y_2 + y_1}{2}\right)(y_2 - y_1)\Delta x \\ &= \lim \sum \left[\frac{1}{2}(y_2^2 - y_1^2)\right]\Delta x = \int_a^b \frac{1}{2}(y_2^2 - y_1^2)\mathrm{d}x \end{aligned} \tag{35}$$

由公式(35)推出:

古鲁金定理 2 由一块平面图形绕这平面上一条不穿过这图形的直线为轴,回转而成的立体的体积等于这个图形的面积与它的重心在回转时所经过路程的长度之乘积.

实际上,把回转轴取作 OX 轴,不难看出,所考虑的回转体的体积 V 等于由曲线 y_2 与曲线 y_1 回转而成的两个立体的体积之差,所以依照式(24),根据式(35)有

$$V = \pi \int_a^b y_2^2 \mathrm{d}x - \pi \int_a^b y_1^2 \mathrm{d}x = \pi \int_a^b (y_2^2 - y_1^2)\mathrm{d}x = 2\pi y_G \cdot S$$

于是证完.

这里得到的两个定理,当已知回转图形的重心位置时,可用以求回转体的侧面积或体积;反之,当已知由一个图形作成的回转体的体积或侧面积时,可用以确定这图形的重心.

例 1 求半径为 r 的圆,绕它所在的平面上距圆心为 a 的一条直线作轴,回转而成的环形的体积(这里 $r < a$,就是回转轴与圆周不相交)(图 3.31).

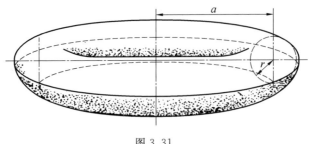

图 3.31

显然这回转圆的重心就是它的圆心,所以在回转时,重心所经过路程的长度等于 $2\pi a$. 回转图形的面积等于 πr^2,于是由古鲁金定理 2,就有

$$V = \pi r^2 \cdot 2\pi a = 2\pi^2 a r^2 \tag{36}$$

例 2 求例 1 中所考虑的环形的表面积 F.

回转圆周的长度等于 $2\pi r$,重心也是与圆心重合,所以根据古鲁金定理 1 就有

$$F = 2\pi r \cdot 2\pi a = 4\pi^2 a r \tag{37}$$

例 3 求半径为 a 的半圆之重心. 取半圆的底作 OX 轴,过圆心作 OY 轴垂直于 OX 轴(图 3.32). 根据这图形关于 OY 轴的对称性,显然重心 G 在 OY 轴上. 于是只需求出 y_G. 为此我们应用古鲁金定理 2,这半圆绕 OX 轴回转而成的立体是半径为 a 的球,它的体积等于 $\frac{4}{3}\pi a^3$. 回转图形的面积 S 等于 $\frac{\pi}{2}a^2$,所以

$$\frac{4}{3}\pi a^3 = \frac{\pi}{2}a^2 \cdot 2\pi y_G$$

因此

$$y_G = \frac{4}{3}\frac{a}{\pi}$$

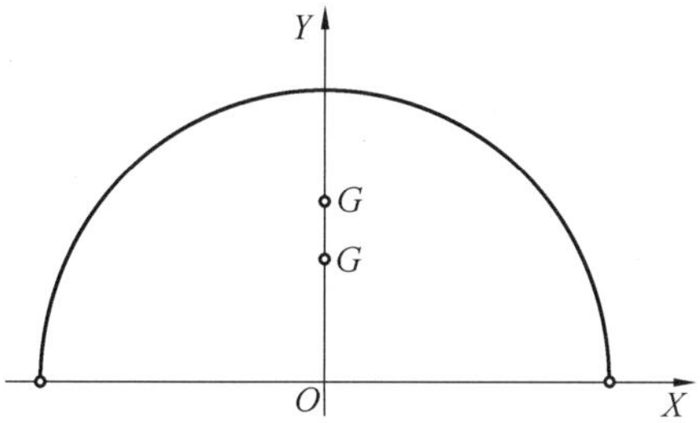

图 3.32

例 4 求半径为 a 的半圆周之重心.

如上例选定坐标轴,未知重心 G' 也在 OY 轴上,于是只需求 $y_{G'}$. 应用古鲁金定理 1,注意在这情形下,回转体的侧面积 F 等于 $4\pi a^2$,弧长 $s = \pi a$,就得到

$$4\pi a^2 = \pi a \cdot 2\pi y_{G'}$$

则

$$y_{G'} = 2\frac{a}{\pi}$$

于是直接推知,半圆周的重心比它所包的半圆的重心距离圆周较近.

108. 定积分的近似计算，矩形公式与梯形公式

借原函数的帮助，用[96]中基本公式(15)计算定积分，并非永远可能，因为有时原函数求不出来，也有时，纵然可求，但是计算起来十分复杂，而且很不方便．所以定积分的近似计算法是很重要的．

所有的近似计算法基本上是把定积分考虑作面积，解释作和的极限

$$\int_a^b f(x)\mathrm{d}x = \lim \sum_{i=1}^n f(\xi_i)(x_i - x_{i-1}) \tag{38}$$

以下我们总是把区间(a,b)分为n等份，把每一部分的长度记作h，于是

$$h = \frac{b-a}{n}, x_i = a+ih \quad (x_0 = a, x_n = a+nh = b)$$

当$x = x_i$时，被积函数$y = f(x)$的值记作$y_i(i=0,1,2,\cdots,n)$，有

$$y_i = f(x_i) = f(a+ih) \tag{39}$$

这些量我们算作是已知的，若函数$f(x)$是由分析法给定的，它们可以直接由计算得到；若是由图示法给定的，可以由图上量出来．

令式(38)右边的和里面的

$$\xi_i = x_{i-1} \text{ 或 } x_i$$

我们得到两个求近似值的矩形公式

$$\int_a^b f(x)\mathrm{d}x \sim \frac{b-a}{n}(y_0 + y_1 + \cdots + y_{n-1}) \tag{40}$$

$$\int_a^b f(x)\mathrm{d}x \sim \frac{b-a}{n}(y_1 + y_2 + \cdots + y_n) \tag{41}$$

其中记号"∼"表示近似相等．

数目n越大时，就是h越小时，这两个公式越准确，当$n \to \infty$，而$h \to 0$时，取极限，就达到这定积分的正确的量．

如此，当纵坐标的数目渐增时，公式(40)与(41)的误差趋向零．

当给定的函数$f(x)$在区间(a,b)上是单调的时，由纵坐标的数目可以很简单的确定出误差的一个上限(图 3.33)．在这情形下，由图显然可以直接看出，公式(40)与(41)中任何一个的误差不超过有斜线的矩形的面积和，就是不超过以$\frac{b-a}{n} = h$为底，以$y_n - y_0$为高的有斜线的矩形的面积，也就是不超过量

$$\frac{b-a}{n}(y_n - y_0) \tag{42}$$

矩形公式用矩形周界中一部分的横竖线段组成的阶形折线来代替曲线$y = f(x)$，就得到所要的面积的近似表达式．

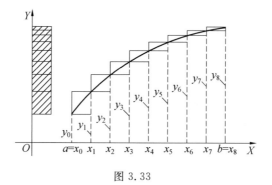

图 3.33

若用与给定的曲线所差很少的其他的线来代替这样的阶形折线,就得到另外的近似表达式.这辅助线与曲线 $y=f(x)$ 越近,用这辅助线下的面积来代替所要的面积时,误差越小.

例如,若用给定的曲线的内接折线,当 $x=x_i$ 时,它的纵坐标与曲线的纵坐标全同(图 3.34),换句话说,就是用这些内接梯形的面积和来代替所要的面积,就得到近似梯形公式

$$\int_a^b f(x)\mathrm{d}x \approx h\left[\frac{y_0+y_1}{2}+\frac{y_1+y_2}{2}+\cdots+\frac{y_{n-1}+y_n}{2}\right]$$

$$=\frac{b-a}{2n}[y_0+2y_1+2y_2+\cdots+2y_{n-1}+y_n] \qquad (43)$$

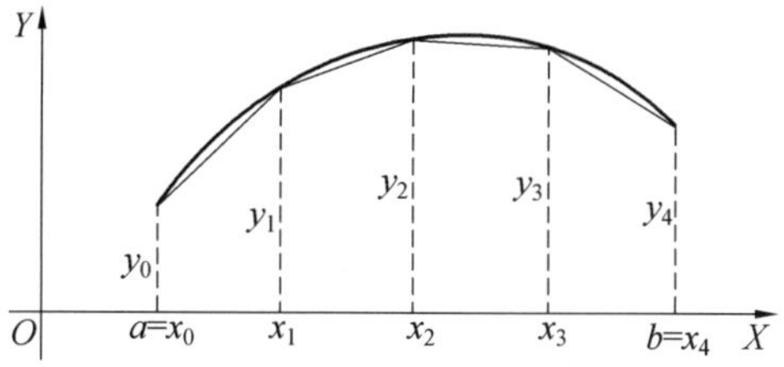

图 3.34

109. 切线公式与波恩塞公式

现在我们把分份的数目增多一倍,就是把每一份再分成两半.这样作就得到 $2n$ 份(图 3.35)

$$x_0, x_{\frac{1}{2}}=a+\frac{h}{2}, x_1=a+h, \cdots, x_i=a+ih$$

$$x_{i+\frac{1}{2}}=a+(i+\frac{1}{2})h, \cdots, x_n=b$$

各对应于纵坐标

$$y_0, y_{\frac{1}{2}}, y_1, \cdots, y_i, y_{i+\frac{1}{2}}, \cdots, y_n$$

($y_0, y_1, \cdots, y_n$ 叫作偶纵坐标，$y_{\frac{1}{2}}, y_{\frac{3}{2}}, \cdots, y_{n-\frac{1}{2}}$ 叫作奇纵坐标).

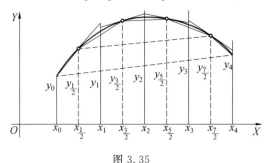

图 3.35

过每一个奇纵坐标的端点作切线，与相邻的两个偶纵坐标相交，用这样作成的诸梯形的面积和来代替所要的面积. 如此得到的近似公式叫作切线公式

$$\int_a^b f(x)\mathrm{d}x \approx \frac{b-a}{n}\left[y_{\frac{1}{2}} + y_{\frac{3}{2}} + \cdots + y_{n-\frac{1}{2}}\right] = \sigma_1 \tag{44}$$

再考虑联结诸相邻奇纵坐标端点的弦得到的内接梯形，加上联结纵坐标 y_0 与 $y_{\frac{1}{2}}$，$y_{n-\frac{1}{2}}$ 与 y_n 端点的两个弦在两端作成的梯形. 这样得到的梯形的面积和记作

$$\sigma_2 = \frac{b-a}{2n}\left[\frac{y_0+y_n}{2} - \frac{y_{\frac{1}{2}}+y_{n-\frac{1}{2}}}{2} + 2y_{\frac{1}{2}} + 2y_{\frac{3}{2}} + \cdots + 2y_{n-\frac{1}{2}}\right]$$

若曲线 $y=f(x)$ 在区间 (a,b) 上没有扭转点，就是单纯的向上凹或单纯的向下凹，则曲线下面积 S 在 σ_1 与 σ_2 之间，所以自然可以取等差中项 $\dfrac{\sigma_1+\sigma_2}{2}$ 作 S 的近似表达式，这是波恩塞公式

$$\int_a^b f(x)\mathrm{d}x \approx \frac{b-a}{2n}\left[\frac{y_0+y_n}{4} - \frac{y_{\frac{1}{2}}+y_{n-\frac{1}{2}}}{4} + 2y_{\frac{1}{2}} + 2y_{\frac{3}{2}} + \cdots + 2y_{n-\frac{1}{2}}\right]$$
$$\tag{45}$$

不难看出，在上述关于曲线的假定下，这个公式的误差不超过

$$\frac{\sigma_1-\sigma_2}{2} = \left(\frac{y_{\frac{1}{2}}+y_{n-\frac{1}{2}}}{2} - \frac{y_0+y_n}{2}\right)\frac{b-a}{4n} \tag{46}$$

的绝对值，由梯形中线的性质，不难证明，上式中括号内的表达式等于联结两个极端偶纵坐标与联结两个极端奇纵坐标的弦在正中纵坐标上截下的一段之长.

110. 辛普森公式

如上，分作双数部分，过每三个纵坐标

$$y_0, y_{\frac{1}{2}}, y_1; y_{\frac{3}{2}}, y_2; \cdots; y_{n-1}, y_{n-\frac{1}{2}}, y_n$$

的端点各作二次抛物线,用这一组抛物线来代替给定的曲线.由[101]公式(4)算出这样作成的每一条抛物线下的面积,我们就得到辛普森近似公式

$$\int_a^b f(x)\mathrm{d}x \approx \frac{b-a}{6n}[y_0 + 4y_{\frac{1}{2}} + 2y_1 + 4y_{\frac{3}{2}} + 2y_2 + \cdots +$$

$$2y_{n-1} + 4y_{n-\frac{1}{2}} + y_n] \tag{47}$$

我们现在不求这个公式的误差以及梯形公式的误差.注意,一般来讲,用一定的公式来表达误差,在理论上比在实用上较有价值,因为就实用来讲,一般总是估计的太粗了.

关于上面的作法,我们提出,总可以选择适当的 a,b 与 c,使抛物线 $y = ax^2 + bx + c$ 通过给定的平面上横坐标不同的三个点.

实用上,曲线很平时,会得到很准确的结果,在曲线骤然改变形式的点的附近,应当计算得比较精细,那就需要把每份分得更小.在任何情形下,在作计算以前,要作出曲线的图形,纵然草率些也好.

当作近似计算时,安排分划的计划是最重要的.为此,并且为比较上述几个不同的近似公式的准确性,我们介绍下面几个例子

$$S = \int_0^{\frac{\pi}{2}} \sin x \mathrm{d}x = 1$$

$$n = 10, \frac{b-a}{n} = 0.157\,079\,63, \frac{b-a}{2n} = 0.078\,539\,81, \frac{b-a}{6n} = 0.026\,179\,94$$

y_1	sin 9°	0.156 434 5	$y_{\frac{1}{2}}$	sin 4.5°	0.078 459 1
y_2	sin 18°	0.309 017 0	$y_{\frac{3}{2}}$	sin 13.5°	0.233 445 4
y_3	sin 27°	0.453 990 5	$y_{\frac{5}{2}}$	sin 22.5°	0.382 683 4
y_4	sin 36°	0.587 785 3	$y_{\frac{7}{2}}$	sin 31.5°	0.522 498 6
y_5	sin 45°	0.707 106 8	$y_{\frac{9}{2}}$	sin 40.5°	0.649 448 0
y_6	sin 54°	0.809 017 0	$y_{\frac{11}{2}}$	sin 49.5°	0.760 406 0
y_7	sin 63°	0.891 006 5	$y_{\frac{13}{2}}$	sin 58.5°	0.852 640 2
y_8	sin 72°	0.951 056 5	$y_{\frac{15}{2}}$	sin 67.5°	0.923 879 5
y_9	sin 81°	0.987 688 3	$y_{\frac{17}{2}}$	sin 76.5°	0.972 369 9
			$y_{\frac{19}{2}}$	sin 85.5°	0.996 917 3
$\sum_1$		5.853 102 4	$\sum_2$		6.372 747 4
	y_0	sin 0°	0.000 000 0		
	y_{10}	sin 90°	1.000 000 0		

矩形公式(短)

$\sum_1$	5.853 102 4	$\ln \sum$	0.767 386 1
y_0	0.000 000 0	$\ln \dfrac{b-a}{n}$	9.196 119 8
$\sum$	5.853 102 4	$\ln S$	9.963 505 9

$$S \approx 0.919\,408\,0$$

矩形公式(长)

$\sum_1$	5.853 102 4	$\ln \sum$	0.835 887 3
y_{10}	1.000 000 0	$\ln \dfrac{b-a}{n}$	9.196 119 8
$\sum$	6.853 102 4	$\ln S$	10.032 007 1

$$S \approx 1.076\,582\,8$$

切线公式

$\ln \sum_2$	0.804 326 7		
$\ln \dfrac{b-a}{n}$	9.196 119 8		
$\ln S$	10.000 446 5		

$$S \approx 1.001\,029\,0$$

梯形公式

$2\sum_1$	11.706 204 8	$\ln \sum$	1.104 015 8
$y_0 + y_{10}$	1.000 000 0	$\ln \dfrac{b-a}{2n}$	8.895 089 9
$\sum$	12.706 204 8	$\ln S$	9.999 105 7

$$S \approx 0.997\,943\,0$$

波恩塞公式

$2\sum_2$	12.745 494 8	$\ln \sum$	1.104 714 1
$\dfrac{1}{4}(y_0 + y_{10})$	0.250 000 0		
$-\dfrac{1}{4}(y_{\frac{1}{2}} + y_{\frac{19}{2}})$	−0.268 844 1	$\ln \dfrac{b-a}{2n}$	8.895 089 8
$\sum$	12.726 650 7	$\ln S$	9.999 803 9

$$S \approx 0.999\,548\,7$$

辛普森公式

$2\sum_1$	11.706 204 8	$\ln \sum$	1.582 031 4
$4\sum_2$	25.490 989 6		
$y_0 + y_{10}$	1.000 000 0	$\ln \dfrac{b-a}{6n}$	8.417 968 5
$\sum$	38.197 194 4	$\ln S$	9.999 999 9

$$S \approx 1.000\,000\,0$$

$$S = \int_0^1 \frac{\ln(1+x)}{1+x^2}\,\mathrm{d}x = \frac{\pi}{8}\ln 2 = 0.272\,198\,261\,3\cdots \text{①}$$

$$n = 10,\ \frac{b-a}{2n} = \frac{1}{20},\ \frac{b-a}{6n} = \frac{1}{60}$$

y_1	0.094 366 5	$y_{\frac{1}{2}}$	0.048 668 5
y_2	0.175 309 2	$y_{\frac{3}{2}}$	0.136 686 5
y_3	0.240 701 2	$y_{\frac{5}{2}}$	0.210 017 5
y_4	0.290 062 3	$y_{\frac{7}{2}}$	0.267 353 8
y_5	0.324 372 1	$y_{\frac{9}{2}}$	0.308 992 6
y_6	0.345 590 9	$y_{\frac{11}{2}}$	0.336 472 2
y_7	0.356 126 3	$y_{\frac{13}{2}}$	0.352 038 9
y_8	0.358 406 5	$y_{\frac{15}{2}}$	0.358 154 0
y_9	0.354 615 4	$y_{\frac{17}{2}}$	0.357 147 0
		$y_{\frac{19}{2}}$	0.351 027 3
$\sum_1$	2.539 550 4	$\sum_2$	2.726 558 3

y_0	0.000 000 0
y_{10}	0.346 573 6

波恩塞公式		辛普森公式	
$2\sum_2$	5.453 116 6	$2\sum_1$	5.079 100 8
$\frac{1}{4}(y_0 + y_{10})$	0.086 643 4	$4\sum_2$	10.906 233 2
$-\frac{1}{4}(y_{\frac{1}{2}} + y_{\frac{19}{2}})$	$-0.099\,923\,9$	$y_0 + y_1$	0.346 573 6
$\sum$	5.439 836 1	$\sum$	16.331 907 6
$S \approx \frac{1}{20}\sum \approx 0.271\,991\,8$		$S \approx \frac{1}{60}\sum \approx 0.272\,198\,46$	

$$S = \int_0^1 \frac{\mathrm{d}x}{1+x} = \ln 2 = 0.693\,147\,18\cdots$$

$$n = 20,\ \frac{b-a}{2n} = \frac{1}{40},\ \frac{b-a}{6n} = \frac{1}{20}$$

---

① 本书第二卷中要讲这公式.

y_1	0.952 381 0	$y_{\frac{1}{2}}$	0.975 609 7
y_2	0.909 090 9	$y_{\frac{3}{2}}$	0.930 232 6
y_3	0.869 565 3	$y_{\frac{5}{2}}$	0.888 888 9
y_4	0.833 333 3	$y_{\frac{7}{2}}$	0.851 063 8
y_5	0.800 000 0	$y_{\frac{9}{2}}$	0.816 326 6
y_6	0.769 230 7	$y_{\frac{11}{2}}$	0.784 313 5
y_7	0.740 740 7	$y_{\frac{13}{2}}$	0.754 716 9
y_8	0.714 285 7	$y_{\frac{15}{2}}$	0.727 272 7
y_9	0.689 655 2	$y_{\frac{17}{2}}$	0.701 754 3
y_{10}	0.666 666 7	$y_{\frac{19}{2}}$	0.677 966 1
y_{11}	0.645 161 3	$y_{\frac{21}{2}}$	0.655 737 7
y_{12}	0.625 000 0	$y_{\frac{23}{2}}$	0.634 920 7
y_{13}	0.606 060 6	$y_{\frac{25}{2}}$	0.615 384 6
y_{14}	0.588 235 3	$y_{\frac{27}{2}}$	0.597 014 9
y_{15}	0.571 428 7	$y_{\frac{29}{2}}$	0.579 710 1
y_{16}	0.555 555 6	$y_{\frac{31}{2}}$	0.563 380 4
y_{17}	0.540 540 5	$y_{\frac{33}{2}}$	0.547 945 1
y_{18}	0.526 314 6	$y_{\frac{35}{2}}$	0.533 333 3
y_{19}	0.512 820 5	$y_{\frac{37}{2}}$	0.519 480 6
		$y_{\frac{39}{2}}$	0.506 329 1
$\sum_1$	13.116 066 6	$\sum_2$	13.861 381 6

y_0	1.000 000 0
y_{20}	0.500 000 0

梯形公式

$2\sum_1$	26.232 133 2
$y_0 + y_{20}$	1.500 000 0
$\sum$	27.732 133 2
$S \approx \frac{1}{40}\sum \approx$	0.693 303 33

波恩塞公式

$2\sum_2$	27.722 763 2
$\frac{1}{4}(y_0 + y_{20})$	0.375 000 0
$-\frac{1}{4}(y_{\frac{1}{2}} + y_{\frac{39}{2}})$	$-$ 0.370 484 7
$\sum$	27.727 278 5
$S \approx \frac{1}{40}\sum \approx$	0.693 181 96

辛普森公式

$2\sum_1$	26.232 133 2
$4\sum_2$	55.445 526 4
$y_0 + y_{20}$	1.500 000 0
$\sum$	83.177 659 6
$S \approx \frac{1}{120}\sum \approx$	0.693 147 16

111. 上限为变量的定积分之计算法

在很多的问题中,要计算定积分
$$F(x) = \int_a^x f(x) \mathrm{d}x$$
的值,其中上限是个变量.

根据梯形公式(43),可以用下述的方法得到这个积分的近似值,不过,对于 x,不是可取所有的值,而只是当 x 取区间 (a,b) 上诸分点的对应值时才能用,就是
$$F(a), F(x_1), F(x_2), \cdots, F(x_k), \cdots, F(x_{n-1}), F(x_n)$$
由公式(43),我们就有
$$F(x_k) = \int_a^{a+kh} f(x) \mathrm{d}x \approx h\left[\frac{y_0+y_1}{2} + \cdots + \frac{y_{k-1}+y_k}{2}\right] \tag{48}$$
$$F(x_{k+1}) = \int_a^{a+(k+1)h} f(x) \mathrm{d}x \approx h\left[\frac{y_0+y_1}{2} + \cdots + \frac{y_{k-1}+y_k}{2} + \frac{y_k+y_{k+1}}{2}\right]$$
$$\approx F(x_k) + \frac{1}{2}h(y_k + y_{k+1}) \tag{49}$$

计算出 $F(x_k)$ 的值,就能用这个公式求出以下的 $F(x_{k+1}) = F(x_k + h)$ 的值. 这样的计算可以排列成表如下:

I	II	III	IV	V	VI
k	x_k	y_k	$s_k = y_k + y_{k+1}$	$\sum_{n=1}^{k} s_n$	$F(x_k) = \frac{1}{2}h\sum_{n=1}^{k} s_n$
0	a	y_0		0	0
1	$a+h$	y_1	$s_1 = y_0 + y_1$	s_1	$\frac{1}{2}hs_1$
2	$a+2h$	y_2	$s_2 = y_1 + y_2$	$s_1 + s_2$	$\frac{1}{2}h(s_1 + s_2)$
3	$a+3h$	y_3	$s_3 = y_2 + y_3$	$s_1 + s_2 + s_3$	$\frac{1}{2}h(s_1 + s_2 + s_3)$
4	$a+4h$	y_4	$s_4 = y_3 + y_4$	$s_1 + s_2 + s_3 + s_4$	$\frac{1}{2}h(s_1 + s_2 + s_3 + s_4)$
5	$a+5h$	y_5	$s_5 = y_4 + y_5$	$s_1 + s_2 + s_3 + s_4 + s_5$	$\frac{1}{2}h(s_1 + s_2 + s_3 + s_4 + s_5)$
6	$a+6h$	y_6	$s_6 = y_5 + y_6$	$s_1 + s_2 + s_3 + s_4 + s_5 + s_6$	$\frac{1}{2}h(s_1 + s_2 + s_3 + s_4 + s_5 + s_6)$

112. 作图法

若已知曲线 $y=f(x)$ 的图形,上述这些计算可以用作图法得来. 由曲线
$$y=f(x) \tag{50}$$
的图形,我们可以得到积分曲线
$$y=\int_a^x f(x)\mathrm{d}x=F(x)$$
的图形的作法.

若已经分划好,我们就可以近似的取
$$\frac{s_k}{2}=\frac{y_{k-1}+y_k}{2}=y_{k-\frac{1}{2}} \tag{51}$$

若曲线(50)的图形描好,则量 $\frac{s_k}{2}$ 可以直接由图得到,因为它可以算作是曲线在点 $x_{k-\frac{1}{2}}=a+\frac{2k-1}{2}h$ 的纵坐标之长(图 3.36).

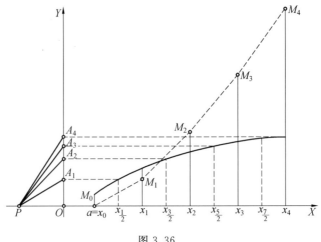

图 3.36

在 OY 轴上取投影点
$$A_1(Y_{\frac{1}{2}}),A_2(Y_{\frac{3}{2}}),A_3(Y_{\frac{5}{2}}),\cdots,A_k(Y_{k-\frac{1}{2}})$$
在 OX 轴上由点 O 向左取线段 OP,令其长为 1. 引直线
$$PA_1,PA_2,PA_3,\cdots,PA_k$$
过点 $M_0,M_1,M_2,\cdots$ 各作它们的平行线,使
$$\overline{M_0M_1} \mathbin{/\mkern-5mu/} PA_1,\overline{M_1M_2} \mathbin{/\mkern-5mu/} PA_2,\overline{M_2M_3} \mathbin{/\mkern-5mu/} PA_3,\cdots$$
点 $M_0,M_1,M_2,\cdots$ 就是要求的近似积分曲线上的点,因为由图不难承认

$$\overline{x_1M_1} = hy_{\frac{1}{2}},\ \overline{x_2M_2} = h(y_{\frac{1}{2}} + y_{\frac{3}{2}}),\ \overline{x_3M_3} = h(y_{\frac{1}{2}} + y_{\frac{3}{2}} + y_{\frac{5}{2}}),\cdots$$

根据近似等式(51),这就说明

$$\overline{x_kM_k} = h(y_{\frac{1}{2}} + y_{\frac{3}{2}} + \cdots + y_{k-\frac{1}{2}}) = h\left(\frac{y_0+y_1}{2} + \cdots + \frac{y_{k-1}+y_k}{2}\right) = F(x_k)$$

根据公式(48).

上述的作图法是当对于函数 $F(x)$ 与 $f(x)$ 所用的单位长相同时用的. 若对于面积用的单位长不同, 设对于 $F(x)$ 与 $f(x)$ 用的单位长之比等于 l, 只要在作图时线段 $\overline{OP}$ 的长不取作 1, 而取作 l 即可.

二次积分

$$\Phi(x) = \int_a^x \mathrm{d}x \left(\int_a^x f(x) \mathrm{d}x \right)$$

的作图法以[108]中矩形公式(40)为基础.

像上面一样,我们设

$$F(x) = \int_a^x f(x) \mathrm{d}x$$

只考虑自变量的值 $x_0, x_1, x_2, \cdots, x_n, \cdots$, 由公式(40)有近似等式

$$F(x_1) \approx hy_0,\ F(x_2) \approx h(y_0 + y_1),\cdots, F(x_k) \approx h(y_0 + y_1 + \cdots + y_{k-1})$$

再把公式(40)用于函数 $\Phi(x)$, 就有

$$\Phi(x_k) = h[F(x_0) + F(x_1) + \cdots + F(x_{k-1})]$$
$$\approx h^2[y_0 + (y_0 + y_1) + \cdots + (y_0 + y_1 + \cdots + y_{k-1})] \quad (52)$$

由此推出下面作 $\Phi(x_k)$ 的纵坐标的方法(图 3.37): 像上面一样作点 P, 在 OY 轴上截线段

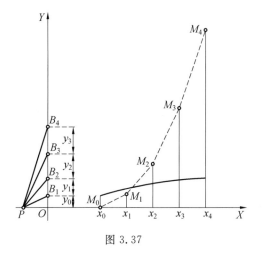

图 3.37

$$\overline{OB_1}=y_0, \overline{B_1B_2}=y_1, \overline{B_2B_3}=y_2, \cdots, \overline{B_{k-1}B_k}=y_{k-1}, \cdots$$

引直线
$$PB_1, PB_2, PB_3, \cdots, PB_k, \cdots$$

作点
$$M_0, M_1, M_2, \cdots, M_k, \cdots$$

使
$$\overline{M_0M_1} \parallel PB_1, \overline{M_1M_2} \parallel PB_2, \overline{M_2M_3} \parallel PB_3, \cdots$$

这些点就是要求的近似曲线上的点,不过单位长的比是 $1:h$,因为由作图显然
$$\overline{x_1M_1}=hy_0, \overline{x_2M_2}=hy_0+h(y_0+y_1), \cdots$$

$$\overline{x_kM_k}=hy_0+h(y_0+y_1)+\cdots+h(y_0+y_1+\cdots+y_{k-1}) \approx \frac{\Phi(x_k)}{h}$$

根据式(52). 若 OP 之长不是 1,而是 l,则两个图形所用的单位长之比为 $1:lh$. 上述作图法的准确性很难说,这只能在不精细的计算中应用.

113. 摆动很密的曲线下的面积

以上[110] 我们说过,为要在计算定积分时应用各种近似公式得到很好的结果,需要在分划确定面积的曲线时,使得每一段都很平.

对于上下摆动很多的曲线,这个要求是很难满足的. 用上述的方法来确定这样的曲线下的面积,就要分为非常多份,以至于计算起来非常复杂.

在这情形下要用另外一个方法,就是分划这面积时,不用平行于 OY 轴的竖条,而用平行于 OX 轴的横条:为要确定如图 3.38 所示的曲线下的面积,在 OY 轴上取这曲线的纵坐标的最小值 α 与最大值 β,由点

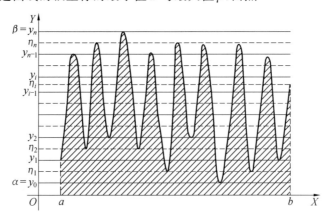

图 3.38

$$y_0 = \alpha, y_1, \cdots, y_{i-1}, y_i, \cdots, y_{n-1}, y_n = \beta$$

分区间 (α, β) 为 n 份.

过这些分点各作平行于 OX 轴的直线,把全部面积分为断开的狭条,取任意一条直线
$$y = \eta_i \quad (y_{i-1} \leqslant \eta_i \leqslant y_i)$$
被所考虑的面积截下诸段的长度之和,这个和直接由图上确定,记作 l_i,取 l_i 与 $y_i - y_{i-1}$ 的乘积作为第 i 条的近似表达式,我们就得到未知面积 S 的一个近似表达式
$$y_0(b-a) + (y_1 - y_0)l_1 + (y_2 - y_1)l_2 + \cdots + (y_n - y_{n-1})l_n$$
分划的份数越多而摆动越陡时,它越准确.

由这个方法的基本发展,就引起勒贝格积分的概念,比上述的黎曼积分的概念广泛得多.

§4 关于定积分的补充知识

114. 补充概念

这一节中我们专从分析方面来考虑定积分的概念,以下我们讨论和
$$\sum_{k=1}^{n} f(\xi_k)(x_k - x_{k-1}) \tag{1}$$
的极限的存在性,不限于连续函数的情形. 为此,我们先引入一些关于非连续函数的概念. 设函数 $f(x)$ 确定于某一有限区间 (a,b) 上. 我们将只考虑有界函数,就是这样的函数,在指定的区间上,它所有的值的绝对值都小于某一个确定的正数,即若有这样一个正数 M 存在,使得当 x 取在区间 (a,b) 上任意一个值时
$$|f(x)| \leqslant M$$
函数 $f(x)$ 就叫作在区间 (a,b) 上有界.

若函数 $f(x)$ 连续,则如在 [35] 中所述,它在这区间上达到一个最大值与一个最小值,所以显然是有界的. 反之,非连续函数可能是有界的,可能是无界的. 以下我们只考虑有界的非连续函数. 例如,设函数 $f(x)$ 有图形,如图 3.39 所示. 在点 $x=c$,这函数的连续性间断了,于是,在点 $x=c$,函数的值就是 $f(c)$,需要由补充条件来确定. 在其余的点,以至于在区间的两端 a 与 b,这函数都是

连续的.此外,当 x 取较小的值,就是自左趋向 c 时,纵坐标 $f(x)$ 趋向一个确定的极限,图形上由线段 $\overline{NM_1}$ 表示.相同的,当 x 取较大的值,就是自右趋向 c 时,$f(x)$ 也趋向一个确定的极限,由线段 $\overline{NM_2}$ 表示,这个极限与上述自左的极限不同.自左的极限记作 $f(c-0)$,自右的极限记作 $f(c+0)$[32].这种最简单的函数的连续性的间断点,在这间断点自左自右都有确定的有限极限存在,叫作第一类间断点.在这点 $x=c$,函数的值就是 $f(c)$,一般不一定是 $f(c-0)$,也不一定是 $f(c+0)$,应当另外确定.若一个函数在区间 (a,b) 上,除去在有限个第一类间断点外,是连续的,则这函数的图形是有限段的连续曲线,每一段在相邻两个间断点间(图 3.40).这样的函数纵然是不连续的,但显然在这区间上是有界的.有更复杂的间断点的函数,也可能是有界的.

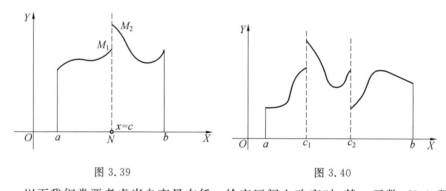

图 3.39   图 3.40

以下我们常要考虑当自变量在任一给定区间上改变时,某一函数 $f(x)$ 所取的全部的值的集合.若所取的函数在考虑的区间上是有界的,则在这区间上,它的值的集合有上界也有下界,所以这个集合有上确界与下确界[39].例如,若 $f(x)$ 在考虑的(闭)区间上连续,则由[35]知道,它在这区间上达到一个最大值与一个最小值.在这情形下,这函数的最大值与最小值就是在考虑的区间上,$f(x)$ 的值的上确界与下确界.再考虑另一个例子,若函数 $f(x)$ 是上升函数,则它在区间右端取最大值,左端取最小值.像上面一样,这两个值就是 $f(x)$ 的值的上确界与下确界.在这两个例子中,函数值的确界就是函数的特殊值,就是说,它是属于所考虑的函数值的集合.对于较复杂的不连续函数,函数值的确界可能不是函数的值,即它们可能不属于函数值的集合.

设在区间 (c,d) 上,即当 $c\leqslant x\leqslant d$ 时,$f(x)$ 的值的上确界与下确界各为 M 与 m,显然应当 $m\leqslant M$.取一个新的区间 (c',d'),是原来区间 (c,d) 的一个部分区间.设在这新区间上,$f(x)$ 的值的上确界与下确界各为 M' 与 m'.因为在任何情形下,在区间 (c',d') 上,$f(x)$ 的值的集合包含于在较广的区间 (c,d) 上

$f(x)$ 的值的集合中,就可以肯定 $M'\leqslant M$ 而且 $m'\geqslant m$,即若变量 x 所在的区间换成它的一个部分区间,则函数 $f(x)$ 的值的上确界不会增大,而且下确界不会减小.这个情形以后对我们是很重要的.

115. 达布定理

设函数 $f(x)$ 在区间 (a,b) 上是有界的,在这区间上,它的下确界与上确界各为 m 与 M. 由 x 的值

$$a=x_0<x_1<x_2<\cdots<x_{k-1}<x_k<\cdots<x_{n-1}<x_n=b$$

分 (a,b) 为部分区间,这样得到的每一个部分区间的长度记作

$$\delta_k=x_k-x_{k-1} \quad (k=1,2,\cdots,n)$$

设 $x=\xi_k$ 是区间 (x_{k-1},x_k) 上的某一个值 $(k=1,2,\cdots,n)$. 作乘积的和

$$\sum_{k=1}^{n}f(\xi_k)\delta_k \tag{1}$$

这个和的值依赖于分区间 (a,b) 的方法及在每一个得到的部分区间中选出的值 $x=\xi_k$. 我们的问题是要讨论当部分区间的数目 n 无限增加,而且 δ_k 中最大的趋向零时,上面所写的和的极限.需要弄清楚在什么情形下才能谈这个极限,就是需要弄清楚,对于什么样的函数,和(1)趋向于一个确定的极限不依赖于分区间的方法以及 ξ_k 的选择.

考虑在每一个区间 (x_{k-1},x_k) 上 $f(x)$ 的值.设在区间 (x_{k-1},x_k) 上 $f(x)$ 的上确界与下确界各为 M_k 与 m_k. 在和(1)的诸项中,用 M_k 或 m_k 来代替未定的 $f(\xi_k)$.

如此,我们引出下面两个和

$$S=\sum_{k=1}^{n}M_k\delta_k \tag{2}$$

$$s=\sum_{k=1}^{n}m_k\delta_k \tag{3}$$

由确界的定义,直接推出不等式

$$m_k\leqslant f(\xi_k)\leqslant M_k$$

又因为 δ_k 都是正的,我们就有

$$s\leqslant\sum_{k=1}^{n}f(\xi_k)\delta_k\leqslant S \tag{4}$$

我们先仔细考虑和 S 与 s,然后再讨论较普遍的和(1).依照上一段中所述,在任何情形下,数 M_k 与 m_k 满足不等式

$$m\leqslant m_k\leqslant M_k\leqslant M$$

并且显然
$$\sum_{k=1}^n \delta_k = \sum_{k=1}^n (x_k - x_{k-1}) = b - a$$
由此直接推出下面的不等式
$$m\delta_k \leqslant M_k\delta_k \leqslant M\delta_k, m\delta_k \leqslant m_k\delta_k \leqslant M\delta_k$$
因此,依 k 求和,就得到
$$m(b-a) \leqslant \sum_{k=1}^n M_k\delta_k \leqslant M(b-a)$$
$$m(b-a) \leqslant \sum_{k=1}^n m_k\delta_k \leqslant M(b-a)$$
即无论区间怎样分法,在任何情形下,和 S 与 s 都在 $m(b-a)$ 与 $M(b-a)$ 之间.

若考虑区间 (a,b) 的所有的可能的分法,则得到和(2)的值的一个无穷集合,以及和(3)的值的一个无穷集合.由以上所述推出这两个集合都是有界的,于是这两个集合各有上确界与下确界.

再仔细看和 S,现在我们算作函数 $f(x)$ 所有的值都是正的,这时和 S 中所有的项也都是正的.设先将区间 (a,b) 分定,各为 δ_k,于是和 S 就有一个确定的值.

然后我们再分这些区间 δ_k①.例如,设某一区间 δ_k 分成三份:$\delta_k^{(1)}, \delta_k^{(2)}, \delta_k^{(3)}$,在区间 $\delta_k^{(1)}, \delta_k^{(2)}, \delta_k^{(3)}$ 上 $f(x)$ 的上确界各为 $M_k^{(1)}, M_k^{(2)}, M_k^{(3)}$.

根据上一段中所述,在任何情形下,这些上确界不大于在整个区间 δ_k 上的上确界,即
$$M_k^{(1)}, M_k^{(2)}, M_k^{(3)} \leqslant M_k \tag{5}$$
并且显然
$$\delta_k^{(1)} + \delta_k^{(2)} + \delta_k^{(3)} = \delta_k \tag{6}$$
和 S 中 $M_k\delta_k$ 这一项,如上述分 δ_k 为三部分后,就换成
$$M_k^{(1)}\delta_k^{(1)} + M_k^{(2)}\delta_k^{(2)} + M_k^{(3)}\delta_k^{(3)}$$
三项,根据关系式(5)与(6)就有
$$M_k^{(1)}\delta_k^{(1)} + M_k^{(2)}\delta_k^{(2)} + M_k^{(3)}\delta_k^{(3)} \leqslant M_k\delta_k \tag{7}$$
即若区间先行分定,再把部分区间 δ_k 分成几个更小的部分,这时和 S 只能减小,严格的说应该是不能增大.以下我们的考虑常不是新和的全部,而只是它的项的一部分,就是我们把部分区间再分小后,常从得到的新和的项中去掉一部分.

---

① 这里我们把区间的名字与区间的长都记作 δ_k.

因为所有的项都是正的,所以去掉某些项后,只能使整个和的值减小,即把部分区间 δ_k 再分小后,去掉某些项,不会使未知和 S 增大.

我们已经比较了区间 (a,b) 在两个分法下和 S 的值,这两个分法,其中一个是由另一个继续分而保持原来分点的. 若比较在区间 (a,b) 的任意两个分法下和 S 的值,就得不出普遍的简单关系. 但是,当在两个分法下,部分区间 δ_k 都足够小时,两个和 S 的值彼此很近. 严格来说,就是可以证明当部分数 n 无限增加,而最大的 δ_k 无限减小时,和 S 趋向一个确定的极限,不依赖于区间 (a,b) 的分法.

现在我们证明上述这个重要的命题.

考虑由区间 (a,b) 的所有的可能的分法得到的和 S 的所有的值. 这些和 S 的值的集合是有界的,设 L 是这集合的下确界. 我们要证明这个数 L 就是上述的和 S 的极限.

依照下确界的定义,对于 S 所有的值,我们有不等式 $L \leqslant S$. 为要证明 L 是 S 的极限这个肯定,需要证明当任意给定一个小的正数 ε 时,有这样一个正数 η 存在,使得只要所有部分区间 δ_k 的长都小于 η 时,任何一个和 S 都小于 $L+\varepsilon$.

依照下确界的定义,我们知道既然 L 是 S 的值的下确界,就一定有这样一个完全确定的分法(Ⅰ)存在,分成 δ'_k,使得对应于这个分法的和 S,我们记作 S',要小于 $L+\dfrac{\varepsilon}{2}$. 设 p 是用分法(Ⅰ)时整个区间 (a,b) 上的分点的数目. 现在考虑区间 (a,b) 的任意一个分法(Ⅱ),用 (x_{k-1},x_k) 记分成的部分,δ_k 记它们的长,分所有的区间 δ_k 为两组.

凡是整个包含于某一区间 δ'_k 中的属于第一组,不包含于任一区间 δ'_k 的属于第二组. 第一组的区间之长记作 σ_l,第二组的区间之长记作 τ_m,设在区间 σ_l 以及 τ_m 上,$f(x)$ 的上确界各为 μ_l 以及 ν_m. 附标 l 与 m 各通过一组正整数值,我们不注意它们各有多少,以下遇到对这两个记号取和时,我们不注明由几到几,意思是指对所有的第一组或第二组取和. 把区间 δ_k 分成两组后,则在分法(Ⅱ)下,和 S 也分成两个和
$$S = S_1 + S_2$$
其中
$$S_1 = \sum \mu_l \sigma_l, \quad S_2 = \sum \nu_m \tau_m$$
任一区间 σ_l 是某一区间 δ'_k 的一部分,但是所有的区间 σ_l 不一定能充满所有的区间 δ'_k,于是和 S_1 可以由和 S' 得来,只要把区间 δ'_k 再分小,然后去掉一些项

即可. 由以上所述,可以肯定, S_1 不大于 S', 再根据 $S' < L + \frac{\varepsilon}{2}$, 我们可以写成

$$S_1 < L + \frac{\varepsilon}{2}$$

现在考虑第二个和 S_2. 这里区间 τ_m 跨过几个区间 δ'_k(至少两个), 就是每个 τ_m 含有分法(Ⅰ)的分点, 所以和 S_2 的项数不超过 p, p 是一个已经确定的正整数. 所有的 ν_m 不会超过在区间 (a,b) 上函数 $f(x)$ 的上确界 M. 若把 τ_m 的长度中最大的记作 τ, 则和 S_2 中每一项都不大于 $M\tau$, 于是推出, 对于整个这个和有不等式

$$S_2 \leqslant M \cdot \tau \cdot p \tag{8}$$

现在取数 η 等于 $\frac{\varepsilon}{2Mp}$, 可以证明它满足上面所要的条件. 我们算作在分法(Ⅱ)之下, 所有的部分区间之长 δ_k 都满足不等式

$$\delta_k \leqslant \frac{\varepsilon}{2Mp} \tag{9}$$

因为 τ_m 是区间 δ_k 中的一部分, 所以 $\tau_m \leqslant \frac{\varepsilon}{2Mp}$, 即

$$\tau \leqslant \frac{\varepsilon}{2Mp}$$

由不等式(8)推出

$$S_2 \leqslant \frac{\varepsilon}{2} \tag{10}$$

由不等式(7)与(10), 我们得到

$$S < L + \frac{\varepsilon}{2} + \frac{\varepsilon}{2} = L + \varepsilon$$

所以, 用任何分法分区间 (a,b), 只要每一个部分区间之长满足不等式(9), 对于和 S 就有不等式

$$L \leqslant S < L + \varepsilon$$

因为所给的正数 ε 可以任意小, 我们由此断定, L 就是和 S 的极限.

以上算作 $f(x)$ 所有的值都是正的. 若不如此, 在任何情形下, 只要 $f(x)$ 是有界的, 就可以加上一个正数 A, 使新函数 $\psi(x) = f(x) + A$ 是正的. 根据以上所述, 我们的肯定对于这新函数是已经证明的, 就是对于这个新函数, 和 S 有一个确定的极限. 注意, 显然, 在区间 (x_{k-1}, x_k) 上, $\psi(x)$ 的上确界等于 $M_k + A$, 我们看出, 对于函数 $\psi(x)$, 这个和有下面的形式

$$\sum_{k=1}^{n}(M_k + A)\delta_k = \sum_{k=1}^{n} M_k \delta_k + A \sum_{k=1}^{n} \delta_k = \sum_{k=1}^{n} M_k \delta_k + A(b-a)$$

其中 M_k 是 $f(x)$ 在区间 δ_k 上的上确界.

把这公式写成

$$\sum_{k=1}^n (M_k + A)\delta_k = \sum_{k=1}^n M_k\delta_k + A(b-a)$$

如上所述,左边的和有一个确定的极限等于这样的和的值的下确界.

右边有两项,其中之一 $A(b-a)$ 是个常量,于是我们可以肯定另一项

$$\sum_{k=1}^n M_k\delta_k$$

也有一个确定的极限就等于这里写的和的值的下确界.

如此我们证明,在一个有限区间上,对于任何一个有界函数 $f(x)$,和 S 有一个确定的极限. 同样可以证明,当 δ_k 中最大的无限减小时,和(3)也趋向一个确定的极限 l. 这个数 l 就是由区间 (a,b) 的所有的可能的分法得到的所有的和 s 的值的上确界. 此外,在同一个分法下,我们比较和 S 与 s 的表达式(2)与(3),注意 $m_k \leqslant M_k$,我们看出,当分法相同时,在任何情形下,$s \leqslant S$ 于是对于它们的极限,我们也得到同样的不等式,就是 $l \leqslant L$. 把这结果写成下面的定理,这是法国数学家达布首先证明的.

达布定理 当分份的数目无限增加,而 δ_k 中最大的无限减小时,对于任何一个在区间 (a,b) 上有界的函数,和 s 与 S 各趋向确定的极限 l 与 L,并且 $l \leqslant L$.

以上我们说明,l 是 s 的值的上界,L 是 S 的值的下界. 注意已经证明的不等式 $l \leqslant L$,于是我们可以肯定,无论 s 与 S 是由怎样的分法取出来的,$s \leqslant S$.

116. 黎曼意义下的可积函数

现在我们回到一般的和

$$\sum_{k=1}^n f(\xi_k)\delta_k \quad (\delta_k = x_k - x_{k-1}) \tag{11}$$

我们不能肯定的说对于任何一个有界函数,这个和总有极限.

由于这些量 ξ_k 可以由区间 (x_{k-1}, x_k) 中任意选,于是 $f(\xi_k)$ 的值造成不定性. 因此和(11)不是总有一个确定的极限. 例如,设达布定理中谈到的两个极限 l 与 L 不相同,就是 $l < L$. 根据上确界与下确界的定义,我们可以选出 ξ_k,使得 $f(\xi_k)$ 与 m_k 差得任意小;也可以选出 ξ_k,使得 $f(\xi_k)$ 与 M_k 差得任意小. 在第一种情形下,和(11)的值与对应的 s 的值相差可以任意小. 在第二种情形下,它与对应的 S 的值相差可以是任意小. 如此,我们可以对应的选出 ξ_k,使得当 δ_k 无限减小时,和(11)或者与 l(和 s 的极限)任意接近,或者与 L(和 S 的极限)任意

接近.因为 l 与 L 两个数不等,由此我们看出,当 n 无限增加而 δ_k 中最大的无限减小时,和(1)没有一个确定的极限.所以,若 $l < L$,则(11)没有一个确定的极限.

现在证明,若 $l = L$,则和(11)有一个确定的极限,等于 $l = L$. 实际上,根据上确界与下确界的定义,就有 $m_k \leqslant f(\xi_k) \leqslant M_k$,于是可以写成

$$\sum_{k=1}^{n} m_k \delta_k \leqslant \sum_{k=1}^{n} f(\xi_k) \delta_k \leqslant \sum_{k=1}^{n} M_k \delta_k$$

当 δ_k 中最大的无限减小时,这不等式的两端趋向同一个极限 $l = L$,于是推知,无论 ξ_k 怎样选择,和 $\sum_{k=1}^{n} f(\xi_k) \delta_k$ 也趋向这个极限. 我们知道,这个和的极限叫作 $f(x)$ 沿区间 (a,b) 的定积分. 如果这个极限存在,这个函数叫作黎曼意义下的可积函数,或简称可积函数. 因为定积分概念有其他的定义,那时,可积的条件就不同了. 为要区别以上所述的定积分概念与其他的概念,我们说黎曼(19 世纪中,德国数学家)意义下的可积性. 以下我们只用黎曼意义下的积分,所以不必再加说明,黎曼意义下的可积函数就简称为可积函数.

由以上推知,$f(x)$ 可积的一个必要且充分条件是和 s 与 S 的极限 l 与 L 相同,就是当 n 无限增加而 δ_k 中最大的无限减小时,这两个和之差

$$\sum_{k=1}^{n} (M_k - m_k) \delta_k \tag{12}$$

趋向零. 下面我们举出几种满足这个条件的函数,就是几种可积函数.

Ⅰ. 若 $f(x)$ 在区间 (a,b) 上(包括两端)连续,则在这区间上一致连续,并且在每一个区间 δ_i 上,它达到一个最大值 M_i 与一个最小值 m_i. 根据 $f(x)$ 的一致连续性,当 δ_i 中最大的无限减小时,正的差 $M_i - m_i$ 小于任意正数 ε,于是对于全部正的和,就有

$$0 \leqslant \sum_{i=1}^{n} (M_i - m_i) \delta_i \leqslant \sum_{i=1}^{n} \varepsilon \delta_i = \varepsilon (b - a)$$

由于 ε 可以任意小,于是推知,和(12)趋向零,即任何一个连续函数是可积的.

Ⅱ. 现在设 $f(x)$ 有界,而且有有限个间断点. 为确定起见,设它只有一个间断点 $x = c$ 在 (a,b) 内. 有有限个间断点的情形可以同样考虑. 因为和(12)的极限不依赖于分区间 (a,b) 的方法,我们证明时,允许采取任何分法,只要每个 δ_i 都趋向零即可. 在区间 (a,b) 中作一个区间 (a_1, b_1),使点 c 在 (a_1, b_1) 内(图 3.41). 以后我们再严格确定这个区间.

根据函数 $f(x)$ 的有界性,我们有 $|f(x)| < N$,就是所有的 $M_i < N$,而所有的 $m_i > -N$,即

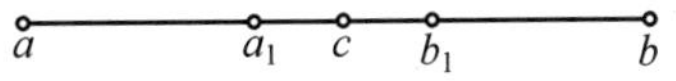

图 3.41

$$0 \leqslant M_i - m_i \leqslant 2N \tag{13}$$

设 ε 是一个任意给定的小正数,选定 (a_1,b_1) 使

$$2N(b_1 - a_1) < \varepsilon \tag{14}$$

分区间 (a,b) 时,令 $x=a_1$ 与 $x=b_1$ 是两个分点. 这时和(12)分为三部分:和 S_1 对应于区间 (a,a_1);和 S_2 对应于区间 (b_1,b);和 S_3 对应于区间 (a_1,b_1).

函数 $f(x)$ 在区间 (a,a_1) 上一致连续,和 S_1 趋向零. 同理,和 S_2 也趋向零,所以当所有的 δ_i 足够小时,和 S_1 与 S_2 都小于 ε.

和 S_3 对应于分布在区间 (a_1,b_1) 上的 δ_k,这些 δ_k 之和显然等于 $b_1 - a_1$. 注意式(13)有

$$0 \leqslant S_3 \leqslant \sum 2N\delta_k = 2N \sum \delta_k = 2N(b_1 - a_1)$$

其中的和是对于上述的 δ_k 作的. 根据式(14),就有 $S_3 < \varepsilon$,于是全部的和(12)就小于 3ε. 因为 ε 可以任意小,由此可以证明这个和趋向零,即任何一个有有限个间断点的有界函数是可积的.

Ⅲ. 设 $f(x)$ 在区间 (a,b) 上是单调有界函数. 为确定起见,设这函数不下降,即若 $c_1 < c_2$,则 $f(c_1) \leqslant f(c_2)$. 这时,在每个区间 δ_i 上

$$M_i = f(x_i), m_i = f(x_{i-1})$$

和(12)就是

$$\sum_{i=1}^n [f(x_i) - f(x_{i-1})](x_i - x_{i-1})$$

用 Δ_n 记差 $x_i - x_{i-1}$ 中最大的. 当 $n \to \infty$ 时,$\Delta_n \to 0$. 根据 $f(x_i) - f(x_{i-1}) \geqslant 0$ 可以写成

$$0 \leqslant \sum_{i=1}^n [f(x_i) - f(x_{i-1})](x_i - x_{i-1}) \leqslant \Delta_n \sum_{i=1}^n [f(x_i) - f(x_{i-1})]$$

即

$$0 \leqslant \sum_{i=1}^n [f(x_i) - f(x_{i-1})](x_i - x_{i-1}) \leqslant \Delta_n [f(b) - f(a)]$$

因为显然

$$\sum_{i=1}^n [f(x_i) - f(x_{i-1})] = [f(x_1) - f(a)] + [f(x_2) - f(x_1)] + \cdots +$$
$$[f(b) - f(x_{n-1})]$$
$$= f(b) - f(a)$$

由此直接看出,和(12)趋向零,即任何一个单调有界函数是可积函数.注意单调函数可以有无穷多个间断点,所以情形Ⅲ不包括在情形Ⅱ中.可以用这样一个函数作特例,当 $0 \leqslant x < \frac{1}{2}$ 时,它等于零;当 $\frac{1}{2} \leqslant x < \frac{2}{3}$ 时,等于 $\frac{1}{2}$;当 $\frac{2}{3} \leqslant x < \frac{3}{4}$ 时,等于 $\frac{2}{3}$,……最后,当 $x = 1$ 时,它等于 1.

这个不下降函数的间断点是
$$x = \frac{1}{2}, \frac{2}{3}, \frac{3}{4}, \frac{4}{5}, \cdots$$

要声明单调有界函数在任何一个间断点有 $f(c-0)$ 与 $f(c+0)$ 两个极限.这可以由单调有界序列的极限的存在性直接推知.

在介绍可积性的条件时,我们一直假设 $f(x)$ 是有界的.可以证明这个条件是可积性的必要条件,即它是和(11)有确定的极限存在的必要条件.若不满足有界这个条件,在某些情形下,$f(x)$ 沿 (a,b) 的积分仍然可以确定,但就不是和(11)的极限了.这样的积分叫作反常积分.在 [97] 中,我们已经介绍过反常积分的基本概念.在第二卷中再仔细讨论.

若积分区间 (a,b) 的一端或两端是无穷大,沿这区间的定积分的概念也不能直接由和(11)引出.在这情形下,也叫作反常积分(参考卷 Ⅱ[98]).

117. 可积函数的性质

由以上得到的可积性的必要且充分条件,不难推出可积函数的基本性质.

Ⅰ. 设 $f(x)$ 在区间 (a,b) 上可积,我们在 (a,b) 中有限个点任意更换 $f(x)$ 的值,这样作成的新函数在 (a,b) 上仍然可积,并且其积分值不变.

我们只考虑在一个点改变 $f(x)$ 的值的情形,例如,在点 $x = a$.新函数 $\varphi(x)$,除 $x = a$ 外,与 $f(x)$ 全同,而 $\varphi(a)$ 可以任意取个值.设 m 与 M 各为 $f(x)$ 在 (a,b) 上的下确界与上确界.若 $\varphi(a) \geqslant m$,$\varphi(x)$ 的下确界就不小于 m,若 $\varphi(a) \leqslant m$,下确界就是 $\varphi(a)$.同样,若 $\varphi(a) \leqslant M$,$\varphi(x)$ 的上确界就不大于 M,若 $\varphi(a) \geqslant M$,上确界就是 $\varphi(a)$.比较对于 $f(x)$ 与 $\varphi(x)$ 的和(12),注意它们只是第一项 ($k=1$) 可能不同.但是显然,对于 $f(x)$ 与 $\varphi(x)$,这个第一项都趋向零,因为 $\delta_1 \to 0$,而 $M_1 - m_1$ 有界.除第一项外,其余各项的和显然也趋向零,因为 $f(x)$ 可积,对于 $f(x)$,整个和(12)趋向零.于是证明了 $\varphi(x)$ 的可积性.至于 $f(x)$ 与 $\varphi(x)$ 的积分之值相同,是因为作和(11)时,我们可以算作 ξ_1 不是 a,而除 $x = a$ 外,在所有的点 $f(x)$ 与 $\varphi(x)$ 的值相同.

Ⅱ. 若 $f(x)$ 在区间 (a,b) 上可积,则它在 (a,b) 的任一部分区间 (c,d) 上也

可积.

计算 s 与 S 的极限 l 与 L 时,可以设点 c 与 d 是区间 (a,b) 的分点.这时,对于区间 (c,d) 的和(12)可以由对于区间 (a,b) 的和(12)得到,只要去掉对应于区间 (a,c) 与 (d,b) 的那些项即可.注意,所有的项没有负的,可以肯定,对于区间 (c,d) 的和(12),小于或等于对于区间 (a,b) 的和(12)之值,而后者趋向零 ($f(x)$ 在 (a,b) 上可积),所以前者也趋向零,就是说 $f(x)$ 在 (c,d) 上可积.注意这里 c 可以与 a 重合,d 可以与 b 重合.像在[94]中完全一样,可以证明

$$\int_a^b f(x)\mathrm{d}x = \int_a^c f(x)\mathrm{d}x + \int_c^b f(x)\mathrm{d}x \quad (a<c<b)$$

Ⅲ. 若 $f(x)$ 在 (a,b) 上可积,则 $cf(x)$ 在 (a,b) 上也可积,其中 c 是任何一个常数.

例如,算作 $c>0$,可以肯定,对于函数 $cf(x)$,要用 cm_k 与 cM_k 代替原来的 m_k 与 M_k.和(12)只是多一个常因子 c,于是仍趋向零.显然[94]中性质 Ⅴ 可以像以前一样证明.

Ⅳ. 若 $f_1(x)$ 与 $f_2(x)$ 在区间 (a,b) 上是可积函数,则它们的和 $\varphi(x) = f_1(x) + f_2(x)$ 也在 (a,b) 上可积.

设 $f_1(x)$ 与 $f_2(x)$ 在区间 (x_{k-1}, x_k) 上的下确界与上确界各为 m'_k, M'_k, m''_k, M''_k.如此,$f_1(x)$ 在区间 (x_{k-1}, x_k) 上所有的值大于或等于 m'_k,同样 $f_2(x)$ 所有的值大于或等于 m''_k.因此,在区间 (x_{k-1}, x_k) 上 $\varphi(x) \geqslant m'_k + m''_k$.同理可证,在区间 (x_{k-1}, x_k) 上 $\varphi(x) \leqslant M'_k + M''_k$.用 m_k 与 M_k 各记在区间 (x_{k-1}, x_k) 上 $\varphi(x)$ 的下确界与上确界,如此 $m_k \geqslant m'_k + m''_k$ 而 $M_k \leqslant M'_k + M''_k$,由此推出不等式

$$M_k - m_k \leqslant (M'_k + M''_k) - (m'_k + m''_k)$$

即

$$M_k - m_k \leqslant (M'_k - m'_k) + (M''_k - m''_k)$$

作对于 $\varphi(x)$ 的和(12),得到

$$0 \leqslant \sum_{k=1}^n (M_k - m_k)\delta_k \leqslant \sum_{k=1}^n (M'_k - m'_k)\delta_k + \sum_{k=1}^n (M''_k - m''_k)\delta_k$$

右边的两个和都趋向零,因为函数 $f_1(x)$ 与 $f_2(x)$ 可积.于是推知,对于 $\varphi(x)$ 的和(12),有

$$\sum_{k=1}^n (M_k - m_k)\delta_k$$

趋向零,就是说 $\varphi(x)$ 也可积.同样可证有限项代数和的情形.[94]中性质 Ⅵ 可

以像以前一样证明.

与以上类似可以证明以下的性质:

V. 两个在(a,b)上可积的函数之乘积$f_1(x)f_2(x)$,也在(a,b)上可积.

VI. 若$f(x)$在(a,b)上可积,而在(a,b)上,函数$f(x)$的下确界m与上确界M同号,则$\dfrac{1}{f(x)}$在(a,b)上可积.

VII. 若$f(x)$在(a,b)上可积,则$|f(x)|$在(a,b)上也是可积函数.

像以上一样,可证[95]中不等式(10). 若$f(x)$与$\varphi(x)$是可积函数,[95]中性质VII也可证明. 中值定理读作:若$f(x)$与$\varphi(x)$在区间(a,b)上可积,而$\varphi(x)$在这区间上保持不变号,则

$$\int_a^b f(x)\varphi(x)\mathrm{d}x = k\int_a^b \varphi(x)\mathrm{d}x$$

其中k是满足不等式$m \leqslant k \leqslant M$的一个数,$m$与$M$各为$f(x)$在$(a,b)$上的下确界与上确界. 特别是当$\varphi(x)=1$时

$$\int_a^b f(x)\mathrm{d}x = k(b-a)$$

证明也像[95]一样. 应用这个公式,不难推出

$$F(x) = \int_a^x f(t)\mathrm{d}t$$

是x的连续函数,而对于任何一个x的值,只要$f(x)$在这点连续,则$F'(x) = f(x)$,最后,我们建立计算可积函数的定积分的基本公式. 设$F_1(x)$在区间(a,b)上是连续函数,而对于区间(a,b)内任何一个x的值,有微商$F_1'(x) = f(x)$,其中$f(x)$是在(a,b)上的一个可积函数.

这时基本公式

$$\int_a^b f(x)\mathrm{d}x = F_1(b) - F_1(a)$$

成立.

分区间(a,b)为部分区间(x_{k-1},x_k),由[63]中改变量的公式可以写成

$$F_1(x_k) - F_1(x_{k-1}) = F'(\xi_k)\delta_k = f(\xi_k)\delta_k \quad (x_{k-1} < \xi_k < x_k) \qquad (15)$$

再依k求和,并注意[116]中情形III,有

$$\sum_{k=1}^n [F_1(x_k) - F_1(x_{k-1})] = F_1(b) - F_1(a)$$

我们得到

$$F_1(b) - F_1(a) = \sum_{k=1}^n f(\xi_k)\delta_k$$

无论区间怎样分法,只要点 ξ_k 是依改变量的公式(15)选定的,上面这等式就成立. 取极限,和换成积分,就得到
$$F_1(b) - F_1(a) = \int_a^b f(x)\mathrm{d}x$$
于是证完. 注意,根据这一段的性质 I,在区间 (a,b) 两端的 $f(x)$ 的值没有作用.

级数及其在函数的近似计算中的应用

第四章

§1 无穷级数理论中的基本概念

118. 无穷级数的概念

设给定一个序列
$$u_1, u_2, u_3, \cdots, u_n, \cdots \tag{1}$$

求出这序列前 n 项的和
$$s_n = u_1 + u_2 + \cdots + u_n \tag{2}$$

如此我们得到另一个序列
$$s_1, s_2, \cdots, s_n, \cdots$$

若当 n 无限增加时,s_n 趋向一个极限(有限的)
$$s = \lim_{n \to \infty} s_n$$

我们就说,无穷级数
$$u_1 + u_2 + u_3 + \cdots + u_n + \cdots \tag{3}$$

收敛而有和 s,并且写成
$$s = u_1 + u_2 + u_3 + \cdots + u_n + \cdots \tag{4}$$

若 s_n 不趋向一个极限,就说无穷级数(3)发散.

换句话说,若一个无穷级数的前 n 项和,当 n 无限增加时,趋向一个极限,这个级数叫作收敛级数,这个极限叫作这个级数的和.

只有在一个无穷级数收敛时,才能谈得到这个级数的和,那时级数的前 n 项和叫作级数和 s 的近似表达式.这样的近似表达式的误差 r_n 就是差

$$r_n = s - s_n$$

叫作级数的余和.

显然,余和 r_n 就是由给定的级数中去掉前 n 项所得到的无穷级数的和

$$r_n = u_{n+1} + u_{n+2} + \cdots + u_{n+p} + \cdots$$

在很多情形下,这个余和的准确值是不知道的,所以这个余和的近似估计是非常重要的.

最简单的无穷级数的例子是等比级数

$$a + aq + aq^2 + \cdots + aq^{n-1} + \cdots \quad (a \neq 0) \tag{5}$$

我们分下列几种情形考虑

$$|q| < 1, |q| > 1, q = 1, q = -1$$

我们知道[27],当 $|q| < 1$ 时,这等比级数有有限型的和

$$s = \frac{a}{1-q}$$

所以是收敛级数,实际上,这时

$$s_n = a + aq + aq^2 + \cdots + aq^{n-1} = \frac{a - aq^n}{1-q}$$

$$s - s_n = \frac{a}{1-q} - \frac{a - aq^n}{1-q} = \frac{aq^n}{1-q}$$

当 $n \to \infty$ 时,$s - s_n \to 0$,因为当 $|q| < 1$ 时,$q^n \to 0$. 当 $|q| > 1$ 时,由 s_n 的表达式看出,$n \to \infty$ 时,$s_n \to \infty$;因为 $|q| > 1$ 时,$q^n \to \infty$. 当 $q = 1$ 时,$s_n = an$,显然 $s_n \to \infty$,所以当 $|q| > 1$ 与 $q = 1$ 时,这个等比级数是发散级数.当 $q = -1$ 时,我们得到级数

$$a - a + a - a + \cdots$$

当 n 是偶数时,这级数的前 n 项和等于零;若 n 是奇数,就等于 a,即 s_n 不趋向一个极限,于是这级数发散.但是,这与以上的情形不同,对于所有的 n 的值,级数的前 n 项和只取 0 与 a 两个值,所以是有界的.

若当 n 无限增加时,级数的前 n 项和 s_n 的绝对值趋向无穷大,则级数(3)叫作正常发散级数.以后,为简单起见,我们谈到正常发散级数时,就简称发散级数.

119. 无穷级数的基本性质

收敛的无穷级数具有一些性质,于是收敛级数有一些运算,像有限项和一

样.

Ⅰ. 若级数
$$u_1 + u_2 + \cdots + u_n + \cdots$$
有和 s，则每项乘一个常数 a 得到的级数
$$au_1 + au_2 + \cdots + au_n + \cdots \tag{6}$$
有和 as，因为级数 (6) 的前 n 项和 σ_n 是
$$\sigma_n = au_1 + au_2 + \cdots + au_n = as_n$$
所以
$$\lim_{n\to\infty} \sigma_n = \lim_{n\to\infty} as_n = a \lim_{n\to\infty} s_n = as$$

Ⅱ. 收敛级数可以逐项相加或逐项相减，就是说，若
$$u_1 + u_2 + \cdots + u_n + \cdots = s$$
$$v_1 + v_2 + \cdots + v_n + \cdots = \sigma$$
则级数
$$(u_1 \pm v_1) + (u_2 \pm v_2) + \cdots + (u_n \pm v_n) + \cdots \tag{7}$$
也收敛，它的和等于 $s \pm \sigma$，因为这级数的前 n 项和
$$(u_1 \pm v_1) + (u_2 \pm v_2) + \cdots + (u_n \pm v_n) = s_n \pm \sigma_n$$
当 $n \to \infty$ 时，它趋向 $s \pm \sigma$.

关于和的其他性质，例如，和不依赖于项的排列次序，两个和相乘的法则等，如何应用于无穷级数将在下面 §3 中考虑. 现在只提出，这些并不是对于一般收敛级数都成立. 显然，结合律对于任何收敛级数都成立，就是可以依序把任意几项作为一组先相加. 这样作，不过是相当于由一部分的 s_n 代替全部的 s_n ($n=1,2,3,\cdots$)，所以极限 s 不变.

Ⅲ. 在级数前面加上有限项，或去掉前有限项，不影响级数的收敛性或发散性. 实际上，考虑下面两个级数
$$u_1 + u_2 + u_3 + u_4 + \cdots$$
$$u_3 + u_4 + u_5 + u_6 + \cdots$$
第二个是由第一个去掉前两项得到的. 若用 s_n 记第一个级数的前 n 项和，用 σ_n 记第二个级数的前 n 项和，显然
$$\sigma_{n-2} = s_n - (u_1 + u_2)$$
则
$$s_n = \sigma_{n-2} + (u_1 + u_2)$$
并且若 $n \to \infty$，则 $n - 2 \to \infty$. 由此看出，若 s_n 有极限，则 σ_{n-2} 也有极限，反之亦

然. 这两个极限 s 与 σ,也就是所取的两个级数之和,是不同的,而且 $\sigma = s - (u_1 + u_2)$.

Ⅳ. 当 n 无限增加时,任何一个收敛级数的项一般有 u_n 趋向零
$$\lim u_n = 0 \tag{8}$$
因为显然
$$u_n = s_n - s_{n-1}$$
于是若级数收敛而有和 s,则
$$\lim s_{n-1} = \lim s_n = s$$
因此
$$\lim u_n = \lim s_n - \lim s_{n-1} = 0$$
如此,条件(8)是收敛级数的必要条件,但不是充分条件. 有的级数纵然一般项趋向零,仍然可能是发散的.

例 调和级数
$$1 + \frac{1}{2} + \frac{1}{3} + \frac{1}{4} + \cdots + \frac{1}{n} + \cdots = \sum_{n=1}^{\infty} \frac{1}{n} \tag{9}$$
现在,当 $n \to \infty$ 时
$$u_n = \frac{1}{n} \to 0$$
不难证明级数(9)的前 n 项和无限增大. 我们依序把一项,两项,四项,八项 …… 放在一起
$$1 + \left(\frac{1}{2}\right) + \left(\frac{1}{3} + \frac{1}{4}\right) + \left(\frac{1}{5} + \cdots + \frac{1}{8}\right) + \left(\frac{1}{9} + \cdots + \frac{1}{16}\right) + \cdots$$
如此在第 k 个括号里有 2^{k-1} 项. 若把每个括号里所有的项都换成最末一项,就是这括号里的最小的一项,就得到一个级数
$$1 + \frac{1}{2} + \frac{1}{4} \times 2 + \frac{1}{8} \times 4 + \frac{1}{16} \times 8 + \cdots = 1 + \frac{1}{2} + \frac{1}{2} + \cdots \tag{10}$$
它的前 n 项和等于 $1 + \frac{1}{2}(n-1)$,显然趋向 $+\infty$. 项数足够多时,级数(9)中每个括号内的值比级数(10)的对应项大,于是取到 $n-1$ 个括号之和大于 $1 + \frac{1}{2}(n-1)$,因此显然,对于级数(9),$s_n \to +\infty$.

120. 正项级数,收敛性的判别法

特别重要的级数是正项级数,其中所有的数

$$u_1, u_2, u_3, \cdots, u_n, \cdots \geqslant 0$$

以下我们讲正项级数收敛与发散的判别法.

1) 正项级数一定是或者收敛,或者正常发散,即或者 $s_n \to s$,或者 $s_n \to +\infty$. 因此,正项级数收敛的一个必要且充分条件是当 n 为任何值时,它的前 n 项和保持小于某一与 n 无关的常数 A.

实际上,对于这样的级数,当 n 增加时,s_n 不减小,因为总是加上新的正项,于是我们的肯定可以由以前讲的上升变量的性质[30]推出.

为要判断正项级数是收敛还是发散,常是拿它们与一个较简单的级数比较,特别是与等比级数比较.

如此我们有下面这判别法:

2) 若正项级数

$$u_1 + u_2 + u_3 + \cdots + u_n + \cdots \tag{11}$$

中,由某一项起,以后每一项都不大于一个收敛级数

$$v_1 + v_2 + v_3 + \cdots + v_n + \cdots \tag{12}$$

的对应项,则级数(11)也收敛.

反之,若由某一项起,级数(11)的每一项都不小于一个正项发散级数(12)的对应项,则级数(11)也发散.

先设

$$u_n \leqslant v_n \tag{13}$$

并且级数(12)收敛. 我们可以算作这不等式对于所有 n 的值都成立,这并不失去一般性,因为如果有必要,我们可以把前面若干不满足这不等式的项去掉([119] 性质 Ⅲ). 用 s_n 记级数(11)的前 n 项和,σ_n 记级数(12)的前 n 项和,根据式(13)就有

$$s_n \leqslant \sigma_n$$

但是已知级数(12)收敛,用 σ 记级数(12)的和,就有

$$\sigma_n \leqslant \sigma$$

所以

$$s_n \leqslant \sigma$$

由此,根据判别法 1) 推出级数(11)收敛.

现在设满足不等式

$$u_n \geqslant v_n \tag{14}$$

显然就有

$$s_n \geqslant \sigma_n \tag{15}$$

但是现在级数(12)发散,于是它的前 n 项和 σ_n 可以作的大于一个任意给定的大数,根据式(15), s_n 也有同样的性质,就是说级数(11)也发散.

附注 若级数(12)收敛(或发散),则级数
$$kv_1 + kv_2 + kv_3 + \cdots + kv_n + \cdots$$
也收敛(或发散),其中 k 是任何一个正的常数.

实际上,根据[119]的性质 I,由级数 $\sum v_n$ 收敛推知级数 $\sum kv_n$ 收敛.反之,若 $\sum v_n$ 发散,则级数 $\sum kv_n$ 也应当发散,因为,假设它收敛,各项乘以 $\frac{1}{k}$,根据[119]的性质 I, $\sum v_n$ 就要收敛,所以不可能.由以上所述推出下面的判别法:

若
$$u_n \leqslant kv_n \tag{16}$$
其中 k 是任意一个正数,而级数 $\sum v_n$ 收敛,则级数(11)也收敛,若
$$u_n \geqslant kv_n \tag{17}$$
而级数 $\sum v_n$ 发散,则级数(11)也发散.

由给定的级数与等比级数来比较,我们得到正项级数收敛性的两个基本的判别法.

121. 柯西判别法与达朗贝尔判别法

3) 柯西判别法.

若正项级数
$$u_1 + u_2 + u_3 + \cdots + u_n + \cdots$$
由某一项起,其一般项满足不等式
$$\sqrt[n]{u_n} \leqslant q < 1 \tag{18}$$
其中 q 不依赖于 n,则这级数收敛.

反之,若由某一项起
$$\sqrt[n]{u_n} \geqslant 1 \tag{19}$$
则级数(11)发散.

我们可以设对于所有的 n 的值,都满足不等式(18)或(19),这并不失去一般性([119]性质 III).若满足式(18),则
$$u_n \leqslant q^n$$

即所给的级数的一般项不大于一个无穷下降等比级数的对应项,所以根据式(2),这个级数收敛.至于式(19)的情形,我们有
$$u_n \geqslant 1$$
于是级数(11)的一般项不趋向 0(大于 1),所以不能收敛([119]性质 Ⅳ).

4) 达朗贝尔判别法.

若级数的相邻两项之比(后项比前项)
$$\frac{u_n}{u_{n-1}}$$
由某一项起,满足不等式
$$\frac{u_n}{u_{n-1}} \leqslant q < 1 \tag{20}$$
其中 q 不依赖于 n,则级数(11) 收敛.

反之,若由某一项起
$$\frac{u_n}{u_{n-1}} \geqslant 1 \tag{21}$$
则所给的级数发散.

像以前一样,我们设对于所有 n 的值,都满足不等式(20),就有
$$u_n \leqslant u_{n-1}q, u_{n-1} \leqslant u_{n-2}q, u_{n-2} \leqslant u_{n-3}q, \cdots, u_2 \leqslant u_1 q$$
由此,逐步代入,就得到
$$u_n \leqslant u_1 q^{n-1}$$
就是说,这级数的项不大于下降等比级数
$$u_1 + u_1 q + u_1 q^2 + \cdots + u_1 q^{n-1} + \cdots \quad (0 < q < 1)$$
的对应项,于是根据判别法 2),这级数收敛.至于式(21)的情形
$$u_1 \leqslant u_2 \leqslant u_3 \leqslant \cdots \leqslant u_{n-1} \leqslant u_n \leqslant \cdots$$
就是这级数的项从开始就不减小,于是推知,当 $n \to \infty$ 时,u_n 不趋向零,于是级数不能收敛([119]性质 Ⅳ).

系 若当 n 无限增加时
$$\sqrt[n]{u_n} \text{ 或 } \frac{u_n}{u_{n-1}} \tag{22}$$
趋向一个有限的极限 r,则级数
$$u_1 + u_2 + u_3 + \cdots + u_n + \cdots$$
当 $r < 1$ 时收敛,$r > 1$ 时发散.

先设 $r < 1$. 选定一个这样小的正数 ε,使得
$$r + \varepsilon < 1$$

当 n 相当大时，$\sqrt[n]{u_n}$ 或 $\dfrac{u_n}{u_{n-1}}$ 与极限 r 之差就不大于 ε，就是由 n 的一个足够大的值起，我们有

$$r-\varepsilon \leqslant \sqrt[n]{u_n} \leqslant r+\varepsilon < 1 \qquad (23)$$

或

$$r-\varepsilon \leqslant \dfrac{u_n}{u_{n-1}} \leqslant r+\varepsilon < 1 \qquad (23')$$

应用柯西，或达朗贝尔判别法，令 $q=r+\varepsilon<1$，根据式(23)或(23')，立刻断定所给的级数收敛.

类似这方法可证当 $r>1$ 时级数发散. 若表达式(22)中有一个趋向 $+\infty$，级数也一定发散.

例 1 级数

$$1+\dfrac{x}{1}+\dfrac{x^2}{1\cdot 2}+\cdots+\dfrac{x^n}{1\cdot 2\cdot 3\cdot\cdots\cdot n}+\cdots=\sum_{n=0}^{\infty}\dfrac{x^n}{n!} \qquad (24)$$

应用达朗贝尔判别法

$$u_{n+1}=\dfrac{x^n}{n!},\ u_n=\dfrac{x^{n-1}}{(n-1)!}$$

则

$$\dfrac{u_{n+1}}{u_n}=\dfrac{x}{n}$$

当 $n\to\infty$ 时，$\dfrac{x}{n}\to 0$，所以当 x 取任意一个有限值（正的）时，这级数收敛.

例 2 级数

$$\sum_{n=1}^{\infty}\dfrac{x^n}{n} \qquad (25)$$

现在

$$u_n=\dfrac{x^n}{n},\ u_{n-1}=\dfrac{x^{n-1}}{n-1}$$

则

$$\dfrac{u_n}{u_{n-1}}=\dfrac{n-1}{n}x\to x$$

所以，依达朗贝尔判别法，当 $0\leqslant x<1$ 时，这级数收敛，当 $x>1$ 时发散.

例 3 级数

$$\sum_{n=1}^{\infty}r^n\sin^2 na \qquad (26)$$

应用柯西判别法
$$u_n = r^n \sin^2 na$$
则
$$\sqrt[n]{u_n} = r\sqrt[n]{\sin^2 na} \leqslant r$$
所以,若 $0 \leqslant r < 1$,所给的级数收敛.

在这情形下,用达朗贝尔判别法得不到结果,因为比
$$\frac{u_n}{u_{n-1}} = r\left[\frac{\sin n\alpha}{\sin(n-1)\alpha}\right]^2$$
不趋向一个极限,也不是总小于 1 或不小于 1.

可以普遍证明,柯西判别法比达朗贝尔判别法强,就是说,可以用达朗贝尔判别法时,用柯西判别法也可以解决,但是有时柯西判别法可以解决,而达朗贝尔判别法不能. 不过柯西判别法用起来比达朗贝尔判别法复杂,由上面第一第二两个例子就可以看出来.

还要注意,有时应用这两个判别法都不解决问题,例如
$$\sqrt[n]{u_n} \ 与\ \frac{u_n}{u_{n-1}} \to 1$$
的情形,就是当 $r=1$ 时. 这时我们遇到收敛或发散的可疑情形,应当另找方法解决.

例如,调和级数
$$\sum_{n=1}^{\infty} \frac{1}{n}$$
由[119]我们知道,它是发散级数,这时
$$\frac{u_n}{u_{n-1}} = \frac{n-1}{n} \to 1,\ \sqrt[n]{u_n} = \sqrt[n]{\frac{1}{n}} = e^{\frac{1}{n}\ln\frac{1}{n}} \to 1^{①}$$
如此,调和级数的收敛或发散问题,就不能用柯西或达朗贝尔判别法解决.

从另一方面看,以后我们可以证明,级数
$$\sum_{n=1}^{\infty} \frac{1}{n^2} = 1 + \frac{1}{4} + \frac{1}{9} + \frac{1}{16} + \cdots$$
是收敛级数.

但是对于它,我们也有

---

① 设 $x = \frac{1}{n}$,则 $x \to 0$,于是 $\frac{1}{n}\ln\frac{1}{n} = x\ln x \to 0$[66]. 因此 $e^{\frac{1}{n}\ln\frac{1}{n}}$ 趋向 1.

$$\frac{u_n}{u_{n-1}} = \left(\frac{n-1}{n}\right)^2 \to 1, \quad \sqrt[n]{u_n} = \sqrt[n]{\frac{1}{n^2}} = \left(\sqrt[n]{\frac{1}{n}}\right)^2 \to 1$$

就是说,若应用柯西或达朗贝尔判别法,也是可疑情形.

122. 柯西积分判别法

设给定的级数
$$u_1 + u_2 + u_3 + \cdots + u_n + \cdots \tag{27}$$
的项是正的,而且下降,即
$$u_1 \geqslant u_2 \geqslant u_3 \geqslant \cdots \geqslant u_n \geqslant u_{n+1} \geqslant \cdots > 0 \tag{28}$$
把级数的各项标记在图上,自变量 n 取在横轴上,纵轴取对应的 u_n 的值(图 4.1). 总可以作一个连续函数 $y = f(x)$,使得当 $x = n$(整数)时,函数值取 u_n 的值,这只要过所有作出的点引一条连续曲线,现在我们算作函数 $y = f(x)$ 是下降的.

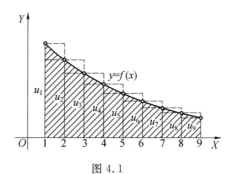

图 4.1

在图上,这级数的前 n 项和
$$s_n = u_1 + u_2 + u_3 + \cdots + u_n$$
由高出的矩形的面积和表示,它把界于曲线 $y = f(x)$,OX 轴与纵坐标 $x = 1$,$x = n+1$ 之间的面积包在内,所以
$$s_n > \int_1^{n+1} f(x) \mathrm{d}x \tag{29}$$

另一方面,曲线下的面积包含它下面的那些矩形,它们的面积和等于
$$u_2 + u_3 + u_4 + \cdots + u_{n+1} = s_{n+1} - u_1 \tag{30}$$
所以
$$s_{n+1} - u_1 < \int_1^{n+1} f(x) \mathrm{d}x \tag{31}$$

这两个不等式引导给我们下面这个判别法.

5) 柯西积分判别法.

若级数
$$u_1 + u_2 + u_3 + \cdots + u_n + \cdots \quad (u_n = f(n))$$
的项是正的,而且当 n 增加时,$f(n)$ 下降,则这级数是收敛还是发散,要看积分
$$I = \int_1^\infty f(x)\,\mathrm{d}x \tag{32}$$
是有限值还是成为无穷大.

记住,这时 $f(x)$ 应当是下降函数.

先设积分 I 有限值,即曲线 $y=f(x)$ 下有有限面积[98]. 由于 $f(x)$ 是正的,推知
$$\int_1^{n+1} f(x)\,\mathrm{d}x < \int_1^\infty f(x)\,\mathrm{d}x$$
所以,根据式(31)有
$$s_n < s_{n+1} < u_1 + I$$
即对于所有的 n 的值,s_n 是有界的,于是,由[120]基本判别法(1),级数(27)是收敛的.

现在设 $I = \infty$,积分
$$\int_1^{n+1} f(x)\,\mathrm{d}x$$
当 n 增加时,可以作的大于任意一个给定的大数 N,这时,根据式(29),和 s_n 也可以作的大于 N,即级数(27)是正常发散的.

类似的可以证明,级数(27)的余和不大于积分
$$\int_n^\infty f(x)\,\mathrm{d}x$$

附注 应用柯西积分判别法时,可以用积分
$$\int_a^\infty f(x)\,\mathrm{d}x$$
来代替 I,其中 a 是任何一个大于 1 的正数.

实际上,若由纵坐标 $x=1$ 算起,曲线 $y=f(x)$ 下有有限面积,则由纵坐标 $x=a$ 算起,也有有限面积;反之亦然. 若 $I=\infty$,则有时说积分(32)发散.

例 1 调和级数
$$\sum_{n=1}^\infty \frac{1}{n}$$

现在我们有

$$f(n) = \frac{1}{n}$$

所以可以设

$$f(x) = \frac{1}{x}$$

这时

$$I = \int_1^\infty \frac{\mathrm{d}x}{x} = \ln x \Big|_1^\infty$$

于是这个积分发散,因为当 $x \to +\infty$ 时,$\ln x \to +\infty$. 如我们所知,这个级数也发散.

例 2 较普遍的级数

$$\sum_{n=1}^\infty \frac{1}{n^p} \tag{33}$$

其中 p 是任意一个数且大于 0(当 $p \leqslant 0$ 时,显然这级数发散). 现在我们有

$$f(n) = \frac{1}{n^p}, f(x) = \frac{1}{x^p}, I = \int_1^\infty \frac{\mathrm{d}x}{x^p} = \begin{cases} \dfrac{1}{1-p} x^{1-p} \Big|_1^\infty & (p \neq 1) \\ \ln x \Big|_1^\infty & (p = 1) \end{cases}$$

由此看出,若 $p \leqslant 1$,这积分发散,若 $p > 1$,收敛而等于 $\dfrac{1}{p-1}$. 实际上,在后面这情形下,$1-p < 0$,当 $x \to +\infty$ 时,$x^{1-p} = \dfrac{1}{x^{p-1}} \to 0$,于是推知

$$\frac{1}{1-p} x^{1-p} \Big|_1^\infty = 0 - \frac{1}{1-p} = \frac{1}{p-1}$$

于是,根据柯西判别法,若 $p > 1$,则级数(33)收敛,若 $p \leqslant 1$,则发散.

123. 交错级数

在谈任意项的级数之前,先考虑交错级数,它们的项是正负相间的,这样的级数可以写成下面的形式

$$u_1 - u_2 + u_3 - u_4 + \cdots \pm u_n \mp u_{n+1} \pm \cdots \tag{34}$$

其中的数

$$u_1, u_2, u_3, \cdots, u_n, \cdots$$

都算作正的.①

---

① 这里我们算作级数的第一项是正的,若是负的,就把级数写成
$$-u_1 + u_2 - u_3 + u_4 - \cdots$$

关于交错级数,可以证明下面这个命题:

若当 n 增加时,交错级数的项的绝对值下降而趋向零,则这级数收敛. 这样的级数的余和的绝对值不大于所去掉的项中第一项的绝对值.

先考虑这级数的前偶数项的和
$$s_{2n} = u_1 - u_2 + u_3 - u_4 + \cdots + u_{2n-1} - u_{2n}$$

因为当 n 增加时,这级数的项的绝对值下降(严格说是不增大),于是
$$u_k \geqslant u_{k+1}$$

而
$$u_{2n+1} - u_{2n+2} \geqslant 0$$

所以
$$s_{2n+2} = s_{2n} + (u_{2n+1} - u_{2n+2}) \geqslant s_{2n}$$

就是变量 s_{2n} 上升. 另一方面,我们有
$$s_{2n} = u_1 - (u_2 - u_3) - (u_4 - u_5) - \cdots - (u_{2n-2} - u_{2n-1}) - u_{2n} \leqslant u_1$$

因为所有括号里的差都不小于 0,即变量 s_{2n} 是有界的. 由此推知,当 n 无限增加时,s_{2n} 趋向一个有限的极限[30],我们记作 s,有
$$\lim_{n \to \infty} s_{2n} = s$$

我们又有:

当 $n \to \infty$ 时
$$s_{2n+1} = s_{2n} + u_{2n+1} \to s$$

因为
$$u_{2n+1} \to 0$$

如此,我们看出,级数(34)的前偶数项和与奇数项和趋向同一个极限 s,所以这级数收敛而有和 s.

还要估计这级数的余和 r_n. 我们有
$$r_n = \pm u_{n+1} \mp u_{n+2} \pm u_{n+3} \mp u_{n+4} \pm \cdots$$

这里全取上面的号或是全取下面的号,换句话说
$$r_n = \pm (u_{n+1} - u_{n+2} + u_{n+3} - u_{n+4} + \cdots)$$

因此,像上面一样,就有
$$|r_n| = (u_{n+1} - u_{n+2}) + (u_{n+3} - u_{n+4}) + \cdots$$
$$= u_{n+1} - (u_{n+2} - u_{n+3}) - (u_{n+4} - u_{n+5}) - \cdots \leqslant u_{n+1}$$

于是证完.

公式

$$r_n = \pm[(u_{n+1} - u_{n+2}) + (u_{n+3} - u_{n+4}) + \cdots]$$

的方括号里面是正的,所以 r_n 的符号与方括号外边的符号相同,就是与 $\pm u_{n+1}$ 的符号相同. 所以交错级数的余和的符号与所去掉的第一项的符号相同.

例 级数

$$1 - \frac{1}{2} + \frac{1}{3} - \frac{1}{4} + \cdots$$

是一个交错级数,当 $n \to \infty$ 时,它的项的绝对值无限减小,所以它是收敛的. 以后我们说明它的和等于 $\ln 2$. 可是由这级数实际计算 $\ln 2$ 并不适用,因为若要它的余和小于 0.0001,就要取 $10\,000$ 项

$$|r_n| < \frac{1}{n+1} \leqslant 0.0001, n \geqslant 10\,000$$

所以这个级数收敛,但是收敛的很慢. 因此,为要实际上用这样的级数,需要先整理它们,由慢收敛换到快收敛,可以说是改善收敛性.

124. 绝对收敛级数

其他的任意项级数中,我们只注意绝对收敛级数.

若级数

$$u_1 + u_2 + u_3 + \cdots + u_n + \cdots \tag{35}$$

中各项的绝对值组成的级数,就是级数

$$|u_1| + |u_2| + |u_3| + \cdots + |u_n| + \cdots \tag{36}$$

收敛,则级数 (35) 收敛.

这样的级数叫作绝对收敛级数.

设级数 (36) 收敛,我们设

$$v_n = \frac{1}{2}(|u_n| + u_n), w_n = \frac{1}{2}(|u_n| - u_n)$$

v_n 与 w_n 一定不小于 0,因为显然:

若 $u_n \geqslant 0, v_n = u_n, w_n = 0$;

若 $u_n \leqslant 0, v_n = 0, w_n = |u_n|$.

另一方面,v_n 与 w_n 都不大于 $|u_n|$,就是不大于级数 (36) 的对应项,所以,根据正项级数收敛的判别法 2)[120],这两个级数

$$\sum_{n=1}^{\infty} v_n, \sum_{n=1}^{\infty} w_n$$

都是收敛的.

由于

$$u_n = v_n - w_n$$

所以级数

$$\sum_{n=1}^{\infty} u_n = \sum_{n=1}^{\infty} (v_n - w_n) = \sum_{n=1}^{\infty} v_n - \sum_{n=1}^{\infty} w_n$$

是收敛的[119].

正项收敛级数是绝对收敛级数的特殊情形,由正项级数收敛的判别法可以得到一般级数的绝对收敛的判别法.

在[120],[121],[122]中讲的正项级数收敛的判别法1)～5),只要把条件中的 u_n 换成 $|u_n|$,就可应用于任意项级数,并且如果这样作,发散的判别法3),4) 以及[121]中的系都仍然可用.

例如,在柯西与达朗贝尔判别法的叙述中,应当把 $\sqrt[n]{u_n}$ 与 $\dfrac{u_n}{u_{n-1}}$ 换成 $\sqrt[n]{|u_n|}$ 与 $\dfrac{|u_n|}{|u_{n-1}|}$.

若 $\left|\dfrac{u_n}{u_{n-1}}\right| < q < 1$,就是 $\dfrac{|u_n|}{|u_{n-1}|} < q < 1$,则依照达朗贝尔判别法[121],正项级数(36) 收敛,于是级数(35) 绝对收敛. 若

$$\left|\dfrac{u_n}{u_{n-1}}\right| \geqslant 1$$

就是

$$|u_n| \geqslant |u_{n-1}|$$

则当 n 增加时,u_n 的绝对值不减小,所以不能趋向零,于是级数(35) 发散. 由此,像[121]中的系一样,推得,若 $\left|\dfrac{u_n}{u_{n-1}}\right| \to r < 1$,则级数(35) 绝对收敛,若 $\left|\dfrac{u_n}{u_{n-1}}\right| \to r > 1$,则级数(35) 发散.

附注 还要提出,若级数(35) 的项的绝对值各不大于一个正数 $|u_n| \leqslant a_n$,而由这些数作成的级数 $a_1 + a_2 + \cdots + a_n + \cdots$ 收敛,则级数(36) 收敛[120],所以级数(35) 绝对收敛.

例 1 级数([121]例)

$$\sum_{n=1}^{\infty} \dfrac{x^n}{n!}$$

绝对收敛,无论 x 取任何有限值,正的负的都可以,因为只要 x 取有限值,则

$$\left|\dfrac{u_{n+1}}{u_n}\right| = \dfrac{x}{n} \to 0$$

例 2　级数
$$\sum_{n=1}^{\infty} \frac{x^n}{n}$$
当 $|x|<1$ 时,绝对收敛;当 $|x|>1$ 时,发散,因为
$$\left|\frac{u_n}{u_{n-1}}\right| = \frac{n-1}{n}|x| \to |x|$$

例 3　级数
$$\sum_{n=1}^{\infty} r^n \sin n\alpha$$
当 $|r|<1$ 时,绝对收敛,因为这时
$$\sqrt[n]{|u_n|} = \sqrt[n]{|r^n||\sin n\alpha|} \leqslant \sqrt[n]{|r|^n} = |r|<1$$

需要提出,并不是任何一个收敛级数都是绝对收敛的,有的收敛级数,每项换成它的绝对值后,并不收敛. 例如交错级数
$$1 - \frac{1}{2} + \frac{1}{3} - \frac{1}{4} + \cdots$$
我们知道是收敛的,若把每项换成它的绝对值,就得到发散的调和级数
$$1 + \frac{1}{2} + \frac{1}{3} + \frac{1}{4} + \cdots$$
绝对收敛级数具有很多重要的性质,我们在 §3 中再讨论,例如,它们的和不依赖于排列的顺序等.

125. 收敛性的一般判别法

在这一段中,我们讲级数
$$u_1 + u_2 + u_3 + \cdots + u_n + \cdots$$
收敛的一个必要且充分条件. 依定义,这级数收敛相当于序列
$$s_1, s_2, s_3, \cdots, s_n, \cdots$$
有极限存在,其中 s_n 是级数的前 n 项和,但是这个极限存在下面的柯西的必要且充分条件[31]:

任意给定一个正数 ε,就有这样一个 N 存在,使得当 m 与 $n > N$ 时
$$|s_m - s_n| < \varepsilon$$
为确定起见,设 $m > n$,而且 $m = n + p$,其中 p 是任意一个正整数,注意这时
$$s_m - s_n = s_{n+p} - s_n = (u_1 + u_2 + \cdots + u_n + u_{n+1} + \cdots + u_{n+p}) -$$
$$(u_1 + u_2 + \cdots + u_n) = u_{n+1} + u_{n+2} + \cdots + u_{n+p}$$
我们就可以推出下面这个级数收敛性的一般判别法.

无穷级数
$$u_1 + u_2 + u_3 + \cdots + u_n + \cdots$$
收敛的一个必要且充分条件是,任意给定一个正数 ε 时,有这样一个数 N 存在,使得只要 $n > N$,无论 p 是什么正整数,不等式
$$| u_{n+1} + u_{n+2} + \cdots + u_{n+p} | < \varepsilon$$
成立,即如果 $n \geqslant N$,由 u_{n+1} 起,这级数的任何多个相继项之和的绝对值小于 ε.

需要提出,这个一般判别法在理论方面是重要的,但是要实际应用,常是很麻烦的.

§2 泰勒公式及其应用

126. 泰勒公式

考虑 n 次多项式
$$f(x) = a_0 + a_1 x + a_2 x^2 + \cdots + a_n x^n$$
给 x 一个改变量 h,计算对应的函数值 $f(x+h)$.用牛顿二项式公式展开 $x+h$ 的方幂,再依 h 的方幂整理好,把最后的结果依 h 的方幂排列时,系数就是 x 的多项式
$$f(x+h) = A_0(x) + hA_1(x) + h^2 A_2(x) + \cdots + h^k A_k(x) + \cdots + h^n A_n(x) \tag{1}$$
然后再确定这些多项式
$$A_0(x), A_1(x), \cdots, A_n(x)$$
为此,我们换记号,把恒等式(1)中的 x 换成 a,$x+h$ 换成 x.这时
$$h = x - a$$
代入式(1)中,就成为
$$\begin{aligned} f(x) = &A_0(a) + (x-a)A_1(a) + (x-a)^2 A_2(a) + \cdots + \\ &(x-a)^k A_k(a) + \cdots + (x-a)^n A_n(a) \end{aligned} \tag{2}$$
为要确定这恒等式中的 $A_0(a)$,令 $x = a$,就得到
$$f(a) = A_0(a)$$
为要确定 $A_1(a)$,求出恒等式(2)对 x 的微商,再令 $x = a$,有
$$\begin{aligned} f'(x) = &1 \cdot A_1(a) + 2(x-a)A_2(a) + \cdots + \\ &k(x-a)^{k-1} A_k(a) + \cdots + n(x-a)^{n-1} A_n(a) \end{aligned}$$

$$f'(a) = 1 \cdot A_1(a)$$

再求对 x 的微商,再令 $x=a$,就得到 $A_2(a)$,有

$$f''(x) = 2 \cdot 1 \cdot A_2(a) + \cdots + k(k-1)(x-a)^{k-2} A_k(a) + \cdots + n(n-1)(x-a)^{n-2} A_n(a)$$

$$f''(a) = 2 \cdot 1 \cdot A_2(a)$$

这样作下去,求出 k 级微商,再令 $x=a$,就得到

$$f^{(k)}(x) = k \cdot (k-1) \cdots 2 \cdot 1 \cdot A_k(a) + \cdots + n(n-1)\cdots(n-k+1)(x-a)^{n-k} A_n(a)$$

$$f^{(k)}(a) = k! \, A_k(a)$$

所以,我们有

$$A_0(a) = f(a)$$
$$A_1(a) = \frac{f'(a)}{1!}$$
$$A_2(a) = \frac{f''(a)}{2!}$$
$$\vdots$$
$$A_k(a) = \frac{f^{(k)}(a)}{k!}$$
$$\vdots$$
$$A_n(a) = \frac{f^{(n)}(a)}{n!}$$

于是公式(2)就是

$$f(x) = f(a) + \frac{f'(a)}{1!}(x-a) + \frac{f''(a)}{2!}(x-a)^2 + \cdots +$$
$$\frac{f^{(k)}(a)}{k!}(x-a)^k + \cdots + \frac{f^{(n)}(a)}{n!}(x-a)^n \tag{3}$$

上面这个公式只是当 $f(x)$ 是 n 次多项式时,才能展开成这样的 $x-a$ 的多项式.若 $f(x)$ 是任意一个函数,而且它的一直到 n 级的微商都存在,公式(3)并不成立.我们把 $f(x)$ 与等式(3)右边之差记作 $R_n(x)$,设

$$f(x) = f(a) + \frac{f'(a)}{1!}(x-a) + \frac{f''(a)}{2!}(x-a)^2 + \cdots +$$
$$\frac{f^{(n)}(a)}{n!}(x-a)^n + R_n(x) \tag{4}$$

设函数 $f(x)$ 有连续的 $n+1$ 级微商,我们可以用这微商来表示 $R_n(x)$,求出恒等式(4)的一级,二级以至 n 级微商,我们得到

$$\begin{cases} f'(x) = f'(a) + \dfrac{f''(a)}{1!}(x-a) + \cdots + \dfrac{f^{(n)}(a)}{(n-1)!}(x-a)^{n-1} + R'_n(x) \\ f''(x) = f''(a) + \dfrac{f'''(a)}{1!}(x-a) + \cdots + \dfrac{f^{(n)}(a)}{(n-2)!}(x-a)^{n-2} + R''_n(x) \\ \quad \vdots \\ f^{(n)}(x) = f^{(n)}(a) + R_n^{(n)}(x) \end{cases}$$

$$(4')$$

在式(4)与(4')中,令 $x = a$ 就有

$$R_n(a) = 0, R'_n(a) = 0, \cdots, R_n^{(n)}(a) = 0 \qquad (5)$$

求出式(4')中最后一个的微商,我们得到

$$R_n^{(n+1)}(x) = f^{(n+1)}(x) \qquad (6)$$

由关系式(5)与(6),不难得到 $R_n(x)$ 的表达式,因为依照计算积分的基本公式

$$R_n(x) - R_n(a) = \int_a^x R'_n(t) \mathrm{d}t$$

由此,注意式(5),作分部积分,求得

$$\begin{aligned} R_n(x) &= \int_a^x R'_n(t)\mathrm{d}t \\ &= -\int_a^x R'_n(t) \mathrm{d}(x-t) \\ &= -R'_n(t)(x-t)\Big|_a^x + \int_a^x R''_n(t)(x-t)\mathrm{d}t \\ &= -\int_a^x R''_n(t) \mathrm{d}\frac{(x-t)^2}{2!} \\ &= -R''_n(t)\frac{(x-t)^2}{2!}\Big|_a^x + \int_a^x R'''_n(t)\frac{(x-t)^2}{2!}\mathrm{d}t \\ &= -\int_a^x R'''_n(t)\mathrm{d}\frac{(x-t)^3}{3!} \\ &= -R'''_n(t)\frac{(x-t)^3}{3!}\Big|_a^x + \int_a^x R_n^{(4)}(t)\frac{(x-t)^3}{3!}\mathrm{d}t = \cdots \\ &= \int_a^x R_n^{(n+1)}(t)\frac{(x-t)^n}{n!}\mathrm{d}t \\ &= \frac{1}{n!}\int_a^x f^{(n+1)}(t)(x-t)^n \mathrm{d}t \end{aligned}$$

在以上作的演算中要注意下面这一点.积分变量记作 t,所以积分号下的 x 要算作常量,于是 x 的微分等于零,例如

$$d\frac{(x-t)^3}{3!} = \frac{3(x-t)^2}{3!}d(x-t) = -\frac{(x-t)^2}{2!}dt$$

所以一般来讲

$$d\frac{(x-t)^k}{k!} = \frac{k(x-t)^{k-1}}{k!}d(x-t) = -\frac{(x-t)^{k-1}}{(k-1)!}dt$$

同时，表达式

$$R_n^{(k)}(t)\frac{(x-t)^k}{k!}\bigg|_a^x \quad (k \leqslant n)$$

等于零，因为当用 $t=x$ 代入时，因子 $(x-t)^k$ 等于零，而当用 $t=a$ 代入时，根据式(5)，因子 $R_n^{(k)}(a)=0$.

如此我们得到下面一个重要的结果：

泰勒公式　任意一个函数 $f(x)$，如果在某一区间内，一直到 $n+1$ 级微商都存在而且连续，设点 $x=a$ 是这区间的一个内点，则当 x 取这区间内任何值时，$f(x)$ 可以依 $x-a$ 的方幂展开成下面的形式

$$f(x) = f(a) + (x-a)\frac{f'(a)}{1!} + (x-a)^2\frac{f''(a)}{2!} + \cdots +$$
$$(x-a)^n\frac{f^{(n)}(a)}{n!} + R_n(x) \tag{7}$$

其中 $R_n(x)$ 叫作这公式的余项，它有下面的形式

$$R_n(x) = \frac{1}{n!}\int_a^x f^{(n+1)}(t)(x-t)^n dt \tag{8}$$

在应用中，常用这余项的其他的形式，利用中值定理[95]，可以由式(8)直接得到. 公式(8)右边积分号下的函数 $(x-t)^n$ 不变号，所以依中值定理就有

$$R_n(x) = \frac{f^{(n+1)}(\xi)}{n!}\int_a^x (x-t)^n dt = \frac{f^{(n+1)}(\xi)}{n!}\left[-\frac{(x-t)^{n+1}}{n+1}\right]_a^x$$

代入上下限，得到

$$-\frac{(x-t)^{n+1}}{n+1}\bigg|_a^x = \frac{(x-a)^{n+1}}{n+1}$$

因为当 $t=x$ 时，这表达式等于零，代到上面的公式中，就有

$$R_n(x) = (x-a)^{n+1}\frac{f^{(n+1)}(\xi)}{(n+1)!} \tag{9}$$

其中 ξ 是在 a 与 x 之间的一个值. 余项的这个形式叫作拉格朗日式余项，于是，用拉格朗日式余项的泰勒公式就是

$$f(x) = f(a) + (x-a)\frac{f'(a)}{1!} + (x-a)^2\frac{f''(a)}{2!} + \cdots +$$

$$(x-a)^n \frac{f^{(n)}(a)}{n!} + (x-a)^{n+1} \frac{f^{(n+1)}(\xi)}{(n+1)!} \qquad (7')$$

(ξ 在 a 与 x 之间).

127. 泰勒公式的其他形式

当 $n=0$ 时, 我们由式 $(7')$ 得到以前讲的拉格朗日的改变量公式[63], 有
$$f(x) - f(a) = (x-a) f'(\xi)$$
如此, 泰勒公式是改变量公式的直接推广.

回到以前的记法, 用 x 代替 a, $x+h$ 代替 x, 泰勒公式(7)就变为
$$f(x+h) - f(x) = \frac{hf'(x)}{1!} + \frac{h^2 f''(x)}{2!} + \cdots + \frac{h^n f^{(n)}(x)}{n!} + R_n \qquad (10)$$
因为在这个记法中要用 h 代替 $x-a$. 在以前的记法中, ξ 是在 a 与 x 之间, 于是现在要在 x 与 $x+h$ 之间, 所以可以记作 $x+\theta h$, 其中 $0 < \theta < 1$. 如此, 根据式(9), 公式(10)的余项可以写成
$$R_n = h^{n+1} \frac{f^{(n+1)}(x+\theta h)}{(n+1)!} \quad (0 < \theta < 1) \qquad (11)$$

公式(10)的左边是对应于自变量的改变量或微分 h, 函数 $y=f(x)$ 应有的改变量 Δy. 回忆高级微分的表达式[55], 就有
$$dy = y' dx = f'(x) h$$
$$d^2 y = y'' (dx)^2 = f''(x) h^2$$
$$\vdots$$
$$d^n y = y^{(n)} (dx)^n = f^{(n)}(x) h^n$$
因此
$$\Delta y = \frac{dy}{1!} + \frac{d^2 y}{2!} + \cdots + \frac{d^n y}{n!} + \frac{d^{n+1} y}{(n+1)!} \bigg|_{x+\theta h} \qquad (12)$$
这里的记号
$$\frac{d^{n+1} y}{(n+1)!} \bigg|_{x+\theta h}$$
表示在表达式 $\frac{d^{n+1} y}{(n+1)!}$ 中用 $x+\theta h$ 代替 x 得到的结果.

这个泰勒公式, 当自变量的改变量是无穷小时, 特别有用. 公式(12)使我们可能分解改变量 Δy 成为关于 h 的各级无穷小项之和.

当自变量的值 a 是零时, 在这特殊情形下, 泰勒公式(7)有下面的形式
$$f(x) = f(0) + x \frac{f'(0)}{1!} + x^2 \frac{f''(0)}{2!} + \cdots + x^n \frac{f^{(n)}(0)}{n!} + R_n(x) \qquad (13)$$

其中

$$R_n(x) = \frac{1}{n!} \int_0^x f^{(n+1)}(t)(x-t)^n \mathrm{d}t$$

$$= \frac{x^{n+1} f^{(n+1)}(\xi)}{(n+1)!} = \frac{x^{n+1} f^{(n+1)}(\theta x)}{(n+1)!} \tag{14}$$

因为 ξ 在 0 与 x 之间，所以可以记作 $\xi = \theta x$，其中 θ 是满足不等式 $0 < \theta < 1$ 的某一个值. 这里的公式(13)叫作麦克劳林公式.

128. 泰勒级数与麦克劳林级数

若给定的函数 $f(x)$ 的各级微商都存在，则对于任何 n 的值，可以写出泰勒公式与麦克劳林公式. 把公式(7)写成

$$f(x) - \left[f(a) + (x-a)\frac{f'(a)}{1!} + (x-a)^2 \frac{f''(a)}{2!} + \cdots + (x-a)^n \frac{f^{(n)}(a)}{n!} \right] = f(x) - S_{n+1} = R_n(x)$$

其中用 S_{n+1} 记无穷级数

$$f(a) + (x-a)\frac{f'(a)}{1!} + (x-a)^2 \frac{f''(a)}{2!} + \cdots + (x-a)^n \frac{f^{(n)}(a)}{n!} + (x-a)^{n+1} \frac{f^{(n+1)}(a)}{(n+1)!} + \cdots$$

的前 $n+1$ 项和.

若当 n 无限增加时

$$\lim_{n \to \infty} R_n(x) = 0 \tag{15}$$

则根据[118]中所述，这个级数收敛，而 $f(x)$ 就等于这个级数的和 S. 如此，我们得到把函数 $f(x)$ 写成泰勒无穷幂级数的展开式

$$f(x) = f(a) + (x-a)\frac{f'(a)}{1!} + \cdots + (x-a)^n \frac{f^{(n)}(a)}{n!} + \cdots \tag{16}$$

同样的，当满足条件(15)时，由麦克劳林公式得到

$$f(x) = f(0) + x\frac{f'(0)}{1!} + x^2 \frac{f''(0)}{2!} + \cdots + x^n \frac{f^{(n)}(0)}{n!} + \cdots \tag{17}$$

实际上，计算函数 $f(x)$ 的近似值时，借助于这函数的幂级数展开式是一个最有用的方法，而余项 R_n 是这级数和与它前 $n+1$ 项和之差，所以 R_n 的估计在这近似计算中是很重要的.

应用上面所述，作几个简单函数的展开式与近似计算.

129. e^x 的展开式

首先我们有
$$f(x) = e^x, f'(x) = e^x, \cdots, f^{(k)}(x) = e^x, \cdots$$
所以
$$f(0) = f'(0) = \cdots = f^{(k)}(0) = 1$$
于是由带有余项(14)的麦克劳林公式得到
$$f(x) = 1 + \frac{x}{1!} + \frac{x^2}{2!} + \cdots + \frac{x^n}{n!} + \frac{x^{n+1}}{(n+1)!} e^{\theta x} \quad (0 < \theta < 1)$$
我们知道([121]例),级数
$$\sum_{n=0}^{\infty} \frac{x^n}{n!}$$
当 x 取任何有限值时,是绝对收敛的,所以对于任何的 x,当 $n \to \infty$ 时
$$\frac{x^{n+1}}{(n+1)!} \to 0$$
因为这表达式是一个收敛级数的一般项.[①]另一方面,余项表达式中的因子 $e^{\theta x}$,当 $x > 0$ 时,不大于 e^x,当 $x < 0$ 时,不大于 1,所以当 x 取所有的值时,这余项总趋向零,于是我们得到展开式
$$e^x = 1 + \frac{x}{1!} + \frac{x^2}{2!} + \cdots + \frac{x^n}{n!} + \cdots \tag{18}$$
这里 x 取任何值都成立.

特别是当 $x = 1$ 时,得到 e 的表达式,于是可以计算 e 准确到任何程度
$$e = 1 + \frac{1}{1!} + \frac{1}{2!} + \cdots + \frac{1}{n!} + \cdots$$
应用这个公式,计算 e 到六位小数. 若我们设
$$e \approx 2 + \frac{1}{2!} + \cdots + \frac{1}{n!}$$
则误差就是
$$\frac{1}{(n+1)!} + \frac{1}{(n+2)!} + \cdots$$
$$= \frac{1}{(n+1)!} \left[1 + \frac{1}{n+2} + \frac{1}{(n+2)(n+3)} + \cdots \right]$$

[①] 参考[124]例.

$$< \frac{1}{(n+1)!}\left[1+\frac{1}{n+1}+\frac{1}{(n+1)^2}+\cdots\right]$$

$$= \frac{1}{(n+1)!} \cdot \frac{1}{1-\frac{1}{n+1}} = \frac{1}{n!\ n}$$

其中"<"号成立是因为把各分数的分母中 $n+2, n+3, \cdots$ 诸因子换成较小的数 $n+1$ 时,各分数都增大.

所以可以说 e 这个数界于下面两个数之间

$$2+\frac{1}{2!}+\cdots+\frac{1}{n!} < e < 2+\frac{1}{2!}+\cdots+\frac{1}{n!}+\frac{1}{n!\ n}$$

若要得到 e 的一个近似值与它的真正值之差不大于 $0.000\ 001$,我们设 $n=10$,这时

$$e \approx 2 + \frac{1}{2!} + \frac{1}{3!} + \cdots + \frac{1}{10!}$$

而误差不大于 $\frac{1}{10!\ \times 10} < 3\times 10^{-8}$,在这公式中,前两项可以计算准确,其余各项应当算到七位小数,因为这样作每一项的误差不大于 0.5×10^{-7},而全部误差不大于

$$10^{-7}\times 0.5\times 8 = 4\times 10^{-7}$$

所以总误差的绝对值就不大于 $4\times 3\times 10^{-7}$. 我们就有:

$2 = 2.000\ 000$	0(准)
$\frac{1}{2!} = \frac{1}{2} = 0.500\ 000$	0(准)
$\frac{1}{3!} = \frac{1}{2!\ \times 3} = 0.166\ 666$	7(盈)
$\frac{1}{4!} = \frac{1}{3!\ \times 4} = 0.041\ 666$	7(盈)
$\frac{1}{5!} = \frac{1}{4!\ \times 5} = 0.008\ 333$	3(亏)
$\frac{1}{6!} = \frac{1}{5!\ \times 6} = 0.001\ 388$	9(盈)
$\frac{1}{7!} = \frac{1}{6!\ \times 7} = 0.000\ 198$	4(亏)
$\frac{1}{8!} = \frac{1}{7!\ \times 8} = 0.000\ 024$	8(亏)
$\frac{1}{9!} = \frac{1}{8!\ \times 9} = 0.000\ 002$	8(盈)
$\frac{1}{10!} = \frac{1}{9!\ \times 10} = 0.000\ 000$	3(盈)

$e \approx 2.718\ 281\ 9$

e 的值到十二位小数是 $2.718\ 281\ 828\ 459$.

130. $\sin x$ 与 $\cos x$ 的展开式

我们有[53]

$$f(x)=\sin x, f'(x)=\sin\left(x+\frac{\pi}{2}\right),\cdots,f^{(k)}(x)=\sin\left(x+k\frac{\pi}{2}\right)$$

因此

$$f(0)=0, f'(0)=1, f''(0)=0, f'''(0)=-1,\cdots$$
$$f^{(2m)}(0)=0, f^{(2m+1)}(0)=(-1)^m$$

于是由公式(13)得到

$$\sin x = \frac{x}{1!}-\frac{x^3}{3!}+\frac{x^5}{5!}+\cdots+\frac{(-1)^n x^{2n+1}}{(2n+1)!}+$$
$$\frac{x^{2n+3}}{(2n+3)!}\sin\left[\theta x+\frac{2n+3}{2}\pi\right]$$

以上我们知道,当 $n\to\infty$ 时,余项中的因子 $\frac{x^{2n+3}}{(2n+3)!}$ 趋向零,而正弦函数的绝对值不大于1,于是推知,当 x 取任何值时,这余项趋向零,就是展开式

$$\sin x = x-\frac{x^3}{3!}+\frac{x^5}{5!}-\cdots+\frac{(-1)^n x^{2n+1}}{(2n+1)!}+\cdots \tag{19}$$

当 x 取任何值时都成立.

类似的可以证明,展开式

$$\cos x = 1-\frac{x^2}{2!}+\frac{x^4}{4!}-\cdots+\frac{(-1)^n x^{2n}}{(2n)!}+\cdots \tag{20}$$

也是当 x 取任何值时都成立.

当角度 x 的值很小时,由级数(19)与(20)计算函数 $\sin x$ 与 $\cos x$ 的值是很合用的.当 x 取任何值时,无论是正的还是负的,这两个级数都是交错的,所以若由某一项起,以后各项的绝对值渐减,则误差的绝对值不大于所去掉的项中第一项的绝对值[121].

当 x 取较大的值时,级数(19)与(20)仍然收敛,但是很慢,于是用以计算函数值就不太合用.图4.2指明 $\sin x$ 的正确曲线与前三个近似曲线

$$x, x-\frac{x^3}{6}, x-\frac{x^3}{6}+\frac{x^5}{120}$$

的相关位置.

在近似公式中取的项越多,近似曲线就可以在较大区间上比较准确.还要注意,以上所有的公式中,角度 x 都是要用弧度作单位来测量的[33].

例 计算 $\sin 10°$ 准确到 10^{-5},首先要化为弧度

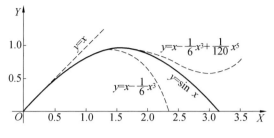

图 4.2

$$10° = \frac{2\pi}{360} \cdot 10 = \frac{\pi}{18} = 0.17\cdots$$

代入近似公式

$$\sin\frac{\pi}{18} \approx \frac{\pi}{18} - \frac{1}{6}\left(\frac{\pi}{18}\right)^3$$

这时误差不大于

$$\frac{1}{120} \times (0.2)^5 < 4 \times 10^{-6} \quad \left(\frac{\pi}{18} < 0.2\right)$$

上面 $\sin\frac{\pi}{18}$ 的近似公式的右边，每一项要计算到六位小数，因为这时全部误差就不大于

$$2 \times 0.5 \times 10^{-6} + 4 \times 10^{-6} = 5 \times 10^{-6}$$

我们就有

$$\frac{\pi}{18} = 0.174\,533,\ \frac{1}{6}\left(\frac{\pi}{18}\right)^3 = 0.000\,886,\ \sin\frac{\pi}{18} = 0.173\,647$$

这里到第四位小数一定正确.

131. 牛顿二项式

现在算作 $x > -1$，就是 $1+x > 0$，我们有
$$f(x) = (1+x)^m$$
$$f'(x) = m(1+x)^{m-1}$$
$$\vdots$$
$$f^{(k)}(x) = m(m-1)\cdots(m-k+1)(1+x)^{m-k}$$

则
$$f(0) = 1,\ f'(0) = m,\ \cdots,\ f^{(k)}(0) = m(m-1)\cdots(m-k+1)$$

其中 m 是任意一个实数，于是由公式(13) 得到

$$(1+x)^m = 1 + \frac{m}{1!}x + \frac{m(m-1)}{2!}x^2 + \cdots +$$

$$\frac{m(m-1)\cdots(m-n+1)}{n!}x^n + R_n(x) \qquad (21)$$

其中余项可以由公式(8)确定,这里 $a=0$,有

$$R_n(x) = \frac{1}{n!}\int_0^x f^{(n+1)}(t)(x-t)^n \mathrm{d}t$$

注意,在这情形下

$$f^{(n+1)}(t) = m(m-1)\cdots(m-n)(1+t)^{m-n-1}$$

于是可以写成

$$R_n(x) = \frac{m(m-1)\cdots(m-n)}{n!}\int_0^x (x-t)^n (1+t)^{m-n-1}\mathrm{d}t \qquad (22)$$

应用积分的中值定理([95](13)),并用 $\theta x (0<\theta<1)$ 记 t 在 0 与 x 之间的某一个值,就得到

$$R_n(x) = \frac{m(m-1)\cdots(m-n)}{n!}(x-\theta x)^n (1+\theta x)^{m-n-1}\int_0^x \mathrm{d}t$$

$$= \frac{(m-1)\cdots(m-n)}{n!}x^n \left(\frac{1-\theta}{1+\theta x}\right)^n (1+\theta x)^{m-1} mx \qquad (23)$$

如果 $R_n \to 0$,则级数

$$1 + \frac{m}{1!}x + \frac{m(m-1)}{2!}x^2 + \cdots + \frac{m(m-1)\cdots(m-n+1)}{n!}x^n + \cdots \qquad (24)$$

应当收敛[118]. 当 $n \to \infty$ 时

$$\left|\frac{u_{n+1}}{u_n}\right| = \left|\frac{m-n+1}{n}x\right| \to |x|$$

所以这级数当 $|x|<1$ 时,绝对收敛,当 $|x|>1$ 时发散[124]. 纵然级数(24)当 $|x|<1$ 时收敛,并不能就说它的和等于 $(1+x)^m$,还要证明,当 $|x|<1$ 时, $R_n \to 0$. 在 R_n 的表达式(23)中,因子

$$\frac{(m-1)(m-2)\cdots(m-n)}{n!}x^n$$

可以看作是收敛级数(24)的一般项,这里 m 换成了 $m-1$,所以当 $n\to\infty$ 时,它趋向零.

当 n 取任何值时,因子 $\left(\frac{1-\theta}{1+\theta x}\right)^n$ 不大于 1. 因为在考虑的情形下, $-1<x<1$,所以无论 x 取正值还是负值,$0<1-\theta<1+\theta x$,因此

$$0 < \frac{1-\theta}{1+\theta x} < 1$$

而

$$0 < \left(\frac{1-\theta}{1+\theta x}\right)^n < 1$$

最后的因子 $mx(1+\theta x)^{m-1}$ 也是有界的,因为 $1+\theta x$ 在 1 与 $1+x$ 之间,于是 $mx(1+\theta x)^{m-1}$ 在 mx 与 $mx(1+x)^{m-1}$ 之间,而后面两个数并不依赖于 n.

由以上所述,依公式(23),R_n 可以看作三个因子的乘积,当 n 无限增加时,其中一个因子趋向零,另外两个都是有界的,所以当 $n \to \infty$ 时

$$R_n(x) \to 0$$

所以,展开式

$$(1+x)^m = 1 + \frac{m}{1!}x + \frac{m(m-1)}{2!}x^2 + \cdots +$$

$$\frac{m(m-1)\cdots(m-n+1)}{n!}x^n + \cdots \quad (25)$$

当 x 取满足不等式

$$|x| < 1$$

的任何值时,成立.

当 m 是正整数时,级数(25)到 $n=m$ 项为止,于是成为牛顿二项式公式.在一般情形下,m 取任何值时,展开式(25)就是牛顿二项式的推广.

下面提出几个二项式的特殊情形

$$\frac{1}{1-x} = 1 + x + x^2 + x^3 + \cdots + x^n + \cdots \quad (26)$$

$$\sqrt{1+x} = 1 + \frac{1}{2}x - \frac{1}{2\times 4}x^2 + \frac{1\times 3}{2\times 4\times 6}x^3 - \frac{1\times 3\times 5}{2\times 4\times 6\times 8}x^4 + \cdots \quad (27)$$

$$\frac{1}{\sqrt{1+x}} = 1 - \frac{1}{2}x + \frac{1\times 3}{2\times 4}x^2 - \frac{1\times 3\times 5}{2\times 4\times 6}x^3 + \frac{1\times 3\times 5\times 7}{2\times 4\times 6\times 8}x^4 + \cdots \quad (28)$$

注意,当 $x > -1$ 时,函数 $(1+x)^m$ 有正值[19],即当 $-1 < x < 1$ 时,级数(24)的和是正的.例如,级数(27)在这区间上给出 $\sqrt{1+x}$ 的正值.

例 1 开方.

公式(25)可用以求任何次开方.设要求一个整数 A 的 m 次根,$\sqrt[m]{A}$,总可以找到一个整数 a,使得 a 的 m 次幂与 A 很近,于是 $A = a^m + b$,其中 $|b| < a^m$,我们就有

$$\sqrt[m]{A} = \sqrt[m]{a^m + b} = a\sqrt[m]{1 + \frac{b}{a^m}}$$

因为这里 $\left|\frac{b}{a^m}\right| < 1$,所以把比 $\frac{b}{a^m}$ 记作 x,就可以依牛顿二项式公式计算,当 $\frac{b}{a^m}$

的绝对值越小时，这级数收敛得越快.

例如，计算 $\sqrt[5]{1\,000}$，准确到 10^{-5}. 现在

$$\sqrt[5]{1\,000} = \sqrt[5]{1\,024 - 24} = 4\left(1 - \frac{3}{128}\right)^{\frac{1}{5}}$$

$$= 4\left[1 - \frac{1}{5} \times \frac{3}{128} - \frac{1}{5} \times \frac{4}{10}\left(\frac{3}{128}\right)^2 - \frac{1}{5} \times \frac{4}{10} \times \frac{9}{15}\left(\frac{3}{128}\right)^3 - \cdots\right]$$

先估算到上面写的这些项时，误差是多少，在公式(23)中代入

$$m = \frac{1}{5}, n = 3, x = -\frac{3}{128}$$

如上所述，因子 $\left(\frac{1-\theta}{1+\theta x}\right)^n$ 在 0 与 1 之间. 因子 $(1+\theta x)^{m-1}$ 是

$$\left(1 - \theta\frac{3}{128}\right)^{-\frac{4}{5}} < \left(1 - \frac{3}{128}\right)^{-\frac{4}{5}} = \left(\frac{128}{125}\right)^{\frac{4}{5}} < \left(\frac{6}{5}\right)^{\frac{4}{5}} = \left(\sqrt[5]{\frac{6}{5}}\right)^4 < \left(\frac{4}{3}\right)^4$$

因为

$$\sqrt[5]{\frac{6}{5}} < \frac{6}{5} < \frac{4}{3}$$

最后由公式(23)得到

$$4 \mid R_n \mid < \frac{4}{1 \times 2 \times 3} \times \frac{1}{5} \times \frac{4}{5} \times \frac{9}{5} \times \frac{14}{5}\left(\frac{4}{128}\right)^4$$

$$< 2 \times 0.2 \times 0.8 \times 0.6 \times 2.8 \times (0.03)^4$$

$$< 5 \times 10^{-7}$$

计算各项时，应当作到六位小数，因为这时全部误差就不大于

$$4 \times 3 \times 0.5 \times 10^{-6} + 5 \times 10^{-7} = 6.5 \times 10^{-6} < 10^{-5}$$

计算时可以排列成下面的形式：

$\frac{1}{5} = 0.2$	$0.2 \times \frac{3}{128} = 0.023\,437\,5 \times 0.2 = 0.004\,687$
$\frac{1}{5} \times \frac{4}{10} = 0.08$	$0.08 \times \left(\frac{3}{128}\right)^2 = 0.000\,549 \times 0.08 = 0.000\,044$
$\frac{1}{5} \times \frac{4}{10} \times \frac{9}{15} = 0.048$	$0.048 \times \left(\frac{3}{128}\right)^3 = 0.000\,013 \times 0.048 = 0.000\,001$

$$0.004\,732$$

$$1 - 0.004\,732 = 0.995\,268$$

$$\underline{\times 4}$$

$$3.981\,072$$

例 2 椭圆周界长的近似计算.

在[103]中,我们得到半轴为 a 与 b 的椭圆的周界长 l 的表达式

$$l = 4\int_0^{\frac{\pi}{2}} \sqrt{a^2\sin^2 t + b^2\cos^2 t}\,\mathrm{d}t = 4a\int_0^{\frac{\pi}{2}} \sqrt{\sin^2 t + \frac{b^2}{a^2}\cos^2 t}\,\mathrm{d}t$$

(公式(22)).引入椭圆的离心率 e,有

$$e^2 = \frac{a^2 - b^2}{a^2}$$

则

$$\frac{b^2}{a^2} = 1 - e^2$$

得到

$$l = 4a\int_0^{\frac{\pi}{2}} \sqrt{1 - e^2\cos^2 t}\,\mathrm{d}t \tag{29}$$

这个积分不可能计算正确,但是可以计算它,使得准确到任何程度,依 e 的方幂把这被积函数展成级数[①]

$$\sqrt{1-e^2\cos^2 t} = 1 - \frac{1}{2}e^2\cos^2 t + \frac{\frac{1}{2}\left(\frac{1}{2}-1\right)}{1\times 2}e^4\cos^4 t -$$

$$\frac{\frac{1}{2}\left(\frac{1}{2}-1\right)\left(\frac{1}{2}-2\right)}{1\times 2\times 3}e^6\cos^6 t + \cdots$$

$$= 1 - \frac{1}{2}e^2\cos^2 t - \frac{1}{8}e^4\cos^4 t - \frac{1}{16}e^6\cos^6 t + R_3$$

其中误差 R_3 依公式(23)估计满足不等式

$$|R_3| = \frac{\frac{1}{2}\times\frac{1}{2}\times\frac{3}{2}\times\frac{5}{2}}{1\times 2\times 3}e^8\cos^8 t\left(\frac{1-\theta}{1-\theta e^2\cos^2 t}\right)^3 (1-\theta e^2\cos^2 t)^{\frac{1}{2}-1}$$

$$< \frac{5}{32}\frac{e^8\cos^8 t}{\sqrt{1-e^2}} \tag{30}$$

因为

$$0 < \left(\frac{1-\theta}{1-\theta e^2\cos^2 t}\right)^3 < 1$$

而

[①] 这个展开式成立,因为椭圆的离心率 $e<1$,所以这时在牛顿二项式公式中占有 x 的地位的 $e^2\cos^2 t$ 的绝对值小于 1.

$$(1-\theta e^2\cos^2 t)^{\frac{1}{2}-1} < (1-e^2\cos^2 t)^{-\frac{1}{2}}$$

代入到 l 的表达式(29)中，回忆[100]公式(27)，作积分，就求得

$$l = 4a\left[\int_0^{\frac{\pi}{2}} dt - \frac{1}{2}e^2\int_0^{\frac{\pi}{2}}\cos^2 t dt - \frac{1}{8}e^4\int_0^{\frac{\pi}{2}}\cos^4 t dt - \frac{1}{16}e^6\int_0^{\frac{\pi}{2}}\cos^6 t dt + \int_0^{\frac{\pi}{2}} R_3 dt\right]$$
$$= 2\pi a\left[1 - \frac{1}{4}e^2 - \frac{3}{64}e^4 - \frac{5}{256}e^6 + \rho\right] \tag{31}$$

其中根据[95]公式(10′)与不等式(30)，有

$$|\rho| = \left|\frac{2}{\pi}\int_0^{\frac{\pi}{2}} R_3 dt\right| < \frac{5}{32}\frac{e^3}{\sqrt{1-e^2}}\frac{2}{\pi}\int_0^{\frac{\pi}{2}}\cos^3 t dt = \frac{175}{2^{12}}\frac{e^3}{\sqrt{1-e^2}} < \frac{\frac{1}{20}e^3}{\sqrt{1-e^2}}$$

公式(31)可用以计算椭圆的周界长，特别是当离心率很小时较合用．以它为基础，只要用到圆周，就可以得到椭圆周界长的简单的几何的近似表达法．

用 l_1 与 l_2 各记椭圆的半轴的等差中项与等比中项

$$l_1 = \frac{a+b}{2}, l_2 = \sqrt{ab}$$

比较以 l_1 与 l_2 为半径的两个圆周长 $2\pi l_1, 2\pi l_2$，以及椭圆的周界长 l．

注意

$$b = a\sqrt{1-e^2}, \frac{a+b}{2} = \frac{a}{2}[1+\sqrt{1-e^2}], \sqrt{ab} = a\sqrt[4]{1-e^2}$$

依牛顿二项式公式展成级数，我们不难得到表达式

$$2\pi l_1 = 2\pi a\left[1 - \frac{1}{4}e^2 - \frac{1}{16}e^4 - \frac{1}{32}e^6 + \rho_1\right] \tag{32}$$

$$2\pi l_2 = 2\pi a\left[1 - \frac{1}{4}e^2 - \frac{3}{32}e^4 - \frac{7}{128}e^6 + \rho_2\right] \tag{33}$$

其中误差 ρ_1 与 ρ_2 依公式(23)估计满足不等式

$$|\rho_1| < \frac{5}{32}\frac{e^8}{\sqrt{1-e^2}}, |\rho_2| < \frac{77}{512}\frac{e^8}{(1-e^2)^{\frac{3}{4}}}$$

由此显然，当离心率很小时，若比 e^2 再高的 e 的方幂可以忽略不计，就可以取以椭圆两半轴的等差中项或等比中项为半径的圆周长作为这椭圆的周界长．若要更准确些，我们作表达式

$$\alpha \cdot 2\pi l_1 + \beta \cdot 2\pi l_2 \tag{34}$$

再选定因子 α 与 β，使得表达式(31)与(34)中有更多的项相同．由于表达式(31)(32)与(33)的前两项都一样，所以首先需要

$$\alpha + \beta = 1$$

再令表达式(31)与(34)中 e^4 的系数相等，就要

$$\frac{\alpha}{16}+\frac{3\beta}{32}=\frac{3}{64}$$

或

$$4\alpha+6\beta=3$$

解这两个关于 α 与 β 的方程,求得

$$\alpha=\frac{3}{2},\beta=-\frac{1}{2}$$

代入到式(34)中,就有

$$\alpha\cdot 2\pi l_1+\beta\cdot 2\pi l_2=2\pi\left(\frac{3}{2}l_1-\frac{1}{2}l_2\right)$$
$$=2\pi\alpha\left(1-\frac{1}{4}e^2-\frac{3}{64}e^4-\frac{5}{256}e^6+\frac{3}{2}\rho_1-\frac{1}{2}\rho_2\right) \quad (35)$$

就是说,不仅是 e^4 的项相同,e^6 的项也相同,于是公式(31)与(35)由 e^8 的项开始才不同. 注意以上求得的 ρ,ρ_1 以及 ρ_2 的估计,再注意

$$\frac{1}{\sqrt{1-e^2}}<\frac{1}{1-e^2}$$

与

$$\frac{1}{(1-e^2)^{\frac{3}{4}}}<\frac{1}{1-e^2}$$

$$\frac{175}{2^{12}}+\frac{5}{32}\times\frac{3}{2}+\frac{77}{512}\times\frac{1}{2}<\frac{2}{5}$$

最后可以说,设椭圆的两半轴各为 a 与 b,离心率为 e,则取半径为

$$r=\frac{3}{2}\frac{a+b}{2}-\frac{1}{2}\sqrt{ab}$$

的圆周长作这椭圆的周界长时,误差不大于 $\frac{2e^8}{5(1-e^2)}$.

132. $\ln(1+x)$ 的展开式[①]

这个展开式可以由普遍定理得到,但是现在我们用另一个方法,这个方法在很多其他的情形下是可用的.

把 $\ln(1+x)$ 表示成定积分的形式,显然,当 $x>-1$ 时,我们有

$$\int_0^x\frac{dt}{1+t}=\ln(1+t)\Big|_0^x=\ln(1+x)-\ln 1=\ln(1+x)$$

[①] 函数 $\ln x$ 不能展成 x 的幂级数,因为当 $x=0$ 时,这个函数与它的微商都不连续而且成为无穷大.

即
$$\ln(1+x) = \int_0^x \frac{\mathrm{d}t}{1+t}$$

但是,恒等式
$$\frac{1}{1+t} = 1 - t + t^2 - t^3 + \cdots + (-1)^{n-1}t^{n-1} + \frac{(-1)^n t^n}{1+t}$$

成立,这可以由 $1+t$ 除 1 余 $(-1)^n t^n$ 直接得到. 如此

$$\ln(1+x) = \int_0^x \frac{\mathrm{d}t}{1+t} = \int_0^x \left[1 - t + t^2 - t^3 + \cdots + (-1)^{n-1}t^{n-1} + \frac{(-1)^n t^n}{1+t}\right]\mathrm{d}t$$
$$= x - \frac{x^2}{2} + \frac{x^3}{3} - \frac{x^4}{4} + \cdots + \frac{(-1)^{n-1}x^n}{n} + R_n(x)$$

其中
$$R_n(x) = (-1)^n \int_0^x \frac{t^n \mathrm{d}t}{1+t} \tag{36}$$

对于级数
$$x - \frac{x^2}{2} + \frac{x^3}{3} - \cdots + \frac{(-1)^{n-1}x^n}{n} + \cdots$$

当 $n \to \infty$ 时
$$\left|\frac{u_n}{u_{n-1}}\right| = \frac{n-1}{n}|x| \to |x|$$

当 $|x| > 1$ 时,这级数发散([121]系),所以只要考虑下面的情形
$$|x| < 1, x = \pm 1$$

$x = -1$ 的情形也应当去掉,因为当 $x = -1$ 时,函数 $\ln(1+x)$ 成为无穷大. 所以只剩下两种情形:1) $|x| < 1$;2) $x = 1$.

在情形 1) 中,我们应用中值定理[95]到 $R_n(x)$ 的表达式(36),并注意当 t 由 0 变到 x 时,t^n 不变号,于是就有

$$R_n(x) = \frac{(-1)^n}{1+\theta x}\int_0^x t^n \mathrm{d}t = \frac{(-1)^n x^{n+1}}{(n+1)(1+\theta x)} \quad (0 < \theta < 1) \tag{37}$$

由此,根据条件 $|x| < 1$,推知
$$|R_n(x)| < \frac{1}{n+1} \cdot \frac{1}{1+\theta x}$$

这不等式右边的因子 $\dfrac{1}{|1+\theta x|}$,无论 n 取什么值,是有界的,因为它在 1 与 $\dfrac{1}{1+x}$ 之间,而这两个数不依赖于 n,所以对于考虑的 x 的值,当 $n \to \infty$ 时
$$R_n(x) \to 0$$

在情形 2) 中，$x=1$ 时，我们得到同样的结果. 因为当 $x=1$ 时，由公式(37)说明

$$|R_n(1)|=\frac{1}{n+1}\cdot\frac{1}{1+\theta}<\frac{1}{n+1}$$

于是当 $n\to\infty$ 时

$$R_n(1)\to 0$$

所以，展开式

$$\ln(1+x)=x-\frac{x^2}{2}+\frac{x^3}{3}-\cdots+\frac{(-1)^{n-1}x^n}{n}+\cdots \tag{38}$$

当 x 取满足不等式

$$-1<x\leqslant 1 \tag{39}$$

的任何值时，成立.

特别是当 $x=1$ 时，有等式

$$\ln 2=1-\frac{1}{2}+\frac{1}{3}-\cdots+\frac{(-1)^{n-1}}{n}+\cdots$$

我们在 [122] 已经讲过. 由公式(38)直接计算对数，并不适用，因为其中的 x 需要满足不等式(39)，并且右边的级数收敛的非常慢. 它可以被化为计算起来比较方便的形式，为此，我们在等式

$$\ln(1+x)=x-\frac{x^2}{2}+\frac{x^3}{3}-\cdots$$

中，用 $-x$ 代替 x，得到

$$\ln(1-x)=-x-\frac{x^2}{2}-\frac{x^3}{3}-\cdots$$

再由上面的等式减去它，就得到

$$\ln\frac{1+x}{1-x}=2\left(x+\frac{x^3}{3}+\frac{x^5}{5}+\cdots\right)\quad(|x|<1)$$

现在设

$$\frac{1+x}{1-x}=1+\frac{z}{a}=\frac{a+z}{a},\ x=\frac{z}{2a+z} \tag{40}$$

就有

$$\ln\frac{a+z}{a}=2\left[\frac{z}{2a+z}+\frac{1}{3}\frac{z^3}{(2a+z)^3}+\frac{1}{5}\frac{z^5}{(2a+z)^5}+\cdots\right]$$

或

$$\ln(a+z)=\ln a+2\left[\frac{z}{2a+z}+\frac{1}{3}\frac{z^3}{(2a+z)^3}+\cdots\right] \tag{41}$$

这个公式,当 a 与 z 取任何正值时,都成立,因为这时 $x = \dfrac{z}{2a+z}$ 在 0 与 1 之间.

如果 $\dfrac{z}{2a+z}$ 很小,或是 z 比 a 小得多,计算起来就更方便.

公式(41)在计算对数时很有用.虽然实际用的对数表不是由级数计算的,因为在聂倍尔与卜利格时代还不知道这个方法,但是公式(41)还可以用以校对或是计算对数表.在式(41)中设 $z=1$,再相继取
$$a = 15, 24, 80$$
我们得到
$$\ln 16 - \ln 15 = 2\left[\frac{1}{31} + \frac{1}{3 \times 31^3} + \cdots\right] = 2P$$
$$\ln 25 - \ln 24 = 2\left[\frac{1}{49} + \frac{1}{3 \times 49^3} + \cdots\right] = 2Q$$
$$\ln 81 - \ln 80 = 2\left[\frac{1}{161} + \frac{1}{3 \times 161^3} + \cdots\right] = 2R$$

其中用 P, Q, R 记的三个级数收敛的很快.由这三个等式得到三个方程
$$4\ln 2 - \ln 3 - \ln 5 = 2P$$
$$-3\ln 2 - \ln 3 + 2\ln 5 = 2Q$$
$$-4\ln 2 + 4\ln 3 - \ln 5 = 2R$$

由此可以确定
$$\ln 2, \ln 3, \ln 5$$

解方程,不难求得
$$\ln 2 = 14P + 10Q + 6R$$
$$\ln 3 = 22P + 16Q + 10R$$
$$\ln 5 = 32P + 24Q + 14R$$

如此得到的是自然对数,由它们可以求出常用对数(以 10 为底)的模 M,有
$$M = \frac{1}{\ln 10} = 0.434\ 294\ 481\ 9\cdots$$

于是依公式
$$\lg x = M\ln x$$
可以由自然对数求得常用对数.

类似的方法,应用这展开式,取
$$a = 2\ 400 = 100 \times 2^3 \times 3, a+z = 2\ 401 = 7^4$$
$$a = 9\ 800 = 100 \times 2 \times 7^2, a+z = 9\ 801 = 3^4 \times 11^2$$

$$a = 123\ 200 = 100 \times 2^4 \times 7 \times 11, a+z = 123\ 201 = 3^6 \times 13^2$$
$$a = 2\ 600 = 100 \times 2 \times 13, a+z = 2\ 601 = 3^2 \times 17^2$$
$$a = 28\ 899 = 3^2 \times 13^2 \times 19, a+z = 28\ 900 = 100 \times 17^2$$

可以计算出
$$\ln 7, \ln 11, \ln 13, \cdots$$
如此我们借助于级数确定了素数的对数,至于复合数的对数,因为它们可以分解成素因子之积,所以只要再用加法或乘以整数就可以计算出来.

133. arctan x 的展开式

像作 $\ln(1+x)$ 的展开式时方法一样,我们有
$$d\arctan t = \frac{dt}{1+t^2}$$
于是
$$\int_0^x \frac{dt}{1+t^2} = \arctan t \Big|_0^x = \arctan x - \arctan 0 = \arctan x$$
其中 arctan x 像在 [98] 例中一样,取主值. 于是就有
$$\arctan x = \int_0^x \frac{dt}{1+t^2} = \int_0^x \left[1 - t^2 + t^4 - \cdots + (-1)^{n-1} t^{2n-2} + \frac{(-1)^n t^{2n}}{1+t^2} \right] dt$$
$$= x - \frac{x^3}{3} + \frac{x^5}{5} - \cdots + \frac{(-1)^{n-1} x^{2n-1}}{2n-1} + R_n(x)$$
其中
$$R_n(x) = (-1)^n \int_0^x \frac{t^{2n} dt}{1+t^2} \tag{42}$$

对于级数
$$x - \frac{x^3}{3} + \frac{x^5}{5} - \cdots + \frac{(-1)^{n-1} x^{2n-1}}{2n-1} + \cdots$$
当 $n \to \infty$ 时,比
$$\left| \frac{u_n}{u_{n-1}} \right| = \frac{2n-1}{2n-3} x^2 \to x^2$$
于是当 $x^2 > 1$ 时发散,所以只要讨论 $x^2 \leqslant 1$ 的情形,即
$$-1 \leqslant x \leqslant 1 \tag{43}$$
先算作 $x > 0$,由公式 (42),根据 [95] Ⅶ,得到
$$|R_n(x)| = \int_0^x \frac{t^{2n}}{1+t^2} dt < \int_0^x t^{2n} dt = \frac{x^{2n+1}}{2n+1} \leqslant \frac{1}{2n+1} \to 0 \quad (n \to \infty)$$
因为显然

$$\frac{t^{2n}}{1+t^2} < t^{2n}$$

若 $x < 0$，则用 $t = -\tau$ 替换，得到

$$R_n(x) = (-1)^{n+1}\int_0^{-x}\frac{\tau^{2n}}{1+\tau^2}\,\mathrm{d}\tau$$

现在上限 $-x$ 是正的，所以上面对 $|R_n(x)|$ 的估计仍然成立，就是展开式

$$\arctan x = x - \frac{x^3}{3} + \frac{x^5}{5} - \cdots + \frac{(-1)^{n-1}x^{2n-1}}{2n-1} + \cdots \qquad (44)$$

当 x 取绝对值不大于 1 时成立。

特别是当 $x = 1$ 时，我们得到

$$\arctan 1 = \frac{\pi}{4} = 1 - \frac{1}{3} + \frac{1}{5} - \cdots$$

这个级数收敛的很慢，用它计算 π 很不合适，x 越小时，级数 (44) 收敛的越快。例如，设

$$x = \frac{1}{5}, \varphi = \arctan\frac{1}{5}$$

就有

$$\tan 2\varphi = \frac{\frac{2}{5}}{1 - \frac{1}{25}} = \frac{5}{12}, \tan 4\varphi = \frac{\frac{5}{6}}{1 - \frac{25}{144}} = \frac{120}{119}$$

因为 $\tan 4\varphi$ 与 1 差的很少，所以 4φ 与 $\frac{\pi}{4}$ 差的很少，我们引用这个差

$$\psi = 4\varphi - \frac{\pi}{4}, \frac{\pi}{4} = 4\varphi - \psi$$

由此求得

$$\tan\psi = \tan\left(4\varphi - \frac{\pi}{4}\right) = \frac{\tan 4\varphi - \tan\frac{\pi}{4}}{1 + \tan 4\varphi \cdot \tan\frac{\pi}{4}} = \frac{\frac{120}{119} - 1}{1 + \frac{120}{119}} = \frac{1}{239}$$

于是

$$\frac{\pi}{4} = 4\varphi - \psi = 4\arctan\frac{1}{5} - \arctan\frac{1}{239}$$

$$= 4\left[\frac{1}{5} - \frac{1}{3}\times\frac{1}{5^3} + \frac{1}{5}\times\frac{1}{5^5} - \frac{1}{7}\times\frac{1}{5^7} + \cdots\right] - \left[\frac{1}{239} + \cdots\right]$$

两个方括号里边的级数都是交错级数[123]，于是到写出的项为止，误差不大于

$$\frac{4}{9\times 5^9} + \frac{1}{3\times 239^3} < 0.5\times 10^{-6}$$

为要计算 π，准确到 10^{-5}，每一项要计算到七位小数，因为这时确定的 $\frac{\pi}{4}$，误差不大于

$$4 \times 4 \times 0.5 \times 10^{-7} + 0.5 \times 10^{-7} + 0.5 \times 10^{-6} < 2 \times 10^{-6}$$

而所确定的 π 的误差就不大于 8×10^{-6}.

计算如下：

$\frac{1}{5} = 0.200\,000\,0$	$\frac{1}{3 \times 5^3} = 0.002\,666\,7$
$\frac{1}{5 \times 5^5} = 0.000\,064\,0$	$\frac{1}{7 \times 5^7} = 0.000\,001\,8$
$+ 0.200\,064\,0$	$- 0.002\,668\,5$

$$\begin{array}{r} 0.197\,395\,5 \\ \times\quad 4 \\ \hline 0.789\,582\,0 \\ -\frac{1}{239} = -0.004\,184\,1 \\ \hline 0.785\,397\,9 \\ \times\quad 4 \\ \hline \pi \approx 3.141\,591\,6 \end{array}$$

π 的值到八位小数是 $3.141\,592\,65$.

当 $|x| < 1$ 时，可以得到展开式

$$\arcsin x = \frac{x}{1} + \frac{1}{2}\frac{x^3}{3} + \frac{1 \cdot 3}{2 \cdot 4}\frac{x^5}{5} + \cdots + \frac{1 \cdot 3 \cdot 5 \cdots (2n-1)}{2 \cdot 4 \cdot 6 \cdots 2n}\frac{x^{2n+1}}{2n+1} + \cdots \tag{45}$$

134. 近似公式

$f(x)$ 展成的麦克劳林级数

$$f(0) + x\frac{f'(0)}{1!} + x^2\frac{f''(0)}{2!} + \cdots$$

在收敛时，取它前有限项，可用以计算函数 $f(x)$ 的近似值.

在一定的准确度下，计算 $f(x)$ 的近似值时，x 越小，在展开式中取的项数就可以越少. 若 x 非常小，则只取前两项就够了，其余的项可以都去掉. 如此就

得到 $f(x)$ 的一个最简单的近似公式,当 x 很小时,可用以代替 $f(x)$ 的复杂的表达式.

我们介绍几个重要函数的近似公式

$$\sqrt[n]{1\pm x}\approx 1\pm\frac{x}{n},\sin x\approx x$$

$$\frac{1}{\sqrt[n]{1\pm x}}\approx 1\mp\frac{x}{n},\cos x\approx 1-\frac{x^2}{2}$$

$$(1\pm x)^n\approx 1\pm nx,\tan x\approx x$$

$$a^x\approx 1+x\ln a,\ln(1\pm x)\approx\pm x$$

当 x 与 0 很近时,应用这些近似公式可以有效的简化复杂的表达式.

例 1 $\left[\dfrac{1+\dfrac{m}{n^2}x}{1-\dfrac{n-m}{n^2}x}\right]^n=\dfrac{\left(1+\dfrac{m}{n^2}x\right)^n}{\left(1-\dfrac{n-m}{n^2}x\right)^n}\approx\left(1+\dfrac{m}{n}x\right)\left(1+\dfrac{n-m}{n}x\right)$

$$\approx 1+\frac{m}{n}x+\frac{n-m}{n}x=1+x.$$

例 2 $\ln\sqrt{\dfrac{1-x}{1+x}}=\dfrac{1}{2}\ln(1-x)-\dfrac{1}{2}\ln(1+x)\approx-\dfrac{1}{2}x-\dfrac{1}{2}x=-x.$

例 3 确定物体被加热时容积的改变量(容积膨胀),设已知线膨胀系数 a,若当 $0°$ 时物体一边的长是 l_0,则加热到 $t°$ 时,就是

$$l=l_0(1+at)$$

大部分物体的线膨胀系数是很小的(小于 10^{-5}).因为容积分布在三维空间,于是可以写成

$$\frac{v}{v_0}=\frac{(1+at)^3}{1}$$

则

$$v=v_0(1+at)^3\approx v_0(1+3at)$$

即 $3a$ 可以算作容积膨胀系数.由于密度与容积成反比,类似的求出关系式

$$\frac{\rho}{\rho_0}=\frac{1}{(1+at)^3}$$

则

$$\rho=\rho_0(1+at)^{-3}\approx\rho_0(1-3at)$$

认清楚,所有这些近似公式只有当 x 足够小时才合用,否则就不准确,就要计算到展开式中以后的项才可以.

135. 极大值,极小值与扭转点

应用泰勒公式可以补充求极大值与极小值的方法(参考[58]).

设当 $x = x_0$ 时,函数 $f(x)$ 的前 $n-1$ 级微商都等于零

$$f'(x_0) = f''(x_0) = \cdots = f^{(n-1)}(x_0) = 0$$

而 n 级微商 $f^{(n)}(x_0)$ 不等于零. 若第一个不等于零的微商的级 n 是偶数,则 x_0 对应于曲线的一个顶点,并且:

当 $f^{(n)}(x_0) < 0$ 时,是个极大值;

当 $f^{(n)}(x_0) > 0$ 时,是个极小值.

若 n 是奇数,则 x_0 不对应于一个顶点,而对应于一个扭转点.

为要证明,应当考虑差

$$f(x_0 + h) - f(x_0) \text{ 与 } f(x_0 - h) - f(x_0)$$

其中 h 是足够小的正数. 依极大值与极小值的定义,若这两个差总小于 0,则 x_0 对应于一个极大值;若它们大于 0,则对应于极小值. 若无论 h 多么小,这两个差不能总同号,则 x_0 不对应于极大值或极小值. 为此可以在泰勒公式中用 x_0 代替 a,$\pm h$ 代替 h[①],有

$$f(x_0 + h) = f(x_0) + \frac{h}{1!}f'(x_0) + \cdots +$$

$$\frac{h^{n-1}}{(n-1)!}f^{(n-1)}(x_0) + \frac{h^n}{n!}f^{(n)}(x_0 + \theta h)$$

$$f(x_0 - h) = f(x_0) - \frac{h}{1!}f'(x_0) + \cdots + \frac{(-1)^{n-1}h^{n-1}}{(n-1)!}f^{(n-1)}(x_0) +$$

$$\frac{(-1)^n h^n}{n!}f^{(n)}(x_0 - \theta_1 h) \quad (0 < \theta < 1, 0 < \theta_1 < 1)$$

由条件

$$f'(x_0) = f''(x_0) = \cdots = f^{(n-1)}(x_0) = 0, f^{(n)}(x_0) \neq 0$$

推出

$$f(x_0 + h) - f(x_0) = \frac{h^n}{n!}f^{(n)}(x + \theta h)$$

$$f(x_0 - h) - f(x_0) = \frac{(-1)^n h^n}{n!}f^{(n)}(x_0 - \theta_1 h)$$

---

① 余项我们取拉格朗日式,θ 在 0 与 1 之间,因为对于 h 与 $-h$,θ 代表的值不相同,所以在第二个公式中,我们写成 θ_1.

当 h 足够小时，根据设定的 $f^{(n)}(x)$ 的连续性，因子
$$f^{(n)}(x_0+\theta h) \text{ 与 } f^{(n)}(x_0-\theta_1 h)$$
同号，并且就是 $f^n(x_0)$ 这个数的号，这里 $f^n(x_0)$ 不等于零.

我们知道，当差
$$f(x_0 \pm h) - f(x_0)$$
同号时，而且只有这时，点 x_0 是个顶点，根据以上所述，推知只有当 n 是偶数时，才是顶点. 因为这时表达式
$$f(x_0 \pm h) - f(x_0)$$
同号；否则，若 n 是奇数，因子 h^n 与 $(-1)^n h^n$ 不同号，于是这两种差也不同号.

现在设 n 是偶数，这时
$$f(x_0 \pm h) - f(x_0)$$
的符号与 $f^{(n)}(x_0)$ 的符号全相同. 若 $f^{(n)}(x_0) < 0$，则
$$f(x_0 \pm h) - f(x_0) < 0$$
于是就有一个极大值；若 $f^{(n)}(x_0) > 0$，则
$$f(x_0 \pm h) - f(x_0) > 0$$
就得到一个极小值.

若 n 是奇数，则当 $n \geqslant 3$ 时，依泰勒公式，我们得到二级微商 $f''(x)$ 的表达式
$$f''(x_0+h) = \frac{h^{n-2}}{(n-2)!} f^{(n)}(x_0+\theta_2 h)$$
$$f''(x_0-h) = \frac{(-1)^{n-2} h^{n-2}}{(n-2)!} f^{(n)}(x_0-\theta_3 h)$$

由此，像以上一样讨论，当 $x=x_0$ 时，函数 $f''(x)$ 等于零，而 $n-2$ 是奇数，所以 $f''(x_0 \pm h) - f''(x_0)$ 不同号，就是说 x_0 对应一个扭转点[71]，于是证完.

136. 定未定式

设有函数比
$$\frac{\varphi(x)}{\psi(x)}$$
当 $x=a$ 时，分子分母都等于零. 为要定未定式
$$\left. \frac{\varphi(x)}{\psi(x)} \right|_{x=a}$$
把分子分母依泰勒公式展开

$$\varphi(x) = (x-a)\varphi'(a) + \frac{(x-a)^2 \varphi''(a)}{2!} + \cdots + \frac{(x-a)^n \varphi^{(n)}(a)}{n!} +$$
$$\frac{(x-a)^{n+1} \varphi^{(n+1)}(\xi_1)}{(n+1)!}$$
$$\psi(x) = (x-a)\psi'(a) + \frac{(x-a)^2 \psi''(a)}{2!} + \cdots + \frac{(x-a)^n \psi^{(n)}(a)}{n!} +$$
$$\frac{(x-a)^{n+1} \psi^{(n+1)}(\xi_2)}{(n+1)!}$$

于是可以消去 $x-a$ 的若干次幂,再令 $x \to a$.

例 1 $\lim\limits_{x \to 0} \dfrac{1 - \cos 2x}{e^{3x} - 1 - 3x} = \lim\limits_{x \to 0} \dfrac{1 - \left(1 - \dfrac{4x^2}{2} + \dfrac{16x^4}{24} - \cdots\right)}{\left(1 + 3x + \dfrac{9x^2}{2} + \dfrac{27x^3}{6} + \cdots\right) - 1 - 3x}$

$$= \lim_{x \to 0} \frac{2 - \dfrac{16}{24}x^2 + \cdots}{\dfrac{9}{2} + \dfrac{27}{6}x + \cdots} = \frac{4}{9}.$$

同样可用以定其他类型的未定式. 我们考虑一个例子:

例 2 $\lim\limits_{x \to \infty}(\sqrt[3]{x^3 - 5x^2 + 1} - x).$

这是 $\infty - \infty$ 型的不定式. 我们有

$$\sqrt[3]{x^3 - 5x^2 + 1} - x = x\left[\sqrt[3]{1 - \frac{5x^2 - 1}{x^3}} - 1\right] = x\left\{\left[1 - \left(\frac{5}{x} - \frac{1}{x^3}\right)\right]^{\frac{1}{3}} - 1\right\}$$

当 x 的绝对值足够大时,差 $\dfrac{5}{x} - \dfrac{1}{x^3}$ 与零很近,于是我们可以应用牛顿二项式公式(25),这时 $m = \dfrac{1}{3}$, $-\left(\dfrac{5}{x} - \dfrac{1}{x^3}\right)$ 具有式(25) 中 x 的地位

$$\left[1 - \left(\frac{5}{x} - \frac{1}{x^3}\right)\right]^{\frac{1}{3}} = 1 - \frac{1}{3}\left(\frac{5}{x} - \frac{1}{x^3}\right) + \frac{\dfrac{1}{3}\left(\dfrac{1}{3} - 1\right)}{2!}\left(\frac{5}{x} - \frac{1}{x^3}\right)^2 + \cdots$$

代入到上面的大括号中,再消去 1,得到

$$\sqrt[3]{x^3 - 5x + 1} - x = x\left[-\frac{1}{3}\left(\frac{5}{x} - \frac{1}{x^3}\right) + \frac{\dfrac{1}{3}\left(\dfrac{1}{3} - 1\right)}{2!}\left(\frac{5}{x} - \frac{1}{x^3}\right)^2 + \cdots\right]$$
$$= \left(-\frac{5}{3} + \frac{1}{3x^2}\right) + \cdots$$

其中所有没有写的项都带有 x 的负方幂,当 $x \to \infty$ 时,取极限,都趋向零,于是推知

$$\lim_{x \to \infty}(\sqrt[3]{x^3 - 5x + 1} - x) = -\frac{5}{3}$$

这一段中,所用到的无穷级数,取极限的可能性,都很容易断定,我们没有详述.

§3 级数理论的补充知识

137. 绝对收敛级数的性质

[124] 中已经讲过绝对收敛级数的概念.现在我们叙述它的重要的性质.

绝对收敛级数之和不依赖于它的项的排列顺序.

证明时,先考虑正项级数,我们知道,正项级数只能收敛(于是绝对收敛)或正常发散.

设给定一个正项收敛级数

$$u_1 + u_2 + u_3 + \cdots + u_n + \cdots \tag{1}$$

用 s_n 记它的前 n 项和,s 记它的和,显然就有

$$s_n < s$$

任意变换级数(1)的项的顺序,得到各项的另一种排列,对应于级数

$$v_1 + v_2 + v_3 + \cdots + v_n + \cdots \tag{2}$$

其中各项都是级数(1)的项,不过顺序不同,于是级数(1)中每一项在级数(2)中有一定的位置,反之亦然.级数(2)的前 n 项和记作 σ_n.对于任何的 n,可以求出一个足够大的 m,使得和 σ_n 中所有的项都在 s_m 中,于是

$$\sigma_n \leqslant s_m < s$$

如此,由于常数 s 不依赖于 n,所以,对于任何的 n,我们有

$$\sigma_n < s$$

由此推知级数(2)收敛[120].用 σ 记它的和.显然

$$\sigma = \lim_{n \to \infty} \sigma_n \leqslant s$$

在以上的讨论中,把级数(1)与(2)的地位互换,同样可以证明

$$s \leqslant \sigma$$

由不等式 $\sigma \leqslant s, s \leqslant \sigma$ 推知

$$s = \sigma$$

再讨论任意项的级数.由所给条件,级数(1)绝对收敛,所以正项级数

$$|u_1|+|u_2|+\cdots+|u_n|+\cdots=\sum_{n=1}^{\infty}|u_n| \tag{3}$$

收敛,由以上所述,它的和 s' 不依赖于项的排列顺序.另一方面

$$\sum_{n=1}^{\infty}\frac{1}{2}(|u_n|+u_n) \text{ 与 } \sum_{n=1}^{\infty}\frac{1}{2}(|u_n|-u_n)$$

两个级数也是正项的而且收敛(参考[124]),因为它的每一项不大于 $|u_n|$,就是收敛级数(3)的对应项.

根据以上所述,这两个级数的和也不依赖于各项的排列顺序,所以逐项相减得到的级数就是级数(1),其和也就不依赖于项的排列顺序,于是证完.

系 对于绝对收敛级数,可以先把它的项任意组合起来,再依组相加,因为这样分组不过是改变项的排列顺序,所以级数的和不变.

附注 若由绝对收敛级数中去掉任何一序列的项,这样得到的级数也是绝对收敛的,因为这样作对应于在正项级数(3)中去掉一序列的项,显然,它仍然收敛,不过和减小些而已.特别是,绝对收敛级数的正项组成的级数与负项组成的级数都是收敛的.用 s' 记正项组成的级数之和,$-s''$ 记负项组成的级数之和.当 n 无限增加时,原级数的前 n 项和将含有上述两级数中任意多项,取极限,显然得到

$$s=\lim s_n=s'-s''$$

不难证明,当级数收敛而不绝对收敛时,它的正项组成的级数与负项组成的级数都是正常发散的.例如,级数[124]

$$1-\frac{1}{2}+\frac{1}{3}-\frac{1}{4}+\cdots$$

不是绝对收敛,而级数

$$1+\frac{1}{3}+\frac{1}{5}+\frac{1}{7}+\cdots$$

与

$$-\frac{1}{2}-\frac{1}{4}-\frac{1}{6}-\frac{1}{8}-\cdots$$

都发散.当 n 无限增加时,前一级数的前 n 项和趋向 $+\infty$,后一级数的趋向 $-\infty$.利用上述的情况,黎曼证明了适当的变动一个非绝对收敛级数的项的排列顺序,可以使它的和等于任意一个数.如此,绝对收敛级数与不依赖于项的顺序的级数,这两个概念是一致的.

还要提出,若变动任何一个收敛级数(不是绝对收敛)中有限项的位置,则当 n 足够大时,前 n 项和 s_n 不变,就是说,级数仍然收敛,而级数之和不变.上面

的讨论与结果是在变动无穷多项的情形.

138. 绝对收敛级数的乘法

两个绝对收敛无穷级数相乘时,可以应用有限项和相乘的法则:乘积等于由一个级数中每一项乘另一级数中每一项,所得到的诸乘积相加作成的级数之和.这时项的排列顺序没有关系,因为这样作出的级数也是绝对收敛的.

设给定绝对收敛级数
$$\begin{cases} s = u_1 + u_2 + \cdots + u_n + \cdots \\ \sigma = v_1 + v_2 + \cdots + v_n + \cdots \end{cases} \tag{4}$$

先考虑特殊情形,设两个都是正项的,我们把乘积排列成下面的顺序
$$\begin{aligned} & u_1 v_1 + u_1 v_2 + u_2 v_1 + u_1 v_3 + u_2 v_2 + u_3 v_1 + \cdots + \\ & u_1 v_n + u_2 v_{n-1} + \cdots + u_n v_1 + \cdots \end{aligned} \tag{5}$$

首先我们证明正项级数(5)是收敛的,而且它的和 S 等于 $s\sigma$.

用 S_n 记级数(5)的前 n 项和.我们总可以选出一个足够大的数 m,使得 S_n 所有的项都在
$$s_m = u_1 + u_2 + \cdots + u_m$$
与
$$\sigma_m = v_1 + v_2 + \cdots + v_m$$

的乘积内出现,就是使得 $S_n \leqslant s_m \sigma_m$,也就是
$$S_n < s\sigma \tag{6}$$

因为 $s_m \leqslant s, \sigma_m \leqslant \sigma$,由此推知级数(5)收敛.

用 S 记级数(5)的和,由不等式(6),显然就有
$$S = \lim_{n \to \infty} S_n \leqslant s\sigma$$

现在考虑乘积 $s_n \sigma_n$,当给定 n 时,显然可以找出一个足够大的数 m,使得 s_n 与 σ_n 乘积中所有的项都在 S_m 中出现,这时我们得到
$$s_n \sigma_n \leqslant S_m \leqslant S$$

所以,当 $n \to \infty$ 时,取极限
$$s_n \sigma_n \to s\sigma \leqslant S \tag{7}$$

由这不等式与式(6)相联系,就得到 $S = s\sigma$,于是证完.

现在设级数(4)是任意项的,但是绝对收敛.于是推知,正项级数
$$|u_1| + |u_2| + \cdots + |u_n| + \cdots \ \text{与} \ |v_1| + |v_2| + \cdots + |v_n| + \cdots$$

收敛,所以,根据以上的证明,级数

$$|u_1||v_1|+|u_2||v_1|+|u_1||v_2|+|u_2||v_2|+\cdots+$$
$$|u_n||v_1|+\cdots+|u_1||v_n|+\cdots$$

收敛.

由此看出，依上述法则作出的级数(5)绝对收敛. 现在用
$$a'_1,a'_2,\cdots,a'_n,\cdots;a''_1,a''_2,\cdots,a''_n,\cdots$$
$$b'_1,b'_2,\cdots,b'_n,\cdots;b''_1,b''_2,\cdots,b''_n,\cdots$$

各记级数(4)中的正项与负项的绝对值. 我们知道([137]附注)，由这些项作成的级数收敛，设

$$s'=\sum_{n=1}^{\infty}a'_n,\sigma'=\sum_{n=1}^{\infty}b'_n,s''=\sum_{n=1}^{\infty}a''_n,\sigma''=\sum_{n=1}^{\infty}b''_n \tag{8}$$

就有[137]
$$s=s'-s'',\sigma=\sigma'-\sigma''$$

已经证明，正项级数(8)可以彼此逐项相乘，乘得的级数之和各等于
$$s'\sigma',s''\sigma'',s'\sigma'',s''\sigma'$$

而这些乘得的级数相加减就组成级数(5)，所以
$$S=s'\sigma'+s''\sigma''-s'\sigma''-s''\sigma'=(s'-s'')(\sigma'-\sigma'')=s\sigma$$

于是证完.

例 级数
$$1+q+q^2+\cdots+q^{n-1}+\cdots=\frac{1}{1-q}$$

当$|q|<1$时，绝对收敛，所以
$$\frac{1}{(1-q)^2}=(1+q+q^2+\cdots+q^{n-1}+\cdots)(1+q+\cdots+q^{n-1}+\cdots)$$
$$=1+2q+3q^2+\cdots+nq^{n-1}+\cdots$$

139. 枯莫尔判别法

柯西与达朗贝尔关于级数的收敛与发散的判别法[121]，虽然在实用上是很重要的，不过仍是在特殊情形下才能用，在很多比较简单的情形中，就不能应用. 下面这个判别法适用的范围更广泛些.

枯莫尔判别法 设有正项级数
$$u_1+u_2+\cdots+u_n+\cdots \tag{9}$$

若可以求得这样一个正数的序列$a_1,a_2,\cdots,a_n,\cdots$，使得由某一项起，对于所有的$n$值，满足条件

$$a_n \frac{u_n}{u_{n+1}} - a_{n+1} \geqslant a > 0 \tag{10}$$

其中 a 是一个正数,不依赖于 n,则级数(9)收敛,若级数 $\sum_{n=1}^{\infty} \frac{1}{a_n}$ 发散,而且

$$a_n \frac{u_n}{u_{n+1}} - a_{n+1} < 0 \tag{11}$$

则级数(9)发散.

我们可以算作定理中的条件由 $n=1$ 起成立,这并不失去一般性.先设满足条件(10),令 $n=1,2,3,\cdots$,得到

$$a_1 u_1 - a_2 u_2 \geqslant a u_2, a_2 u_2 - a_3 u_3 \geqslant a u_3, \cdots, a_{n-1} u_{n-1} - a_n u_n \geqslant a u_n$$

由此相加,再消去相同项,就求得

$$a(u_2 + u_3 + \cdots + u_n) \leqslant a_1 u_1 - a_n u_n < a_1 u_1$$

由此看出,正项级数(9)的前 n 项和去掉 u_1,保持小于一个常数 $\frac{a_1 u_1}{a}$,而这个数不依赖于 n,于是收敛[120].

设满足条件(11),我们有

$$\frac{u_{n+1}}{u_n} \geqslant \frac{\frac{1}{a_{n+1}}}{\frac{1}{a_n}}$$

就是比 $\frac{u_{n+1}}{u_n}$ 不小于发散级数

$$\sum_{n=1}^{\infty} \frac{1}{a_n} \tag{12}$$

的对应项之比.

再由下面这个辅助定理可以推知级数(9)发散.

达朗贝尔判别法补充 若由某一项起,比 $\frac{u_{n+1}}{u_n}$ 总不大于一个收敛级数 $\sum_{n=1}^{\infty} v_n$ 的对应项之比 $\frac{v_{n+1}}{v_n}$,则级数 $\sum_{n=1}^{\infty} u_n$ 收敛.若比 $\frac{u_{n+1}}{u_n}$ 总不小于一个发散级数 $\sum_{n=1}^{\infty} v_n$ 的对应项之比 $\frac{v_{n+1}}{v_n}$,则级数 $\sum_{n=1}^{\infty} u_n$ 发散.

实际上,先设

$$\frac{u_{n+1}}{u_n} \leqslant \frac{v_{n+1}}{v_n}$$

而且级数

$$\sum_{n=1}^{\infty} v_n \qquad (13)$$

收敛,我们就有

$$\frac{u_n}{u_{n-1}} \leqslant \frac{v_n}{v_{n-1}}, \frac{u_{n-1}}{u_{n-2}} \leqslant \frac{v_{n-1}}{v_{n-2}}, \cdots, \frac{u_2}{u_1} \leqslant \frac{v_2}{v_1}$$

由此相乘求得

$$\frac{u_n}{u_1} \leqslant \frac{v_n}{v_1} \text{ 或 } u_n \leqslant \frac{u_1}{v_1} v_n$$

由最后的不等式,并注意[120](当 $k=\frac{u_1}{v_1}$ 时),推知级数 $\sum_{n=1}^{\infty} u_n$ 收敛. 类似的可以证明,若 $\frac{u_{n+1}}{u_n} \geqslant \frac{v_{n+1}}{v_n}$,而且级数 $\sum_{n=1}^{\infty} v_n$ 发散,则级数 $\sum_{n=1}^{\infty} u_n$ 发散.

140. 高斯判别法

这是一个很有用的判别法[①].

若正项级数

$$u_1 + u_2 + \cdots + u_n + \cdots$$

中,比 $\frac{u_n}{u_{n+1}}$ 可以表示成

$$\frac{u_n}{u_{n+1}} = 1 + \frac{\mu}{n} + \frac{w_n}{n^p} \qquad (14)$$

其中 $p>1$,$|w_n|<A$,而且 A 不依赖于 n,就是说 w_n 是有界的,则当 $\mu > 1$ 时,级数(9)收敛;$\mu \leqslant 1$ 时,发散.

注意,在达朗贝尔判别法不能用的情形,这个判别法可以解决. 公式(14)可以把比 $\frac{u_n}{u_{n+1}}$ 依 $\frac{1}{n}$ 的幂展开得到,也就是,如果可能的话,把比 $\frac{1}{n}$ 次数低的项分开.

现在证明,我们分两种情形:

1) $\mu \neq 1$;

2) $\mu = 1$.

在情形 1) 中,应用枯莫尔判别法,设

$$a_n = n$$

---

① 实际是高斯所建立的判别法的推广.

注意这时 $a_n > 0$，而且 $\sum \dfrac{1}{n}$ 发散[119]. 显然，在给定的情形下，我们有

$$\lim_{n\to\infty}\left[a_n\dfrac{u_n}{u_{n+1}} - a_{n+1}\right] = \lim_{n\to\infty}\left[n\left(1 + \dfrac{\mu}{n} + \dfrac{w_n}{n^p}\right) - n - 1\right] = \mu - 1$$

若 $\mu > 1$，则由某一项起就有

$$a_n\dfrac{u_n}{u_{n+1}} - a_{n+1} > a > 0$$

其中 a 是任何一个小于 $\mu - 1$ 的正数，于是级数(9) 收敛. 若 $\mu < 1$，则由某一项起，我们有

$$a_n\dfrac{u_n}{u_{n+1}} - a_{n+1} < 0$$

于是级数(9) 发散[139].

在情形 2) 中，我们有

$$\dfrac{u_n}{u_{n+1}} = 1 + \dfrac{1}{n} + \dfrac{w_n}{n^p}$$

应用枯莫尔判别法，设

$$a_n = n\ln n$$

并作级数

$$\sum \dfrac{1}{a_n} = \sum \dfrac{1}{n\ln n} \tag{15}$$

这个和可以由任何一个正整数作起，因为前有限项不影响收敛性[118]. 先用柯西积分判别法证明级数(15) 发散，就是需要证明积分

$$\int_a^\infty \dfrac{\mathrm{d}x}{x\ln x} \quad (a > 1)$$

发散.

我们有

$$\int_a^\infty \dfrac{\mathrm{d}x}{x\ln x} = \int_a^\infty \dfrac{\mathrm{d}(\ln x)}{\ln x} = \int_{\ln a}^\infty \dfrac{\mathrm{d}t}{t} = \ln(\ln x)\Big|_a^\infty$$

当 x 增加时，函数 $\ln(\ln x)$ 无限增加，就是这个积分是发散的，于是级数(15) 发散. 现在作差 $a_n\dfrac{u_n}{u_{n+1}} - a_{n+1}$，应用式(14)，有

$$a_n\dfrac{u_n}{u_{n+1}} - a_{n+1} = n\left(1 + \dfrac{1}{n} + \dfrac{w_n}{n^p}\right)\ln n - (n+1)\ln(n+1)$$

$$= (n+1)\ln n + \dfrac{w_n\ln n}{n^{p-1}} - (n+1)\ln(n+1)$$

$$= \frac{w_n \ln n}{n^{p-1}} + (n+1)\ln\left(1 - \frac{1}{n+1}\right) \tag{16}$$

因子 w_n 是有界的,当 $n \to \infty$ 时,比 $\frac{\ln n}{n^{p-1}}$ 趋向零,因为由条件 $p-1>0$,而 $\ln n$ 比 n 的任何正幂增加得慢([66] 例 2)). 再设 $\frac{1}{n+1} = -x$,则 $x \to 0$,而且右边第二项是

$$(n+1)\ln\left(1 - \frac{1}{n+1}\right) = -\frac{\ln(1+x)}{x}$$

于是趋向 -1[38],如此我们看出,在这情形下,级数 $\sum \frac{1}{a_n}$ 发散,而且当 $n \to \infty$ 时

$$\left(a_n \frac{u_n}{u_{n+1}} - a_{n+1}\right) \to -1$$

所以当 n 足够大时

$$a_n \frac{u_n}{u_{n+1}} - a_{n+1} < 0$$

因此级数(9)发散,于是证完.

这个收敛性的判别法也可以用于任意项级数,只要把 u_n 换成 $|u_n|$. 不过在这情形下,只能判断级数是否绝对收敛. 由此只能求出绝对收敛的条件,而不能得到发散的条件,因为我们知道有的级数可能不是绝对收敛,但是也不发散 [124]. 如此我们得到:

高斯判别法的补充 设任意项级数

$$u_1 + u_2 + \cdots + u_n + \cdots \tag{17}$$

中

$$\left|\frac{u_n}{u_{n+1}}\right| = 1 + \frac{\mu}{n} + \frac{w_n}{n^p} \tag{18}$$

其中 $p>1$ 而 $|w_n|<A$,则当 $\mu>1$ 时,级数(17)绝对收敛.

不难证明,当 $\mu<0$ 时,它发散. 实际上,在这情形下,注意 w_n 是有界的,于是当 $n \to \infty$ 时

$$\frac{w_n}{\mu n^{p-1}} \to 0$$

则

$$1 + \frac{w_n}{\mu n^{p-1}} \to 1$$

所以由某一项起,根据条件 $\mu<0$ 有
$$\frac{\mu}{n}+\frac{w_n}{n^p}=\frac{\mu}{n}\left(1+\frac{w_n}{\mu n^{p-1}}\right)<0$$
于是
$$\left|\frac{u_n}{u_{n+1}}\right|<1$$
就是由某一项起,这级数的项的绝对值增大,于是当 $n\to\infty$ 时,这级数的一般项 u_n 不趋向零,所以级数(16)发散.

141. 超越几何级数

现在我们应用以上所述来讨论超越几何级数或高斯级数
$$F(\alpha,\beta,\gamma;x)=1+\frac{\alpha\beta}{1!\ \gamma}x+\frac{\alpha(\alpha+1)\beta(\beta+1)}{2!\ \gamma(\gamma+1)}x^2+\cdots+$$
$$\frac{\alpha(\alpha+1)\cdots(\alpha+n-1)\beta(\beta+1)\cdots(\beta+n-1)}{n!\ \gamma(\gamma+1)\cdots(\gamma+n-1)}x^n+\cdots \quad (19)$$
有些函数可以化为这样的级数,直接代入 α,β 与 γ,很容易得到下面这些等式
$$F(1,\beta,\beta;x)=1+x+x^2+\cdots+x^n+\cdots=\frac{1}{1-x}$$
$$F(-m,\beta,\beta;-x)=(1+x)^m$$
$$\left.\frac{F(\alpha,\beta,\beta;-x)-1}{\alpha}\right|_{\alpha=0}=-\ln(1+x) \quad (20)$$
为要讨论级数(19)的收敛性,作出后项与相邻前项之比
$$\frac{u_{n+1}}{u_n}=\frac{(\alpha+n)(\beta+n)}{(n+1)(\gamma+n)}x \quad (21)$$
当 $n\to\infty$ 时
$$\frac{u_{n+1}}{u_n}\to x$$
由[121]系,级数(19)当 $|x|<1$ 时收敛,$|x|>1$ 时发散. 于是只剩下两种情形:1) $x=1$,2) $x=-1$. 还要注意,当 n 足够大时,$\alpha+n,\beta+n$ 与 $\gamma+n$ 都是正的,所以当 n 足够大时,若 $x=1$,级数(19)的项都同号;若 $x=-1$,它是交错级数.

在第一个情形下,依二项式公式展开(算作 n 足够大),再把得到的绝对收敛级数相乘[138]得到
$$\frac{u_n}{u_{n+1}}=\frac{(n+1)(\gamma+n)}{(\alpha+n)(\beta+n)}=\frac{\left(1+\frac{1}{n}\right)\left(1+\frac{\gamma}{n}\right)}{\left(1+\frac{\alpha}{n}\right)\left(1+\frac{\beta}{n}\right)}$$

$$= \left(1+\frac{1}{n}\right)\left(1+\frac{\gamma}{n}\right)\left(1-\frac{\alpha}{n}+\frac{\alpha^2}{n^2}-\frac{\alpha^3}{n^3}+\cdots\right)\left(1-\frac{\beta}{n}+\frac{\beta^2}{n^2}-\frac{\beta^3}{n^3}+\cdots\right)$$

$$= 1+\frac{\gamma-\alpha-\beta+1}{n}+\frac{w_n}{n^2}$$

其中 w_n 是有界的. 而且,在这情形下,级数

$$F(\alpha,\beta,\gamma;1)=1+\frac{\alpha\beta}{1!\ \gamma}+\cdots+$$

$$\frac{\alpha(\alpha+1)\cdots(\alpha+n-1)\beta(\beta+1)\cdots(\beta+n-1)}{n!\ \gamma(\gamma+1)\cdots(\gamma+n-1)}+\cdots$$

中,前面可以去掉足够多的项,使得剩下的项都同号,于是应用高斯判别法,得到:当 $\gamma-\alpha-\beta+1>1$,就是 $\gamma-\alpha-\beta>0$ 时,这级数绝对收敛;当 $\gamma-\alpha-\beta+1\leqslant 1$,就是 $\gamma-\alpha-\beta\leqslant 0$ 时,它发散.

在第二个情形下,$x=-1$,由某一项起是交错级数

$$1-\frac{\alpha\beta}{1!\ \gamma}+\frac{\alpha(\alpha+1)\beta(\beta+1)}{2!\ \gamma(\gamma+1)}-\cdots+$$

$$(-1)^n\frac{\alpha(\alpha+1)\cdots(\alpha+n-1)\beta(\beta+1)\cdots(\beta+n-1)}{n!\ \gamma(\gamma+1)\cdots(\gamma+n-1)}+\cdots$$

像以上一样,我们有

$$\left|\frac{u_n}{u_{n+1}}\right|=1+\frac{\gamma-\alpha-\beta+1}{n}+\frac{w_n}{n^2}$$

应用高斯判别法的补充,得到:当 $\gamma-\alpha-\beta+1>1$,就是 $\gamma-\alpha-\beta>0$ 时,它收敛;当 $\gamma-\alpha-\beta+1<0$,就是 $\gamma-\alpha-\beta<-1$ 时,发散.

在

$$\gamma-\alpha-\beta=-1$$

的情形下,可以证明,这级数的一般项趋向一个极限不是零,所以是发散的[119]. 最后,在

$$-1<\gamma-\alpha-\beta\leqslant 0$$

的情形下,可以证明,这级数的项的绝对值渐减,而且当 $n\to\infty$ 时,趋向零,于是级数收敛[123],但不是绝对收敛. 最后两个肯定的证明我们不再详述了.

应用这个于二项式的展开式

$$(1+x)^m=1+\frac{m}{1!}x+\frac{m(m-1)}{2!}x^2+\cdots+\frac{m(m-1)\cdots(m-n+1)}{n!}x^n+\cdots$$

这可以在式(19)中,用 $-m$ 代替 α,令 $\beta=\gamma$,再用 $-x$ 代替 x,就得到了. 我们知道,这级数当 $|x|<1$ 时收敛,$|x|>1$ 时发散,并且:

当 $m>0$,$x=-1$ 时,绝对收敛;

当 $m<0, x=-1$ 时,发散;

当 $m>0, x=1$ 时,绝对收敛;

当 $-1<m<0, x=1$ 时,非绝对收敛;

当 $m\leqslant -1, x=1$ 时,发散;

当 m 是正整数时,成为多项式.

以后[149]我们证明,若二项式的级数当 $x=\pm 1$ 时收敛,则它的和等于 $(1\pm 1)^m$,就是 2^m 或 0.

注意,以上我们算作 α,β 与 γ 不是零或负整数.对于 γ 尤其重要,因为那时级数的项没有意义(分母等于零),若 α 或 β 是零或负整数,则级数成为有限项的和.

142. 二重级数

考虑下面这样的矩形数阵,上边与左边有头,下边与右边无尾

	1	2	3	$\cdots$	n	$\cdots$
1	u_{11}	u_{12}	u_{13}	$\cdots$	u_{1n}	$\cdots$
2	u_{21}	u_{22}	u_{23}	$\cdots$	u_{2n}	$\cdots$
3	u_{31}	u_{32}	u_{33}	$\cdots$	u_{3n}	$\cdots$
$\vdots$	$\vdots$	$\vdots$	$\vdots$		$\vdots$	
m	u_{m1}	u_{m2}	u_{m3}	$\cdots$	u_{mn}	$\cdots$
$\vdots$	$\vdots$	$\vdots$	$\vdots$		$\vdots$	

我们用 u 右下角的第一个附标记它在第几列,第二个附标记它在第几行.如此 u_{ik} 记表中位于第 i 列与第 k 行交点的数.

先设所有的数 u_{ik} 都是正的.

为要确定表中所有的数的和的概念,在平面上标记出坐标为正整数的点 $M(i,k)$,再在第一象限中作这样的一组曲线

$$c_1, c_2, \cdots, c_n, \cdots$$

与坐标相交,使得每一个点 M,当 n 足够大时,出现在以曲线 c_n 与两坐标轴为界的区域 (c_n) 之内(图 4.3),而且 (c_n) 包含在 (c_{n+1}) 内.作出对应于 (c_n) 内所有的点 M 的数 u_{ik} 之和 S_n,当 n 增大时,显然,这个和也增大,所以只能有两种情形:

1) 和 S_n,对于所有的 n 的值是有界的,这时有一个有限的极限存在

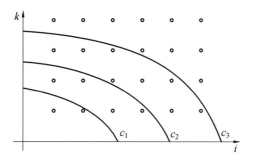

图 4.3

$$\lim_{n \to \infty} S_n = S \tag{22}$$

2) 当 n 增大时,和 S_n 无限增大.

在第一种情形下,我们说二重级数

$$\sum_{i,k=1}^{\infty} u_{ik} \tag{23}$$

收敛而和为 S;在第二种情形下,我们说二重级数(23)发散.

正项收敛级数的和与怎样加无关,即与曲线 c_n 的选择无关,并且也可以依列相加或是依行相加

$$S = \sum_{k=1}^{\infty} \Big(\sum_{i=1}^{\infty} u_{ik} \Big) = \sum_{i=1}^{\infty} \Big(\sum_{k=1}^{\infty} u_{ik} \Big) \tag{24}$$

就是先作出表中每一列(或行)的和,再把这些得到的和相加.

实际上,任意作一组曲线 $c'_1, c'_2, \cdots, c'_n, \cdots$,具有 $c_1, c_2, \cdots, c_n, \cdots$ 的性质. 用 S'_n 记对应于区域 (c'_n) 内所有的点的数之和(图 4.4). 给定 n 时,总可以选出一个足够大的 m,使得 (c'_n) 包含在 (c_m) 内,于是

$$S'_n \leqslant S_m < S$$

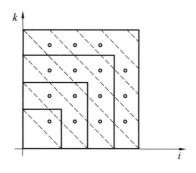

图 4.4

所以,根据前面,一定有一个有限的极限存在

$$\lim_{n\to\infty} S'_n = S' \leqslant S$$

若把 c_n 与 c'_n 的地位互换,同样可以证明

$$S \leqslant S'$$

于是只可能

$$S = S'$$

二重级数(23)的和可以取由线段

$$i = 常数, k = 常数$$

连成的折线作 c_n 得到.

这样作叫作"依方块"相加

$$S = u_{11} + (u_{12} + u_{22} + u_{21}) + \cdots + (u_{1n} + u_{2n} + \cdots + u_{nn} + u_{n,n-1} + \cdots + u_{n1}) + \cdots$$

还可以"依对角线"相加

$$S = u_{11} + (u_{12} + u_{21}) + (u_{13} + u_{22} + u_{31}) + \cdots + (u_{1n} + u_{2,n-1} + \cdots + u_{n1}) + \cdots \tag{25}$$

为要证明公式(24),我们先要提出,表中任意多项式的和小于 S,所以任何一列或一行内的项之和也是总小于 S,由此推知每个级数

$$\sum_{k=1}^{\infty} u_{ik} = s'_i, \quad \sum_{i=1}^{\infty} u_{ik} = s''_k$$

收敛.

并且当 m 与 n 是任何有限值时,我们可以证明

$$\begin{cases} s'_1 + s'_2 + \cdots + s'_m = \sum_{i=1}^{m}\left(\sum_{k=1}^{\infty} u_{ik}\right) \leqslant S \\ s''_1 + s''_2 + \cdots + s''_n = \sum_{k=1}^{n}\left(\sum_{i=1}^{\infty} u_{ik}\right) \leqslant S \end{cases} \tag{26}$$

实际上,先只考虑表中前 m 列,再取出它们的前 p 行,显然就有

$$\sum_{k=1}^{p}\left(\sum_{i=1}^{m} u_{ik}\right) \leqslant S$$

根据级数相加的法则[119],就有

$$s'_1 + s'_2 + \cdots + s'_m = \sum_{k=1}^{\infty}\left(\sum_{i=1}^{m} u_{ik}\right) = \lim_{p\to\infty}\sum_{k=1}^{p}\left(\sum_{i=1}^{m} u_{ik}\right) \leqslant S$$

因为 lim 号下的表达式不大于 S.

类似的方法可证式(26)中第二个不等式.

由不等式(26)推知这两个级数

$$\sum_{i=1}^{\infty}\left(\sum_{k=1}^{\infty} u_{ik}\right) = \sum_{i=1}^{\infty} s'_i = \sigma',$$

$$\sum_{k=1}^{\infty}\left(\sum_{i=1}^{\infty} u_{ik}\right) = \sum_{k=1}^{\infty} s''_k = \sigma''$$

收敛,而且它们的和不大于 S,即

$$\sigma' \leqslant S, \sigma'' \leqslant S$$

从另一方面看,选出一组曲线 c_r,当 m 足够大时,和 S_r 中所有的项都在

$$s'_1 + s'_2 + \cdots + s'_m \text{ 与 } s''_1 + s''_2 + \cdots + s''_m$$

中出现,就是

$$S_r \leqslant s'_1 + s'_2 + \cdots + s'_m \leqslant \sigma', S_r \leqslant s''_1 + s''_2 + \cdots + s''_m \leqslant \sigma''$$

于是取极限

$$S = \lim_{r \to \infty} S_r \leqslant \sigma'$$

而且

$$S \leqslant \sigma''$$

根据 $\sigma' \leqslant S$ 与 $\sigma'' \leqslant S$,只可能

$$\sigma' = \sigma'' = S$$

于是证完.

对于任意项二重级数,我们只讨论绝对收敛级数,就是取各项的绝对值作成的二重级数

$$\sum_{i,k=1}^{\infty} |u_{ik}|$$

收敛的.

与[124]的理由类似,可以证明,这样的级数有和

$$S = \lim_{n \to \infty} S_n = \sum_{i=1}^{\infty}\left(\sum_{k=1}^{\infty} u_{ik}\right) = \sum_{k=1}^{\infty}\left(\sum_{i=1}^{\infty} u_{ik}\right) \tag{27}$$

存在,并且这个和不依赖于加的方式,特别是可以依列或依行相加.

附注 很多绝对收敛级数的性质可以推广到绝对收敛二重级数.重要的如[124]中的附注:若一个二重级数每一项的绝对值不大于一个正项收敛二重级数的对应项,则所给的二重级数绝对收敛.

例 1 级数

$$\sum_{i,k=1}^{\infty} \frac{1}{i^{\alpha} k^{\beta}} \tag{28}$$

当 $\alpha > 1, \beta > 1$ 时,收敛.因为依方块相加,就有

$$S_n = \sum_{i=1}^n \left(\sum_{k=1}^n \frac{1}{i^\alpha k^\beta} \right) = \left(\sum_{i=1}^n \frac{1}{i^\alpha} \right) \left(\sum_{k=1}^n \frac{1}{k^\beta} \right) < AB$$

其中 A, B 各记收敛级数([122], $\alpha > 1, \beta > 1$)

$$\sum_{i=1}^\infty \frac{1}{i^\alpha}, \sum_{k=1}^\infty \frac{1}{k^\beta}$$

的和.

例 2 级数

$$\sum_{i,k=1}^\infty \frac{1}{(i+k)^\alpha} \tag{29}$$

当 $\alpha > 2$ 时收敛,当 $\alpha \leqslant 2$ 时发散,因为依对角线相加,就有

$$S_n = \frac{1}{2^\alpha} + 2\frac{1}{3^\alpha} + \cdots + (n-1)\frac{1}{n^\alpha} = \frac{1}{2^{\alpha-1}}\left(1 - \frac{1}{2}\right) + \cdots + \frac{1}{n^{\alpha-1}}\left(1 - \frac{1}{n}\right)$$

由此,把所有的 $1 - \frac{1}{n}$ 都换成 $\frac{1}{2}$ 就减小,换成 1 就加大,于是求得

$$\frac{1}{2}\left[\frac{1}{2^{\alpha-1}} + \cdots + \frac{1}{n^{\alpha-1}}\right] < S_n < \frac{1}{2^{\alpha-1}} + \cdots + \frac{1}{n^{\alpha-1}}$$

但是级数 $\sum_{n=1}^\infty \frac{1}{n^{\alpha-1}}$,当 $\alpha > 2$ 时收敛,$\alpha \leqslant 2$ 时发散,于是证完.

例 3 若 a 与 c 是正数,而且 $b^2 - ac < 0$,则级数

$$\sum_{i,k=1}^\infty \frac{1}{(ai^2 + 2bik + ck^2)^p} \tag{30}$$

当 $p > 1$ 时收敛,$p \leqslant 1$ 时发散.

先设 $b \geqslant 0$. 因为显然

$$i^2 + k^2 \geqslant 2ik$$

于是,用 A_1 记 a 与 c 中较小的数,A_2 记 a, b, c 中最大的数,就有

$$2A_1 ik \leqslant ai^2 + 2bik + ck^2 \leqslant A_2(i+k)^2$$

由此,我们只需注意 $p > 0$ 的情形,由上式求得

$$\frac{1}{A_2^p} \frac{1}{(i+k)^{2p}} \leqslant \frac{1}{(ai^2 + 2bik + ck^2)^p} \leqslant \frac{1}{(2A_1)^p} \frac{1}{i^p k^p}$$

根据以上的附注与例 1、例 2,注意因子 $\frac{1}{A_2^p}$ 与 $\frac{1}{(2A_1)^p}$ 不依赖于 i 与 k,可以肯定这级数当 $p > 1$ 时收敛,$p \leqslant 1$ 时发散.

再设 $b < 0$,用 A_0 记 a, c 与 $|b|$ 中最大的数,根据不等式

$$(\sqrt{a}i)^2 + (\sqrt{c}k)^2 \geqslant 2\sqrt{ac}\, ik$$

推知

$$2(b+\sqrt{ac})ik \leqslant ai^2 + 2bik + ck^2 < A_0(i+k)^2$$

其中 $b+\sqrt{ac}>0$,因为由条件 $|b|<\sqrt{ac}$. 以下的证明与 $b>0$ 的情形完全一样.

143. 变项级数,一致收敛级数

由泰勒公式与麦克劳林公式作出的级数,它们的项依赖于变量 x. 在第二卷中,我们要介绍非常重要的三角级数,它们有下面的形式

$$\sum_{n=1}^{\infty}(a_n\cos nx + b_n\sin nx)$$

其中各项不只依赖于 n,而且也依赖于变量 x.

设有函数序列

$$u_1(x),u_2(x),\cdots,u_n(x),\cdots \tag{31}$$

确定于区间 (a,b) 上. 若无穷级数

$$u_1(x)+u_2(x)+\cdots+u_n(x)+\cdots \tag{32}$$

当 x 取这区间上任何值时 $(a\leqslant x\leqslant b)$,收敛,我们就说,它在区间 (a,b) 上收敛.

显然,级数(32)的前 n 项和,级数的和与它的余和都是 x 的函数,我们各记作

$$s_n(x),s(x),r_n(x)$$

于是

$$s(x)=\lim_{n\to\infty}s_n(x),r_n(x)=s(x)-s_n(x) \tag{33}$$

若级数(32)在区间 (a,b) 上收敛而有和 $s(x)$,就知道,当给定任意一个正数 ε 时,对于在 (a,b) 上的每一个 x 的值,可以找到这样一个数 N,使得对于所有的 $n>N$,我们有

$$|r_n(x)|<\varepsilon \tag{34}$$

显然,这个数 N 依赖于选出的 ε. 还要注意,一般来讲,N 也依赖于所选出的 x 的值,就是,当给定 ε 时,对于在 (a,b) 上 x 的不同的值,N 可以不同,所以我们把它记作 $N(x)$. 若给定任意一个正数 ε 时,可以求得这样一个不依赖于 x 的数 N,使得当 x 取区间 (a,b) 上任何值时,对于所有的 $n>N$,满足不等式

$$|r_n(x)|<\varepsilon$$

则级数(32)叫作在区间 (a,b) 上一致收敛.

例如,考虑级数

$$\frac{1}{x+1}-\frac{1}{(x+1)(x+2)}-\frac{1}{(x+2)(x+3)}-\cdots-\frac{1}{(x+n-1)(x+n)}-\cdots \tag{35}$$

其中 x 在区间 $(0,a)$ 上改变,而 a 是给定的任何一个正数.

不难看出,这个级数可以写成

$$\frac{1}{x+1}-\left(\frac{1}{x+1}-\frac{1}{x+2}\right)-\left(\frac{1}{x+2}-\frac{1}{x+3}\right)-\cdots-\left(\frac{1}{x+n-1}-\frac{1}{x+n}\right)-\cdots$$

所以

$$s_n(x)=\frac{1}{x+n}$$

则

$$s(x)=\lim_{n\to\infty}s_n(x)=0$$

$$r_n(x)=-\frac{1}{x+n}$$

若是我们要作得

$$|r_n(x)|=\frac{1}{x+n}<\varepsilon \tag{36}$$

只要取

$$n>\frac{1}{\varepsilon}-x=N(x) \tag{37}$$

若我们要一个不依赖于 x 的数 N,使得对于区间 $(0,a)$ 上所有的 x 的值,当 $n>N$ 时,满足不等式(36),则设 $N=\frac{1}{\varepsilon}\geqslant N(x)$ 即可,因为这时对于区间 $(0, a)$ 上所有的 x 的值,当 $n>N$ 时,满足不等式(37),于是满足不等式(36). 所以级数(35)在区间 $(0,a)$ 上一致收敛.

并不是任何一个级数都有一致收敛性,因为并不是对于任何一个级数可以找到一个不依赖于 x 的 N,不小于在区间 (a,b) 上所有的 $N(x)$.

例如,在区间 $0\leqslant x\leqslant 1$ 上,考虑级数

$$x+x(x-1)+x^2(x-1)+\cdots+x^{n-1}(x-1)+\cdots \tag{38}$$

前 n 项和是

$$s_n(x)=x+(x^2-x)+(x^3-x^2)+\cdots+(x^n-x^{n-1})$$

就是

$$s_n(x)=x^n$$

于是推知[26]:

当 $0\leqslant x<1$ 时

$$s(x)=\lim_{n\to\infty}s_n(x)=0$$

而且当 $0\leqslant x<1$ 时

$$r_n(x) = s(x) - s_n(x) = -x^n$$

当 $x=1$ 时,代入 $x=1$,在式(38)中,得到级数
$$1+0+0+\cdots$$
于是对于任何的 n,有
$$s_n(x) = 1$$
$$s(x) = \lim_{n\to\infty} s_n(x) = 1$$
$$r_n(x) = s(x) - s_n(x) = 0$$

所以级数(38)在整个区间 $0 \leqslant x \leqslant 1$ 上收敛,但在这区间上非一致收敛. 实际上,根据当 $0 \leqslant x < 1$ 时,$r_n(x) = -x^n$,若要满足不等式 $|r_n(x)| < \varepsilon$,需要 $x^n < \varepsilon$,就是 $n\ln x < \ln \varepsilon$,再用负数 $\ln x$ 除,得到
$$n > \frac{\ln \varepsilon}{\ln x}$$
所以在这情形下 $N(x) = \dfrac{\ln \varepsilon}{\ln x}$,不能再小.

当 x 逼近 1 时,$\ln x \to 0$,函数 $N(x)$ 无限上升,于是不能找到一个 N,使得在整个区间$(0,1)$ 上,当 $n > N$ 时,满足不等式(34). 由于这个情形,纵然级数(38)在整个区间$(0,1)$ 上收敛,但是当 x 逼近 1 时,它收敛的非常慢,于是当 x 与 1 越近时,要求这个级数的和的近似值,越要取较多的项. 虽然当 $x=1$ 时,这个级数只剩了一项.

现在我们叙述一致收敛的另一个定义,与以上的定义相当. 在[125]中,我们讲过收敛级数的一个必要且充分条件. 在现在的情形下可以这样叙述:在区间(a,b) 上,级数(32)收敛的一个必要且充分条件是,当任意给定一个正数 ε 时,对于(a,b) 上每一个 x 的值,有这样一个 N 存在,使得当 $n > N$,而 p 为任何正整数时
$$|u_{n+1}(x) + u_{n+2}(x) + \cdots + u_{n+p}(x)| < \varepsilon \tag{39}$$

当给定 ε 时,这个 N 也可以依赖于选出的 x. 若任意给定一个正数 ε 时,对于(a,b) 上所有 x 的值,有同一个数 N 存在,使得当 $n > N$,而 p 为任何正整数时,式(39)成立,就说,级数(32)在区间(a,b) 上一致收敛.

需要证明这个新定义与以前的定义相当,就是,若在前一个意义下,一个级数一致收敛,则在新的意义下也一致收敛,并且反过来也对. 先设一个级数在前一个意义下一致收敛,就是当 $n > N$ 时,$|r_n(x)| < \varepsilon$,其中 x 可取区间上任何值,而 N 不依赖于 x. 显然,我们有
$$u_{n+1}(x) + u_{n+2}(x) + \cdots + u_{n+p}(x) = r_n(x) - r_{n+p}(x) \tag{40}$$

于是推知
$$|u_{n+1}(x)+u_{n+2}(x)+\cdots+u_{n+p}(x)|\leqslant|r_n(x)|+|r_{n+p}(x)|$$
当 $n>N$ 时，$n+p>N$，有
$$|u_{n+1}(x)+u_{n+2}(x)+\cdots+u_{n+p}(x)|\leqslant 2\varepsilon \tag{41}$$

由于 ε 是任意选择的，所以在新的意义下，这级数一致收敛. 再设一个级数在新的意义下一致收敛，就是有一个不依赖于 x 的 N 存在，当 $n>N$，p 为任何正整数，x 取 (a,b) 上任何值时，不等式(39)成立. 注意
$$r_n(x)=u_{n+1}(x)+u_{n+2}(x)+\cdots=\lim_{p\to\infty}[u_{n+1}(x)+u_{n+2}(x)+\cdots+u_{n+p}(x)]$$
由不等式(39)取极限，得到当 $n>N$ 时
$$|r_n(x)|\leqslant\varepsilon$$
根据 ε 的任意性，于是由一致收敛的新定义推出前一个定义，所以两个定义相当.

144. 一致收敛函数序列

我们以上考虑的函数序列
$$s_1(x),s_2(x),\cdots,s_n(x),\cdots \tag{42}$$
是由级数(32)确定的，其中 $s_n(x)$ 记这级数的前 n 项和. 不过也可以算作序列(42)是给定的，再由它们作出级数，让这级数的前 n 项和是这序列的第 n 项 $s_n(x)$，这个级数的项显然就由公式
$$u_1(x)=s_1(x),u_2(x)=s_2(x)-s_1(x),\cdots,u_n(x)=s_n(x)-s_{n-1}(x) \tag{43}$$
确定.

序列(42)常比式(43)简单，例如以上的两个例子.

如此我们引出函数序列的收敛与一致收敛两个概念：

设给定函数序列(42)，有
$$s_1(x),s_2(x),\cdots,s_n(x),\cdots$$
确定于区间 (a,b) 上，若对于这区间上每一个 x 的值，有极限
$$s(x)=\lim_{n\to\infty}s_n(x) \tag{44}$$
存在，则序列(42)叫作在区间 (a,b) 上收敛，函数 $s(x)$ 叫作序列(42)的极限函数.

若当任意给定一个正数 ε 时，有这样一个不依赖于 x 的数 N 存在，使得在整个区间 (a,b) 上，对于所有的 $n>N$，不等式
$$|s(x)-s_n(x)|<\varepsilon \tag{45}$$

成立,则序列(42)叫作在区间(a,b)上一致收敛.条件(45)可以用与它相当的条件代替：

当m与$n>N$时
$$|s_m(x)-s_n(x)|<\varepsilon \tag{46}$$

序列(42)一致收敛的条件相当于级数
$$u_1(x)+u_2(x)+\cdots+u_n(x)+\cdots \tag{47}$$
一致收敛的条件,这级数中
$$u_1(x)=s_1(x),u_2(x)=s_2(x)-s_1(x),\cdots,u_n(x)=s_n(x)-s_{n-1}(x),\cdots$$

讨论一致收敛序列时,条件(45)与(46)相当,可以像讨论无穷级数时,条件(35)与(36)相当,同样证明.

一致收敛序列的概念可以由几何解释.若对应于不同的n作出$s_n(x)$与$s(x)$的图形,则当序列一致收敛时,对于所有在(a,b)上的x的值,纵坐标界于曲线$s_n(x)$与$s(x)$之间的最大线段,当$n\to\infty$时,应当趋于0；若序列非一致收敛,这个条件就不满足.

这种情形,对于以上两个不同的例子
$$s_n(x)=\frac{1}{x+n},s_n(x)=x^{n①}$$
在图4.5与4.6上表示出来.

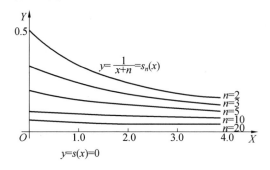

图4.5

在图4.6中,极限函数$s(x)$的图形是OX轴上线段$\overline{OA}$,不包含点A,与一个孤立点$(1,1)$.

在后一个例子中,极限函数$s(x)$不连续.不难作出一个例子,是一个收敛序列,极限函数连续,但是非一致收敛.

---

① 为使图4.5与4.6比较清楚,对于x与y用的尺度不同.

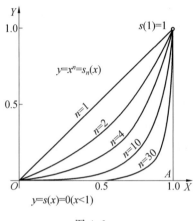

图 4.6

序列(图 4.7)

$$s_n(x) = \frac{nx}{1+n^2x^2} \quad (0 \leqslant x \leqslant a) \tag{48}$$

具有这样的性质.

显然,当 $x \neq 0$ 时

$$\frac{nx}{1+n^2x^2} = \frac{1}{n} \cdot \frac{x}{\frac{1}{n^2}+x^2}$$

于是当 $n \to \infty$ 时,右边第一个因子 $\frac{1}{n} \to 0$,第二个因子趋向 $\frac{1}{x}$,就是当 $x \neq 0$ 时,$s_n(x) \to 0$. 当 $x=0$ 时,显然,无论 n 是多少 $s_n(0)=0$,于是推知,对于区间 $(0,a)$ 上所有的 x 的值

$$s(x) = \lim_{n \to \infty} s_n(x) = 0$$

其中 a 是某一个正数.

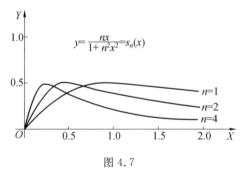

图 4.7

这时,由于 $s(x)=0$,所以纵坐标在曲线 $s_n(x)$ 与 $s(x)$ 之间的最大线段,就

是曲线 $s_n(x)$ 的最大纵坐标 $\frac{1}{2}$（对应于 $x=\frac{1}{n}$）. 因为当 $n\to\infty$ 时,它不趋向零,所以序列(48)在区间 $(0,a)$ 上不是一致收敛. 实际上,若要使

$$|s(x)-s_n(x)|=\frac{nx}{1+n^2x^2}<\varepsilon$$

解 n 的二次不等式

$$0<1-\frac{x}{\varepsilon}n+x^2n^2$$

算作 ε 足够小,就得到需要

$$n>\frac{1}{2x\varepsilon}[1+\sqrt{1-4\varepsilon^2}]=N(x)$$

当 $x\to 0$ 时,这个函数 $N(x)$ 无限上升,于是不能是一致收敛序列.

最后,我们提出,由图 4.6 与 4.7 可以说明,序列 x^n 在区间 $(0,q)$ 上一致收敛,其中 q 是任何一个小于 1 的正数,而且序列 $\frac{nx}{1+n^2x^2}$ 在区间 (q,a) 上一致连续,其中 $0<q<a$,这不难由直接计算证明.

145. 一致收敛序列的性质

1) 在区间 (a,b) 上,一致收敛连续函数序列的极限函数也是连续的. 设给定函数序列

$$s_1(x),s_2(x),\cdots,s_n(x),\cdots$$

其中所有的函数 $s_n(x)$ 在区间 (a,b) 上连续,并设

$$s(x)=\lim_{n\to\infty}s_n(x)$$

是这序列的极限函数. 我们需要证明,给定无论多么小的一个正数 ε 时,可以求出这样一个数 δ,使得[35]当 $|h|<\delta$ 时

$$|s(x+h)-s(x)|<\varepsilon \tag{49}$$

其中 x 与 $x+h$ 都在区间 (a,b) 上. 当 n 取任何值时,我们可以写成

$$|s(x+h)-s(x)|=|[s(x+h)-s_n(x+h)]+$$
$$[s_n(x+h)-s_n(x)]+[s_n(x)-s(x)]|$$
$$\leqslant|s(x+h)-s_n(x+h)|+|s(x)-s_n(x)|+$$
$$|s_n(x+h)-s_n(x)|$$

根据一致收敛的定义,我们选出足够大的 n,使得

$$|s(x+h)-s_n(x+h)|<\frac{\varepsilon}{3},|s(x)-s_n(x)|<\frac{\varepsilon}{3}$$

选定这样的 n 后,再根据函数 $s_n(x)$ 的连续性,[35] 我们可以求出这样一个数 δ,使得当 $|h|<\delta$ 时

$$|s_n(x+h)-s_n(x)|<\frac{\varepsilon}{3}$$

联合这些不等式,就得到不等式(49).

若函数序列收敛,但非一致收敛,则极限函数可能不连续,例如在区间(0,1)上的序列 x^n.

非一致收敛序列的极限函数也可能是连续的,例如序列

$$\frac{nx}{1+n^2x^2}$$

2) 若在区间(a,b)上的连续函数序列

$$s_1(x),s_2(x),\cdots,s_n(x),\cdots$$

一致收敛,而(α,β)是(a,b)上的任何一个区间,则

$$\int_\alpha^\beta s_n(x)\mathrm{d}x \to \int_\alpha^\beta s(x)\mathrm{d}x \tag{50}$$

或者说

$$\lim_{n\to\infty}\int_\alpha^\beta s_n(x)\mathrm{d}x = \int_\alpha^\beta \lim_{n\to\infty}s_n(x)\mathrm{d}x \tag{51}$$

若积分限是变量,例如$\beta=x$,则函数序列

$$\int_a^x s_n(t)\mathrm{d}t \quad (n=1,2,3,\cdots) \tag{52}$$

在区间(a,b)上也一致收敛(这种步骤叫作将极限移过积分号).

先要注意,根据性质1),极限函数$s(x)$也连续.现在考虑差

$$\int_\alpha^\beta s(x)\mathrm{d}x - \int_\alpha^\beta s_n(x)\mathrm{d}x = \int_\alpha^\beta [s(x)-s_n(x)]\mathrm{d}x$$

根据一致收敛性,给定 ε 时,我们就可以求出这样一个数 N,使得在区间(a,b)上,对于所有的 $n>N$,我们有

$$|s(x)-s_n(x)|<\varepsilon$$

所以([95](10′))

$$\left|\int_\alpha^\beta[s(x)-s_n(x)]\mathrm{d}x\right| \leqslant \int_\alpha^\beta |s(x)-s_n(x)|\mathrm{d}x$$
$$<\int_\alpha^\beta \varepsilon\mathrm{d}x=\varepsilon(\beta-\alpha)\leqslant\varepsilon(b-a)$$

于是,对于任何一个在(a,b)上的区间(α,β),当$n>N$时,就有

$$\left|\int_\alpha^\beta s(x)\mathrm{d}x - \int_\alpha^\beta s_n(x)\mathrm{d}x\right|<\varepsilon(b-a)$$

这不等式右边不依赖于 α 与 β，而且当 $\varepsilon \to 0$ 时，它趋向零. 根据 ε 的任意性，我们可以写出下面的结果：当任意给定一个正数 ε_1 时，有这样一个不依赖于 α 与 β 的 N 存在，使得当 $n > N$ 时

$$\left| \int_\alpha^\beta s(x)\mathrm{d}x - \int_\alpha^\beta s_n(x)\mathrm{d}x \right| < \varepsilon_1$$

由此直接推出公式(50). 令 $\beta = x$，注意 N 不依赖于 β，我们看出，序列(52)在 (a, b) 上一致收敛.

对于非一致收敛序列，这个定理可能不对. 例如，设

$$s_n(x) = nx\mathrm{e}^{-nx^2} \quad (0 \leqslant x \leqslant 1)$$

(图 4.8). 分 $x > 0$ 与 $x = 0$ 两种情形，不难证明，对于区间 $(0, 1)$ 上任何的 x，当 $n \to \infty$ 时

$$s_n(x) \to 0$$

所以这时 $s(x) = 0$. 这个序列不是一致收敛的，因为当 $x = \dfrac{1}{\sqrt{2n}}$ 时，曲线 $y = s_n(x)$ 有最大的纵坐标，这个纵坐标也就是最大的差 $s_n(x) - s(x)$，当 $n \to \infty$ 时，无限上升.

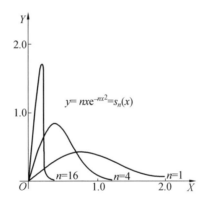

图 4.8

另一方面，我们有

$$\int_0^1 s_n(x)\mathrm{d}x = n \int_0^1 x\mathrm{e}^{-nx^2}\mathrm{d}x = -\frac{1}{2}\mathrm{e}^{-nx^2}\bigg|_0^1 = \frac{1}{2}(1 - \mathrm{e}^{-n}) \to \frac{1}{2}$$

可是

$$\int_0^1 s(x)\mathrm{d}x = 0$$

3) 若函数序列

$$s_1(x), s_2(x), \cdots, s_n(x), \cdots$$

在区间(a,b)上,每项有连续微商
$$s'_1(x), s'_2(x), \cdots, s'_n(x), \cdots$$
并且序列$s'_n(x)$一致收敛,而有极限$\sigma(x)$,序列$s_n(x)$收敛,而有极限$s(x)$,则$s_n(x)$也一致收敛,而且

$$\sigma(x) = \frac{\mathrm{d}s(x)}{\mathrm{d}x} \tag{53}$$

或者说

$$\lim_{n\to\infty} \frac{\mathrm{d}s_n(x)}{\mathrm{d}x} = \frac{\mathrm{d}\lim_{n\to\infty} s_n(x)}{\mathrm{d}x} \tag{54}$$

这个步骤叫作将极限移过微分号.

设a是区间(a,b)上任何一个常数,x在区间(a,b)上改变,根据性质2),就有

$$\lim_{n\to\infty}\int_a^x s'_n(x)\mathrm{d}x = \int_a^x \sigma(x)\mathrm{d}x$$

但是

$$\int_a^x s'_n(x)\mathrm{d}x = s_n(x) - s_n(a) \to s(x) - s(a)$$

所以

$$s(x) - s(a) = \int_a^x \sigma(x)\mathrm{d}x$$

取这等式两边的微商,应用定积分的性质(性质Ⅶ)[95],就有

$$\frac{\mathrm{d}s(x)}{\mathrm{d}x} = \sigma(x)$$

于是得证.接下来还要证序列$s_n(x)$一致收敛.我们有

$$s_n(x) = s_n(a) + \int_a^x s'_n(x)\mathrm{d}x$$

序列$s_n(a)$收敛而与x无关.根据性质2),序列$\int_a^x s'_n(x)\mathrm{d}x$一致收敛.由此推知$s_n(x)$一致收敛,因为由一致收敛的定义,直接推出,两个一致收敛序列逐项相加仍是一致收敛序列,并且任何收敛序列,若是它的项与x无关,例如$s_n(a)$,适合一致收敛序列的定义.

还要提出,我们证明$s_n(x)$在整个区间(a,b)上一致收敛时,只用到$s'_n(x)$的一致收敛性与$s_n(a)$的收敛性,所以叙述这个性质时,只要$s_n(x)$在某一个点$x = a$收敛就足够了,由此,如以上所证,就可以推出$s_n(x)$在整个区间(a,b)上的一致收敛性.

146. 一致收敛级数的性质

在上一段的三个性质中，如果我们把 $s_n(x)$ 考虑作给定的级数
$$u_1(x) + u_2(x) + \cdots + u_n(x) + \cdots$$
的前 n 项和，把 $s(x)$ 考虑作这个级数的和，就直接得到，对于变项级数的类似的定理.

定理 1 若级数
$$u_1(x) + u_2(x) + \cdots + u_n(x) + \cdots \tag{55}$$
的项是区间 (a,b) 上的连续函数，而且这级数一致收敛，则它的和 $s(x)$ 也是区间 (a,b) 上的连续函数.

定理 2 若级数 (55) 的项是区间 (a,b) 上的连续函数，而且这级数一致收敛，则它可以在 (a,b) 上的任何两个限 α 与 β 之间逐项积分，就是
$$\int_\alpha^\beta \sum_{n=1}^\infty u_n(x) \mathrm{d}x = \sum_{n=1}^\infty \int_\alpha^\beta u_n(x) \mathrm{d}x \tag{56}$$

若积分限是变量，例如 $\beta = x$，则由逐项积分得到的级数
$$\int_a^x u_1(x) \mathrm{d}x + \int_a^x u_2(x) \mathrm{d}x + \cdots + \int_a^x u_n(x) \mathrm{d}x + \cdots \tag{57}$$
也在区间 (a,b) 上一致收敛.

定理 3 若级数 (55) 在区间 (a,b) 上收敛，它的项在 (a,b) 上有连续微商 $u'_1(x), u'_2(x), \cdots, u'_n(x), \cdots$，并且由这些微商作成的级数
$$u'_1(x) + u'_2(x) + \cdots + u'_n(x) + \cdots$$
在 (a,b) 上一致收敛，则级数 (55) 一致收敛，并且可以逐项取微商，就是
$$\frac{\mathrm{d}}{\mathrm{d}x} \sum_{n=1}^\infty u_n(x) = \sum_{n=1}^\infty \frac{\mathrm{d}u_n(x)}{\mathrm{d}x} \tag{58}$$

在 [145] 中的性质就推出这些定理，只要注意，这些定理中所述的性质，对于有限项和都成立. 例如，若级数的项 $u_n(x)$ 是连续函数，则对于任何的 n，函数
$$s_n(x) = u_1(x) + u_2(x) + \cdots + u_n(x)$$
连续.

147. 一致收敛的判别法

我们讲几个一致收敛的充分条件. 确定于区间 (a,b) 上的函数级数
$$u_1(x) + u_2(x) + \cdots + u_n(x) + \cdots$$
一致收敛，只需满足下面两个条件中的一个.

(A) 可以求出这样一个正的常数序列

$$M_1, M_2, \cdots, M_n, \cdots$$

使得在区间 (a,b) 上

$$|u_n(x)| \leqslant M_n \tag{59}$$

而且级数

$$M_1 + M_2 + \cdots + M_n + \cdots \tag{60}$$

收敛(维尔斯特拉斯判别法).

(B) 函数 $u_n(x)$ 可以写成这样的形式

$$u_n(x) = a_n v_n(x) \tag{61}$$

其中 $a_1, a_2, \cdots, a_n, \cdots$ 是常数,而且级数

$$a_1 + a_2 + \cdots + a_n + \cdots \tag{62}$$

收敛,函数 $v_1(x), v_2(x), \cdots, v_n(x), \cdots$ 都是正的而保持小于一个正的常数 M,并且对于区间 (a,b) 上每一个 x 的值,有

$$v_1(x) \geqslant v_2(x) \geqslant \cdots \geqslant v_n(x) \geqslant \cdots \quad (v_n(x) < M) \tag{63}$$

(亚贝尔判别法).

证明 (A) 因为级数(60)收敛,则当给定 ε 时,可以求出这样一个数 N,使得对于所有的 $n > N$ 以及所有的 p,我们有[125]

$$M_{n+1} + M_{n+2} + \cdots + M_{n+p} < \varepsilon$$

根据不等式(59),于是

$$|u_{n+1}(x) + \cdots + u_{n+p}(x)| \leqslant M_{n+1} + \cdots + M_{n+p} < \varepsilon$$

由此推出[143]级数(55)的一致收敛性.

(B) 设

$$\sigma'_p = a_{n+1} + a_{n+2} + \cdots + a_{n+p} \quad (p = 1, 2, \cdots)$$

由此直接推出

$$a_{n+1} = \sigma'_1, a_{n+k} = \sigma'_k - \sigma'_{k-1} \quad (k > 1)$$

写出表达式

$$u_{n+1}(x) + u_{n+2}(x) + \cdots + u_{n+p}(x)$$
$$= a_{n+1} v_{n+1}(x) + a_{n+2} v_{n+2}(x) + \cdots + a_{n+p} v_{n+p}(x)$$

用 σ'_k 表示其中的 a_{n+k},再集中有共同的 σ'_k 的项,得到

$$a_{n+1} v_{n+1}(x) + a_{n+2} v_{n+2}(x) + \cdots + a_{n+p} v_{n+p}(x)$$
$$= \sigma'_1 v_{n+1}(x) + (\sigma'_2 - \sigma'_1) v_{n+2}(x) + \cdots + (\sigma'_p - \sigma'_{p-1}) v_{n+p}(x)$$
$$= \sigma'_1 [v_{n+1}(x) - v_{n+2}(x)] + \cdots +$$
$$\sigma'_{p-1} [v_{n+p-1}(x) - v_{n+p}(x)] + \sigma'_p v_{n+p}(x)$$

注意,依条件,$v_{n+p}(x)$与所有的差$v_{n+k-1}(x)-v_{n+k}(x)$都不是负的,我们可以写成

$$|u_{n+1}(x)+\cdots+u_{n+p}(x)|$$
$$\leqslant|\sigma'_1|[v_{n+1}(x)-v_{n+2}(x)]+\cdots+$$
$$|\sigma'_{p-1}|[v_{n+p-1}(x)-v_{n+p}(x)]+|\sigma'_p|v_{n+p}(x)$$

把绝对值$|\sigma'_1|,|\sigma'_2|,\cdots,|\sigma'_p|$中最大的记作$\sigma'$,就有

$$|u_{n+1}(x)+\cdots+u_{n+p}(x)|$$
$$\leqslant\sigma'\{[v_{n+1}(x)-v_{n+2}(x)]+\cdots+$$
$$[v_{n+p-1}(x)-v_{n+p}(x)]+v_{n+p}(x)\}$$

相消就得到

$$|u_{n+1}(x)+\cdots+u_{n+p}(x)|\leqslant\sigma'v_{n+1}(x) \tag{64}$$

由σ'_k的定义与级数(62)的收敛性推知,对于任意给定的一个正数ε,有这样一个数N存在,使得当$n>N$,而k为任何值时,我们有

$$|\sigma'_k|<\frac{\varepsilon}{M}$$

于是

$$\sigma'<\frac{\varepsilon}{M}$$

再注意条件$0\leqslant v_{n+p}(x)\leqslant M$,根据式(64)得到,当$n>N$,而$p$为任何数时

$$|u_{n+1}(x)+\cdots+u_{n+p}(x)|<\varepsilon$$

因为这个N不依赖于x,于是推出,级数(55)在区间(a,b)上一致收敛.

例1 级数

$$\sum_{n=1}^{\infty}\frac{\cos nx}{n^p},\sum_{n=1}^{\infty}\frac{\sin nx}{n^p}\quad(p>1) \tag{65}$$

在任何区间上一致收敛,因为对于x的任何值,我们有

$$\left|\frac{\cos nx}{n^p}\right|\leqslant\frac{1}{n^p},\left|\frac{\sin nx}{n^p}\right|\leqslant\frac{1}{n^p}$$

而且当$p>1$时,级数$\sum\frac{1}{n^p}$收敛[122](维尔斯特拉斯判别法).

例2 若级数$\sum_{n=1}^{\infty}a_n$收敛,则级数

$$\sum_{n=1}^{\infty}\frac{a_n}{n^x} \tag{66}$$

在区间$(0\leqslant x\leqslant l)$上一致收敛,$l$为任何正数.因为设

$$v_n(x) = \frac{1}{n^x}$$

则满足亚贝尔判别法所有的条件.

148. 幂级数,收敛半径

以上讨论的关于变项级数的定理,应用时,最重要的例子就是幂级数,也就是下面这样的级数

$$a_0 + a_1 x + a_2 x^2 + \cdots + a_n x^n + \cdots \tag{67}$$

这样的级数,我们在讨论麦克劳林级数时已经遇到过了. 仔细研究这种级数的性质归于复变函数论中,所以现在我们只叙述它的最基本的性质.

亚贝尔第一定理 若幂级数(67)当 $x = \xi$ 时收敛,则当 x 取满足不等式

$$|x| < |\xi| \tag{68}$$

的任何值时,它绝对收敛.

反之,若当 $x = \xi$ 时,它发散,则当 x 取满足不等式

$$|x| > |\xi| = r \tag{69}$$

的任何值时,它发散.

先设级数

$$a_0 + a_1 \xi + a_2 \xi^2 + \cdots + a_n \xi^n + \cdots$$

收敛,这时这收敛级数的一般项应当趋向零,就是当 $n \to \infty$ 时

$$a_n \xi^n \to 0$$

所以可以求出这样一个常数 M,使得对于任何的 n,我们有

$$|a_n \xi^n| < M$$

现在让 x 取满足条件(68)的任何值,并设

$$q = \left| \frac{x}{\xi} \right| < 1$$

显然我们有

$$|a_n x^n| = \left| a_n \xi^n \frac{x^n}{\xi^n} \right| = |a_n \xi^n| \left| \frac{x}{\xi} \right|^n \leqslant M q^n$$

就是,对于所考虑的 x 的值,级数(67)的一般项的绝对值不大于一个无穷下降等比级数的对应项,所以级数(67)绝对收敛[124].

这定理的第二部分很明显,因为假设级数(67)当 x 取某一满足条件(69)的值时收敛,则依以上的证明,当 $x = \xi$ 时,由于 $|\xi| < |x|$,它也应当收敛,这与所给的条件相违背.

系 有完全确定的一个数 R 存在,叫作级数(67)的收敛半径,它具有下列性质:

当 $|x|<R$ 时,级数(67)绝对收敛;

当 $|x|>R$ 时,级数(67)发散.

有时可能 $R=0$,这时级数(67),当 x 取 0 以外任何值时,发散;也有时 $R=\infty$,这时级数(67),当 x 取任何值时,收敛.

除去第一个情形外,就是若有 $x\neq 0$ 的值存在,使得级数(67)收敛,考虑这样一个正值 $x=\xi$,设这时级数(67)收敛.若我们把 ξ 这个数渐增,则只有两种可能情形:或者 ξ 无限增加时,$x=\xi$ 使得级数(67)总保持收敛,这时显然 $R=\infty$.或者有一个常数 A 存在,它具有这样的性质,当 ξ 保持小于 A 且逼近于 A 时,级数(67)总收敛,而当 ξ 大于 A 时,级数发散.

这个数 A 的存在,由几何解释,是很明显的.因为根据亚贝尔第一定理,若当 ξ 是某一个值时,级数发散,则当 ξ 取大于这个值的值时,它也发散.这个数 A 存在的严格证明可以根据无理数理论导出.虽然这个数 A 就是级数(67)的收敛半径.

为要证明 R 的存在,把所有的实数按下述方法分为两组:第一组包含所有的负数,零,与一部分正数 ξ,对于这些 ξ,当 $|x|=\xi$ 时,级数(67)收敛;第二组包含所有其余的实数.根据亚贝尔第一定理,第一组中任何一个数小于第二组中任何一个数,如此我们作成一个实数域的分划,所以或者第一组有一个最大的数,或者第二组有一个最小的数[40].不难看出,这个数就是这级数的收敛半径.若是所有的数都在第一组,就要算作 $R=\infty$.

149. 亚贝尔第二定理

若级数(67)的收敛半径是 R,而 (a,b) 是区间 $(-R,R)$ 内的任何一个区间
$$-R<a<b<R$$
则这级数在区间 (a,b) 上,不但绝对收敛,而且一致收敛.

若当 $x=R$ 或 $x=-R$ 时,这级数收敛,则它在区间 (a,R) 或 $(-R,b)$ 上一致收敛.

注意,首先我们算作 $R=1$,这并不失去普遍性,因为我们可以依公式
$$x=Rt$$
把 x 换成新的自变量 t,于是级数(67)换成 t 的幂级数,而区间 $(-R,R)$ 换成 $(-1,1)$.

设 $R=1$,则依收敛半径的定义,对于任何的 $x=\xi$,只要 $|\xi|<1$,级数(67)

绝对收敛. 现在考虑在 $(-R,R)$ 内的任何区间 (a,b), 这时
$$-1 < a < b < 1$$

在 $(-1,1)$ 内, 任意选出一个数 ξ, 只要它的绝对值大于 $|a|$ 与 $|b|$. 于是对于区间 (a,b) 上的任何 x, 我们有
$$|a_n x^n| < |a_n \xi^n|$$

因为级数
$$a_0 + a_1 \xi + a_2 \xi^2 + \cdots + a_n \xi^n + \cdots$$

绝对收敛, 而且它的项不依赖于 x, 所以根据维尔斯特拉斯判别法, 级数 (67) 在区间 (a,b) 上一致收敛.

再设级数 (67) 当 $x=1$ 时收敛, 就是级数
$$a_0 + a_1 + a_2 + \cdots + a_n + \cdots$$

收敛. 令
$$v_n(x) = x^n$$

就可以应用亚贝尔判别法, 于是证明, 级数 (67) 在整个区间 $(a,1)$ 上一致收敛, 其中 a 是一个大于 -1 的任何数.

至于 $x=-1$ 时级数 (67) 收敛的情形, 可以用 $-x$ 代替 x, 然后像上面一样证明.

用 $f(x)$ 记级数 (67) 的和, 自然只是当 x 的值使级数收敛时, 它才存在. 设 R 是这级数的收敛半径. 注意当
$$-R < a < b < R \tag{70}$$

时, 这级数在区间 (a,b) 上一致收敛, 由 [146] 的定理 1 可以肯定, 在任何所说的区间 (a,b) 上, 级数和 $f(x)$ 是连续函数. 换句话说, 就是 $f(x)$ 在区间 $(-R,R)$ 内连续. 下一段中我们说明, 这个函数在区间 $(-R,R)$ 内有任何级微商. 若级数 (67) 当 $x=R$ 时收敛, 则根据以上的证明, 它在任何区间 (a,R) 上一致收敛, 其中 $a > -R$, 于是 $f(x)$ 在这区间上是连续函数, 特别地, $f(R)$ 是当 x 自左趋向 R 时 $f(x)$ 的极限 [35]
$$f(R) = \lim_{x \to R-0} f(x) \tag{71}$$

至于 $x=-R$ 时级数收敛的情形, 有类似的结果.

以前我们知道, 牛顿二项式展开式 [131]
$$(1+x)^m = 1 + \frac{m}{1!} x + \frac{m(m-1)}{2!} x^2 + \cdots$$

的收敛半径 $R=1$, 在某些情形下, 当 $x=\pm 1$ 时收敛. 根据以上所述, 可以肯定, 若当 $x=1$ 时, 这级数收敛, 则这时它的和等于

$$\lim_{x\to 1-0}(1+x)^m = 2^m$$

150. 幂级数的微分法与积分法

设级数
$$a_0 + a_1 x + a_2 x^2 + \cdots + a_n x^n + \cdots \tag{72}$$

的收敛半径是 R. 由 0 到 x 逐项求积分或逐项求微商，我们得到另外两个幂级数

$$a_0 x + \frac{a_1}{2} x^2 + \frac{a_2}{3} x^3 + \cdots + \frac{a_n}{n+1} x^{n+1} + \cdots \tag{73}$$

$$a_1 + 2 a_2 x + 3 a_3 x^2 + \cdots + n a_n x^{n-1} + \cdots \tag{74}$$

以下我们证明这两个级数的收敛半径也是 R. 为此，我们要证，当 $|x|<R$ 时，它们收敛，$|x|>R$ 时，发散.

由上一段所述，级数(72)在任何区间 $(-R_1, R_1)$ 上一致收敛，其中 $0<R_1<R$，再根据 [146] 定理 2，在这区间上，它可以逐项由 0 到 x 求积分，就是，可以肯定，级数(73)当 $|x|<R$ 时收敛而且这时级数(73)的和等于

$$\int_0^x f(x)\,\mathrm{d}x$$

其中 $f(x)$ 是级数(72)的和. 再证当 $|x|<R$ 时级数(74)收敛，在区间 $(-R,R)$ 内取出 x 后，再选定 ξ，使得

$$|x|<\xi<R \tag{75}$$

并设
$$q = \frac{|x|}{\xi} < 1$$

把级数(74)的项写成

$$|n a_n x^{n-1}| = \left| n a_n \xi^n \frac{x^{n-1}}{\xi^{n-1}} \cdot \frac{1}{\xi} \right|$$

由上面推知

$$|n a_n x^{n-1}| \leqslant n q^{n-1} \frac{1}{\xi} |a_n \xi^n|$$

应用达朗贝尔判别法于级数 $\sum n q^{n-1}$，不难证明，当 $0<q<1$ 时，它收敛，于是推知 [119]：

当 $n \to \infty$ 时

$$n q^{n-1} \to 0 \tag{76}$$

所以当 n 足够大时，可使

$$nq^{n-1} \cdot \frac{1}{\xi} < 1$$

于是对于任何足够大的 n,有

$$|na_n x^{n-1}| < |a_n \xi^n|$$

但是根据式(75),级数 $\sum a_n \xi^n$ 绝对收敛,所以级数(74)当 $|x| < R$ 时绝对收敛. 于是当 $|x| < R$ 时,两个级数(73)与(74)都收敛,就是说,对幂级数逐项求微商或逐项求积分时,收敛半径不减小. 同时由此可以直接推出它也不能增大. 实际上,例如,假设级数(73)的收敛半径是 R',并且 $R' > R$,则对级数(73)逐项求微商时,得到级数(72),由以上所述,它的收敛半径不小于 R',可是它等于 R,而且 $R < R'$. 于是级数(73)与(74)的收敛半径就是级数(72)的收敛半径 R. 再求级数(74)的微商,根据以上证明得到级数

$$2a_2 + 3 \cdot 2a_3 x + 4 \cdot 3a_4 x^2 + \cdots + n(n-1)a_n x^{n-2} + \cdots$$

它的收敛半径也是 R,依此可以类推. 所有这些幂级数,在任何区间 (a,b) 上都一致收敛,其中 a,b 要满足式(70),当逐项作二重积分时也一样. 回忆 [146] 定理 2 与 3,可以写成下面的结果:

收敛半径等于 R 的幂级数

$$a_0 + a_1 x + a_2 x^2 + \cdots + a_n x^n + \cdots$$

在区间 $(-R, R)$ 内是 x 的连续函数.

这个级数可以逐项求微商或逐项求积分任何多次,只需 x 在区间 $(-R, R)$ 内,并且这样作时,所得到的幂级数有相同的收敛半径.

设

$$f(x) = a_0 + a_1 x + a_2 x^2 + \cdots + a_n x^n + \cdots \tag{77}$$

我们得到

$$f'(x) = a_1 + 2a_2 x + 3a_3 x^2 + \cdots + na_n x^{n-1} + \cdots$$

$$f''(x) = 2a_2 + 6a_3 x + \cdots + n(n-1)a_n x^{n-2} + \cdots$$

$$\vdots$$

$$f^{(n)}(x) = n! \, a_n + (n+1) \cdot n \cdots 3 \cdot 2 a_{n+1} x + \cdots$$

由此推知,当 $x = 0$ 时

$$a_0 = f(0), a_1 = \frac{f(0)}{1!}, a_2 = \frac{f''(0)}{2!}, \cdots, a_n = \frac{f^{(n)}(0)}{n!}, \cdots$$

代入到式(77)中,得到

$$f(x) = f(0) + \frac{xf(0)}{1!} + \frac{x^2 f''(0)}{2!} + \cdots + \frac{x^n f^{(n)}(0)}{n!} + \cdots \quad (-R < x < R)$$

即幂级数与其和的麦克劳林展开式全同.

以上的定理不难推广到下面这种幂级数
$$a_0 + a_1(x-a) + a_2(x-a)^2 + \cdots + a_n(x-a)^n + \cdots \tag{78}$$
这时差 $x-a$ 占有以前 x 的地位. 级数(78)的收敛半径 R 由以下条件确定：当 $|x-a|<R$ 时, 级数收敛；当 $|x-a|>R$ 时, 发散. 若用 $f(x)$ 记级数(78)在区间
$$-R < x-a < R \tag{79}$$
上的和, 则得到系数 a_n 的表达式
$$a_0 = f(a), a_1 = \frac{f'(a)}{1!}, \cdots, a_n = \frac{f^{(n)}(a)}{n!}, \cdots$$
就是说, 在区间(79)上, 级数(78)与其和的泰勒展开式全同.

在第三卷中, 讨论复变函数理论时, 我们还要仔细讲幂级数的理论.

作为一个习题, 应用幂级数理论作出 $\ln(1+x)$, $\arctan x$, $\arcsin x$ 的展开式, 注意
$$\ln(1+x) = \int_0^x \frac{\mathrm{d}x}{1+x}, \arctan x = \int_0^x \frac{\mathrm{d}x}{1+x^2}, \arcsin x = \int_0^x \frac{\mathrm{d}x}{\sqrt{1-x^2}}$$
并讨论得到的展开式适用的范围.

多元函数

§1 函数的微商与微分

151. 基本概念

在第二章第五节中,我们讲过二元函数的基本概念. 现在我们讲多元函数,并且更精细的建立极限概念.

我们算作函数 $f(x,y)$,或是确定于整个平面上,或是确定于它的某一个区域上. 如此对应于这区域上任何一个点 (x,y),函数 $f(x,y)$ 有确定的值. 若只考虑一个区域的内点,则这个区域叫作开的. 若是把它的边界也算进去,则这区域叫作闭的.

类似的,在空间可以作互相垂直的坐标轴系 OX,OY,OZ,于是空间一个点 M 对应的有一组三个数的坐标 (x,y,z). 函数 $f(x,y,z)$ 可以算作确定于整个空间,或是空间的某一个开或闭的区域上. 在最简单的情形下,一个区域以几个曲面为界. 例如,不等式

$$a_1 \leqslant x \leqslant a_2, b_1 \leqslant y \leqslant b_2, c_1 \leqslant z \leqslant c_2$$

确定一个闭长方体,它的边平行于坐标轴. 不等式

$$a_1 < x < a_2, b_1 < y < b_2, c_1 < z < c_2$$

确定一个开长方体. 不等式

$$(x-a)^2 + (y-b)^2 + (z-c)^2 \leqslant r^2$$

确定一个闭球,以(a,b,c)为球心,以r为半径. 若去掉"="号,只保留"<"号,就得到一个开球. 三元函数的极限与连续性的概念都像[67]中对于二元函数一样来确定.

至于多元函数$f(x_1,x_2,\cdots,x_n)(n>3)$已经失去几何空间的明确性,但是平常仍保留几何的名词. n个数的数列$(x_1,x_2,\cdots,x_n)$叫作点. 全部点组成的集合作成n维空间. 这个空间的区域由不等式确定. 例如:不等式

$$c_1 \leqslant x_1 \leqslant d_1, c_2 \leqslant x_2 \leqslant d_2, \cdots, c_n \leqslant x_n \leqslant d_n$$

确定一个n维长方体,或者说n维区间. 不等式

$$\sum_{k=1}^{n}(x_k - a_k)^2 \leqslant r^2$$

确定一个n维球. 所谓点$(a_1,a_2,\cdots,a_n)$的近旁,是指这个不等式,当选定r时,所确定的点集合;或是指不等式$|x_k - a_k| \leqslant \rho$确定的点集合,其中$\rho$是一个正数.

设一个函数确定于点$(a_1,a_2,\cdots,a_n)$以及它的近旁,我们说,当点$M(x_1,x_2,\cdots,x_n)$趋向点$M_0(a_1,a_2,\cdots,a_n)$时,$f(x_1,x_2,\cdots,x_n)$趋向极限A,写成

$$\lim_{x_k \to a_k} f(x_1,x_2,\cdots,x_n) = A \text{ 或 } \lim_{M \to M_0} f(x_1,x_2,\cdots,x_n) = A$$

是指,当任意给定一个正数ε时,有这样一个数η存在,使得当$|a_k - x_k| < \eta$,$k=1,2,\cdots,n$时

$$|A - f(x_1,x_2,\cdots,x_n)| < \varepsilon$$

这里算作点$M(x_1,x_2,\cdots,x_n)$不与点$M_0(a_1,a_2,\cdots,a_n)$重合. $f(x_1,x_2,\cdots,x_n)$在点$M(a_1,a_2,\cdots,a_n)$的连续性由等式

$$\lim_{x_k \to a_k} f(x_1,x_2,\cdots,x_n) = f(a_1,a_2,\cdots,a_n)$$

确定. [67]中所述闭区域上连续函数的性质,在现在的情形下也成立.

像一元函数的情形一样[34],连续函数的和、积与商仍是连续函数. 只有在商的情形,在点$(a_1,a_2,\cdots,a_n)$,分母不等于零.

152. 关于极限的取法

现在我们更精细的来讨论二元函数的极限概念. 若极限

$$\lim_{\substack{x \to a \\ y \to b}} f(x,y) = A \tag{1}$$

存在,就说是全面的极限存在. 这时我们知道,当点$M(x,y)$以任何方式趋向$M_0(a,b)$时,$f(x,y)$趋向A. 特别地

$$\lim_{x \to a} f(x,b) = A, \lim_{y \to b} f(a,y) = A \tag{2}$$

在第一种情形下，$M(x,y)$ 沿平行于 OX 轴的直线趋向 $M_0(a,b)$，在第二种情形下，沿平行于 OY 轴的直线. 注意，由极限(2)的存在而且相等，不能推出极限(1)的存在. 例如：考虑函数 $f(x,y) = \dfrac{xy}{x^2+y^2}$，设 $a=0, b=0$，我们有

$$\lim_{x \to 0} f(x,0) = \lim_{x \to 0} \frac{x \cdot 0}{x^2+0^2} = \lim_{x \to 0} 0 = 0, \lim_{y \to 0} f(0,y) = 0$$

而这时极限(1)不存在. 实际上，令 $\dfrac{y}{x} = \tan \alpha$，可以把这函数写成

$$f(x,y) = \frac{xy}{x^2+y^2} = \frac{\tan \alpha}{1+\tan^2 \alpha} = \sin \alpha \cos \alpha \tag{3}$$

若点 $M(x,y)$ 沿过原点与 OX 轴作成角 α_0 的直线趋向 $M_0(0,0)$，则由表达式(3)，$f(x,y)$ 保持是个常数，依赖于所选择的 α_0. 由此推知，在这个例子中，极限(1)不存在. 注意，公式(3)表达的函数在点 $M_0(0,0)$ 不确定.

除极限取法(1)外，还可以考虑二重极限，对应于先依 x 取极限，让 y 保持一个不是 b 的常数，再依 y 取极限；或是次序颠倒过来

$$\lim_{x \to a}[\lim_{y \to b} f(x,y)] \text{ 或 } \lim_{y \to b}[\lim_{x \to a} f(x,y)] \tag{4}$$

有时这两个二重极限存在，但不相等. 例如函数

$$f(x,y) = \frac{x^2 - y^2 + x^3 + y^3}{x^2 + y^2}$$

不难求出

$$\lim_{x \to 0}[\lim_{y \to 0} f(x,y)] = 1, \lim_{y \to 0}[\lim_{x \to 0} f(x,y)] = -1$$

不过我们有下面这个定理.

定理 1 若全面的极限(1)存在，而当 x 取任何与 a 足够近而不等于 a 的值时，极限

$$\lim_{y \to b} f(x,y) = \varphi(x) \tag{5}$$

存在，则二重极限(4)的第一个存在，而等于 A，就是

$$\lim_{x \to a} \varphi(x) = A \tag{6}$$

由极限(1)存在推出[67]，对于任意给定的正数 ε，有这样一个正数 η 存在，使得当 $|x-a| < \eta$ 而且 $|y-b| < \eta$ 时

$$|A - f(x,y)| < \varepsilon \tag{7}$$

其中 (x,y) 不与 (a,b) 重合. 固定 x，使它不等于 a 而满足 $|x-a| < \eta$. 注意式(5)，由不等式(7)取极限，得到当 $|x-a| < \eta$ 而 $x \neq a$ 时

$$|A-\varphi(x)|<\varepsilon$$

由此,根据 ε 的任意性,推出等式(6).

附注　若设极限(1)存在,而当 y 取任何与 b 足够近而不等于 b 的值时,极限

$$\lim_{x\to a} f(x,y)=\psi(y)$$

存在,则二重极限(4)的第二个存在,而等于 A,就是

$$\lim_{y\to b}\psi(y)=A$$

若极限(1)存在而等于 $f(a,b)$,就是 $A=f(a,b)$,则函数 $f(x,y)$ 在点 (a,b) 连续,或者说在点 (a,b) 全面连续. 这时,根据式(2) 有

$$\lim_{x\to a} f(x,b)=f(a,b),\lim_{y\to b} f(a,y)=f(a,b)$$

就是这函数在点 (a,b) 单独依每一元连续,在[67]中我们曾经谈到过. 反之,若依每一元连续,并不能推出全面连续. 实际上,由公式(3)确定的函数补充以 $f(0,0)=0$. 如以上所述,这时我们有

$$\lim_{x\to 0} f(x,0)=0,\lim_{y\to 0} f(0,y)=0$$

就是这函数在点 $(0,0)$ 依每一元连续,但是它不是全面连续,因为我们知道,当 $M(x,y)$ 趋向 $M_0(0,0)$ 时,$f(x,y)$ 没有极限存在.

若 $f(x,y)$ 在某一包含点 (x,y) 在内的区域上有微商,则我们知道[68],公式

$$f(x+\Delta x,y+\Delta y)-f(x,y)=f'_x(x+\theta\Delta x,y+\Delta y)\Delta x+$$
$$f'_y(x,y+\theta_1\Delta y)\Delta y$$
$$(0<\theta<1,0<\theta_1<1)$$

成立. 设在所述区域上,偏微商有界,即它们的绝对值不大于某一个数 M,这时由上面的公式推出

$$|f(x+\Delta x,y+\Delta y)-f(x,y)|\leqslant M(\Delta x+\Delta y)$$

当 $\Delta x\to 0$ 而且 $\Delta y\to 0$ 时,这不等式右边趋向零,由此推知

$$\lim_{\substack{\Delta x\to 0\\ \Delta y\to 0}} f(x+\Delta x,y+\Delta y)=f(x,y)$$

即若在某一区域内 $f(x,y)$ 的偏微商存在而有界,则它在这区域内连续.

函数(3)补充以关系式 $f(0,0)=0$ 后,在整个 OX 轴,OY 轴上,都等于零,显然在点 $M_0(0,0)$,它的偏微商存在而等于零,在其余的点,它也有偏微商

$$f'_x(x,y)=\frac{y^3-x^2y}{(x^2+y^2)^2},f'_y(x,y)=\frac{x^3-xy^2}{(x^2+y^2)^2}$$

即这个函数在整个平面上有偏微商. 但是我们知道在点 $(0,0)$,它不连续. 这时,

当点(x,y)逼近坐标原点时,偏微商的绝对值可以取任意大的值.

153. 一级偏微商与全微分

在[68]中我们介绍过二元函数的偏微商与全微分的概念.这些概念可以推广到任何多元函数的情形.例如考虑四元函数
$$w = f(x,y,z,t)$$
极限
$$\lim_{h \to 0} \frac{f(x+h,y,z,t) - f(x,y,z,t)}{h}$$
若是存在,就叫作这函数对x的偏微商,这个偏微商用记号
$$f'_x(x,y,z,t) \text{ 或 } \frac{\partial f(x,y,z,t)}{\partial x} \text{ 或 } \frac{\partial w}{\partial x}$$
记.类似的可以确定对于其他变量的偏微商.

这函数的偏微分的和
$$\mathrm{d}w = \frac{\partial w}{\partial x}\mathrm{d}x + \frac{\partial w}{\partial y}\mathrm{d}y + \frac{\partial w}{\partial z}\mathrm{d}z + \frac{\partial w}{\partial t}\mathrm{d}t$$
叫作它的全微分.其中$\mathrm{d}x, \mathrm{d}y, \mathrm{d}z, \mathrm{d}t$是自变量的微分(任意的量不依赖于$x, y, z, t$).

微分是函数的改变量
$$\Delta w = f(x+\mathrm{d}x, y+\mathrm{d}y, z+\mathrm{d}z, t+\mathrm{d}t) - f(x,y,z,t)$$
的主要部分,就是(参考[68])
$$\Delta w = \mathrm{d}w + \varepsilon_1 \mathrm{d}x + \varepsilon_2 \mathrm{d}y + \varepsilon_3 \mathrm{d}z + \varepsilon_4 \mathrm{d}t$$
其中$\varepsilon_1, \varepsilon_2, \varepsilon_3, \varepsilon_4$当$\mathrm{d}x, \mathrm{d}y, \mathrm{d}z, \mathrm{d}t$趋向零时,都趋向零,这里设函数$w$在某一包含点$(x,y,z,t)$在内的区域内有连续偏微商.

同样也可以推广求复合函数微商的法则.例如,设x, y, z不是自变量,而是自变量t的函数.这时,函数w不只是直接依赖于t,而且还间接通过中间变量x, y, z依赖于t,于是w对t的全微商就有表达式
$$\frac{\mathrm{d}w}{\mathrm{d}t} = \frac{\partial w}{\partial t} + \frac{\partial w}{\partial x} \cdot \frac{\mathrm{d}x}{\mathrm{d}t} + \frac{\partial w}{\partial y} \cdot \frac{\mathrm{d}y}{\mathrm{d}t} + \frac{\partial w}{\partial z} \cdot \frac{\mathrm{d}z}{\mathrm{d}t} \tag{8}$$
我们不证明这个法则,因为那只要把[69]所讲的重复一次.若变量x, y, z除去依赖于t外,还依赖于其他的自变量,则在公式(8)右边,我们应当用偏微商$\frac{\partial x}{\partial t}, \frac{\partial y}{\partial t}, \frac{\partial z}{\partial t}$代替$\frac{\mathrm{d}x}{\mathrm{d}t}, \frac{\mathrm{d}y}{\mathrm{d}t}, \frac{\mathrm{d}z}{\mathrm{d}t}$.这时函数$w$还依赖于其他的自变量,于是等式(8)左边,也应当用$\frac{\partial w}{\partial t}$代替$\frac{\mathrm{d}w}{\mathrm{d}t}$,但是这个偏微商与以前等式(8)右边的偏微商$\frac{\partial w}{\partial t}$

意义不同,以前的是就 w 直接依赖于 t 计算的,为区别这两个偏微商,常把直接依赖于 t 计算的加上括号,所以在所考虑的情形下,等式(8)要写成

$$\frac{\partial w}{\partial t} = \left(\frac{\partial w}{\partial t}\right) + \frac{\partial w}{\partial x} \cdot \frac{\partial x}{\partial t} + \frac{\partial w}{\partial y} \cdot \frac{\partial y}{\partial t} + \frac{\partial w}{\partial z} \cdot \frac{\partial z}{\partial t} \tag{9}$$

对于一元函数,我们知道,一级微分表达式不依赖于所选用的自变量[50]. 可以证明,这个性质,推广到多元函数仍然成立.

为确定起见,考虑二元函数

$$z = \varphi(x, y)$$

设 x 与 y 是自变量 u 与 v 的函数. 依照求复合函数微商的法则,就有

$$\frac{\partial z}{\partial u} = \frac{\partial z}{\partial x}\frac{\partial x}{\partial u} + \frac{\partial z}{\partial y}\frac{\partial y}{\partial u}, \frac{\partial z}{\partial v} = \frac{\partial z}{\partial x}\frac{\partial x}{\partial v} + \frac{\partial z}{\partial y}\frac{\partial y}{\partial v}$$

依定义,这函数的全微分等于

$$\mathrm{d}z = \frac{\partial z}{\partial u}\mathrm{d}u + \frac{\partial z}{\partial v}\mathrm{d}v$$

用偏微商的表达式代入,得到

$$\mathrm{d}z = \frac{\partial z}{\partial x}\left(\frac{\partial x}{\partial u}\mathrm{d}u + \frac{\partial x}{\partial v}\mathrm{d}v\right) + \frac{\partial z}{\partial y}\left(\frac{\partial y}{\partial u}\mathrm{d}u + \frac{\partial y}{\partial v}\mathrm{d}v\right)$$

但是括号内的表达式各为 x 与 y 的全微分,于是可以写成

$$\mathrm{d}z = \frac{\partial z}{\partial x}\mathrm{d}x + \frac{\partial z}{\partial y}\mathrm{d}y$$

就是,当改变自变量时,复合函数的微分的表达式不变型.

应用这个性质,可以推广求和、积与商的微分法则到多元函数的情形

$$\mathrm{d}(u+v) = \mathrm{d}u + \mathrm{d}v, \mathrm{d}(uv) = v\mathrm{d}u + u\mathrm{d}v, \mathrm{d}\frac{u}{v} = \frac{v\mathrm{d}u - u\mathrm{d}v}{v^2}$$

其中 u 与 v 是多元函数. 例如,实际上,应用上述性质,可以写成

$$\mathrm{d}(uv) = \frac{\partial(uv)}{\partial u}\mathrm{d}u + \frac{\partial(uv)}{\partial v}\mathrm{d}v = v\mathrm{d}u + u\mathrm{d}v$$

154. **欧拉定理**

任何一个多元函数,若当每个变量都乘上一个任意的量 t 时,相当于这函数乘上 t^m,则这函数叫作这些变量的 m 次齐次函数.

为确定起见,我们只讨论二元函数,函数 $f(x,y)$ 若满足恒等式

$$f(tx, ty) = t^m f(x, y) \tag{10}$$

则叫作 m 次齐次函数.

例如,设函数 $f(x,y)$ 表示某一体积的大小,其中 x 与 y 是两个长度,而在

函数的表达式中,除这两个长度外,其余都是抽象的数. x 与 y 乘上 t 就相当于把单位减小 t 倍,于是显然,表达体积的数应当乘上 t^3,就是在这情形下,$f(x,y)$ 是三次齐次函数[①].

求恒等式(10)对 t 的微商,求左边的微商时应用求复合函数微商的法则,得到恒等式

$$xf'_u(u,v) + yf'_v(u,v) = mt^{m-1}f(x,y)$$

其中 $u=tx, v=ty$. 在这恒等式中,令 $t=1$,得到

$$xf'_x(x,y) + yf'_y(x,y) = mf(x,y) \qquad (11)$$

这叫作欧拉定理.

齐次函数的偏微商,各乘以对应的变量,相加起来,就等于这函数乘上它的次数.

若 $m=0$,在恒等式(10)中,设 $t=\dfrac{1}{x}$,就得到

$$f(x,y) = f\left(1, \dfrac{y}{x}\right)$$

就是,零次齐次函数是所有的变量与其中一个变量之比的函数. 对于这样的函数,各偏微商与对应变量乘积之和等于零. 有时零次齐次函数简称齐次函数.

155. 高级偏微商

多元函数的偏微商仍然是那些变量的函数,可以再求它们的偏微商. 如此我们得到原来函数的二级偏微商,还是那些变量的函数,再求它们的偏微商,就得到原来函数的三级偏微商,依此类推. 例如,二元函数 $f(x,y)$,每个偏微商对 x 与 y 再求微商,得到四个二级偏微商,各记作

$$f''_{x^2}(x,y), f''_{xy}(x,y), f''_{yx}(x,y), f''_{y^2}(x,y)$$

或

$$\dfrac{\partial^2 f(x,y)}{\partial x^2}, \dfrac{\partial^2 f(x,y)}{\partial x \partial y}, \dfrac{\partial^2 f(x,y)}{\partial y \partial x}, \dfrac{\partial^2 f(x,y)}{\partial y^2}$$

或

$$\dfrac{\partial^2 u}{\partial x^2}, \dfrac{\partial^2 u}{\partial x \partial y}, \dfrac{\partial^2 u}{\partial y \partial x}, \dfrac{\partial^2 u}{\partial y^2}$$

$f''_{xy}(x,y)$ 与 $f''_{yx}(x,y)$ 只是求微商的次序不同. 前者先对 x 再对 y 求微

[①] 例如,圆锥体积由底半径 r 与高 h 表达的公式是 $V = \dfrac{1}{3}\pi r^2 h$.

商,后者次序相反.我们证明,这两个微商彼此恒等,就是,求微商的结果不依赖于求微商的次序.

作表达式
$$\omega = f(x+h, y+k) - f(x+h, y) - f(x, y+k) + f(x, y)$$
设
$$\varphi(x, y) = f(x+h, y) - f(x, y)$$
ω 的表达式就可以写成
$$\omega = [f(x+h, y+k) - f(x, y+k)] - [f(x+h, y) - f(x, y)]$$
$$= \varphi(x, y+k) - \varphi(x, y)$$

应用拉格朗日公式两次[63],得到
$$\omega = k\varphi'_y(x, y+\theta_1 k) = k[f'_y(x+h, y+\theta_1 k) - f'_y(x, y+\theta_1 k)]$$
$$= khf''_{yx}(x+\theta_2 h, y+\theta_1 k)$$

我们用带有附标的字母 θ,各记一个在 0 与 1 之间的数. 函数 $f(x, y)$ 对它的第二个元 y 的偏微商中,用 $x+h$ 与 $y+\theta_1 k$ 代入 x 与 y 的结果记作 $f'_y(x+h, y+\theta_1 k)$. 对于其他的偏微商,应用类似的记号.

同样,设
$$\psi(x, y) = f(x, y+k) - f(x, y)$$
可以写成
$$\omega = [f(x+h, y+k) - f(x+h, y)] - [f(x, y+k) - f(x, y)]$$
$$= \psi(x+h, y) - \psi(x, y)$$
$$= h\psi'_x(x+\theta_3 h, y)$$
$$= h[f'_x(x+\theta_3 h, y+k) - f'_x(x+\theta_3 h, y)]$$
$$= hkf''_{xy}(x+\theta_3 h, y+\theta_4 k)$$

比较 ω 的两个表达式,就有
$$hkf''_{yx}(x+\theta_2 h, y+\theta_1 k) = hkf''_{xy}(x+\theta_3 h, y+\theta_4 k)$$
或
$$f''_{yx}(x+\theta_2 h, y+\theta_1 k) = f''_{xy}(x+\theta_3 h, y+\theta_4 k)$$

设这两个二级微商连续,让 h 与 k 趋向零,就得到
$$f''_{yx}(x, y) = f''_{xy}(x, y)$$

如此引出下面这个定理:

定理 2 若 $f(x, y)$ 在某一区域内有连续二级微商 $f''_{xy}(x, y)$ 与 $f''_{yx}(x, y)$,则在这区域内任何一个点,上述微商相等.

考虑两个三级微商

$$f''_{x^2y}(x,y) \text{ 与 } f''_{yx^2}(x,y)$$

只是求微商的次序不同. 注意以上所证, 求二重微商不依赖于求微商的次序, 可以写成

$$f'''_{x^2y}(x,y) = \frac{\partial^2 f'_x(x,y)}{\partial x \partial y} = \frac{\partial^2 f'_x(x,y)}{\partial y \partial x}$$
$$= f'''_{xyx}(x,y)$$
$$= f'''_{yxx}(x,y) = f'''_{yx^2}(x,y)$$

就是, 在这情形下, 求微商的结果不依赖于求微商的次序. 这个性质不难推广到任何级微商以及任何多元函数, 我们可以得到普遍定理: 求微商的结果不依赖于求微商的次序.

注意, 在证明中, 我们不只应用在某一区域内微商的存在性, 并且需要它们连续.

根据以上所证关于高级微商的定理, 只要说明微商的级数 n, 与对某一个变量求微商几次即可. 例如, 对于函数 $\omega = f(x,y,z,t)$, 下面这记号

$$\frac{\partial^n f(x,y,z,t)}{\partial x^\alpha \partial y^\beta \partial z^\gamma \partial t^\delta} \text{ 或 } \frac{\partial^n w}{\partial x^\alpha \partial y^\beta \partial z^\gamma \partial t^\delta} \quad (\alpha+\beta+\gamma+\delta=n)$$

表示一个 n 级微商, 其中对 x 求微商 α 次, 对 y 求 β 次, 对 z 求 γ 次, 对 t 求 δ 次.

156. 高级微分

多元函数的全微分仍然是那些变量的函数, 我们可以再确定这个函数的全微分. 如此我们得到原来函数的二级微分 d^2u, 它还是那些变量的函数, 它的全微分是原来函数的三级微分 d^3u, 依此类推.

仔细考虑两个变量 x 与 y 的函数 $u=f(x,y)$, 设 x 与 y 是自变量. 依定义

$$du = \frac{\partial f(x,y)}{\partial x} dx + \frac{\partial f(x,y)}{\partial y} dy \tag{12}$$

计算 d^2u 时, 注意要把自变量的微分 dx 与 dy 考虑作常量一样, 所以它们可以由微分号下提出来

$$d^2u = d\left[\frac{\partial f(x,y)}{\partial x} dx\right] + d\left[\frac{\partial f(x,y)}{\partial y} dy\right]$$
$$= dx \cdot d\frac{\partial f(x,y)}{\partial x} + dy \cdot d\frac{\partial f(x,y)}{\partial y}$$
$$= dx\left[\frac{\partial^2 f(x,y)}{\partial x^2} dx + \frac{\partial^2 f(x,y)}{\partial x \partial y} dy\right] +$$
$$dy\left[\frac{\partial^2 f(x,y)}{\partial y \partial x} dx + \frac{\partial^2 f(x,y)}{\partial y^2} dy\right]$$

$$= \frac{\partial^2 f(x,y)}{\partial x^2}\mathrm{d}x^2 + 2\frac{\partial^2 f(x,y)}{\partial x \partial y}\mathrm{d}x\mathrm{d}y + \frac{\partial^2 f(x,y)}{\partial y^2}\mathrm{d}y^2$$

同样计算 $\mathrm{d}^3 u$，得到

$$\mathrm{d}^3 u = \frac{\partial^3 f(x,y)}{\partial x^3}\mathrm{d}x^3 + 3\frac{\partial^3 f(x,y)}{\partial x^2 \partial y}\mathrm{d}x^2\mathrm{d}y +$$
$$3\frac{\partial^3 f(x,y)}{\partial x \partial y^2}\mathrm{d}x\mathrm{d}y^2 + \frac{\partial^3 f(x,y)}{\partial y^3}\mathrm{d}y^3$$

由表达式 $\mathrm{d}^2 u$ 与 $\mathrm{d}^3 u$ 引出下面这个任何级微分的记号公式

$$\mathrm{d}^n u = \left(\frac{\partial}{\partial x}\mathrm{d}x + \frac{\partial}{\partial y}\mathrm{d}y\right)^n f \tag{13}$$

在这公式中要了解：括号内的和要应用牛顿二项式公式求 n 次方，然后把 $\frac{\partial}{\partial x}$ 与 $\frac{\partial}{\partial y}$ 的方幂算作函数 f 对 x 与对 y 的各级偏微商.

我们知道当 $n=1,2,3$ 时，公式(13)成立. 为要证明当 n 取任何值时都成立，需要用数学归纳法. 设公式(12)当 n 取某一值时成立，我们确定 $n+1$ 级微分

$$\mathrm{d}^{n+1}u = \mathrm{d}(\mathrm{d}^n u) = \frac{\partial(\mathrm{d}^n u)}{\partial x}\mathrm{d}x + \frac{\partial(\mathrm{d}^n u)}{\partial y}\mathrm{d}y = \left(\frac{\partial}{\partial x}\mathrm{d}x + \frac{\partial}{\partial y}\mathrm{d}y\right)\mathrm{d}^n u$$

其中用记号

$$\left(\frac{\partial}{\partial x}\mathrm{d}x + \frac{\partial}{\partial y}\mathrm{d}y\right)\varphi$$

表示

$$\frac{\partial \varphi}{\partial x}\mathrm{d}x + \frac{\partial \varphi}{\partial y}\mathrm{d}y$$

注意，我们算作对于 $\mathrm{d}^n u$，公式(13)成立，于是可以写成

$$\mathrm{d}^{n+1}u = \left(\frac{\partial}{\partial x}\mathrm{d}x + \frac{\partial}{\partial y}\mathrm{d}y\right)\left[\left(\frac{\partial}{\partial x}\mathrm{d}x + \frac{\partial}{\partial y}\mathrm{d}y\right)^n f\right]$$
$$= \left(\frac{\partial}{\partial x}\mathrm{d}x + \frac{\partial}{\partial y}\mathrm{d}y\right)^{n+1} f$$

就是对于 $\mathrm{d}^{n+1}u$，这公式也成立.

公式(13)不难推广到任何多元函数. 我们知道[153]，公式(12)当 x 与 y 是自变量时成立，但是当求 $\mathrm{d}^2 u$ 的表达式时，我们把 $\mathrm{d}x$ 与 $\mathrm{d}y$ 算作常量，所以公式(13)只有当 $\mathrm{d}x$ 与 $\mathrm{d}y$ 能算作常量时才成立.

若 x 与 y 是自变量，这是成立的. 现在设 x 与 y 是自变量 z 与 t 的线性函数

$$x = az + bt + c, y = a_1 z + b_1 t + c_1$$

其中 a,b,c,a_1,b_1,c_1 都是常量. 我们得到 $\mathrm{d}x$ 与 $\mathrm{d}y$ 的表达式
$$\mathrm{d}x = a\mathrm{d}z + b\mathrm{d}t$$
$$\mathrm{d}y = a_1\mathrm{d}z + b_1\mathrm{d}t$$

不过 $\mathrm{d}z$ 与 $\mathrm{d}t$ 是自变量的微分, 应当算作常量, 于是在这情形下, $\mathrm{d}x$ 与 $\mathrm{d}y$ 也可以算作常量, 所以我们肯定, 当 x 与 y 是自变量, 或是自变量的线性函数(一次多项式)时, 公式(13)成立.

若 $\mathrm{d}x$ 与 $\mathrm{d}y$ 不能算作常量, 则公式(13)不成立. 现在我们求在一般情形下 d^2u 的表达式. 计算
$$\mathrm{d}\left(\frac{\partial f(x,y)}{\partial x}\mathrm{d}x\right) \text{ 与 } \mathrm{d}\left(\frac{\partial f(x,y)}{\partial y}\mathrm{d}y\right)$$

时, 我们不能像以上所作的, 把 $\mathrm{d}x$ 与 $\mathrm{d}y$ 由微分号下提出来, 而要应用乘积的微分公式[153]

$$\mathrm{d}^2u = \mathrm{d}x\mathrm{d}\frac{\partial f(x,y)}{\partial x} + \mathrm{d}y\mathrm{d}\frac{\partial f(x,y)}{\partial y} + \frac{\partial f(x,y)}{\partial x}\mathrm{d}^2x + \frac{\partial f(x,y)}{\partial y}\mathrm{d}^2y$$

右边的前两项和就等于以前 d^2u 的表达式, 于是我们得到

$$\mathrm{d}^2u = \frac{\partial^2 f(x,y)}{\partial x^2}\mathrm{d}x^2 + 2\frac{\partial^2 f(x,y)}{\partial x \partial y}\mathrm{d}x\mathrm{d}y + \frac{\partial^2 f(x,y)}{\partial y^2}\mathrm{d}y^2 +$$
$$\frac{\partial f(x,y)}{\partial x}\mathrm{d}^2x + \frac{\partial f(x,y)}{\partial y}\mathrm{d}^2y \tag{14}$$

就是, 在一般情形下, d^2u 的表达式含有两个补充项, 这两项依赖于 d^2x 与 d^2y.

157. 隐函数

现在我们来讲求隐函数的微商的法则. 这里我们假设所写的方程实际上确定一个函数, 而且它有微商存在. 在[159]中, 我们再叙述在什么条件下才有这种情形. 若 y 是 x 的隐函数
$$F(x,y) = 0 \tag{15}$$
我们知道[69], 这函数的一级微商 y' 由方程
$$F'_x(x,y) + F'_y(x,y)y' = 0 \tag{16}$$
确定. 方程(16)是在等式(15)中设 y 是 x 的函数, 由两边求微商得到的. 再对等式(16)这样作, 就得到确定二级微商 y'' 的方程
$$F''_{x^2}(x,y) + 2F''_{xy}(x,y)y' + F''_{y^2}(x,y)y'^2 + F'_y(x,y)y'' = 0 \tag{17}$$
这等式再对 x 求微商, 就得到确定三级微商 y''' 的方程, 以下依此类推.

注意, 如此得到的方程中, 这隐函数的未知微商的系数相同, 都是 $F'_y(x,y)$, 所以, 若当 x 与 y 取满足方程(15)的某些值时, 这个系数不等于零, 则对于

这些值,这隐函数的任何级微商的值完全确定.这里,设方程左边的偏微商存在.

考虑三个变量的方程
$$\Phi(x,y,z)=0$$
这个方程确定 z 是自变量 x 与 y 的一个函数,若用这个 x 与 y 的函数代替方程左边的 z,则方程左边恒等于零.如此,这方程左边对 x 与 y 求微商时,设 z 是它们的函数,应当得到零
$$\Phi'_x(x,y,z)+\Phi'_z(x,y,z)z'_x=0$$
$$\Phi'_y(x,y,z)+\Phi'_z(x,y,z)z'_y=0$$
由这两个方程确定一级偏微商 z'_x 与 z'_y.把第一个方程再对 x 求微商,就得到确定二级微商 z'_{x^2} 的方程,其余依此类推.在所有得到的方程中,未知微商的系数都是 $\Phi'_z(x,y,z)$.现在考虑方程组
$$\varphi(x,y,z)=0,\psi(x,y,z)=0 \qquad (17')$$
可以算作这个方程组确定 y 与 z 是 x 的函数.由这两个方程对 x 求微商,设 y 与 z 是 x 的函数,得到确定微商 y' 与 z' 的一次方程组
$$\varphi'_x(x,y,z)+\varphi'_y(x,y,z)y'+\varphi'_z(x,y,z)z'=0$$
$$\psi'_x(x,y,z)+\psi'_y(x,y,z)y'+\psi'_z(x,y,z)z'=0$$
这两个方程再对 x 求微商,得到确定二级微商 y'' 与 z'' 的方程组,再对 x 求微商,就得到确定 y''' 与 z''' 的方程组,以下依此类推.

n 级微商 $y^{(n)}$ 与 $z^{(n)}$ 就要由下面这样的方程组
$$\varphi'_y(x,y,z)y^{(n)}+\varphi'_z(x,y,z)z^{(n)}+A=0$$
$$\psi'_y(x,y,z)y^{(n)}+\psi'_z(x,y,z)z^{(n)}+B=0$$
确定,其中 A 与 B 的表达式中,含有低于 n 级的各级微商.由初等代数知道,这样的方程组,当满足条件
$$\varphi'_y(x,y,z)\psi'_z(x,y,z)-\varphi'_z(x,y,z)\psi'_y(x,y,z)\neq 0$$
时,有唯一的确定的解.

对于所有满足方程组(17′)与这个条件的 x,y,z 的值,各级微商就完全确定.

一般来讲,若有 m 个方程的方程组,含有 $m+n$ 个变量,则这样的方程组确定 m 个变量是其余 n 个变量的隐函数,这些隐函数的微商可以如上所述由这些方程依次对自变量求微商得到.

158. **例子**

考虑方程

$$ax^2 + by^2 + cz^2 = 1 \tag{18}$$

它确定 z 是 x 与 y 的一个函数. 对 x 求微商, 得到

$$ax + cz \cdot z'_x = 0 \tag{19}$$

对 y 求微商, 得到

$$by + cz \cdot z'_y = 0 \tag{19'}$$

由此

$$z'_x = -\frac{ax}{cz}, \quad z'_y = -\frac{by}{cz}$$

关系式 (19) 对 x, 对 y 求微商, 关系式 (19') 对 y 求微商, 得到

$$a + c(z'_x)^2 + cz \cdot z''_{x^2} = 0, \quad cz'_x z'_y + cz z''_{yx} = 0, \quad b + c(z'_y)^2 + cz \cdot z''_{y^2} = 0$$

由此

$$z''_{x^2} = -\frac{a + c(z'_x)^2}{cz} = -\frac{a + c\dfrac{a^2 x^2}{c^2 z^2}}{cz} = -\frac{acz^2 + a^2 x^2}{c^2 z^3}$$

$$z''_{xy} = -\frac{z'_x z'_y}{z} = -\frac{abxy}{c^2 z^3}$$

$$z''_{y^2} = -\frac{b + c(z'_y)^2}{cz} = -\frac{bcz^2 + b^2 y^2}{c^2 z^3}$$

现在叙述计算偏微商的另一个方法, 以应用函数的全微分的表达式为基础. 我们先证明一个辅助定理. 设 z 是自变量 x 与 y 的一个函数, 无论由什么方法, 如果我们得到全微分 $\mathrm{d}z$ 的表达式有下面的形式

$$\mathrm{d}z = p\mathrm{d}x + q\mathrm{d}y$$

我们知道

$$\mathrm{d}z = z'_x \mathrm{d}x + z'_y \mathrm{d}y$$

比较这两个表达式, 就得到

$$p\mathrm{d}x + q\mathrm{d}y = z'_x \mathrm{d}x + z'_y \mathrm{d}y$$

不过 $\mathrm{d}x$ 与 $\mathrm{d}y$ 是自变量的微分, 是任意的量. 令 $\mathrm{d}x = 1, \mathrm{d}y = 0$, 再令 $\mathrm{d}x = 0$, $\mathrm{d}y = 1$, 得到

$$p = z'_x, \quad q = z'_y$$

所以, 若自变量 x 与 y 的函数 z 的全微分可以写成下面的形式

$$\mathrm{d}z = p\mathrm{d}x + q\mathrm{d}y$$

则

$$p = z'_x, \quad q = z'_y$$

这个定理可以推广到任何多元函数. 同样可以证明, 若二级微分可以写成

下面的形式
$$\mathrm{d}^2 z = r\mathrm{d}x^2 + 2s\mathrm{d}x\mathrm{d}y + t\mathrm{d}y^2$$
则
$$r = z''_{x^2}, s = z''_{xy}, t = z''_{y^2}$$

现在回到所考虑的例子. 我们不求关系式(18)左边对 x 与 y 的微商,而求它的微分,由于一级微分的表达式不依赖于选用的自变量[153],就得到
$$ax\mathrm{d}x + by\mathrm{d}y + cz\mathrm{d}z = 0 \tag{20}$$
由此
$$\mathrm{d}z = -\frac{ax}{cz}\mathrm{d}x - \frac{by}{cz}\mathrm{d}y$$
于是根据上面证明的定理
$$z'_x = -\frac{ax}{cz}, z'_y = -\frac{by}{cz}$$
再求关系式(20)左边的微分,注意,这时 $\mathrm{d}x$ 与 $\mathrm{d}y$ 应当算作常量
$$a\mathrm{d}x^2 + b\mathrm{d}y^2 + c\mathrm{d}z^2 + cz\mathrm{d}^2z = 0$$
或
$$\begin{aligned}
\mathrm{d}^2 z &= -\frac{a}{cz}\mathrm{d}x^2 - \frac{b}{cz}\mathrm{d}y^2 - \frac{1}{z}\mathrm{d}z^2 \\
&= -\frac{a}{cz}\mathrm{d}x^2 - \frac{b}{cz}\mathrm{d}y^2 - \frac{1}{z}\left(\frac{ax}{cz}\mathrm{d}x + \frac{by}{cz}\mathrm{d}y\right)^2 \\
&= -\frac{acz^2 + a^2x^2}{c^2z^3}\mathrm{d}x^2 - 2\frac{abxy}{c^2z^3}\mathrm{d}x\mathrm{d}y - \frac{bcz^2 + b^2y^2}{c^2z^3}\mathrm{d}y^2
\end{aligned}$$
于是
$$z''_{x^2} = -\frac{acz^2 + a^2x^2}{c^2z^3}, z''_{xy} = -\frac{abxy}{c^2z^3}, z''_{y^2} = -\frac{bcz^2 + b^2y^2}{c^2z^3}$$
如此,确定了某级微分,就得到对应级的偏微商.

159. 隐函数的存在性

以上我们的讨论只限于形式的计算. 在所有的情形下,我们设对应的方程或方程组确定隐函数,且有微商. 现在我们证明隐函数存在的基本定理. 考虑方程
$$F(x, y) = 0 \tag{21}$$
在什么条件下唯一确定一个 x 的函数 y,这个函数连续而有微商.

定理 3 设 $x = x_0, y = y_0$ 是方程(21)的一组解,就是

$$F(x_0, y_0) = 0 \tag{22}$$

设 x 及 y 各取与 x_0 及 y_0 足够近的所有的值时，$F(x,y)$ 以及它对 x 与对 y 的一级偏微商都是连续的，并设偏微商 $F'_y(x,y)$，当 $x=x_0, y=y_0$ 时，不等于零。这时，对于所有与 x_0 足够近的 x 的值，有满足方程(21) 的一个确定的函数 $y(x)$ 存在，它连续，有微商，而且满足条件 $y(x_0) = y_0$。

为确定起见，设当 $x=x_0, y=y_0$ 时，$F'_y(x,y) > 0$。依条件，这个微商连续，所以对于所有与 x_0 及 y_0 足够近的 x 及 y 的值，它是正的。就是有这样一个正数 l 存在，使得对于所有满足条件

$$|x-x_0| \leqslant l, \ |y-y_0| \leqslant l \tag{23}$$

的 x 及 y，$F(x,y)$ 与它的偏微商连续，而且

$$F'_y(x,y) > 0 \tag{24}$$

再者，一个变量 y 的函数 $F(x_0, y)$，根据式(22)，当 $y=y_0$ 时等于零；根据式(23) 与(24)，在区间 $(y-l, y+l)$ 上，它是上升函数。如此，$F(x_0, y_0-l)$ 与 $F(x_0, y_0+l)$ 两个数异号：前者是负的，后者是正的。注意函数 $F(x,y)$ 的连续性，我们可以肯定[67]，对于所有与 x_0 足够近的 x 的值，$F(x, y_0-l)$ 是负的，而 $F(x, y_0+l)$ 是正的。就是有这样一个正数 l_1 存在，使得当 $|x-x_0| \leqslant l_1$ 时

$$F(x, y_0-l) < 0, F(x, y_0+l) > 0 \tag{25}$$

用 m 记 l 与 l_1 两个数中之小者。注意式(23) 与(25)，我们可以肯定，若 x 与 y 满足不等式

$$|x-x_0| \leqslant m, \ |y-y_0| < l \tag{26}$$

则满足不等式(24) 与(25)。

若在区间 (x_0-m, x_0+m) 上，任意取定一个 x 的值，满足式(26) 中前一个不等式，则根据式(24)，y 的函数 $F(x,y)$ 在区间 (y_0-l, y_0+l) 上是上升函数，并且根据式(25)，在这区间两端函数值异号。于是推知，在这区间内，有一个确定的 y 的值，使得这个 $F(x,y)$ 等于零。特别是，若 $x=x_0$，则根据式(22)，这个 y 的值是 $y=y_0$。如此，我们证明，在区间 (x_0-m, x_0+m) 上，有一个确定的函数 $y(x)$ 存在，它是方程(21) 的解，而且满足条件 $y(x_0) = y_0$。换句话说，由以上的讨论推知，当在区间 (x_0-m, x_0+m) 上任意选定一个 x 的值时，方程(21) 在区间 (y_0-l, y_0+l) 内有一个唯一的根。

现在证明求出的函数 $y(x)$，当 $x=x_0$ 时连续。实际上，当任意给定一个正数 ε 时，根据式(25)，$F(x_0, y_0-\varepsilon)$ 与 $F(x_0, y_0+\varepsilon)$ 异号。于是推知，有这样一个正数 η 存在，使得当 $|x-x_0| < \eta$ 时，$F(x, y_0-\varepsilon)$ 与 $F(x, y_0+\varepsilon)$ 异号。换句话说，就是当 $|x-x_0| < \eta$ 时，方程(21) 的根，也就是函数 $y(x)$ 的值，满足条件

$|y-y_0|<\varepsilon$. 于是证明,当 $x=x_0$ 时, $y(x)$ 连续.

再证当 $x=x_0$ 时微商 $y'(x)$ 存在. 设 $\Delta x=x-x_0$,并设 $\Delta y=y-y_0$ 是 y 的对应的改变量. 于是
$$x=x_0+\Delta x, y=y_0+\Delta y$$
满足方程(21),就是
$$F(x_0+\Delta x, y_0+\Delta y)=0$$
根据式(22),可以写成
$$F(x_0+\Delta x, y_0+\Delta y)-F(x_0,y_0)=0$$
注意偏微商的连续性,这个等式就可以写成[68]
$$[F'_{x_0}(x_0,y_0)+\varepsilon_1]\Delta x+[F'_{y_0}(x_0,y_0)+\varepsilon_2]\Delta y=0 \qquad (27)$$
这里,当 Δx 与 $\Delta y \to 0$ 时, ε_1 与 $\varepsilon_2 \to 0$,其中 $F'_{x_0}(x_0,y_0)$ 与 $F'_{y_0}(x_0,y_0)$ 各记当 $x=x_0, y=y_0$ 时两个偏微商的值. 由以上所证的连续性推知,当 $\Delta x \to 0$ 时, $\Delta y \to 0$.

由方程(27)我们有
$$\frac{\Delta y}{\Delta x}=-\frac{F'_{x_0}(x_0,y_0)+\varepsilon_1}{F'_{y_0}(x_0,y_0)+\varepsilon_2}$$
取极限,当 $\Delta x \to 0$ 时,得到
$$y'(x)=-\frac{F'_{x_0}(x_0,y_0)}{F'_{y_0}(x_0,y_0)}$$

最后我们证明,函数 $y(x)$ 连续而有微商,不仅是限于 $x=x_0$ 时. 若在区间 (x_0-m, x_0+m) 上,任意取一个其他的 x 的值,于是在区间 (y_0-l, y_0+l) 内有一个对应的 y 的值是方程(21)的解,则对于这一对 x 与 y 的值,定理中所有的条件都满足,于是根据以上所述,对于上述的区间上任何 x 的值, $y(x)$ 连续而有微商.

像上面一样,可以得出由方程
$$\Phi(x,y,z)=0$$
确定的隐函数 $z(x,y)$ 的存在定理.

现在考虑方程组
$$\varphi(x,y,z)=0, \psi(x,y,z)=0 \qquad (28)$$
在什么条件下确定 y 与 z 是 x 的函数.

这时我们有下面的定理:

定理 4 设 $x=x_0, y=y_0, z=z_0$ 是方程组(28)的一组解,设当 (x,y,z) 取与 (x_0,y_0,z_0) 足够近的值时, $\varphi(x,y,z), \psi(x,y,z)$ 与它们的一级偏微商都是

(x,y,z) 的连续函数,并设当 $x=x_0, y=y_0, z=z_0$ 时,表达式
$$\varphi'_y(x,y,z)\psi'_x(x,y,z)-\varphi'_z(x,y,z)\psi'_y(x,y,z)$$
不等于零. 这时,对于与 x_0 足够近的所有的 x 的值,有两个函数 $y(x), z(x)$ 存在,它们满足方程组(28)连续,有一级微商,并且满足条件 $y(x_0)=y_0, z(x_0)=z_0$.

这个定理我们不证明. 在第三卷中,我们再考虑任何多个变量的任何多个函数的情形.

160. 空间曲线与曲面

由解析几何学知道,任何一个三元的方程
$$F(x,y,z)=0 \tag{29}$$
或显示式
$$z=f(x,y) \tag{30}$$
一般来讲,对应于空间的某一曲面,以 OX, OY, OZ 为直角坐标轴.

空间的曲线可以考虑作两个曲面的交线,于是可以对应的由两个方程
$$F_1(x,y,z)=0, F_2(x,y,z)=0 \tag{31}$$
确定. 有时曲线由参变方程
$$x=\varphi(t), y=\psi(t), z=\omega(t) \tag{32}$$
确定. 像平面曲线的情形一样,曲线弧的长度是这样确定的,作这曲线弧的内接折线,求出当折线的每一边长无限减小时内接折线长度的极限作为弧长. 与平面曲线的情形完全类似[103],我们这里不再重述,可以证明,弧长由定积分
$$S=\int_{(M_1)}^{(M_2)}\sqrt{(\mathrm{d}x)^2+(\mathrm{d}y)^2+(\mathrm{d}z^2)}=\int_{t_1}^{t_2}\sqrt{\varphi'^2(t)+\psi'^2(t)+\omega'^2(t)}\,dt \tag{33}$$

表达,其中 t_1 与 t_2 是对应于弧的端点 M_1 与 M_2 参变量 t 的值,并且弧的微分有表达式
$$\mathrm{d}s=\sqrt{(\mathrm{d}x)^2+(\mathrm{d}y)^2+(\mathrm{d}z)^2} \tag{34}$$

若用由曲线上某一定点算起的弧长 s 作参变量,则像在平面曲线的情形一样,可以证明,微商 $\dfrac{\mathrm{d}x}{\mathrm{d}s}, \dfrac{\mathrm{d}y}{\mathrm{d}s}, \dfrac{\mathrm{d}z}{\mathrm{d}s}$ 各等于曲线的切线的方向余弦,就是等于这切线的正方向与坐标轴交角的余弦. 如此,在点 (x,y,z),曲线的方向余弦就是切线方向与坐标轴交角的余弦,与 $\mathrm{d}x, \mathrm{d}y, \mathrm{d}z$ 成比例,于是切线的方程可以写成
$$\frac{X-x}{\mathrm{d}x}=\frac{Y-y}{\mathrm{d}y}=\frac{Z-z}{\mathrm{d}z} \tag{35}$$

或
$$\frac{X-\varphi(t)}{\varphi'(t)} = \frac{Y-\psi(t)}{\psi'(t)} = \frac{Z-\omega(t)}{\omega'(t)} \tag{36}$$

现在介绍一个新概念，即曲面
$$F(x,y,z) = 0 \tag{37}$$
的切面的概念.

设 $M(x,y,z)$ 是曲面上一点，L 是这曲面上过点 M 的一条曲线. 这曲线上的点的坐标是参变量 t 的一个函数，并且这些函数满足方程(37)，因为曲线 L 在这曲面上. 如此，曲线 L 上所有的点就是对于任何 t 的值都满足方程(37)，于是，我们可以求方程(37)左边的微分，得到
$$F'_x(x,y,z)\mathrm{d}x + F'_y(x,y,z)\mathrm{d}y + F'_z(x,y,z)\mathrm{d}z = 0 \tag{38}$$

由解析几何学知道，这样的等式
$$aa_1 + bb_1 + cc_1 = 0$$
是两条直线垂直的条件，这两条直线的方向余弦各与 a,b,c 以及 a_1,b_1,c_1 成比例. 我们又知道 $\mathrm{d}x,\mathrm{d}y,\mathrm{d}z$ 与在点 M 的切线的方向余弦成比例，于是等式(38)告诉我们，在点 M 的切线垂直于某一条确定的直线，不依赖于曲线 L，它的方向余弦与 $F'_x(x,y,z),F'_y(x,y,z),F'_z(x,y,z)$ 成比例. 如此，我们看出，曲面(37)上过点 M 的任何曲线的切线在同一个平面
$$A(X-x) + B(Y-y) + C(Z-z) = 0 \tag{39}$$
上，这个平面叫作这曲面在点 M 的切面.

由解析几何学知道，平面的方程中，系数 A,B,C 与这平面的法线的方向余弦成比例，在我们的情形下，就是与 $F'_x(x,y,z),F'_y(x,y,z),F'_z(x,y,z)$ 成比例，于是推知，这切面的方程可以写成
$$F'_x(x,y,z)(X-x) + F'_y(x,y,z)(Y-y) + F'_z(x,y,z)(Z-z) = 0 \tag{40}$$
其中 X,Y,Z 是变动坐标，而 x,y,z 是切点 M 的坐标.

在点 M 的切面的法线叫作这曲面的法线. 我们现在看出，它的方向余弦与偏微商 $F'_x(x,y,z),F'_y(x,y,z),F'_z(x,y,z)$ 成比例. 于是推知，它的方程是
$$\frac{X-x}{F'_x(x,y,z)} = \frac{Y-y}{F'_y(x,y,z)} = \frac{Z-z}{F'_z(x,y,z)} \tag{41}$$

若所给的曲面的方程是显示式 $z = f(x,y)$，则方程(37)有如
$$F(x,y,z) = f(x,y) - z = 0$$
于是推出

$$F'_x(x,y,z)=f'_x(x,y), F'_y(x,y,z)=f'_y(x,y), F'_z(x,y,z)=-1$$

习惯上常用 p,q 各记偏微商 $f'_x(x,y), f'_y(x,y)$，于是得到这曲面的切面的方程

$$p(X-x)+q(Y-y)-(Z-z)=0 \tag{42}$$

以及法线的方程

$$\frac{X-x}{p}=\frac{Y-y}{q}=\frac{Z-z}{-1} \tag{43}$$

对于椭圆面

$$\frac{x^2}{a^2}+\frac{y^2}{b^2}+\frac{z^2}{c^2}=1$$

过其上一点 (x,y,z) 的切面的方程是

$$\frac{2x}{a^2}(X-x)+\frac{2y}{b^2}(Y-y)+\frac{2z}{c^2}(Z-z)=0$$

或

$$\frac{xX}{a^2}+\frac{yY}{b^2}+\frac{zZ}{c^2}=\frac{x^2}{a^2}+\frac{y^2}{b^2}+\frac{z^2}{c^2}$$

这方程右边等于1，因为切点的坐标 (x,y,z) 应当满足这椭圆面的方程，于是切面的方程是

$$\frac{xX}{a^2}+\frac{yY}{b^2}+\frac{zZ}{c^2}=1$$

§2 泰勒公式，多元函数的极大值与极小值

161. 泰勒公式推广到多元函数的情形

为写起来简单起见，我们限于讨论二元函数 $f(x,y)$ 的情形，泰勒公式给出 $f(a+h,b+k)$ 依自变量的改变量 h 与 k 的方幂的展开式[127]。引入新的自变量 t，令

$$x=a+ht, y=b+kt \tag{1}$$

如此，我们得到一个自变量 t 的函数

$$\varphi(t)=f(x,y)=f(a+ht,b+kt)$$

这时

$$\varphi(0)=f(a,b), \varphi(1)=f(a+h,b+k) \tag{2}$$

应用麦克劳林公式,余项采取拉格朗日式,可以写成[127]

$$\varphi(1)=\varphi(0)+\frac{\varphi'(0)}{1!}+\frac{\varphi''(0)}{2!}+\cdots+\frac{\varphi^{(n)}(0)}{n!}+\frac{\varphi^{(n+1)}(\theta)}{(n+1)!}$$
$$(0<\theta<1) \tag{3}$$

现在通过函数 $f(x,y)$ 来表示微商 $\varphi^{(p)}(0), \varphi^{(n+1)}(\theta)$.

由公式(1)我们看出,x 与 y 是自变量 t 的线性函数,并且

$$\mathrm{d}x=h\mathrm{d}t$$
$$\mathrm{d}y=k\mathrm{d}t$$

所以我们可以应用确定函数 $\varphi(t)$ 的各级微分的形式公式[156]

$$\mathrm{d}^p\varphi(t)=\left(\frac{\partial}{\partial x}\mathrm{d}x+\frac{\partial}{\partial y}\mathrm{d}y\right)^{(p)}f(x,y)=\left(h\frac{\partial}{\partial x}+k\frac{\partial}{\partial y}\right)^{(p)}f(x,y)\mathrm{d}t^p$$

由此

$$\varphi^{(p)}(t)=\frac{\mathrm{d}^p\varphi(t)}{\mathrm{d}t^p}=\left(h\frac{\partial}{\partial x}+k\frac{\partial}{\partial y}\right)^{(p)}f(x,y)$$

当 $t=0$ 时,$x=a,y=b$. 当 $t=\theta$ 时,$x=a+\theta h, y=b+\theta k$,所以

$$\varphi^{(p)}(0)=\left(h\frac{\partial}{\partial x}+k\frac{\partial}{\partial y}\right)^{(p)}f(a,b)$$

$$\varphi^{(n+1)}(\theta)=\left(h\frac{\partial}{\partial x}+k\frac{\partial}{\partial y}\right)^{(n+1)}f(a+\theta h,b+\theta k)$$

代入这些表达式到公式(3)中,再应用公式(2),就得到泰勒公式

$$f(a+h,b+k)=f(a,b)+\left(h\frac{\partial}{\partial x}+k\frac{\partial}{\partial y}\right)f(a,b)+$$
$$\frac{1}{2!}\left(h\frac{\partial}{\partial x}+k\frac{\partial}{\partial y}\right)^{(2)}f(a,b)+\cdots+$$
$$\frac{1}{n!}\left(h\frac{\partial}{\partial x}+k\frac{\partial}{\partial y}\right)^{(n)}f(a,b)+$$
$$\frac{1}{(n+1)!}\left(h\frac{\partial}{\partial x}+k\frac{\partial}{\partial y}\right)^{(n+1)}f(a+\theta h,b+\theta k) \tag{4}$$

在这个公式中,用 x 代替 a,y 代替 b,自变量的改变量 h 与 k 各记作 $\mathrm{d}x$ 与 $\mathrm{d}y$,函数的改变量 $f(x+\mathrm{d}x,y+\mathrm{d}y)-f(x,y)$ 记作 $\Delta f(x,y)$,就可以写成下面这样的公式

$$\Delta f(x,y)=\mathrm{d}f(x,y)+\frac{\mathrm{d}^2f(x,y)}{2!}+\cdots+\frac{\mathrm{d}^nf(x,y)}{n!}+\left[\frac{\mathrm{d}^{n+1}f(x,y)}{(n+1)!}\right]_{\substack{x+\theta\mathrm{d}x\\y+\theta\mathrm{d}y}}$$

这公式右边含有函数 $f(x,y)$ 的各级微分,在末一项中要用所附记的自变量的值代入到 $n+1$ 级微商中. 与一元函数的情形类似,麦克劳林公式给出函数 $f(x,y)$ 依 x 与 y 的方幂的展开式,只要在泰勒公式(4)中,设

$$a=0, b=0; h=x, k=y$$

求公式(4)时,我们设在某一个包含联结(a,b)与$(a+h,b+k)$两点的线段的区域上,函数$f(x,y)$有直到$n+1$级的连续偏微商. 当t由0改变到1时,变量$x=a+ht, y=b+kt$描出上述的线段. 当$n=0$时,得到改变量的公式

$$f(a+h, b+k) - f(a,b) = h f'_a(a+\theta h, b+\theta k) + k f'_b(a+\theta h, b+\theta k)$$

像在[63]中一样,由此直接推出,若在某一区域内,一级偏微商处处等于零,则函数在这区域内保持常值.

162. 函数的极大值与极小值的必要条件

设函数$f(x,y)$在点(a,b)及其近旁连续. 与一元的情形类似,对于二元函数$f(x,y)$,若函数值$f(a,b)$不小于所有的附近的函数值,就是若当h与k的绝对值足够小时

$$\Delta f = f(a+h, b+k) - f(a,b) < 0 \tag{5}$$

就说是函数$f(x,y)$在点(a,b)达到一个极大值.

同样,若当h与k的绝对值足够小时

$$\Delta f = f(a+h, b+k) - f(a,b) > 0 \tag{5'}$$

就说是函数$f(x,y)$当$x=a, y=b$时,达到一个极小值.

于是,设当自变量$x=a, y=b$时,函数$f(x,y)$达到极大值或极小值. 考虑一个自变量x的函数$f(x,b)$. 由条件当$x=a$时,它应当达到极大值或极小值,所以当$x=a$时,它对x的微商应当或者等于零或者不存在[58]. 同样考虑,得到当$y=b$时,函数$f(a,y)$对y的微商应当或者等于零或者不存在. 如此我们求得极大值或极小值存在的必要条件:二元函数$f(x,y)$要达到极大值或极小值,只有当x与y的值使得一级偏微商$\dfrac{\partial f(x,y)}{\partial x}, \dfrac{\partial f(x,y)}{\partial y}$等于零或不存在时才可能.

同样,只取x或只取y,如[58]中所述,可以肯定,当利用二级微商时,极大值的必要条件是不等式

$$\dfrac{\partial^2 f(x,y)}{\partial x^2} \leqslant 0, \dfrac{\partial^2 f(x,y)}{\partial y^2} \leqslant 0$$

极小值的必要条件是不等式

$$\dfrac{\partial^2 f(x,y)}{\partial x^2} \geqslant 0, \dfrac{\partial^2 f(x,y)}{\partial y^2} \geqslant 0$$

以上的理由,在任何多元函数的情形,都成立. 如此,我们可以推出下面这

一般的法则：

一个多元函数要达到极大值或极小值,只有当那些自变量的值使得每个一级偏微商等于零或不存在时才可能.以下我们只限于考虑偏微商存在的情形.

一级微分等于对每个自变量的微商与对应的自变量的微分之乘积的和[153],所以我们可以肯定,当自变量的值使得函数有极大值或极小值时,它的一级微分应当等于零.这个必要条件的公式比较适用,因为一级微分的表达式不依赖于所选择的变量[153].让一级偏微商等于零,我们得到一个方程组,由此确定出自变量的那些值可能使函数达到极大值或极小值.若要完全解决这个问题,还要讨论这些得到的值,是否当自变量取这些值时,函数真的达到极大值或极小值,如果是的话,该是极大值还是极小值呢？下一段中,我们就二元函数的情形,作这样的讨论.

163. 二元函数极大值与极小值的讨论

设由表达极大值或极小值的必要条件的方程组

$$\frac{\partial f(x,y)}{\partial x}=0, \frac{\partial f(x,y)}{\partial y}=0 \tag{6}$$

求出一对需要讨论的值 $x=a, y=b$. 设 $f(x,y)$ 在点 (a,b) 及其近旁有直到二级的连续偏微商.

依照泰勒公式(4),当 $n=2$ 时,可以写成

$$f(a+h,b+k)=f(a,b)+\frac{\partial f(a,b)}{\partial a}h+\frac{\partial f(a,b)}{\partial b}k+$$

$$\frac{1}{2!}\left[\frac{\partial^2 f(x,y)}{\partial x^2}h^2+2\frac{\partial^2 f(x,y)}{\partial x\partial y}hk+\frac{\partial^2 f(x,y)}{\partial y^2}k^2\right]_{\substack{x=a+\theta h\\y=b+\theta k}}$$

注意, $x=a$ 与 $y=b$ 是方程组(6)的解,于是这等式可以写成

$$\Delta f=f(a+h,b+k)-f(a,b)$$

$$=\frac{1}{2!}\left[\frac{\partial^2 f(x,y)}{\partial x^2}h^2+2\frac{\partial^2 f(x,y)}{\partial x\partial y}hk+\frac{\partial^2 f(x,y)}{\partial y^2}k^2\right]_{\substack{x=a+\theta h\\y=b+\theta k}} \tag{7}$$

设

$$r=\sqrt{h^2+k^2}, h=r\cos\alpha, k=r\sin\alpha$$

当 h 与 k 的绝对值很小时, r 就很小,反之亦然,所以, h 及 $k\to 0$,与 $r\to 0$,这两个条件相当.

现在公式(7)可以写成

$$\Delta f=\frac{r^2}{2!}\left[\frac{\partial^2 f(x,y)}{\partial x^2}\cos^2\alpha+2\frac{\partial^2 f(x,y)}{\partial x\partial y}\cos\alpha\sin\alpha+\frac{\partial^2 f(x,y)}{\partial y^2}\sin^2\alpha\right]_{\substack{x=a+\theta h\\y=b+\theta k}}$$

$$\tag{8}$$

注意二级微商的连续性,并算作 h 与 k(或 r) 是无穷小量,可以肯定,公式(8) 右边的微商中,以值 $a+\theta h, b+\theta k$ 代入后,各与

$$\frac{\partial^2 f(a,b)}{\partial a^2}=A, \frac{\partial^2 f(a,b)}{\partial a \partial b}=B, \frac{\partial^2 f(a,b)}{\partial b^2}=C$$

差一个无穷小量,所以公式(8)的方括号中 $\cos^2\alpha, \cos\alpha\sin\alpha, \sin^2\alpha$ 的系数可以各用

$$A+\varepsilon_1, 2B+\varepsilon_2, C+\varepsilon_3$$

代替,其中 $\varepsilon_1, \varepsilon_2, \varepsilon_3$ 与 h, k(或 r) 一齐是无穷小量.

于是公式(8)可以写成

$$\Delta f = \frac{r^2}{2!}[A\cos^2\alpha + 2B\sin\alpha\cos\alpha + C\sin^2\alpha + \varepsilon] \tag{9}$$

其中

$$\varepsilon = \varepsilon_1\cos^2\alpha + \varepsilon_2\cos\alpha\sin\alpha + \varepsilon_3\sin^2\alpha$$

与 h, k(或 r) 一齐是无穷小量.

由极大值与极小值的定义推知,若对于所有的足够小的 r 的值,等式(9)的右边保持负号,则 $x=a, y=b$ 对应于函数的一个极大值;若它保持正号,则对应于函数的一个极小值;若无论 r 的值多么小,等式(9)右边可正可负,则 $x=a, y=b$ 不对应于函数的一个极大值或极小值.

讨论等式(9)右边的符号,可以分下列四种情形:

Ⅰ.若没有一个 α 的值使得三项式

$$A\cos^2\alpha + 2B\sin\alpha\cos\alpha + C\sin^2\alpha \tag{10}$$

等于零,则由于它是 α 的连续函数,它保持不变号[35],设是正号. 在区间(0, 2π)上,这个连续函数达到一个最小值 m(正的). 根据 $\sin\alpha$ 与 $\cos\alpha$ 的周期性,这个最小值 m 对于任何 α 的值都成立. 对于所有的足够小的 r 的值, $|\varepsilon|$ 一定要小于 m,于是等式(9)右边的符号由三项式(10)的符号确定,就是正号. 在这情形下,有一个极小值.

Ⅱ.若没有 α 的值使得三项式(10)等于零,而它保持负号. 设 $-m$ 是这三项式在区间(0, 2π)上的最大值(负的). 当 r 足够小时, $|\varepsilon|$ 小于 m,这时等式(9)右边的符号是负号,就是在这情形下有一个极大值.

Ⅲ.设三项式(10)变号. 设当 $\alpha=\alpha_1$ 时,它等于正数 m_1,而当 $\alpha=\alpha_2$ 时,等于负数 $-m_2$. 对于所有的足够小的 r 的值, $|\varepsilon|$ 将小于 m_1 与 m_2,对于这样的 r 的值,当 $\alpha=\alpha_1$ 或 α_2 时,等式(9)右边的符号由三项式(10)的符号确定,就是, $\alpha=\alpha_1$ 时,是正号, $\alpha=\alpha_2$ 时,是负号. 如此,在这情形下,无论 r 的值多么小,等式(9)

右边的符号可正可负,即在这情形下,没有极大值或极小值.

Ⅳ. 最后设三项式(10)保持不变号,可是当 α 取某些值时,它等于零. 在这情形下,不讨论 ε 的符号,就不能断定等式(9)右边的符号,于是这种情形,在我们的讨论中保留置疑. 由讨论三项式(10)的符号,可以就这四种情形得到简单的判别法.

1) 先设 $A \neq 0$,三项式(10)就可以写成

$$\frac{(A\cos \alpha + B\sin \alpha)^2 + (AC - B^2)\sin^2 \alpha}{A} \tag{11}$$

若 $AC - B^2 > 0$,则这分式的分子是不能同时成为零的两个正项之和. 实际上,第二项只有当 $\sin \alpha = 0$ 时等于零,而这时 $\cos \alpha = \pm 1$,于是第一项成为 $A^2 \neq 0$. 如此,在这情形下,表达式(11)的符号与 A 的符号相同. 于是推知,当 $A > 0$ 时,是情形 Ⅰ,有极小值,当 $A < 0$ 时,是情形 Ⅱ,有极大值.

2) 设 $A \neq 0$,而 $AC - B^2 < 0$. 分式(11)的分子当 $\sin \alpha = 0$ 时有正号,当 $\cot \alpha = -\frac{B}{A}$ 时有负号,所以这是情形 Ⅲ,没有极大值或极小值.

3) 设 $A \neq 0$,而 $AC - B^2 = 0$,则分式(11)的分子只剩下第一项,它保持正号不变,但是当 $\cot \alpha = -\frac{B}{A}$ 时,它等于零,这时是可疑情形 Ⅳ.

4) 设 $A = 0$,而 $B \neq 0$. 这时三项式(10)有如 $\sin \alpha (2B\cos \alpha + C\sin \alpha)$. 当 α 的值逼近零时,括号中的表达式保持不变号,与 B 的符号相同,但是前面的因子 $\sin \alpha$,因 α 大于或小于零,有不同的符号,就是情形 Ⅲ,没有极大值或极小值.

5) 设 $A = B = 0$. 这时三项式(10)只剩下一项 $C\sin^2 \alpha$,于是推知,它不变号,但是可以成为零,就是可疑情形.

注意,在判别法 4) 的条件下,$AC - B^2 < 0$;在判别法 5) 的条件下,$AC - B^2 = 0$,可以推出下面的法则:

为要求二元 x 与 y 的函数 $f(x,y)$ 的极大值与极小值,要先作出偏微商 $f'_x(x,y)$ 与 $f'_y(x,y)$,再解方程组

$$f'_x(x,y) = 0, f'_y(x,y) = 0$$

设 $x = a, y = b$ 是这方程组的一组解,并设

$$\frac{\partial^2 f(a,b)}{\partial a^2} = A, \frac{\partial^2 f(a,b)}{\partial a \partial b} = B, \frac{\partial^2 f(a,b)}{\partial b^2} = C$$

则可由下表讨论得到的解:

$AC-B^2$	+		−	0
A	+	−	没有极大值或极小值	可疑情形
	极小值	极大值		

164. 例子

例 1 考虑曲面 $z=f(x,y)$. 它的切面的方程是 [155]
$$p(X-x)+q(Y-y)-(Z-z)=0$$
其中 p 与 q 各为偏微商 $f'_x(x,y)$ 与 $f'_y(x,y)$ 的值.

若当 $x=a,y=b$ 时，函数 z 达到一个极大值或极小值，则对应的点叫作这曲面的顶点，在这点的切面应当平行于 XY 平面，就是偏微商的值 p 与 q 应当等于零，并且在切点附近，这曲面应当位于切面的一侧（图 5.1）. 不过有时，在某一点 p 与 q 等于零，就是切面平行于 XY 平面，但是在这点附近，曲面位于切面的两侧，这时对于对应的 x 与 y 的值，函数 z 没有极大值或极小值.

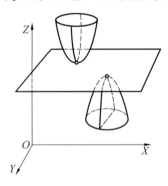

图 5.1

还有一种可能的情形，我们以前叫作可疑情形. 设当 $x=a,y=b$ 时，切面平行于 XY 平面，并且曲面位于切面的一侧，不过它们有过切点的公共曲线. 在这情形下，当 h 与 k 的绝对值足够小时，差
$$f(a+h,b+k)-f(a,b)$$
不变号，而对于某些 h 与 k 的值，它等于零. 例如，主轴平行于 XY 平面的圆柱面，对于这样的曲面，我们也说，当 $x=a,y=b$ 时，函数 $f(x,y)$ 有极大值或极小值.

曲面
$$2z=\frac{x^2}{a^2}-\frac{y^2}{b^2}$$

是双曲抛物面.让 z 对 x 与 y 的偏微商等于零,得到 $x=y=0$.于是在坐标原点,这曲面的切面就是 XY 平面.求出二级偏微商

$$\frac{\partial^2 z}{\partial x^2}=\frac{1}{a^2}, \frac{\partial^2 z}{\partial x \partial y}=0, \frac{\partial^2 z}{\partial y^2}=-\frac{1}{b^2}$$

于是推出

$$AC-B^2=-\frac{1}{a^2 b^2}<0$$

就是当 $x=y=0$ 时,函数 z 没有极大值或极小值,于是在坐标原点附近,这曲面位于切面的两侧(图 5.2).

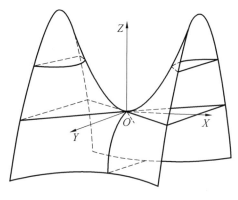

图 5.2

例 2 给定平面上 n 个点 $M_i(a_i, b_i)(i=1,2,\cdots,n)$.求出这样一个点 M,使得给定的 m_i 与点 M 到点 M_i 距离平方的乘积之和达到极小值.

设未知点 M 的坐标是 (x, y).上述的和就是

$$w=\sum_{i=1}^{n} m_i[(x-a_i)^2+(y-b_i)^2]$$

让偏微商 w'_x 与 w'_y 等于零,得到

$$x=\frac{m_1 a_1+m_2 a_2+\cdots+m_n a_n}{m_1+m_2+\cdots+m_n}, y=\frac{m_1 b_1+m_2 b_2+\cdots+m_n b_n}{m_1+m_2+\cdots+m_n} \quad (12)$$

不难看出,在这情形下,A 与 $AC-B^2$ 都大于零,于是求出的 x 与 y 的值,对应于 w 的极小值.若 M_i 是质点,m_i 各为它们的质量,则公式(12)确定这质点系的重心的坐标.

165. 关于求函数的极大值与极小值的补充知识

以上的讨论可以推广到多元函数的情形.例如给定一个三元函数 $f(x, y, z)$.为要求使这函数达到极大值或极小值的自变量的值,需要解三元联立方程

组

$$f'_x(x,y,z)=0, f'_y(x,y,z)=0, f'_z(x,y,z)=0 \tag{13}$$

设 $x=a, y=b, z=c$ 是这方程组的一组解，要讨论这些值，由泰勒公式可以把函数的改变量写成自变量的改变量的齐次多项式之和

$$\Delta f = h\frac{\partial f(a,b,c)}{\partial a} + k\frac{\partial f(a,b,c)}{\partial b} + l\frac{\partial f(a,b,c)}{\partial c} +$$
$$\frac{1}{2!}\left(h\frac{\partial}{\partial a} + k\frac{\partial}{\partial b} + l\frac{\partial}{\partial c}\right)'' f(a,b,c) + \cdots +$$
$$\frac{1}{(n+1)!}\left(h\frac{\partial}{\partial a} + k\frac{\partial}{\partial b} + l\frac{\partial}{\partial c}\right)^{(n+1)} \cdot$$
$$f(a+\theta h, b+\theta k, c+\theta l) \quad (0<\theta<1) \tag{14}$$

值 $x=a, y=b, z=c$ 满足方程(13)，于是

$$h\frac{\partial f(a,b,c)}{\partial a} + k\frac{\partial f(a,b,c)}{\partial b} + l\frac{\partial f(a,b,c)}{\partial c} = 0$$

若 h, k, l 的二次项

$$\frac{1}{2!}\left(h\frac{\partial}{\partial a} + k\frac{\partial}{\partial b} + l\frac{\partial}{\partial c}\right)'' f(a,b,c) \tag{15}$$

不等于零，则当 h, k, l 的绝对值足够小时，等式(14)右边与表达式(15)保持同号，若是正号，则 $f(a,b,c)$ 是函数 $f(x,y,z)$ 的一个极小值，若是负号，则是个极大值. 若表达式(15)可以有不同的号，则 $f(a,b,c)$ 不是函数的极大值或极小值. 最后，若表达式(15)不变号，不过对于某些 h, k, l 的值，它等于零，则是可疑情形，就需要再讨论等式(14)右边 h, k, l 的高次项.

为要仔细讨论可疑情形，我们考虑一个二元函数的特例

$$u = x^2 - 2xy + y^2 + x^3 + y^3$$

值 $x=y=0$ 使得偏微商 $\frac{\partial u}{\partial x}$ 与 $\frac{\partial u}{\partial y}$ 等于零，并且

$$A = \frac{\partial^2 u}{\partial x^2}\bigg|_{\substack{x=0\\y=0}} = 2, B = \frac{\partial^2 u}{\partial x \partial y}\bigg|_{\substack{x=0\\y=0}} = -2, C = \frac{\partial^2 u}{\partial y^2}\bigg|_{\substack{x=0\\y=0}} = 2$$
$$AC - B^2 = 0$$

于是我们有可疑情形. 这个例子中，特点是函数 u 的表达式中所有的二次项恰成整方，于是可以写成

$$u = (x-y)^2 + x^3 + y^3$$

当 $x=y=0$ 时，u 等于零. 为要讨论当 x 与 y 的值逼近零时，u 的值怎么样，我们引入极坐标

$$x = r\cos\alpha, y = r\sin\alpha$$

代入到上式中,得到
$$u = r^2[(\cos\alpha - \sin\alpha)^2 + r(\cos^3\alpha + \sin^3\alpha)]$$
当 α 在区间 $(0, 2\pi)$ 上取任何不等于 $\frac{\pi}{4}$ 与 $\frac{5\pi}{4}$ 的值时
$$\cos\alpha - \sin\alpha \neq 0$$
于是,对于任何一个这样的 α,可以选出这样一个数 r_0,使得当 $r < r_0$ 时,方括号内的表达式有正号,当 $\alpha = \frac{\pi}{4}$ 时,它也是正的,但是当 $\alpha = \frac{5\pi}{4}$ 时,它有负号,于是推知,当 $x = y = 0$ 时,函数 u 没有极大值或极小值.

再考虑函数
$$u = (y - x^2)^2 - x^5$$
不难验证,当 $x = y = 0$ 时,偏微商 $\frac{\partial u}{\partial x}$ 与 $\frac{\partial u}{\partial y}$ 等于零,并有可疑情形.对于无论多么小的 x 的值,取 $y = x^2$,于是函数 u 的表达式中只剩下 $-x^5$,它的符号依赖于 x 的符号,所以当 $x = y = 0$ 时,函数 u 没有极大值或极小值.引用极坐标,我们得到
$$u = r^2[\sin^2\alpha - 2r\cos^2\alpha\sin\alpha + r^2\cos^4\alpha - r^3\cos^5\alpha]$$
由这表达式看出,除 0 与 π 外,对于任何 α 的值,可以求出这样一个正数 r_0,使得当 $r < r_0$ 时,$u > 0$.就是在由坐标原点引出的任何一条直线上,逼近原点时,函数 u 有正号.纵然如此,并且在原点 $u = 0$,我们也不能认为它有极小值,因为对于所有的 α 的值,不能求出一个一致的 r_0.

在 [76] 中我们作过曲线 $(y - x^2)^2 - x^5 = 0$.在原点它有一个第二类歧点,若考虑在曲线两支间画有斜线的区域内的点,则当逼近原点时,这方程左边有负号(图 5.3).

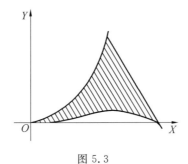

图 5.3

166. 函数的最大值与最小值

设要求函数 $f(x,y)$ 在某一给定的区域上的最大值. 由[163]所述, 我们可以求出在这区域内所有的极大值, 就是这区域中那样的内点, 它的函数值大于它附近点的函数值. 为要求这函数的最大值, 还要注意所给区域的边界(界线)上的值, 再比较区域内的极大值与界线上的值. 这些值中最大的就是这函数在这区域上的最大值. 类似的可以求一个函数在一个给定的区域上的最小值. 为清楚起见, 我们考虑一个例子.

在平面上给定一个由 OX 轴, OY 轴与直线

$$x+y-1=0 \tag{16}$$

作成的三角形 OAB (图 5.4).

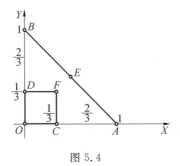

图 5.4

要在这三角形中求这样一个点, 使得它到三个顶点的距离的平方和最小.

注意, 顶点 A 与 B 的坐标各为 $(1,0)$ 与 $(0,1)$, 于是可以写出由变点 (x,y) 到三顶点的距离的平方和的表达式

$$z = 2x^2 + 2y^2 + (x-1)^2 + (y-1)^2$$

让一级偏微商等于零, 得到 $x=y=\dfrac{1}{3}$. 不难证明, 这组值对应于一个极小值. 再讨论在这三角形边界上 z 的值. 为要讨论在边 OA 上 z 的值, 需要在 z 的表达式中设 $y=0$ 有

$$z = 2x^2 + (x-1)^2 + 1$$

其中 x 可以在区间 $(0,1)$ 上改变. 依照[60]作法, 得到在边 OA 上, z 在点 C, 就是当 $x=\dfrac{1}{3}$ 时, 取最小值 $z=\dfrac{5}{3}$. 同样在边 OB 上, z 在点 D, 就是当 $y=\dfrac{1}{3}$ 时, 达到最小值 $z=\dfrac{5}{3}$. 为要讨论在边 AB 上 z 的值, 需要依照方程(16)在 z 的表达式中设 $y=1-x$ 有

$$z = 3x^2 + 3(x-1)^2$$

其中 x 可以在区间 $(0,1)$ 上改变. 在这情形下, 在点 E, 就是当 $x = y = \dfrac{1}{2}$ 时, z 达到最小值 $z = \dfrac{3}{2}$. 如此我们得到下面这个可能是这函数的最小值的表:

x, y	$\dfrac{1}{3}, \dfrac{1}{3}$	$\dfrac{1}{3}, 0$	$0, \dfrac{1}{3}$	$\dfrac{1}{2}, \dfrac{1}{2}$
z	$\dfrac{4}{3}$	$\dfrac{5}{3}$	$\dfrac{5}{3}$	$\dfrac{3}{2}$

由这表我们看出, 在点 $\left(\dfrac{1}{3}, \dfrac{1}{3}\right)$ 达到最小值 $z = \dfrac{4}{3}$. 对于任意三角形, 也可以考虑这个问题, 未知点是三角形的重心.

167. 限制极大值与极小值

以上我们讨论函数的极大值与极小值时, 设这函数所依赖的变量都是自变量. 在这种情形下的极大值与极小值叫作直接的. 现在我们考虑另一种情形, 就是函数所依赖的变量是由某些关系式相联系的. 在这种情形下的极大值与极小值叫作限制的.

设要求 $m+n$ 个变量 x_i 的函数
$$f(x_1, x_2, \cdots, x_m, x_{m+1}, \cdots, x_{m+n})$$
的极大值与极小值, 其中 x_i 由 n 个关系式
$$\varphi_i(x_1, x_2, \cdots, x_m, x_{m+1}, \cdots, x_{m+n}) = 0 \quad (i = 1, 2, \cdots, n) \tag{17}$$
相联系.

以下我们不写出函数中所含的元. 对于 n 个变量解这 n 个关系式 (17), 例如: 解出
$$x_{m+1}, x_{m+2}, \cdots, x_{m+n}$$
我们就可以由其余 m 个自变量
$$x_1, x_2, \cdots, x_m$$
表达它们, 把这些表达式代入到函数 f 中, 得到一个含有 m 个自变量的函数, 于是这问题就化为求直接的极大值与极小值了. 但是解方程组 (17) 时, 常是非常麻烦, 甚至于有时就作不出来, 我们现在讲解这问题的另一个方法, 叫作拉格朗日乘数法.

设在某一点 $M(x_1,x_2,\cdots,x_{m+n})$，函数 $f(x_1,x_2,\cdots,x_{m+n})$ 达到限制极大值或极小值. 设在点 M，微商存在，就可以肯定，在点 M，函数 f 的全微分应当等于零[162]

$$\sum_{s=1}^{m+n} \frac{\partial f}{\partial x_s} \mathrm{d}x_s = 0 \tag{18}$$

另一方面，由关系式(17)求微分，在点 M 得到下面 n 个等式

$$\sum_{s=1}^{m+n} \frac{\partial \varphi_i}{\partial x_s} \mathrm{d}x_s = 0 \quad (i=1,2,\cdots,n)$$

把这些方程各乘以待定乘数

$$\lambda_1,\lambda_2,\cdots,\lambda_n$$

再与关系式(18)逐项相加，就得到

$$\sum_{s=1}^{m+n} \left(\frac{\partial f}{\partial x_s} + \lambda_1 \frac{\partial \varphi_1}{\partial x_s} + \lambda_2 \frac{\partial \varphi_2}{\partial x_s} + \cdots + \lambda_n \frac{\partial \varphi_n}{\partial x_s} \right) \mathrm{d}x_s = 0 \tag{19}$$

再确定这 n 个乘数，使得 n 个因变量的微分

$$\mathrm{d}x_{m+1},\mathrm{d}x_{m+2},\cdots,\mathrm{d}x_{m+n}$$

的系数都等于零，就是由 n 个方程

$$\frac{\partial f}{\partial x_s} + \lambda_1 \frac{\partial \varphi_1}{\partial x_s} + \lambda_2 \frac{\partial \varphi_2}{\partial x_s} + \cdots + \lambda_n \frac{\partial \varphi_n}{\partial x_s} = 0$$
$$(s = m+1, m+2, \cdots, m+n) \tag{20}$$

中确定 $\lambda_1,\lambda_2,\cdots,\lambda_n$.

这时关系式(19)左边只剩下含有自变量的微分

$$\mathrm{d}x_1,\mathrm{d}x_2,\cdots,\mathrm{d}x_m$$

的项，就是

$$\sum_{s=1}^{m} \left(\frac{\partial f}{\partial x_s} + \lambda_1 \frac{\partial \varphi_1}{\partial x_s} + \lambda_2 \frac{\partial \varphi_2}{\partial x_s} + \cdots + \lambda_n \frac{\partial \varphi_n}{\partial x_s} \right) \mathrm{d}x_s = 0 \tag{21}$$

但是自变量的微分 $\mathrm{d}x_1,\mathrm{d}x_2,\cdots,\mathrm{d}x_m$ 是任意的量. 让其中一个等于 1，其余都等于零，由等式(21)推出这等式所有的系数都应当等于零[158]，就是

$$\frac{\partial f}{\partial x_s} + \lambda_1 \frac{\partial \varphi_1}{\partial x_s} + \lambda_2 \frac{\partial \varphi_2}{\partial x_s} + \cdots + \lambda_n \frac{\partial \varphi_n}{\partial x_s} = 0 \quad (s=1,2,\cdots,m) \tag{22}$$

以上所有的公式中，由式(18)起，应当算作变量 x_s 是代入以点 M 的坐标的，并且按照我们的假设，在点 M，f 达到限制极大值或极小值. 特别如在用以确定 $\lambda_1,\lambda_2,\cdots,\lambda_n$ 的方程(20)中，就是这样的.

如此，方程(22)(20)与(17)就是在点 $(x_1,x_2,\cdots,x_{m+n})$ 达到限制极大值或极小值的必要条件.

方程组(22)(20)与(17)一共是 $m+2n$ 个方程，由它们可以确定出 $m+n$ 个变量 x_s 以及 n 个乘数 λ_i 的值.

由方程组(22)与(20)看出，为要求出当函数 f 达到限制极大值或极小值时，变量 x_s 应取的值，需要让下面这等式所确定的函数 Φ 对于所有的 x_s 的偏微商都等于零

$$\Phi = f + \lambda_1 \varphi_1 + \lambda_2 \varphi_2 + \cdots + \lambda_n \varphi_n$$

其中 $\lambda_1, \lambda_2, \cdots, \lambda_n$ 算作常量. 再解它们与 n 个方程(17)所组成的联立方程组. 我们现在不考虑充分条件.

注意，在引入上述法则时，我们不仅假设了 f 与 φ_i 的偏微商都存在，并且假设了由方程组(20)可能确定 n 个乘数 $\lambda_1, \lambda_2, \cdots, \lambda_n$. 因此，由上述法则可能得不到使函数 f 达到限制极大值或极小值的某些值 $(x_1, x_2, \cdots, x_{m+n})$. 以下我们再就简单的情形，用严格的理论来仔细讨论这个问题.

168. 补充知识

设要求函数 $f(x,y)$ 的限制极大值与极小值，x 与 y 有一个补充条件

$$\varphi(x,y) = 0 \tag{23}$$

并设在点 (x_0, y_0) 达到一个限制极大值，这里 $\varphi(x_0, y_0) = 0$. 设 $\varphi(x,y)$ 在点 (x_0, y_0) 及其近旁有连续一级偏微商，并设

$$\varphi'_{y_0}(x_0, y_0) \neq 0 \tag{24}$$

这时，方程(23)在 $x = x_0$ 近旁唯一确定一个函数 $y = \omega(x)$，连续，有连续微商，并且 $y_0 = \omega(x_0)$ [157]. 代入 $y = \omega(x)$ 到函数 $f(x,y)$ 中，我们可以肯定，一个变量 x 的函数 $f[x, \omega(x)]$ 应当在 $x = x_0$ 时达到极大值，于是，当 $x = x_0$ 时，它的全微商应当等于零，就是

$$f'_{x_0}(x_0, y_0) + f'_{y_0}(x_0, y_0)\omega'(x_0) = 0$$

代入 $y = \omega(x)$ 到式(23)中，对 x 求微商，在点 (x_0, y_0) 得到 [69]

$$\varphi'_{x_0}(x_0, y_0) + \varphi'_{y_0}(x_0, y_0)\omega'(x_0) = 0$$

用 λ 乘第二个方程再与第一个逐项相加，得到

$$(f'_{x_0} + \lambda \varphi'_{x_0}) + (f'_{y_0} + \lambda \varphi'_{y_0})\omega'(x_0) = 0$$

由条件 $f'_{y_0} + \lambda \varphi'_{y_0} = 0$ 确定 λ，根据式(24)，这是可能的. 于是就有 $f'_{x_0} + \lambda \varphi'_{x_0} = 0$，就是求出两个方程

$$f'_{x_0} + \lambda \varphi'_{x_0} = 0, \quad f'_{y_0} + \lambda \varphi'_{y_0} = 0 \tag{25}$$

再添上方程 $\varphi(x_0, y_0) = 0$，如此阐明乘数法. 若条件(24)不成立，就是 $\varphi'_{y_0}(x_0,$

$y_0)=0$;如果 $\varphi'_{x_0}(x_0,y_0)\neq 0$,则可以像上面一样考虑,只要把 x 与 y 的地位互换. 若在点 (x_0,y_0),我们有

$$\varphi'_{x_0}(x_0,y_0)=0, \varphi'_{y_0}(x_0,y_0)=0 \tag{26}$$

则不能证明点 (x_0,y_0) 可否利用乘数法得到.

等式(26)说明点 (x_0,y_0) 是曲线(23)的一个奇异点[76]. 现在我们给一个例子,在这例子中,在有限制极小值的点,条件(26)成立. 设要求由点 $(-1,0)$ 到半立方抛物线 $y^2-x^3=0$([76]图2.46)上的点的最短距离,如此就要求函数

$$f=(x+1)^2+y^2$$

的最小值,其中

$$\varphi=y^2-x^3=0$$

. 由几何显见,在点 $(0,0)$ 达到极小值,而这点是这抛物线的奇异点. 用乘数法得出下面两个方程

$$2(x+1)-3\lambda x^2=0, 2y+2\lambda y=0$$

代入 $x=0,y=0$,第一个方程化为不合理等式 $2=0$,第二个方程当 λ 是任何数时都满足. 在这情形下,用乘数法得不到达到限制极小值的点 $(0,0)$. 类似的可以证明,若在点 (x_0,y_0,z_0),一个函数达到极大值或极小值,并有一个补充条件 $\varphi(x,y,z)=0$,这时,只要函数 φ 的偏微商至少有一个在点 (x_0,y_0,z_0) 不等于零,则这点可以由乘数法得到.

类似的可以推广到更普遍的情形,只是要用到关于方程组的隐函数存在定理,我们在[157]中讲过的. 例如,设函数 $f(x,y,z)$ 在点 (x_0,y_0,z_0) 达到一个限制极大值,并有两个补充条件

$$\varphi(x,y,z)=0, \psi(x,y,z)=0 \tag{27}$$

设微商都存在而连续,并且

$$\varphi'_{y_0}(x_0,y_0,z_0)\psi'_{z_0}(x_0,y_0,z_0)-\varphi'_{z_0}(x_0,y_0,z_0)\psi'_{y_0}(x_0,y_0,z_0)\neq 0 \tag{28}$$

这时,方程(27)唯一确定函数

$$y=\omega_1(x), z=\omega_2(x)$$

使得

$$y_0=\omega_1(x_0), z_0=\omega_2(x_0)$$

把这两个函数代入到 f 中,得到一个变量 x 的函数,它当 $x=x_0$ 时有极大值,由此推出

$$f'_{x_0}(x_0,y_0,z_0)+f'_{y_0}(x_0,y_0,z_0)\omega'_1(x_0)+f'_{z_0}(x_0,y_0,z_0)\omega'_2(x_0)=0$$

代入到函数(27)中,对 x 求微商,在点 (x_0,y_0,z_0) 得到

$$\varphi'_{x_0} + \varphi'_{y_0}\omega'_1(x_0) + \varphi'_{z_0}\omega'_2(x_0) = 0$$
$$\psi'_{x_0} + \psi'_{y_0}\omega'_1(x_0) + \psi'_{z_0}\omega'_2(x_0) = 0$$

把这两个等式各乘以 λ_1, λ_2, 与上面的逐项相加

$$(f'_{x_0} + \lambda_1\varphi'_{x_0} + \lambda_2\psi'_{x_0}) + (f'_{y_0} + \lambda_1\varphi'_{y_0} + \lambda_2\psi'_{y_0})\omega'_1(x_0) + \\ (f'_{z_0} + \lambda_1\varphi'_{z_0} + \lambda_2\psi'_{z_0})\omega'_2(x_0) = 0 \tag{29}$$

注意式(28), 可以肯定, 由下面两个方程

$$f'_{y_0} + \lambda_1\varphi'_{y_0} + \lambda_2\psi'_{y_0} = 0, \quad f'_{z_0} + \lambda_1\varphi'_{z_0} + \lambda_2\psi'_{z_0} = 0 \tag{30}$$

可以确定 λ_1 与 λ_2, 于是方程(29) 化为等式

$$f'_{x_0} + \lambda_1\varphi'_{x_0} + \lambda_2\psi'_{x_0} = 0 \tag{31}$$

于是在这情形下乘数法可用. 除方程(30) 与 (31) 外还要添上

$$\varphi(x_0, y_0, z_0) = 0 \text{ 与 } \psi(x_0, y_0, z_0) = 0$$

可以用类似的条件代替条件(28), 不对 y_0 与 z_0 求微商, 而对 x_0 与 y_0, 或对 x_0 与 z_0 求, 若式(28) 左边的表达式与这里所说的两个类似的表达式都等于零, 则对于点 (x_0, y_0, z_0) 不能用乘数法. 在下一段我们考虑的例子中, 没有这种情形. 例如, 在例 1 中, 我们有一个补充条件(32), 而在这条件的左边, A, B, C 中至少有一个数不等于零. 设 $C \ne 0$, 则左边对 z 的偏微商等于 C, 于是在任何点 (x, y, z) 不等于零。这说明, 在这情形下, 由乘数法应当得到所有的答案.

169. 例子

例 1 求由点 (a, b, c) 到平面

$$Ax + By + Cz + D = 0 \tag{32}$$

的最短距离. 由所给的点 (a, b, c) 到变点 (x, y, z) 的距离平方由公式

$$r^2 = (x-a)^2 + (y-b)^2 + (z-c)^2 \tag{33}$$

表达.

在这情形下, 坐标 (x, y, z) 应当满足方程(32)(点应当在平面上). 在条件(32) 下求表达式(33) 的极小值. 作函数

$$\Phi = (x-a)^2 + (y-b)^2 + (z-c)^2 + \lambda_1(Ax + By + Cz + D)$$

让它对 x, y, z 的偏微商等于零, 得到

$$x = a - \frac{1}{2}\lambda_1 A, \quad y = b - \frac{1}{2}\lambda_1 B, \quad z = c - \frac{1}{2}\lambda_1 C \tag{34}$$

代入这些值到式(32) 中, 可以确定 λ_1, 有

$$\lambda_1 = \frac{2(Aa + Bb + Cc + D)}{A^2 + B^2 + C^2} \tag{35}$$

我们得到唯一的一个答案,因为最小值应当存在,所以它们对应于所要求的变量的值.代入式(34)中的这些值到表达式(33)中,得到由这点到这平面的最短距离的表达式

$$r_0^2 = \frac{1}{4}\lambda_1^2(A^2 + B^2 + C^2)$$

其中 λ_1 由公式(35)确定.

例 2 分给定的正数 a 为三个正数 x, y, z,使得表达式

$$x^m y^n z^p \tag{36}$$

最大,其中 m, n, p 是给定的正数.就是在条件

$$x + y + z = a \tag{37}$$

下,求表达式(36)的极大值.

我们求表达式(36)的对数

$$m\ln x + n\ln y + p\ln z$$

的极大值.作函数

$$\Phi = m\ln x + n\ln y + p\ln z + \lambda_1(x + y + z - a)$$

让它的偏微商等于零,得到

$$x = -\frac{m}{\lambda_1}, \quad y = -\frac{n}{\lambda_1}, \quad z = -\frac{p}{\lambda_1}$$

再由关系式(37),得到

$$\lambda_1 = -\frac{m+n+p}{a}$$

就是

$$x = \frac{ma}{m+n+p}, \quad y = \frac{na}{m+n+p}, \quad z = \frac{pa}{m+n+p} \tag{38}$$

这里求出的变量的值都是正数.可以证明,在所设条件下表达式(36)应当有最大值,于是像例1一样,这唯一的答案就是所要求的,对应于表达式(36)取最大值时变量的值.

公式(38)说明,数 a 需要分成的三份与指数 m, n, p 成比例.

例 3 在长为 l_0 的导线一端接上 k 条分导线,各长 $l_s(s=1,2,\cdots,k)$,在各导线上,电流强度各为 $i_0, i_1, i_2, \cdots, i_k$.试求要怎样选择各导线的横断面积 q_0, $q_1, q_2, \cdots, q_k$,使得线路 $(l_0, l_1), (l_0, l_2), \cdots, (l_0, l_k)$ 两端的电位差是 E,而用的材料 V 最少(图 5.5).

所给物质作成的线,当长与横断面积为 1 时,电阻记作 c.

要求变量 $q_0, q_1, \cdots, q_k$ 的函数 V,有

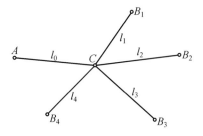

图 5.5

$$V = l_0 q_0 + l_1 q_1 + \cdots + l_k q_k$$

的最小值.

注意所给的电位差 E,可以写出 k 个关系式

$$\varphi_s = c\left(\frac{l_0 i_0}{q_0} + \frac{l_s i_s}{q_s}\right) - E = 0 \quad (s=1,2,\cdots,k) \tag{39}$$

作函数

$$\Phi = (l_0 q_0 + l_1 q_1 + \cdots + l_k q_k) + \sum_{s=1}^{k} \lambda_s \left[c\left(\frac{l_0 i_0}{q_0} + \frac{l_s i_s}{q_s}\right) - E\right]$$

令 Φ 对 $q_0, q_1, \cdots, q_k$ 的偏微商等于零,得到

$$\begin{aligned} & l_0 - \frac{c l_0 i_0}{q_0^2}(\lambda_1 + \lambda_2 + \cdots + \lambda_k) = 0 \\ & l_s - \frac{\lambda_s c l_s i_s}{q_s^2} = 0 \quad (s=1,2,\cdots,k) \end{aligned} \tag{40}$$

由条件(39)得到

$$\frac{l_1 i_1}{q_1} = \frac{l_2 i_2}{q_2} = \cdots = \frac{l_k i_k}{q_k} = \frac{E}{c} - \frac{l_0 i_0}{q_0}$$

用 σ 记这共同的量,可以写成

$$\begin{aligned} & q_s = \frac{l_s i_s}{\sigma} \quad (s=1,2,\cdots,k) \\ & \sigma = \frac{E}{c} - \frac{l_0 i_0}{q_0} \end{aligned} \tag{41}$$

由方程(40)就有

$$\lambda_s = \frac{q_s^2}{c i_s} = \frac{l_s^2 i_s}{c \sigma^2}$$

代入这些 λ_s 的表达式到式(40)的第一个方程中,得到

$$q_0^2 = \frac{i_0}{\sigma^2}(l_1^2 i_1 + l_2^2 i_2 + \cdots + l_k^2 i_k)$$

或

$$q_0 = \frac{\sqrt{i_0(l_1^2 i_1 + l_2^2 i_2 + \cdots + l_k^2 i_k)}}{\dfrac{E}{c} - \dfrac{l_0 i_0}{q_0}}$$

由此得到

$$q_0 = \frac{c}{E}\left[i_0 l_0 + \sqrt{i_0(l_1^2 i_1 + l_2^2 i_2 + \cdots + l_k^2 i_k)}\,\right]$$

代入这 q_0 的表达式到关系式(41)中,得到 $q_1, q_2, \cdots, q_k$,有

$$q_s = \frac{c l_s i_s}{E}\left(1 + \frac{l_0 i_0}{\sqrt{i_0(l_1^2 i_1 + l_2^2 i_2 + \cdots + l_k^2 i_k)}}\right) \quad (s=1,2,\cdots,k)$$

如此,由 V 的极大值与极小值的必要条件,我们得到唯一的一组正值 $q_0, q_1, \cdots,$ q_k,由物理学知道,当适当选择横断面时,应当有一个用的材料最少的时候,所以可以肯定,得到的值 $q_0, q_1, \cdots, q_k$ 是这问题的解.

复数,高等代数初步,函数的积分法

第六章

§1 复 数

170. 复数

若只限于实数,则我们知道,开方有时不可能,例如负数开偶次方在实数域内没有答案.因此,实系数的二次方程不总有实根.由于这个情况,自然要扩充数的概念,引出较广义的新数,而使实数只是新数里的特殊情形.同时还要确定这些新数的运算,使得实数所具有的基本运算定律,新数仍然保持.以下我们说明,这是可能的.

不仅是作开方时实数不敷应用,只由几何方面考虑,也会引起数的概念的扩充.我们先就几何方面作数的概念的扩充.

我们知道,任何实数,可以由给定的 OX 轴上的线段来表示,或把所有这样的线段的起点定为坐标原点,就由 OX 轴上的点来表示;反之,OX 轴上任何一条线段或一点对应于一个确定的实数.

现在我们不只考虑 OX 轴,而考虑整个平面,作出 OX,OY 两个坐标轴,如此就可以扩充数的概念.我们让这平面上每一个向量或是每一点对应一个数,这样的数叫作复数.

若是对于长度相等而且方向相同的向量不加区别,则实数不仅对应于 OX 轴上的向量,也对应于平行于 OX 轴的向量. 例如,长度等于 1,而方向与正向 OX 轴相同的向量对应于实数 1.

长度等于 1,而方向与正向 OY 轴相同的向量,记作 i,叫作虚单位. 平面上任何一个向量 $\overrightarrow{MN}$ 可以由两个平行于坐标轴的向量 $\overrightarrow{MP}$ 与 $\overrightarrow{PN}$ 之和表示(图 6.1). 平行于 OX 轴的向量 $\overrightarrow{MP}$ 对应于某一实数 a. 把平行于 OY 轴的向量 $\overrightarrow{PN}$ 所对应的记作 bi,其中 b 是一个实数,它的绝对值等于向量 $\overrightarrow{PN}$ 的长度. 若 $\overrightarrow{PN}$ 的方向与正向 OY 轴相同,这个数就是正的,若与正向 OY 轴相反,就是负的. 如此,一个向量 $\overrightarrow{MN}$ 对应于一个复数,记作

$$a + bi$$

注意,表达式 $a+bi$ 中的记号"+"不是运算号. 这个表达式要整个考虑作一个记复数的记号. 以后确定复数的加法时,再仔细考虑这记号.

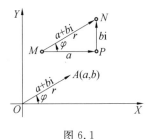

图 6.1

实数 a 与 b 各对应于向量 $\overrightarrow{MN}$ 在两个坐标轴上的投影的大小.

自坐标原点作向量 $\overrightarrow{OA}$(图 6.1),使长度及方向都与 $\overrightarrow{MN}$ 的相同. 这向量的端点 A 的坐标就是 (a,b),于是我们也可以让点 A 对应于向量 $\overrightarrow{MN}$ 与 $\overrightarrow{OA}$ 所对应的复数 $a+bi$.

所以,平面上任何一个向量(平面上任何一点)对应于一个确定的复数 $a+bi$. 实数 a 与 b 各对应于所考虑的向量在坐标轴上的投影(考虑的点的坐标).

在表达式 $a+bi$ 中,给 a 与 b 所有可能的实数值,就得到复数的全体,a 叫作复数的实部,bi 叫作虚部.

特别是平行于 OX 轴的向量,所对应的复数与它的实部相同

$$a + 0i = a \tag{1}$$

由几何解释推出两个复数相等的概念. 两个向量,若长度与方向都相同,就是在坐标轴上的投影对应相等时,算作相等,所以两个复数,必须且仅须它们的实部与虚部分别相等时,算作相等,于是复数相等的条件是

$$a_1 + b_1 i = a_2 + b_2 i$$

相当于
$$a_1 = a_2, b_1 = b_2 \tag{2}$$

特别地
$$a + bi = 0$$
相当于
$$a = 0, b = 0$$

向量 $\overrightarrow{MN}$ 除去由在坐标轴上的投影来确定它以外，还可以由另外两个量来确定它，就是它的长度 r 以及它与正向 OX 轴作成的角度 φ（图 6.1）. 若我们算作复数 $a + bi$ 对应于坐标是 (a, b) 的点，则显然 r 与 φ 是这点的极坐标. 我们知道，有下面的关系式成立

$$\begin{cases} a = r\cos\varphi, b = r\sin\varphi \\ r = \sqrt{a^2 + b^2}, \cos\varphi = \dfrac{a}{\sqrt{a^2 + b^2}}, \sin\varphi = \dfrac{b}{\sqrt{a^2 + b^2}} \\ \varphi = \arctan\dfrac{b}{a} \end{cases} \tag{3}$$

正数 r 叫作复数 $a + bi$ 的模，φ 叫作它的辐角. 辐角的确定可以差一个 2π 的倍数，因为当向量 $\overrightarrow{MN}$ 绕点 M 向任何一方转整数圈时，它仍回原位. 当 $r = 0$ 时，复数等于零，它的辐角不确定. 这里两个复数相等的条件就是，它们的模应当相等，而辐角只能差一个 2π 的倍数.

正实数有辐角 $2k\pi$，负实数有辐角 $(2k+1)\pi$，其中 k 是任何整数. 若一个复数的实部等于零，则这复数是 bi 的形式，叫作虚数. 这样的数对应的向量平行于 OY 轴，于是虚数 bi 的辐角，当 $b > 0$ 时，等于 $\dfrac{\pi}{2} + 2k\pi$；当 $b < 0$ 时，等于 $\dfrac{3\pi}{2} + 2k\pi$.

实数的模与它的绝对值相同. 为要记数 $a + bi$ 的模，把这数两边各画一小竖
$$|a + bi| = \sqrt{a^2 + b^2}$$

以后我们有时用一个字母记复数. 若 α 记复数，则它的模记作 $|\alpha|$. 应用表达式 (3)，a 与 b 可以用模与辐角来表示，于是复数可以记作
$$r(\cos\varphi + i\sin\varphi)$$
这时我们说把复数写成三角式.

171. 复数加减法

几个向量的和由这些向量作成的多边形的封闭线表示. 注意这封闭线的投

影等于其余各边投影之和,于是我们引出下面复数加法的定义

$$(a_1 + b_1 i) + (a_2 + b_2 i) + \cdots + (a_n + b_n i)$$
$$= (a_1 + a_2 + \cdots + a_n) + (b_1 + b_2 + \cdots + b_n)i \qquad (4)$$

不难看出,复数的和不依赖于各项的先后顺序(交换律),并且各项可以任意组合(结合律),因为实数 a_k 的和与实数 b_k 的和有这两个性质.

如上所述,复数 $a+0i$ 就是实数 a. 同样 $0+bi$ 可以简写作 bi(虚数).应用加法定义,我们可以说复数 $a+bi$ 是实数 a 与虚数 bi 的和,就是 $a+bi=(a+0i)+(0+bi)$.

减法是加法的逆运算,差

$$x + yi = (a_1 + b_1 i) - (a_2 + b_2 i)$$

由条件

$$(x + yi) + (a_2 + b_2 i) = a_1 + b_1 i$$

确定,根据式(4)与(2),有

$$x + a_2 = a_1, y + b_2 = b_1$$

就是

$$x = a_1 - a_2, y = b_1 - b_2$$

于是得到

$$(a_1 + b_1 i) - (a_2 + b_2 i) = (a_1 - a_2) + (b_1 - b_2)i \qquad (5)$$

我们看出,减掉复数 $a_2+b_2 i$,相当于被减数 $a_1+b_1 i$ 加上一个复数 $(-a_2-b_2 i)$. 于是减掉一个向量时,只要由被减的向量加上一个与要减的向量长度相等方向相反的向量.

考虑一个向量 $\overrightarrow{A_2 A_1}$,起点 A_2 对应于复数 $a_2+b_2 i$,端点 A_1 对应于 $a_1+b_1 i$. 显然这个向量是向量 $\overrightarrow{OA_1}$ 与 $\overrightarrow{OA_2}$ 之差(图 6.2),于是它对应于复数

$$(a_1 - a_2) + (b_1 - b_2)i$$

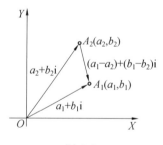

图 6.2

等于它的端点对应的复数与起点对应的复数之差.

现在看两个复数的和与差的模的性质. 注意, 复数的模等于它对应的向量之长, 并且三角形的一边小于其余两边之和, 于是得到(图 6.3)

$$|\alpha_1+\alpha_2|\leqslant|\alpha_1|+|\alpha_2|$$

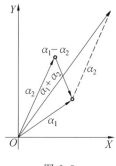

图 6.3

其中等号只有在复数 α_1 与 α_2 对应的向量方向相同时成立, 也就是在这两个数的辐角相等或差一个 2π 的倍数时成立. 这个性质在任何有限项和时都成立

$$|\alpha_1+\alpha_2+\cdots+\alpha_n|\leqslant|\alpha_1|+|\alpha_2|+\cdots+|\alpha_n|$$

即和的模小于或等于各项的模之和, 其中等号只有在各项的辐角相等或只差 2π 的倍数时成立.

注意到三角形的一边大于其余两边之差, 可以写成

$$|\alpha_1+\alpha_2|\geqslant|\alpha_1|-|\alpha_2|$$

就是两项和的模大于或等于这两项的模之差. 等号只有在对应的向量方向相反时成立.

由以上向量与复数的减法推出, 对于两个复数之差的模, 像和的模一样, 我们有(图 6.3)

$$|\alpha_1|-|\alpha_2|\leqslant|\alpha_1-\alpha_2|\leqslant|\alpha_1|+|\alpha_2|$$

172. 复数乘法

两个复数乘积的定义与实数的乘积类似, 我们考虑一个数与 1 的乘积, 还是这个数. 对应于模是 r、辐角是 φ 的复数的向量可以由单位向量得来, 单位向量是长度等于 1, 方向与正向 OX 轴相同的向量, 它对应于数 1. 所述向量只要把单位向量的长度放大 r 倍, 再在正方向转一个角度 φ 就得到了.

设有向量 $\boldsymbol{\alpha}_1, \boldsymbol{\alpha}_2$, 把上述由单位向量得出向量 $\boldsymbol{\alpha}_2$ 的方法作用到 $\boldsymbol{\alpha}_1$ 上, 得到的向量叫作 $\boldsymbol{\alpha}_1, \boldsymbol{\alpha}_2$ 的乘积.

设 $(r_1,\varphi_1),(r_2,\varphi_2)$ 各为对应于向量 $\boldsymbol{\alpha}_1,\boldsymbol{\alpha}_2$ 的复数的模与辐角, 则显然它

们的乘积对应的复数的模是 r_1r_2，辐角是 $\varphi_1+\varphi_2$. 如此我们得到下面复数乘积的定义：

两个复数的乘积是一个复数，它的模等于两个因子的模的乘积，辐角等于两个因子的辐角的和．

如此，当复数写成三角式时，就有

$$r_1(\cos\varphi_1+\mathrm{i}\sin\varphi_1)\cdot r_2(\cos\varphi_2+\mathrm{i}\sin\varphi_2)\\=r_1r_2[\cos(\varphi_1+\varphi_2)+\mathrm{i}\sin(\varphi_1+\varphi_2)] \tag{6}$$

现在讲复数不写成三角式时，求乘积的法则

$$(a_1+b_1\mathrm{i})(a_2+b_2\mathrm{i})=x+y\mathrm{i}$$

利用上述因子的模与辐角的记法，可以写成

$$a_1=r_1\cos\varphi_1, b_1=r_1\sin\varphi_1, a_2=r_2\cos\varphi_2, b_2=r_2\sin\varphi_2$$

依照乘积的定义(6)，有

$$x=r_1r_2\cos(\varphi_1+\varphi_2), y=r_1r_2\sin(\varphi_1+\varphi_2)$$

由此

$$x=r_1r_2(\cos\varphi_1\cos\varphi_2-\sin\varphi_1\sin\varphi_2)\\=r_1\cos\varphi_1 r_2\cos\varphi_2-r_1\sin\varphi_1 r_2\sin\varphi_2\\=a_1a_2-b_1b_2\\y=r_1r_2(\sin\varphi_1\cos\varphi_2+\cos\varphi_1\sin\varphi_2)\\=r_1\sin\varphi_1 r_2\cos\varphi_2+r_1\cos\varphi_1 r_2\sin\varphi_2\\=b_1a_2+a_1b_2$$

于是最后得到

$$(a_1+b_1\mathrm{i})(a_2+b_2\mathrm{i})=(a_1a_2-b_1b_2)+(b_1a_2+a_1b_2)\mathrm{i} \tag{7}$$

当 $b_1=b_2=0$ 时，两个因子是实数 a_1, a_2，于是乘积就是这两个数的乘积 a_1a_2.

当 $a_1=a_2=0$，而 $b_1=b_2=1$ 时，等式(7)化为

$$\mathrm{i}\cdot\mathrm{i}=\mathrm{i}^2=-1$$

就是虚单位的平方等于 -1.

依次计算 i 的正整数次方幂，得到

$$\mathrm{i}^2=-1, \mathrm{i}^3=-\mathrm{i}, \mathrm{i}^4=1, \mathrm{i}^5=\mathrm{i}, \mathrm{i}^6=-1, \cdots$$

一般来讲，当 k 是任何正整数时

$$\mathrm{i}^{4k}=1, \mathrm{i}^{4k+1}=\mathrm{i}, \mathrm{i}^{4k+2}=-1, \mathrm{i}^{4k+3}=-\mathrm{i}$$

等式(7)表达的乘法法则，可以写成：复数可以像多项式一样相乘，算作 $\mathrm{i}^2=-1$.

若 α 是复数 $a+bi$，则复数 $a-bi$ 叫作 α 的共轭数，常记作 $\bar{\alpha}$．
依照公式(3)有
$$|\alpha|^2 = a^2+b^2$$
由等式(7)推出
$$(a+bi)(a-bi) = a^2+b^2$$
于是
$$|\alpha|^2 = (a+bi)(a-bi) = \alpha\bar{\alpha}$$
就是共轭复数乘积等于它们中任何一个的模的平方．

还有两个很明显的公式
$$\alpha+\bar{\alpha}=2a, \alpha-\bar{\alpha}=2bi \tag{8}$$

由公式(4)与(7)直接推知，复数的加法与乘法适用交换律，就是，和与积不依赖于项的先后次序．不难看出，结合律与分配律也是对的，即
$$(\alpha_1+\alpha_2)+\alpha_3 = \alpha_1+(\alpha_2+\alpha_3)$$
$$(\alpha_1\alpha_2)\alpha_3 = \alpha_1(\alpha_2\alpha_3)$$
$$(\alpha_1+\alpha_2)\beta = \alpha_1\beta+\alpha_2\beta$$

请读者自己证明．

最后，我们提出，几个因子乘积的模等于各因子的模的乘积，它的辐角等于各因子的辐角的和．如此，复数乘积等于零，必须且仅须至少一个因子等于零．

173. 复数除法

复数除法的定义是乘法的逆运算．如此，若被除数的模与辐角是 (r_1, φ_1)，除数的模与辐角是 (r_2, φ_2)，则不难看出，若除数不是零，除的结果是确定的，商的模是 $\dfrac{r_1}{r_2}$，辐角是 $\varphi_1-\varphi_2$．把商记作分式的形式，可以写成

$$\frac{r_1(\cos\varphi_1+i\sin\varphi_1)}{r_2(\cos\varphi_2+i\sin\varphi_2)} = \frac{r_1}{r_2}[\cos(\varphi_1-\varphi_2)+i\sin(\varphi_1-\varphi_2)] \tag{9}$$

于是，商的模等于被除数与除数的模之商，商的辐角等于被除数与除数的辐角之差．若 $r_2=0$，则公式(9)没有意义．

若被除数与除数不用三角式，而用 a_1+b_1i, a_2+b_2i，则在公式(9)中要用 a_1, a_2, b_1, b_2 表达模与辐角，得到下面这个商的表达式

$$\frac{a_1+b_1i}{a_2+b_2i} = \frac{a_1a_2+b_1b_2}{a_2^2+b_2^2} + \frac{b_1a_2-a_1b_2}{a_2^2+b_2^2}i$$

这也可以直接得到，只要把分子分母乘以分母的共轭数，使分母中没有 i 即可

$$\frac{a_1+b_1\mathrm{i}}{a_2+b_2\mathrm{i}}=\frac{(a_1+b_1\mathrm{i})(a_2-b_2\mathrm{i})}{a_2^2+b_2^2}=\frac{(a_1a_2+b_1b_2)+(b_1a_2-a_1b_2)\mathrm{i}}{a_2^2+b_2^2}$$

于是

$$\frac{a_1+b_1\mathrm{i}}{a_2+b_2\mathrm{i}}=\frac{a_1a_2+b_1b_2}{a_2^2+b_2^2}+\frac{b_1a_2-a_1b_2}{a_2^2+b_2^2}\mathrm{i} \tag{10}$$

以上[172]我们讲过,复数的加法与乘法适用交换律,结合律与分配律. 所以,在只取实数时,由这些定律推出的公式与运算的方法在含有复数时,都是对的,例如:加括号,去括号,化简公式,指数是整数的牛顿二项式公式,关于等差级数与等比级数的公式等.

还要提出复数具有的一个重要的性质. 由公式(4)(5)(7)(10)直接推出: 若在和,差,积,商中,所有的数都换成共轭数,则结果也换成共轭数.

例如,在公式(7)中,把 b_1,b_2 换成 $-b_1,-b_2$,得到

$$(a_1-b_1\mathrm{i})(a_2-b_2\mathrm{i})=(a_1a_2-b_1b_2)-(b_1a_2+a_1b_2)\mathrm{i}$$

以上所述性质,显然对于任何含有复数加减乘除的表达式都对.

174. 乘方

应用公式(6),取 n 个相同的因子,就得到复数乘正整数次方的法则

$$[r(\cos\varphi+\mathrm{i}\sin\varphi)]^n=r^n(\cos n\varphi+\mathrm{i}\sin n\varphi) \tag{11}$$

就是,复数乘正整数次方时,只要把它的模乘那样多次方,把辐角依方指数加倍.

在公式(11)中,令 $r=1$,得到达慕佛公式

$$(\cos\varphi+\mathrm{i}\sin\varphi)^n=\cos n\varphi+\mathrm{i}\sin n\varphi \tag{12}$$

例 1 把等式(12)的左边依牛顿二项式公式展开,再让两边的实部与虚部相等,得到用 $\cos\varphi$ 与 $\sin\varphi$ 的方幂表达 $\cos n\varphi$ 与 $\sin n\varphi$ 的公式[①]

$$\cos n\varphi=\cos^n\varphi-\binom{n}{2}\cos^{n-2}\varphi\sin^2\varphi+\binom{n}{4}\cos^{n-4}\varphi\sin^4\varphi+\cdots+$$

$$(-1)^k\binom{n}{2k}\cos^{n-2k}\varphi\sin^{2k}\varphi+\cdots+$$

[①] 我们用 $\binom{n}{m}$ 记 n 个元素中取 m 个的组合数,就是

$$\binom{n}{m}=\frac{n(n-1)\cdots(n-m+1)}{1\cdot 2\cdot\cdots\cdot m}=\frac{n!}{m!(n-m)!}$$

$$\begin{cases}(-1)^{\frac{n}{2}}\sin^n\varphi & (n\text{ 是偶数})\\ (-1)^{\frac{n-1}{2}}\cos\varphi\sin^{n-1}\varphi & (n\text{ 是奇数})\end{cases}$$

$$\sin n\varphi = \binom{n}{1}\cos^{n-1}\varphi\sin\varphi - \binom{n}{3}\cos^{n-3}\varphi\sin^3\varphi + \cdots +$$

$$(-1)^k\binom{n}{2k+1}\cos^{n-2k-1}\varphi\sin^{2k+1}\varphi + \cdots +$$

$$\begin{cases}(-1)^{\frac{n-2}{2}}n\cos\varphi\sin^{n-1}\varphi & (n\text{ 是偶数})\\ (-1)^{\frac{n-1}{2}}\sin^n\varphi & (n\text{ 是奇数})\end{cases} \quad (13)$$

若 $n=3$，由公式(12)去掉括号，就有

$$\cos^3\varphi + 3\mathrm{i}\cos^2\varphi\sin\varphi - 3\cos\varphi\sin^2\varphi - \mathrm{i}\sin^3\varphi = \cos 3\varphi + \mathrm{i}\sin 3\varphi$$

由此

$$\cos 3\varphi = \cos^3\varphi - 3\cos\varphi\sin^2\varphi, \sin 3\varphi = 3\cos^2\varphi\sin\varphi - \sin^3\varphi$$

例 2 求和

$$A_n = 1 + r\cos\varphi + r^2\cos 2\varphi + \cdots + r^{n-1}\cos(n-1)\varphi$$
$$B_n = r\sin\varphi + r^2\sin 2\varphi + \cdots + r^{n-1}\sin(n-1)\varphi$$

的表达式.

设

$$z = r(\cos\varphi + \mathrm{i}\sin\varphi)$$

再作复数

$$A_n + B_n\mathrm{i} = 1 + r(\cos\varphi + \mathrm{i}\sin\varphi) + r^2(\cos 2\varphi + \mathrm{i}\sin 2\varphi) + \cdots +$$
$$r^{n-1}[\cos(n-1)\varphi + \mathrm{i}\sin(n-1)\varphi]$$

应用公式(11)与等比级数和的公式

$$A_n + B_n\mathrm{i} = 1 + z + z^2 + \cdots + z^{n-1} = \frac{1-z^n}{1-z}$$

$$= \frac{1 - r^n(\cos n\varphi + \mathrm{i}\sin n\varphi)}{1 - r(\cos\varphi + \mathrm{i}\sin\varphi)}$$

$$= \frac{(1 - r^n\cos n\varphi) - \mathrm{i}r^n\sin n\varphi}{(1 - r\cos\varphi) - \mathrm{i}r\sin\varphi}$$

把最后分式的分子分母乘以分母的共轭数 $(1 - r\cos\varphi) + \mathrm{i}r\sin\varphi$，得到

$$A_n + B_n\mathrm{i} = \frac{[(1 - r^n\cos n\varphi) - \mathrm{i}r^n\sin n\varphi][(1 - r\cos\varphi) + \mathrm{i}r\sin\varphi]}{(1 - r\cos\varphi)^2 + r^2\sin^2\varphi}$$

$$= \frac{(1 - r^n\cos n\varphi)(1 - r\cos\varphi) + r^{n+1}\sin\varphi\sin n\varphi}{r^2 - 2r\cos\varphi + 1} +$$

$$\frac{(1-r^n\cos n\varphi)r\sin\varphi-(1-r\cos\varphi)r^n\sin n\varphi}{r^2-2r\cos\varphi+1}$$

$$=\frac{r^{n+1}\cos(n-1)\varphi-r^n\cos n\varphi-r\cos\varphi+1}{r^2-2r\cos\varphi+1}+$$

$$\frac{r^{n+1}\sin(n-1)\varphi-r^n\sin n\varphi+r\sin\varphi}{r^2-2r\cos\varphi+1}\mathrm{i}.$$

依条件(2),实部与虚部分别相等,就有

$$A_n=1+r\cos\varphi+r^2\cos 2\varphi+\cdots+r^{n-1}\cos(n-1)\varphi$$

$$=\frac{r^{n+1}\cos(n-1)\varphi-r^n\cos n\varphi-r\cos\varphi+1}{r^2-2r\cos\varphi+1}$$

$$B_n=r\sin\varphi+r^2\sin 2\varphi+\cdots+r^{n-1}\sin(n-1)\varphi$$

$$=\frac{r^{n+1}\sin(n-1)\varphi-r^n\sin n\varphi+r\sin\varphi}{r^2-2r\cos\varphi+1}$$

算作实数 r 的绝对值小于1,让 n 无限增加,取极限,得到无穷级数的和

$$\begin{cases} 1+r\cos\varphi+r^2\cos 2\varphi+\cdots=\dfrac{1-r\cos\varphi}{r^2-2r\cos\varphi+1} \\ r\sin\varphi+r^2\sin 2\varphi+\cdots=\dfrac{r\sin\varphi}{r^2-2r\cos\varphi+1} \end{cases} \tag{14}$$

在 A_n 与 B_n 的表达式中,设 $r=1$,得到

$$1+\cos\varphi+\cos 2\varphi+\cdots+\cos(n-1)\varphi$$

$$=\frac{\cos(n-1)\varphi-\cos n\varphi-\cos\varphi+1}{2(1-\cos\varphi)}$$

$$=\frac{2\sin\dfrac{\varphi}{2}\sin\left(n-\dfrac{1}{2}\right)\varphi+2\sin^2\dfrac{\varphi}{2}}{4\sin^2\dfrac{\varphi}{2}}$$

$$=\frac{\sin\left(n-\dfrac{1}{2}\right)\varphi+\sin\dfrac{\varphi}{2}}{2\sin\dfrac{\varphi}{2}}$$

$$=\frac{\sin\dfrac{n\varphi}{2}-\cos\dfrac{(n-1)\varphi}{2}}{\sin\dfrac{\varphi}{2}} \tag{15}$$

类似的得到

$$\sin\varphi+\sin 2\varphi+\cdots+\sin(n-1)\varphi=\frac{\sin\dfrac{n\varphi}{2}\sin\dfrac{(n-1)\varphi}{2}}{\sin\dfrac{\varphi}{2}} \tag{15'}$$

175. 开方

一个复数的 n 次根是一个复数,它乘 n 次方等于原来的复数.

如此,等式
$$\sqrt[n]{r(\cos\varphi + i\sin\varphi)} = \rho(\cos\psi + i\sin\psi)$$
相当于等式
$$\rho^n(\cos n\psi + i\sin n\psi) = r(\cos\varphi + i\sin\varphi)$$
由于复数相等时,模应该相等,辐角只能差 2π 的倍数,得到
$$\rho^n = r, n\psi = \varphi + 2k\pi$$
由此
$$\rho = \sqrt[n]{r}, \psi = \frac{\varphi + 2k\pi}{n}$$
其中 $\sqrt[n]{r}$ 是这根的算术值,k 是任何整数. 如此我们得到
$$\sqrt[n]{r(\cos\varphi + i\sin\varphi)} = \sqrt[n]{r}\left(\cos\frac{\varphi + 2k\pi}{n} + i\sin\frac{\varphi + 2k\pi}{n}\right) \qquad (16)$$
即复数开方时,只要把它的模开方,把辐角用方指数除.

在公式(16)中,k 可以取所有的整数,不过可以证明 n 次根只有 n 个不同的值,它们对应于
$$k = 0, 1, 2, \cdots, n-1 \qquad (17)$$
为要证明这一点,我们注意,对于两个不同的值 $k = k_1, k = k_2$,当辐角 $\dfrac{\varphi + 2k_1\pi}{n}$ 与 $\dfrac{\varphi + 2k_2\pi}{n}$ 之差不是 2π 的倍数时,代入到公式(16)中的结果不同,若这两个辐角之差是 2π 的倍数,则结果相同.

不过式(17)中的两个数之差 $k_1 - k_2$ 的绝对值小于 n,所以差
$$\frac{\varphi + 2k_1\pi}{n} - \frac{\varphi + 2k_2\pi}{n} = \frac{k_1 - k_2}{n}2\pi$$
不可能是 2π 的倍数,就是式(17)中 k 的 n 个值对应于根的 n 个不同的值.

再设 k_2 是一个整数,不包含在式(17)中. 我们可以用 n 除,写成
$$k_2 = qn + k_1$$
其中 q 是一个整数,k_1 是式(17)中的一个数,于是
$$\frac{\varphi + 2k_2\pi}{n} = \frac{\varphi + 2k_1\pi}{n} + 2\pi q$$
就是 k_2 对应的根的值与包含在式(17)中的 k_1 对应的值相同. 所以,复数的 n 次根有 n 个不同的值.

只有在根号下的数等于零时，就是 $r=0$ 时，这个开方的法则有问题. 在这情形下，上述根的所有的值都等于零.

例 1 确定 $\sqrt[3]{i}$ 的所有的值. i 的模等于 1，辐角等于 $\frac{\pi}{2}$，所以

$$\sqrt[3]{i} = \sqrt[3]{\cos\frac{\pi}{2} + i\sin\frac{\pi}{2}} = \cos\frac{\frac{\pi}{2}+2k\pi}{3} + i\sin\frac{\frac{\pi}{2}+2k\pi}{3} \quad (k=0,1,2)$$

我们得到下面 $\sqrt[3]{i}$ 的三个值

$$\cos\frac{\pi}{6} + i\sin\frac{\pi}{6} = \frac{\sqrt{3}}{2} + \frac{1}{2}i$$

$$\cos\frac{5\pi}{6} + i\sin\frac{5\pi}{6} = -\frac{\sqrt{3}}{2} + \frac{1}{2}i$$

$$\cos\frac{3\pi}{2} + i\sin\frac{3\pi}{2} = -i$$

例 2 考虑 $\sqrt[n]{1}$ 的所有的值，就是二项方程

$$z^n = 1$$

的所有的解.

1 的模等于 1，辐角等于零，所以

$$\sqrt[n]{1} = \sqrt[n]{\cos 0 + i\sin 0} = \cos\frac{2k\pi}{n} + i\sin\frac{2k\pi}{n} \quad (k=0,1,2,\cdots,n-1)$$

用 ε 记当 $k=1$ 时这个根的值

$$\varepsilon = \cos\frac{2\pi}{n} + i\sin\frac{2\pi}{n}$$

依照达慕佛公式

$$\varepsilon^k = \cos\frac{2k\pi}{n} + i\sin\frac{2k\pi}{n}$$

就是方程 $z^n=1$ 所有的根有下面的形式

$$\varepsilon^k \quad (k=0,1,2,\cdots,n-1)$$

这里 $\varepsilon^0 = 1$.

再考虑二项方程式

$$z^n = a$$

用新未知数 u 代替 z，设

$$z = u\sqrt[n]{a}$$

其中 $\sqrt[n]{a}$ 是 a 的 n 次根的一个值.

代入到所给的方程中,得到 u 的一个方程
$$u^n = 1$$
由此看出,方程 $z^n = a$ 所有的根可以写成
$$\sqrt[n]{a}\,\varepsilon^k \quad (k=0,1,2,\cdots,n-1)$$
其中 $\sqrt[n]{a}$ 是这个根的一个值,ε^k 取 1 的 n 次根的所有的值.

176. 指数函数

以前在实指数 x 的情形下,我们考虑过指数函数 e^x. 现在我们推广指数函数的概念到复指数的情形. 对于实指数,函数 e^x 可以写成下面的级数[129]
$$e^x = 1 + \frac{x}{1!} + \frac{x^2}{2!} + \frac{x^3}{3!} + \cdots$$
在纯虚指数的情形,我们用类似的级数作指数函数的定义,即设
$$e^{yi} = 1 + \frac{yi}{1!} + \frac{(yi)^2}{2!} + \frac{(yi)^3}{3!} + \cdots$$
分别实部与虚部,就有
$$e^{yi} = \left(1 - \frac{y^2}{2!} + \frac{y^4}{4!} - \frac{y^6}{6!} + \cdots\right) + i\left(\frac{y}{1!} - \frac{y^3}{3!} + \frac{y^5}{5!} - \frac{y^7}{7!} + \cdots\right)$$
由此,再回忆 $\cos y$ 与 $\sin y$ 的展开级数[130],就得到
$$e^{yi} = \cos y + i\sin y \tag{18}$$
有时这公式用作指数取纯虚数时,指数函数的定义.

用 $-y$ 代替 y,有
$$e^{-yi} = \cos y - i\sin y \tag{19}$$
由方程(18)与(19)解出 $\cos y$ 与 $\sin y$,就得到欧拉公式,用纯虚指数的指数函数表达三角函数的公式
$$\cos y = \frac{e^{yi} + e^{-yi}}{2},\ \sin y = \frac{e^{yi} - e^{-yi}}{2i} \tag{20}$$
由公式(18)得出复数的指数公式,设模是 r,辐角是 φ,有
$$r(\cos\varphi + i\sin\varphi) = re^{\varphi i}$$
对于任何复指数,指数函数用下面的公式作定义
$$e^{x+yi} = e^x e^{yi} = e^x(\cos y + i\sin y) \tag{21}$$
就是 e^{x+yi} 这个数的模算作等于 e^x,辐角等于 y.

不难推广乘法化为指数相加的法则到复指数的情形:
设

$$z = x + y\mathrm{i}, z_1 = x_1 + y_1\mathrm{i}$$

有
$$\mathrm{e}^z \cdot \mathrm{e}^{z_1} = \mathrm{e}^x(\cos y + \mathrm{i}\sin y) \cdot \mathrm{e}^{x_1}(\cos y_1 + \mathrm{i}\sin y_1)$$

应用复数乘法法则[172]
$$\mathrm{e}^z \cdot \mathrm{e}^{z_1} = \mathrm{e}^{x+x_1}[\cos(y+y_1) + \mathrm{i}\sin(y+y_1)]$$

这等式右边的表达式,依照定义(21),可以写成
$$\mathrm{e}^{(x+x_1)+(y+y_1)\mathrm{i}}$$

就是
$$\mathrm{e}^{z+z_1}$$

除法化为指数相减的法则
$$\frac{\mathrm{e}^z}{\mathrm{e}^{z_1}} = \mathrm{e}^{z-z_1}$$

可以直接由乘以除数的倒数得到.

当 n 是正整数时,我们有
$$(\mathrm{e}^z)^n = \mathrm{e}^z \mathrm{e}^z \cdots \mathrm{e}^z = \mathrm{e}^{zn}$$

应用欧拉公式,可以把任何 $\sin\varphi$ 与 $\cos\varphi$ 的正整数次方幂或这样的方幂的乘积化为只含倍角的正弦或余弦的一次幂诸项之和

$$\sin^m\varphi = \frac{(\mathrm{e}^{\varphi\mathrm{i}} - \mathrm{e}^{-\varphi\mathrm{i}})^m}{2^m \mathrm{i}^m}, \cos^m\varphi = \frac{(\mathrm{e}^{\varphi\mathrm{i}} + \mathrm{e}^{-\varphi\mathrm{i}})^m}{2^m} \tag{22}$$

依牛顿二项式公式展开等式的右边,再依照公式(18)与(19)把指数函数化为三角函数,就得到未知表达式.

例 1
$$\cos^4\varphi = \frac{(\mathrm{e}^{\varphi\mathrm{i}} + \mathrm{e}^{-\varphi\mathrm{i}})^4}{2^4} = \frac{\mathrm{e}^{4\varphi\mathrm{i}}}{16} + \frac{4\mathrm{e}^{2\varphi\mathrm{i}}}{16} + \frac{6}{16} + \frac{4\mathrm{e}^{-2\varphi\mathrm{i}}}{16} + \frac{\mathrm{e}^{-4\varphi\mathrm{i}}}{16}$$
$$= \frac{1}{8}\frac{\mathrm{e}^{4\varphi\mathrm{i}} + \mathrm{e}^{-4\varphi\mathrm{i}}}{2} + \frac{1}{2}\frac{\mathrm{e}^{2\varphi\mathrm{i}} + \mathrm{e}^{-2\varphi\mathrm{i}}}{2} + \frac{3}{8}$$
$$= \frac{3}{8} + \frac{1}{2}\cos 2\varphi + \frac{1}{8}\cos 4\varphi$$

例 2
$$\sin^4\varphi\cos^3\varphi = \frac{(\mathrm{e}^{\varphi\mathrm{i}} - \mathrm{e}^{-\varphi\mathrm{i}})^4}{16} \cdot \frac{(\mathrm{e}^{\varphi\mathrm{i}} + \mathrm{e}^{-\varphi\mathrm{i}})^3}{8} = \frac{(\mathrm{e}^{2\varphi\mathrm{i}} - \mathrm{e}^{-2\varphi\mathrm{i}})^3(\mathrm{e}^{\varphi\mathrm{i}} - \mathrm{e}^{-\varphi\mathrm{i}})}{128}$$
$$= \frac{(\mathrm{e}^{6\varphi\mathrm{i}} - 3\mathrm{e}^{2\varphi\mathrm{i}} + 3\mathrm{e}^{-2\varphi\mathrm{i}} - \mathrm{e}^{-6\varphi\mathrm{i}})(\mathrm{e}^{\varphi\mathrm{i}} - \mathrm{e}^{-\varphi\mathrm{i}})}{128}$$
$$= \frac{\mathrm{e}^{7\varphi\mathrm{i}} - \mathrm{e}^{5\varphi\mathrm{i}} - 3\mathrm{e}^{3\varphi\mathrm{i}} + 3\mathrm{e}^{\varphi\mathrm{i}} + 3\mathrm{e}^{-\varphi\mathrm{i}} - 3\mathrm{e}^{-3\varphi\mathrm{i}} - \mathrm{e}^{-5\varphi\mathrm{i}} + \mathrm{e}^{-7\varphi\mathrm{i}}}{128}$$

$$= \frac{3}{64}\cos \varphi - \frac{3}{64}\cos 3\varphi - \frac{1}{64}\cos 5\varphi + \frac{1}{64}\cos 7\varphi$$

注意，$\cos \varphi$ 的任何整数次幂与 $\sin \varphi$ 的偶次幂是 φ 的偶函数，就是用 $-\varphi$ 代替 φ 时，它们不变，这样的偶函数的表达式中只含有倍角的余弦．若是 φ 的奇函数，就是用 $-\varphi$ 代替 φ 时，函数变号，例如 $\sin \varphi$ 的奇次幂，这样的函数的展开式中只含有倍角的正弦，在这展开式中一定没有常数项．讨论三角级数时，我们再仔细弄清楚这些情况．

177. 三角函数与双曲线函数

以前我们只考虑过实角的三角函数．对于复角 z，我们依照欧拉公式来定义三角函数

$$\cos z = \frac{e^{zi} + e^{-zi}}{2}, \sin z = \frac{e^{zi} - e^{-zi}}{2i}$$

这里，右边的表达式中，对于复数 z，用 [176] 中确定的意义．

应用这两个公式与指数函数的性质，不难看出，对于复角，下列三角公式的正确性．下列各关系式，请读者练习证明

$$\sin^2 z + \cos^2 z = 1$$
$$\sin(z + z_1) = \sin z \cos z_1 + \cos z \sin z_1$$
$$\cos(z + z_1) = \cos z \cos z_1 - \sin z \sin z_1$$

函数 $\tan z$ 与 $\cot z$ 用下列公式来定义

$$\tan z = \frac{\sin z}{\cos z} = \frac{1}{i} \frac{e^{zi} - e^{-zi}}{e^{zi} + e^{-zi}} = \frac{1}{i} \frac{e^{2zi} - 1}{e^{2zi} + 1}$$

$$\cot z = \frac{\cos z}{\sin z} = i \frac{e^{zi} + e^{-zi}}{e^{zi} - e^{-zi}} = i \frac{e^{2zi} + 1}{e^{2zi} - 1}$$

现在讲双曲线函数．

双曲线正弦与余弦用下列公式来定义

$$\text{sh } z = \frac{\sin iz}{i} = \frac{e^z - e^{-z}}{2}$$

$$\text{ch } z = \cos iz = \frac{e^z + e^{-z}}{2}$$

$$\text{th } z = \frac{\text{sh } z}{\text{ch } z} = \frac{e^z - e^{-z}}{e^z + e^{-z}} = \frac{e^{2z} - 1}{e^{2z} + 1}$$

$$\text{cth } z = \frac{\text{ch } z}{\text{sh } z} = \frac{e^z + e^{-z}}{e^z - e^{-z}} = \frac{e^{2z} + 1}{e^{2z} - 1}$$

应用这些公式，不难引出下列公式

$$\begin{cases} \operatorname{ch}^2 z - \operatorname{sh}^2 z = 1 \\ \operatorname{sh}(z_1 \pm z_2) = \operatorname{sh} z_1 \operatorname{ch} z_2 \pm \operatorname{ch} z_1 \operatorname{sh} z_2 \\ \operatorname{ch}(z_1 \pm z_2) = \operatorname{ch} z_1 \operatorname{ch} z_2 \pm \operatorname{sh} z_1 \operatorname{sh} z_2 \\ \operatorname{sh} 2z = 2\operatorname{sh} z \operatorname{ch} z \\ \operatorname{ch} 2z = \operatorname{ch}^2 z + \operatorname{sh}^2 z \\ \operatorname{th} 2z = \dfrac{2\operatorname{th} z}{1 + \operatorname{th}^2 z} \\ \operatorname{cth} 2z = \dfrac{1 + \operatorname{cth}^2 z}{2\operatorname{cth} z} \end{cases} \quad (23)$$

如此引出双曲线三角的公式,与普通圆三角的公式很类似. 只要在普通三角公式中,用 $i\operatorname{sh} z$ 代替 $\sin z$,用 $\operatorname{ch} z$ 代替 $\cos z$,就得到双曲线三角的公式. 这可以由双曲线函数的定义直接推出.

应用以上所述,不难得到下面双曲线函数化和为积的公式

$$\begin{cases} \operatorname{sh} z_1 + \operatorname{sh} z_2 = 2\operatorname{sh} \dfrac{z_1 + z_2}{2} \operatorname{ch} \dfrac{z_1 - z_2}{2} \\ \operatorname{sh} z_1 - \operatorname{sh} z_2 = 2\operatorname{sh} \dfrac{z_1 - z_2}{2} \operatorname{ch} \dfrac{z_1 + z_2}{2} \\ \operatorname{ch} z_1 + \operatorname{ch} z_2 = 2\operatorname{ch} \dfrac{z_1 + z_2}{2} \operatorname{ch} \dfrac{z_1 - z_2}{2} \\ \operatorname{ch} z_1 - \operatorname{ch} z_2 = 2\operatorname{sh} \dfrac{z_1 + z_2}{2} \operatorname{sh} \dfrac{z_1 - z_2}{2} \end{cases} \quad (24)$$

现在我们考虑当变量取实数值时,双曲线函数

$$\operatorname{sh} x = \frac{e^x - e^{-x}}{2}, \operatorname{ch} x = \frac{e^x + e^{-x}}{2}$$

$$\operatorname{th} x = \frac{e^{2x} - 1}{e^{2x} + 1}, \operatorname{cth} x = \frac{e^{2x} + 1}{e^{2x} - 1}$$

函数 $y = \operatorname{ch} x$ 的图形是悬链线[78],在[178] 中,我们再仔细讨论它.
图 6.4 上表示出 $\operatorname{ch} x, \operatorname{sh} x, \operatorname{th} x, \operatorname{cth} x$ 的图形.
直接求微商,得到下列表达式

$$\frac{\operatorname{dsh} x}{\operatorname{d} x} = \operatorname{ch} x, \frac{\operatorname{dch} x}{\operatorname{d} x} = \operatorname{sh} x$$

$$\frac{\operatorname{dth} x}{\operatorname{d} x} = \frac{1}{\operatorname{ch}^2 x}, \frac{\operatorname{dcth} x}{\operatorname{d} x} = -\frac{1}{\operatorname{sh}^2 x}$$

由此得到积分公式

$$\int \operatorname{sh} x \operatorname{d} x = \operatorname{ch} x + C$$

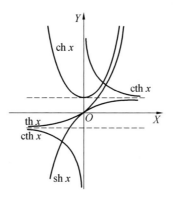

图 6.4

$$\int \operatorname{ch} x \, dx = \operatorname{sh} x + C$$

$$\int \frac{dx}{\operatorname{ch}^2 x} = \operatorname{th} x + C$$

$$\int \frac{dx}{\operatorname{sh}^2 x} = -\operatorname{cth} x + C$$

"双曲线函数"这个名字是由于像函数 $\cos t$ 与 $\sin t$ 对于圆

$$x^2 + y^2 = a^2$$

一样,函数 $\operatorname{ch} t$ 与 $\operatorname{sh} t$ 对于等轴双曲线

$$x^2 - y^2 = a^2$$

的参变量表示法,有同样的作用.

这个圆的参变方程是

$$x = a\cos t, y = a\sin t$$

而这等轴双曲线有

$$x = a\operatorname{ch} t, y = a\operatorname{sh} t$$

这不难由关系式

$$\operatorname{ch}^2 t - \operatorname{sh}^2 t = 1$$

来肯定.

在圆与双曲线中,这参变量 t 的几何意义也是一样的. 若用 S 记扇形 AOM(图 6.5) 的面积,用 S_0 记这圆的全面积,则显然

$$t = 2\pi \frac{S}{S_0}$$

再用 S 记等轴双曲线中类似的扇形(图 6.6)的面积. 我们就有

$$S = S_{\triangle OMN} - S_{\triangle AMN} = \frac{1}{2}xy - \int_a^x y \, dx$$

$$= \frac{1}{2} x \sqrt{x^2 - a^2} - \int_a^x \sqrt{x^2 - a^2}\, dx$$

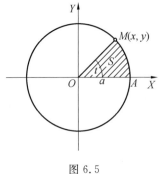

图 6.5

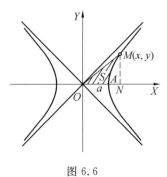

图 6.6

依[92]中公式计算积分,求出

$$S = \frac{1}{2} x \sqrt{x^2 - a^2} - \frac{1}{2}\left[x \sqrt{x^2 - a^2} - a^2 \ln(x + \sqrt{x^2 - a^2})\right]_a^x$$

$$= \frac{1}{2} a^2 \ln\left(\frac{x}{a} + \sqrt{\frac{x^2}{a^2} - 1}\right)$$

若仍用 S_0 记圆面积,设

$$t = 2\pi \frac{S}{S_0} = \ln\left(\frac{x}{a} + \sqrt{\frac{x^2}{a^2} - 1}\right)$$

则不难求出

$$e^t = \frac{x}{a} + \sqrt{\frac{x^2}{a^2} - 1}$$

$$e^{-t} = \frac{1}{\frac{x}{a} + \sqrt{\frac{x^2}{a^2} - 1}} = \frac{x}{a} - \sqrt{\frac{x^2}{a^2} - 1}$$

由此,相加再乘以 $\frac{a}{2}$,有

$$x = \frac{a}{2}(e^t + e^{-t}) = a\,\mathrm{ch}\, t$$

$$y = \sqrt{x^2 - a^2} = \sqrt{a^2 \mathrm{ch}^2 t - a^2} = a\,\mathrm{sh}\, t$$

于是我们得到等轴双曲线的参变方程.

178. 悬链线

讨论一条密度均匀的链子,两端各悬在点 A_1 与 A_2 时所作成的曲线(图 6.7).

在这曲线所在的平面上,作出水平的 OX 轴与铅直向上的 OY 轴.提出这链子的一小段 $MM_1 = \mathrm{d}s$.由于这小段的重量以及链子的其余部分的关系,在这一段上受张力 T 与 T_1 的作用.这些张力沿切线方向作用在这小段的两端 M 与 M_1(T 沿切线的负向,T_1 沿切线的正向).重量与这一段的长成正比
$$\mathrm{d}p = \rho \mathrm{d}s$$
其中 ρ 是这链子的线密度(单位长的重量).

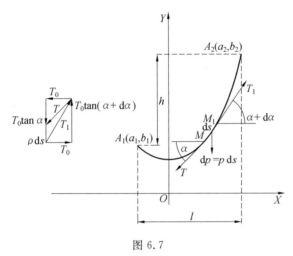

图 6.7

为要平衡,必须且仅须这小段上的作用力在水平与铅直方向的分力和都等于零.因为这小段 $\mathrm{d}s$ 的重力是铅直的,它的水平分力等于零,所以 T 与 T_1 的水平分力应当大小相等方向相反.用 T_0 记它们的水平分力的大小.

由图我们得到各铅直分力的表达式
$$-T_0 \tan \alpha = -T_0 y', T_0 \tan(\alpha + \mathrm{d}\alpha) = T_0(y' + \mathrm{d}y')$$

这里 $\mathrm{d}\alpha$ 是当由点 M 改变到点 M_1 时,切线与 OX 轴所作角度 α 的改变量,$\mathrm{d}y'$ 是对应的切线斜率的改变量.

让 T 与 T_1 的铅直分力与重力 $\rho \mathrm{d}s$ 之和等于零,得到
$$T_0(y' + \mathrm{d}y') - T_0 y' - \rho \mathrm{d}s = 0$$
就是
$$T_0 \mathrm{d}y' = \rho \mathrm{d}s$$
可以写成
$$T_0 \mathrm{d}y' = \rho \sqrt{1 + y'^2} \mathrm{d}x \tag{25}$$
应用分离变量法[93]
$$\frac{\mathrm{d}y'}{\sqrt{1 + y'^2}} = \frac{\mathrm{d}x}{k} \quad \left(k = \frac{T_0}{\rho}\right)$$

注意，k 是一个常量，与张力的水平分力成正比，与链子的线密度成反比.

求积分，得到方程
$$\ln(y' + \sqrt{1+y'^2}) = \frac{x+c_1}{k}$$

由此
$$e^{\frac{x+c_1}{k}} = y' + \sqrt{1+y'^2}$$

为要确定 y'，用这等式两边除 1 有
$$e^{-\frac{x+c_1}{k}} = \frac{1}{y' + \sqrt{1+y'^2}} = \sqrt{1+y'^2} - y'$$

由这两个等式逐项相减，求出
$$y' = \frac{1}{2}(e^{\frac{x+c_1}{k}} - e^{-\frac{x+c_1}{k}})$$

再积分一次，得到未知曲线的方程
$$y + c_2 = \frac{k}{2}(e^{\frac{x+c_1}{k}} + e^{-\frac{x+c_1}{k}}) \tag{26}$$

任意常量 c_1 与 c_2 由曲线经过点 $A_1(a_1, b_1)$ 与 $A_2(a_2, b_2)$ 这个条件确定. 不过，在应用上，最大的兴趣不在于这曲线的方程，就是不在于常量 c_1 与 c_2. 而在于点 A_1, A_2 的水平距离，铅直距离与 $\overparen{A_1 A_2}$ 之长的关系.

讨论这三个量的关系时，我们可以平行移动坐标轴. 取点 $(-c_1, -c_2)$ 作原点，就可以算作方程 (26) 中，$c_1 = c_2 = 0$，于是这方程化为最简单的形式
$$y = \frac{k}{2}(e^{\frac{x}{k}} + e^{-\frac{x}{k}}) = k\,\text{ch}\,\frac{x}{k} \tag{26'}$$

由此显见，这曲线是悬链线.

设如上所述，选定坐标轴后，A_1 的坐标是 (a_1, b_1)，A_2 的坐标是 (a_2, b_2). 用 l, h, s 各记 A_1, A_2 间的水平距离，铅直距离与弧长，就有
$$l = a_2 - a_1$$
$$h = b_2 - b_1 = k\left(\text{ch}\,\frac{a_2}{k} - \text{ch}\,\frac{a_1}{k}\right)$$
$$s = \int_{a_1}^{a_2} \sqrt{1+y'^2}\,\mathrm{d}x$$
$$= \int_{a_1}^{a_2} \sqrt{1+\text{sh}^2\,\frac{x}{k}}\,\mathrm{d}x$$
$$= \int_{a_1}^{a_2} \text{ch}\,\frac{x}{k}\,\mathrm{d}x$$

$$= k\left(\operatorname{sh}\frac{a_2}{k} - \operatorname{sh}\frac{a_1}{k}\right)$$

依公式(24)求得

$$h = 2k\operatorname{sh}\frac{a_2+a_1}{2k}\operatorname{sh}\frac{a_2-a_1}{2k} = 2k\operatorname{sh}\frac{l}{2k}\operatorname{sh}\frac{a_2+a_1}{2k}$$

$$s = 2k\operatorname{sh}\frac{a_2-a_1}{2k}\operatorname{ch}\frac{a_2+a_1}{2k} = 2k\operatorname{sh}\frac{l}{2k}\operatorname{ch}\frac{a_2+a_1}{2k}$$

由此,根据式(23)中第一个公式

$$s^2 - h^2 = 4k^2\operatorname{sh}^2\frac{l}{2k}$$

于是得到 l, h 与 s 的关系.

这关系式可以写成下面的公式

$$\frac{\operatorname{sh}\dfrac{l}{2k}}{\dfrac{l}{2k}} = \frac{\sqrt{s^2-h^2}}{l} \tag{27}$$

若给定悬点与链长,则量 l, h 与 s 已知,于是可以由方程(27)确定 k.若线密度 ρ 也已知,就可以求出张力的水平分力 T_0.

设

$$\frac{l}{2k} = \xi, \quad \frac{\sqrt{s^2-h^2}}{l} = c$$

方程(27)就可以写成

$$\frac{\operatorname{sh}\xi}{\xi} = c \tag{27'}$$

回忆指数函数展成的级数[169],得到

$$\frac{\operatorname{sh}\xi}{\xi} = \frac{e^{\xi} - e^{-\xi}}{2\xi} = 1 + \frac{\xi^2}{3!} + \frac{\xi^4}{5!} + \frac{\xi^6}{7!} + \cdots$$

由此看出,当 ξ 由 0 增加到 $+\infty$ 时, $\dfrac{\operatorname{sh}\xi}{\xi}$ 也保持由 1 增加到 $+\infty$. 所以,当任意给定一个值 $c \geqslant 1$ 时,应用双曲线函数表[①]可以算出方程(27')的一个正根.给定的量 l, h 与 s 应当满足下面这条件

$$c = \frac{\sqrt{s^2-h^2}}{l} \geqslant 1$$

或

---

① 例如,杨克与恩治表.

$$s^2 \geqslant h^2 + l^2$$

这由几何方面很容易看到,因为 $\sqrt{h^2+l^2}$ 是弦 A_1A_2 之长,而 s 是这两点间悬链线的弧长.

例如,设
$$s = 100 \text{ m}, l = 50 \text{ m}$$
$$h = 20 \text{ m}, \rho = 20 \text{ kg/m}$$

我们得到
$$c = 0.02\sqrt{10\,000 - 400} = 0.8\sqrt{6} = 1.96$$

由此求出方程 $(27')$ 的根
$$\xi = \frac{1}{2k} = 2.15$$

因此
$$T_0 = k\rho = \frac{l}{2\xi}\rho = \frac{50}{2 \times 2.15} \times 20 = 232 \text{ kg}$$

设两个悬点一样高,讨论链子下垂的距离 f(图 6.8)
$$f = \overline{OA} - \overline{OC} = \frac{k}{2}(e^{\frac{l}{2k}} + e^{-\frac{l}{2k}}) - k = \frac{k}{2}(e^{\frac{l}{2k}} + e^{-\frac{l}{2k}} - 2)$$

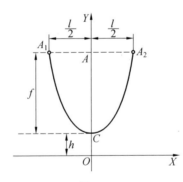

图 6.8

把指数函数展成级数,得到
$$f = \frac{1}{2!}\frac{l^2}{2^2 \cdot k} + \frac{1}{4!}\frac{l^4}{2^4 \cdot k^3} + \cdots \tag{28}$$

同样,对于 $s = \widehat{A_1A_2}$,我们有(公式(27)$h = 0$)
$$s = 2k\operatorname{sh}\frac{l}{2k} = k(e^{\frac{l}{2k}} - e^{-\frac{l}{2k}}) = l + \frac{1}{3!}\frac{l^3}{2^2 \cdot k^2} + \frac{1}{5!}\frac{l^5}{2^4 \cdot k^4} + \cdots \tag{29}$$

在级数(28)中只取一项,得到 k 的近似值
$$k \approx \frac{l^2}{8f}$$

在式(29)中取前两项,再代入这个 k 的表达式
$$s \approx l + \frac{8}{3}\frac{f^2}{l}$$
求微分,得到链长的改变量与下垂距离的改变量之间的关系
$$\mathrm{d}s \approx \frac{16}{3}\frac{f\mathrm{d}f}{l} \text{ 或 } \mathrm{d}f \approx \frac{3l}{16f}\mathrm{d}s$$

我们得到方程(25)时,设在链的任何一段上作用的重力与这一段的长度成正比. 有时,例如悬桥的链子,这个重力就不与这一段的长度成正比,而与这一段在水平轴上的投影长成正比. 当桥板的负载与链重比较起来足够大时是这样的. 在这情形下,代替方程(25),我们有
$$T_0\mathrm{d}y' = \rho\mathrm{d}x$$
由此
$$y' = \frac{\rho}{T_0}x + C_1$$
于是
$$y = \frac{\rho}{2T_0}x^2 + C_1 x + C_2$$
所以这曲线是抛物线.

设悬点 A_1 与 A_2 等高,而这抛物线的顶点是坐标原点(图6.9),于是它的方程是

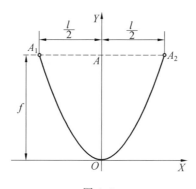

图 6.9

$$y = ax^2 \quad (a = \frac{\rho}{2T_0})$$

像上面一样,我们确定 $l = \overline{A_1 A_2}$ 与 $f = OA$.

由抛物线的方程得到

$$f = a\frac{l^2}{4}$$

由此

$$a = \frac{4f}{l^2}$$

再算 $\widehat{A_1A_2}$ 的长度,它等于 $\widehat{OA_2}$ 长度的二倍

$$s = 2\int_0^{\frac{l}{2}} \sqrt{1+4a^2x^2}\,\mathrm{d}x$$

由牛顿二项式公式就有

$$\sqrt{1+4a^2x^2} = (1+4a^2x^2)^{\frac{1}{2}} = 1 + 2a^2x^2 - 2a^4x^4 + \cdots$$

再求积分,就得到 s 的展开式

$$s = l + \frac{1}{6}a^2l^3 - \frac{1}{40}a^4l^5 + \cdots$$

代入上面求出的 a 的表达式

$$s = l + \frac{8}{3}\left(\frac{f}{l}\right)^2 l - \frac{32}{5}\left(\frac{f}{l}\right)^4 l + \cdots = l\left[1 + \frac{8}{5}\varepsilon^2 - \frac{32}{5}\varepsilon^4 + \cdots\right]$$

其中 $\varepsilon = \frac{f}{l}$,只取这展开式的前两项,得到近似公式

$$s \approx l + \frac{8}{3}\frac{f^2}{l}$$

与对于悬链线的公式相同.

179. 对数

若 e 的某一个复数幂等于复数 $r(\cos\varphi + \mathrm{i}\sin\varphi)$,则这个指数叫作这个数的自然对数. 我们用记号 ln 记这自然对数,可以说,等式

$$\ln[r(\cos\varphi + \mathrm{i}\sin\varphi)] = x + y\mathrm{i}$$

相当于

$$\mathrm{e}^{x+y\mathrm{i}} = r(\cos\varphi + \mathrm{i}\sin\varphi)$$

后面这等式可以写成

$$\mathrm{e}^x(\cos y + \mathrm{i}\sin y) = r(\cos\varphi + \mathrm{i}\sin\varphi)$$

由此,比较模与辐角,得到

$$\mathrm{e}^x = r, y = \varphi + 2k\pi \quad (k = 0, \pm 1, \pm 2, \cdots)$$

就是

$$x = \ln r$$

而
$$x + yi = \ln r + (\varphi + 2k\pi)i$$
于是
$$\ln[r(\cos\varphi + i\sin\varphi)] = \ln r + (\varphi + 2k\pi)i \tag{30}$$

就是,一个复数的自然对数,等于一个复数,它的实部是模的普通对数,而虚部是 i 与辐角的一个值之乘积.

如此,我们看出,任何数的自然对数有无穷多个值. 有问题的只是零,它没有对数. 若我们限制辐角适合不等式
$$-\pi < \varphi \leqslant \pi$$
则这样得到的值叫作对数的主值. 为区别对数的主值与由公式(30)所给的一般值起见,我们用 ln 记主值,所以
$$\ln[r(\cos\varphi + i\sin\varphi)] = \ln r + \varphi i \tag{31}$$
其中 $-\pi < \varphi \leqslant \pi$.

利用对数可以确定任何复数的复幂. 若 u 与 v 是复数,而 $u \neq 0$,则
$$u^v = e^{v \ln u}$$
注意 $\ln u$,所以一般来讲,u^v 有无穷多个值.

例 1   i 的模等于 1,轴角等于 $\frac{\pi}{2}$,所以
$$\ln i = \left(\frac{\pi}{2} + 2k\pi\right)i \quad (k = 0, \pm 1, \pm 2, \cdots)$$

例 2   确定 i^i,有
$$i^i = e^{i \ln i} = e^{-\left(\frac{\pi}{2} + 2k\pi\right)} \quad (k = 0, \pm 1, \pm 2, \cdots)$$

180. 正弦量与向量图

应用复数于谐和振动的讨论. 考虑变动的电流,在每一时刻全线路的电流强度同为 j,由公式
$$j = j_m \sin(\omega t + \varphi) \tag{32}$$
确定,其中 t 表时间,j_m,ω 与 φ 都是常量.

我们算作常量 j_m 是正的,它叫作振幅;常量 ω 叫作角频率,与周期 T 有关系式
$$T = \frac{2\pi}{\omega}$$
常量 φ 叫作变动电流的相.

强度由公式(32)确定的电流叫作正弦的. 上述这些名词也同样用于电压
$$v = v_m \sin(\omega t + \varphi) \qquad (33)$$
以下我们考虑,由公式(32)与(33)确定的,依正弦律变动的电流与电压.

同频率的正弦量有简单的几何解释. 在平面上过某一点 O 引一条直线,以角速度 ω 沿顺时针方向旋转,这条直线叫作时轴.

设当 $t=0$ 时,起始的正向时轴与 OX 轴重合.

作向量 $\overrightarrow{OA}$(图 6.10),长 j_m,与起始的正向时轴作成角度 φ(注意读角度时逆时针方向算作正方向),在时刻 t,向量 $\overrightarrow{OA}$ 与时轴作成的角度是 $\omega t+\varphi$,因为时轴转了角度 ωt,向量 $\overrightarrow{OA}$ 在时轴的垂直方向(逆时针转角度 $\frac{\pi}{2}$)的投影,就是由向量 $\overrightarrow{OA}$ 的端点到时轴的垂线长(带有适当的符号)给出量 $j = j_m \sin(\omega t + \varphi)$.

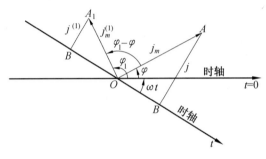

图 6.10

表示同周期的另一个正弦量
$$j^{(1)} = j_m^{(1)} \sin(\omega t + \varphi_1)$$
时,需要作长为 $j_m^{(1)}$ 的向量,与向量 $\overrightarrow{OA}$ 交成角度
$$\psi = \varphi_1 - \varphi$$

如此,利用平面上的固定向量,可以表示同周期的正弦量. 任何一个向量之长表示对应的正弦量的振幅,两个向量的夹角表示对应的正弦量的相的差. 如上所述,作出的向量叫作同周期正弦量系的向量图.

依照封闭线投影定理,向量图上几个向量的几何的和,对应于一个同周期的正弦量,等于这些向量所对应的正弦量的和.

应用[172]中乘法定义,在向量图上可以作出各种运算.

以下我们用黑体字母记向量.

向量 $\boldsymbol{j}$ 乘以复数 $re^{\varphi i}$ 算作等于一个向量,它可以把向量 $\boldsymbol{j}$ 的长度放大 r 倍再转角度 φ 得到,就是乘积 $re^{\varphi i} \boldsymbol{j}$ 可以依照[172]所述复数乘法法则,由向量 $\boldsymbol{j}$ 乘以

$re^{\varphi i}$ 得到.

若复数 $re^{\varphi i}$ 写成 $a+bi$ 的形状,则这乘积可以写成两项和
$$(a+bi)\boldsymbol{j} = a\boldsymbol{j} + bi\boldsymbol{j}$$
其中第一项是一个平行于向量 $\boldsymbol{j}$ 的向量,第二项是一个垂直于向量 $\boldsymbol{j}$ 的向量.

任何一个向量 $\boldsymbol{j}_1$,可以依两个互相垂直的方向分解,写成下面的形式
$$\boldsymbol{j}_1 = a\boldsymbol{j} + bi\boldsymbol{j} = (a+bi)\boldsymbol{j}$$
这时,$|a+bi|$ 等于向量 $\boldsymbol{j}$ 与 $\boldsymbol{j}_1$ 的长度比,$a+bi$ 的辐角表示向量 $\boldsymbol{j}_1$ 与 $\boldsymbol{j}$ 的夹角.这个角等于向量 $\boldsymbol{j}_1$ 与 $\boldsymbol{j}$ 对应的正弦量的相的差.

我们介绍正弦量(32)的平方中值的概念,用记号 $M(j^2)$ 记它.它的定义是
$$M(j^2) = \frac{1}{T}\int_0^T j^2 \mathrm{d}t$$

求表达式
$$j^2 = j_m^2 \sin^2(\omega t + \varphi) = \frac{1}{2}j_m^2 - \frac{1}{2}j_m^2 \cos 2(\omega t + \varphi)$$

由 0 到 $T = \dfrac{2\pi}{\omega}$ 的积分,得到

$$M(j^2) = \frac{1}{2}j_m^2 - \left[\frac{1}{4\omega}j_m^2 \sin 2(\omega t + \varphi)\right]_0^{\frac{2\pi}{\omega}} = \frac{1}{2}j_m^2$$

这平方中值的平方根叫作正弦量的有效值或实际值

$$j_{\mathit{eff}} = \sqrt{M(j^2)} = \frac{j_m}{\sqrt{2}}$$

在实用上,作向量图时,常用的向量,长度不等于振幅,而等于量的有效值,即与以上所作的向量长度比为 $1:\sqrt{2}$.

由公式(32)求微商,得到
$$\frac{\mathrm{d}j}{\mathrm{d}t} = \omega j_m \cos(\omega t + \varphi) = \omega j_m \sin\left(\omega t + \varphi + \frac{\pi}{2}\right)$$

就是微商 $\dfrac{\mathrm{d}j}{\mathrm{d}t}$ 与 j 的区别只是振幅乘了 ω 而相增加 $\dfrac{\pi}{2}$.

用向量表示这关系,可以写成
$$\frac{\mathrm{d}\boldsymbol{j}}{\mathrm{d}t} = \omega i \boldsymbol{j} \tag{34}$$

由公式(32)求积分,若要仍得到同周期的正弦量,就不需要任意常量,于是有
$$\int j \mathrm{d}t = -\frac{1}{\omega}j_m \cos(\omega t + \varphi) = \frac{1}{\omega}j_m \sin\left(\omega t + \varphi - \frac{\pi}{2}\right)$$

由此推出[①]

$$\int j\,dt = \frac{1}{\omega i} j \tag{35}$$

181. 例子

例 1 考虑串连有电阻 R, 自感 L, 电容 C 的电路. 用 v 记电压, j 记电流强度, 由物理学知道, 有关系式

$$v = Rj + L\frac{dj}{dt} + \frac{1}{C}\int j\,dt$$

我们只限于考虑稳定状态的电流, 并且这时电压与电流强度是同周期的正弦量. 下面这方程可以写成向量式, 用电压向量 $\boldsymbol{V}$ 与电流强度向量 $\boldsymbol{j}$ 代替 v 与 j, 有

$$\boldsymbol{V} = R\boldsymbol{j} + L\frac{d\boldsymbol{j}}{dt} + \frac{1}{C}\int \boldsymbol{j}\,dt$$

回忆公式 (34) 与 (35), 由此求出

$$\boldsymbol{V} = R\boldsymbol{j} + \omega L i\boldsymbol{j} + \frac{1}{\omega C i}\boldsymbol{j} = (R + ui)\boldsymbol{j} = \zeta \boldsymbol{j} \tag{36}$$

其中

$$u = \omega L - \frac{1}{\omega C},\ \zeta = R + ui \tag{37}$$

这里得到的电压与电流强度的关系有普通欧姆定律的形状, 只是欧姆电阻的位置换成一个复因子 ζ, 它叫作这线路的像似电阻, 由三项电阻和作成: 欧姆电阻 (R), 由自感产生的电阻 ($\omega L i$). 由电容产生的电阻 $\frac{1}{\omega C i}$.

由公式 (36), 向量 $\boldsymbol{V}$ 依 $\boldsymbol{j}$ 与垂直 $\boldsymbol{j}$ 的方向分为两个分向量 $R\boldsymbol{j}$ 与 $ui\boldsymbol{j}$. 前者叫作瓦特的电压, 后者叫作无瓦特的电压. 这两个名词很明显, 我们计算这个线路的平均功率 W, 就是全周期的瞬时功率 vj 的算术中值

$$W = \frac{1}{T}\int_0^T vj\,dt = \frac{v_m j_m}{T}\int_0^T \sin(\omega t + \varphi_1)\sin(\omega t + \varphi_2)\,dt$$

其中 φ_1 记电压的相, φ_2 记电流强度的相, 这里

$$v = v_m \sin(\omega t + \varphi_1),\ j = j_m \sin(\omega t + \varphi_2)$$

不难求出

[①] $\frac{dj}{dt}$ 记对应于正弦量 $\frac{dj}{dt}$ 的向量, $\int j\,dt$ 记对应于 $\int j\,dt$ 的向量.

$$W = \frac{v_m j_m}{2T} \int_0^T [\cos(\varphi_1 - \varphi_2) - \cos(2\omega t + \varphi_1 + \varphi_2)] dt$$
$$= \frac{v_m j_m}{2} \cos(\varphi_1 - \varphi_2) = v_{\mathit{eff}} j_{\mathit{eff}} \cos(\varphi_1 - \varphi_2) \tag{38}$$

如此,当电压与电流强度的相相同或差 π 时,平均功率的绝对值最大;当相差 $\frac{\pi}{2}$ 时,平均功率的绝对值最小而等于零.

注意 W 的这个表达式,V 的无瓦特电压 $u\mathrm{i}j$ 消耗的平均功率等于零,因为向量 $u\mathrm{i}j$ 垂直于向量 j. 于是所有变为焦耳热的平均功率只是由瓦特的(作功的)电压得来的.

关系式(36)可以写成
$$j = \frac{1}{\zeta} V = \eta V$$
其中
$$\eta = \frac{1}{R + u\mathrm{i}} = g + h\mathrm{i}$$
或
$$j = gV + h\mathrm{i}V$$

复因子 η 叫作线路的像似电导,它等于像似电阻的倒数. 由这个公式,电流向量分解为瓦特的与无瓦特的分向量(沿 V 的方向与垂直 V 的方向).

例 2 在有恒定电流的复杂线路中,串连或并连有电阻时,计算电阻的基本法则是由欧姆定律与柯希霍夫定律得来的. 在稳定变动的正弦电流线路中,若只限于电压与电流强度的瞬时值,利用对应的向量,可以计算欧姆像似电阻.

若线路中有串连的像似电阻
$$\zeta_1 = R_1 + x_1 \mathrm{i}, \zeta_2 = R_2 + x_2 \mathrm{i}, \cdots$$
则电压向量与电流向量有关系式
$$V = \zeta' j \quad (\zeta' = \zeta_1 + \zeta_2 + \cdots) \tag{39}$$
即串连时所含的像似电阻相加.

反之,若电阻并连,则有关系式
$$V = \zeta'' j \quad \left(\frac{1}{\zeta''} = \frac{1}{\zeta_1} + \frac{1}{\zeta_2} + \cdots\right) \tag{40}$$
即并连时所含的像似电导相加.

当串连时,这个像似电阻可以由所含的像似电阻 $\zeta_1, \zeta_2, \cdots$ 用图作出,只要作出表示这些复数的向量的几何的和即可.

我们讲并连两个像似电阻时的作法. 依上述法则有

$$\zeta'' = \cfrac{1}{\cfrac{1}{\zeta_1} + \cfrac{1}{\zeta_2}} = \frac{\zeta_1 \zeta_2}{\zeta_1 + \zeta_2}$$

设

$$\zeta'' = \rho e^{\theta i}, \zeta_1 = \rho_1 e^{\theta_1 i}, \zeta_2 = \rho_2 e^{\theta_2 i}, \zeta_1 + \zeta_2 = \rho_0 e^{\theta_0 i}$$

我们就有

$$\rho = \frac{\rho_1 \rho_2}{\rho_0}, \theta = \theta_1 + \theta_2 - \theta_0$$

由此引出下面的几何作法(图 6.11)[①], 先求出和 $\zeta_1 + \zeta_2 = \overline{OC}$. 作 $\triangle AOD$ 相似于 $\triangle COB$, 只要把 $\triangle COB$ 转到 $\triangle C'OB'$, 再引直线 $\overline{AD} \parallel \overline{C'B'}$.

由相似三角形求得

$$\overline{OD} = \overline{OA}\, \frac{\overline{OB}}{\overline{OC}}$$

就是

$$\rho = \frac{\rho_1 \rho_2}{\rho_0}$$
$$\theta = \theta_2 - \theta_0 \quad (\theta_1 = 0)$$

于是证完.

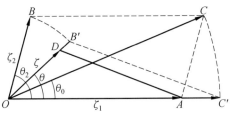

图 6.11

例 3 考虑在磁性耦合下的两个线路的振动(图 6.12). 设 v_1, j_1 各记线路 I 的外电动势与电流强度, j_2 记线路 II 的电流强度(线路 II 无外电动势); $R_1, R_2, L_1, L_2, C_1, C_2$ 各记两个线路的电阻、自感系数与电容, M 记线路 I 与 II 的互感系数.

我们有关系式

[①] 图上为简单起见, OX 轴的方向与向量 ζ_1 相同, 就是设 $\theta_1 = 0$. 在一般情形下, 只要把 OX 轴依逆时针方向转角度 θ_1 即可.

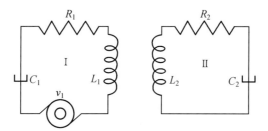

图 6.12

$$v_1 = R_1 j_1 + L_1 \frac{\mathrm{d}j_1}{\mathrm{d}t} + M \frac{\mathrm{d}j_2}{\mathrm{d}t} + \frac{1}{C_1}\int j_1 \mathrm{d}t$$

$$0 = R_2 j_2 + L_2 \frac{\mathrm{d}j_2}{\mathrm{d}t} + M \frac{\mathrm{d}j_1}{\mathrm{d}t} + \frac{1}{C_2}\int j_2 \mathrm{d}t$$

若考虑稳定状态,电压与电流强度依同频率正弦律改变,则这两个方程可以写成向量式

$$\boldsymbol{V}_1 = (R_1 + \omega L_1 \mathrm{i} + \frac{1}{\omega C_1 \mathrm{i}})\boldsymbol{j}_1 + \omega M \mathrm{i} \boldsymbol{j}_2 = \zeta_1 \boldsymbol{j}_1 + \omega M \mathrm{i} \boldsymbol{j}_2$$

$$0 = \omega M \mathrm{i} \boldsymbol{j}_1 + (R_2 + \omega L_2 \mathrm{i} + \frac{1}{\omega C_2 \mathrm{i}})\boldsymbol{j}_2 = \omega M \mathrm{i} \boldsymbol{j}_1 + \zeta_2 \boldsymbol{j}_2$$

解 $\boldsymbol{j}_1$ 与 $\boldsymbol{j}_2$,不难得到

$$\boldsymbol{j}_1 = \frac{\zeta_2}{\zeta_1 \zeta_2 + \omega^2 M^2}\boldsymbol{V}_1, \boldsymbol{j}_2 = -\frac{\omega M \mathrm{i}}{\zeta_1 \zeta_2 + \omega^2 M^2}\boldsymbol{V}_1$$

于是前一个方程可以写成

$$\boldsymbol{V}_1 = \left(\zeta_1 + \frac{\omega^2 M^2}{\zeta_2}\right)\boldsymbol{j}_1$$

我们可以说,有线路 Ⅱ 时,线路 Ⅰ 的像似电阻要加一项 $\frac{\omega^2 M^2}{\zeta_2}$.

182. 曲线的复数式

若限制 OX 轴上的点表示实数,则实变量的改变对应于 OX 轴上点的移动.类似的,复变量 $\zeta = x + y\mathrm{i}$ 的改变对应于平面 XOY 上点的移动.

特别有兴趣的是变量 ζ 改变时画成一条曲线的情形,这时实部与虚部,就是坐标 x 与 y,各为某一参变量 u 的函数,这个参变量,我们算作是实的

$$x = \varphi_1(u), y = \varphi_2(u) \tag{41}$$

我们可以简写成

$$\zeta = f(u)$$

其中

$$f(u) = \varphi_1(u) + \mathrm{i}\varphi_2(u)$$

这个方程叫作所考虑的曲线(41)的复数式方程.

方程(41)给出所考虑的曲线在直角坐标的参变量表示法.若把变量 ζ 写成指数式,我们就得到它的极坐标表示法

$$\zeta = \rho \mathrm{e}^{\theta \mathrm{i}} \quad (\rho = \psi_1(u), \theta = \psi_2(u))$$

在这个表达式中,因子 ρ 就是 $|\zeta|$;因子 $\mathrm{e}^{\theta \mathrm{i}}$ —— 当 ζ 是实数时($\theta = 0$ 或 π)就是"符号"(± 1) —— 是长度等于 1 的向量,记作

$$\mathrm{sgn}\,\zeta = \mathrm{e}^{\theta \mathrm{i}} = \frac{\zeta}{|\zeta|}$$

(拉丁字"signum"—— 符号 —— 的缩写).

由向量图引起考虑曲线的复数式方程的必要,若在关系式

$$\boldsymbol{V} = \zeta \boldsymbol{j}$$

中算作电流向量 $\boldsymbol{j}$ 保持恒定,但是我们可以任意改变线路,则要改变像电阻 ζ 与向量 $\boldsymbol{V}$,向量 $\boldsymbol{V}$ 的端点画出的曲线叫作电压图,作出电压图就可以得到向量 $\boldsymbol{V}$ 的改变情形. 点 ζ 也画成一条曲线(电阻图),只是尺度与电压图不同(用向量 $\boldsymbol{j}$ 作单位).

我们考虑几个简单曲线的方程.

1) 过定点 $\zeta_0 = x_0 + y_0 \mathrm{i}$ 与 OX 轴作成角度 α 的直线的方程是

$$\zeta = \zeta_0 + u\mathrm{e}^{\alpha \mathrm{i}}$$

其中参变量 u 记由点 ζ_0 到 ζ 的距离.

2) 以点 ζ_0 作圆心,半径为 r 的 ζ 的方程是

$$\zeta = \zeta_0 + r\mathrm{e}^{u \mathrm{i}}$$

3) 中心在坐标原点,半轴为 a 与 b,长轴在 OX 轴上的椭圆有复数式方程

$$\zeta = x + y\mathrm{i} = a\cos u + b\mathrm{i}\sin u = \frac{a+b}{2}\mathrm{e}^{u \mathrm{i}} + \frac{a-b}{2}\mathrm{e}^{-u \mathrm{i}}$$

若长轴与 OX 轴作成角度 φ_0,则这椭圆的方程成为

$$\zeta = \mathrm{e}^{\varphi_0 \mathrm{i}}\left[\frac{a+b}{2}\mathrm{e}^{u \mathrm{i}} + \frac{a-b}{2}\mathrm{e}^{-u \mathrm{i}}\right]$$

一般情形下,若椭圆中心在点 ζ_0,长轴与 OX 轴作成角度 φ_0,则这椭圆有方程

$$\zeta = \zeta_0 + \mathrm{e}^{\varphi_0 \mathrm{i}}\left[\frac{a+b}{2}\mathrm{e}^{u \mathrm{i}} + \frac{a-b}{2}\mathrm{e}^{-u \mathrm{i}}\right]$$

若 $b = a$,这方程成为半径为 a 的圆的方程

$$\zeta = \zeta_0 + a\mathrm{e}^{(\varphi_0 + u)\mathrm{i}}$$

其中 φ_0+u 与参变量 u 的作用一样.

若 $b=0$,得到一条线段
$$\zeta=\zeta_0+a\mathrm{e}^{\varphi_0\mathrm{i}}\frac{\mathrm{e}^{u\mathrm{i}}+\mathrm{e}^{-u\mathrm{i}}}{2}=\zeta_0+a\mathrm{e}^{\varphi_0\mathrm{i}}\cos u,\zeta=\zeta_0+v\mathrm{e}^{\varphi_0\mathrm{i}}$$
与 OX 轴作成角度 φ_0,长为 $2a$,以 ζ_0 为中点,因为实参变量 $v=a\cos u$ 只能取 $-a$ 与 a 之间的值.

把圆与线段考虑作当短半轴等于长半轴或等于零时椭圆的极限情形. 我们可以一般的说,方程
$$\zeta=\zeta_0+\mu_1\mathrm{e}^{u\mathrm{i}}+\mu_2\mathrm{e}^{-u\mathrm{i}} \tag{42}$$
总是椭圆的方程,其中 ζ_0,μ_1,μ_2 是任何复数.

实际上,设
$$\mu_1=M_1\mathrm{e}^{\theta_1\mathrm{i}},\mu_2=M_2\mathrm{e}^{\theta_2\mathrm{i}},\frac{\theta_1+\theta_2}{2}=\varphi_0,\frac{\theta_1-\theta_2}{2}=\theta_0$$
方程(42)就可以写成
$$\zeta=\zeta_0+M_1\mathrm{e}^{(u+\theta_1)\mathrm{i}}+M_2\mathrm{e}^{-(u-\theta_2)\mathrm{i}}=\zeta_0+\mathrm{e}^{\varphi_0\mathrm{i}}[M_1\mathrm{e}^{(u+\theta_0)\mathrm{i}}+M_2\mathrm{e}^{-(u+\theta_0)\mathrm{i}}]$$
由此显见,所考虑的曲线确实是椭圆,以点 ζ_0 为中心,半轴各为 $M_1\pm M_2$,长轴与 OX 轴作成角度 φ_0,就是在向量 $\boldsymbol{\mu}_1$ 与 $\boldsymbol{\mu}_2$ 的夹角的分角线的方向. 当 $M_2=0$ 时,椭圆成为圆;当 $M_2=M_1$ 时,成为线段.

4) 讨论在安排有电阻、自感与电容的线路中变动电流的现象时,递变的值画成的曲线,有复数式方程
$$\zeta=\nu\mathrm{e}^{\gamma u} \tag{43}$$
其中 ν 与 γ 是任何复常量.

设 $\nu=N_1\mathrm{e}^{\varphi_0\mathrm{i}},\gamma=a+b\mathrm{i}$ 化为极坐标. 由此就有
$$\zeta=\rho\mathrm{e}^{\theta\mathrm{i}}=N_1\mathrm{e}^{\varphi_0\mathrm{i}}\mathrm{e}^{(a+b\mathrm{i})u}=N_1\mathrm{e}^{au}\mathrm{e}^{(bu+\varphi_0)\mathrm{i}}$$
就是
$$\rho=N_1\mathrm{e}^{au},\theta=bu+\varphi_0$$
由此
$$u=\frac{\theta-\varphi_0}{b}$$
于是
$$\rho=N\mathrm{e}^{\frac{a}{b}\theta}\quad(N=N_1\mathrm{e}^{-\frac{a\varphi_0}{b}})$$
就是所考虑的曲线是对数螺线(图 6.13,对应于 $\frac{a}{b}>0$ 的情形).

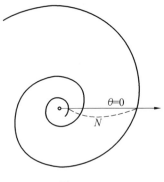

图 6.13

对于较复杂的曲线

$$\zeta = \nu_1 e^{\gamma_1 u} + \nu_2 e^{\gamma_2 u} + \cdots + \nu_s e^{\gamma_s u}$$

可以先作"分螺线"

$$\zeta_1 = \nu_1 e^{\gamma_1 u}, \zeta_2 = \nu_2 e^{\gamma_2 u}, \cdots, \zeta_s = \nu_s e^{\gamma_s u}$$

对于每一个 u 的值,作对应值 $\zeta_1, \zeta_2, \cdots, \zeta_s$ 的几何的和,就得到了(图 6.14).

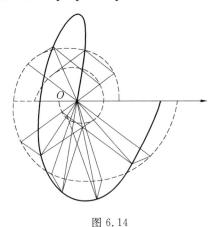

图 6.14

183. 谐和振动的复数式表示法

阻尼谐和振动由公式

$$x = A e^{-\varepsilon t} \sin(\omega t + \varphi_0) \tag{44}$$

表达,其中 A 与 ε 是正的常量,引用复量

$$\zeta = A e^{(\varphi_0 - \frac{\pi}{2})i} e^{(\omega + \varepsilon i)it} = A e^{-\varepsilon t + (\omega t + \varphi_0 - \frac{\pi}{2})i} \tag{45}$$

这个复量的实部与表达式(44)相同,如此任何一个阻尼谐和振动可以由下面形状的复表达式

424

的实部表示,其中 α 与 β 是复数. 在公式(45)的情形下
$$\alpha = A e^{(\varphi_0 - \frac{\pi}{2})i}, \beta = \omega + \varepsilon i$$
在无阻尼谐和振动的情形,$\varepsilon = 0$,于是 β 是实数.

表达式(43),当
$$\nu = A e^{(\varphi_0 - \frac{\pi}{2})i}, \gamma = (\omega + \varepsilon i) i = -\varepsilon + \omega i$$
而
$$u = t$$
时,与表达式(45)相同.

由此看出,当 t 改变时,点 ζ 画出对数螺线,这时极角 θ 是时间 t 的线性函数
$$\theta = \omega t + \varphi_0 - \frac{\pi}{2}$$
就是由坐标原点到点 ζ 的向量半径以角速度 ω 绕原点旋转. 点 ζ 在 OX 轴上的投影作成阻尼振动(44). 若 $\omega = 0$,则点 ζ 沿圆 $\rho = A$ 运动,于是它在 OX 轴上的投影依无阻尼谐和振动律
$$x = A \sin(\omega t + \varphi_0)$$
运动.

§2 多项式的基本性质及其根的计算

184. 代数方程

在这一节中,我们讨论多项式
$$f(z) = a_0 z^n + a_1 z^{n-1} + \cdots + a_k z^{n-k} + \cdots + a_{n-1} z + a_n$$
其中 $a_0, a_1, \cdots, a_k, \cdots, a_n$ 是给定的复数,z 是复变量,并且我们算作首项系数 a_0 不等于零. 在初等代数中,我们熟知多项式的基本运算,回忆除法的结果,若 $f(z)$ 与 $\varphi(z)$ 是两个多项式,$\varphi(z)$ 的次数不高于 $f(z)$ 的次数,则 $f(z)$ 可以写成
$$f(z) = \varphi(z) \cdot Q(z) + R(z)$$
其中 $Q(z)$ 与 $R(z)$ 也是多项式,并且 $R(z)$ 的次数低于 $\varphi(z)$ 的次数,多项式 $Q(z)$ 与 $R(z)$ 各叫作 $f(z)$ 被 $\varphi(z)$ 除时的商式与余式,商式与余式是完全确定

的多项式,所以 $f(z)$ 通过 $\varphi(z)$ 写成上面的形状是唯一的.

当 z 的某一个值使得多项式等于零时,这个值叫作这多项式的根,如此, $f(z)$ 的根就是方程
$$f(z)=a_0z^n+a_1z^{n-1}+\cdots+a_kz^{n-k}+\cdots+a_{n-1}z+a_n=0 \qquad (1)$$
的解.

这个方程叫作 n 次代数方程.

当 $f(z)$ 用二项式 $z-a$ 除时,商式 $Q(z)$ 是 $n-1$ 次多项式,首项系数为 a_0. 余式 R 不含有 z. 依除法的基本性质,有恒等式
$$f(z)=(z-a)Q(z)+R$$
在这恒等式中,代入 $z=a$,得到
$$R=f(a)$$
就是,多项式 $f(z)$ 被除于 $z-a$ 时,余式等于 $f(a)$(别兹定理).

特别地,为使得多项式 $f(z)$ 被 $z-a$ 除时没有余式,必要且充分的条件是
$$f(a)=0$$
因此为使多项式被除于 $z-a$ 时没有余式,必须且仅须 $z=a$ 是这多项式的根.

如此,知道了多项式的一个根 $z=a$,就可以由这多项式分解出一个因子 $z-a$,有
$$f(z)=(z-a)f_1(z)$$
其中
$$f_1(z)=b_0z^{n-1}+b_1z^{n-2}+\cdots+b_{n-2}z+b_{n-1} \quad (b_0=a_0)$$
其余的根是 $n-1$ 次方程
$$b_0z^{n-1}+b_1z^{n-2}+\cdots+b_{n-2}z+b_{n-1}=0$$
的根.

为以下的叙述,我们需要下面这个问题的答案:是否任何代数方程有根? 在非代数方程的情形,答案可以是否定的. 例如,方程
$$e^z=0 \quad (z=x+yi)$$
没有根,因为没有一个 x 的值使得左边的模 e^x 成为零. 但是在代数方程的情形,上面这问题有肯定的答案,包含在下述代数学的基本定理中:任何代数方程至少有一个实根或复根.

我们现在不证明这个定理,在第三卷中,讨论复变函数论时,再证明它.

185. 多项式的因式分解

任何多项式

$$f(z) = a_0 z^n + a_1 z^{n-1} + \cdots + a_{n-1} z + a_n \tag{2}$$

依照基本定理,有一个根 $z = z_1$,所以除以 $z - z_1$,可以写成[184]

$$f(z) = (z - z_1)(a_0 z^{n-1} + \cdots)$$

这等式右边的第二个因子,依照基本定理,有一个根 $z = z_2$,所以除以 $z - z_2$,可以写成

$$f(z) = (z - z_1)(z - z_2)(a_0 z^{n-2} + \cdots)$$

如此用一次的因子除,最后我们得到下面的 $f(z)$ 的因式分解式

$$f(z) = a_0 (z - z_1)(z - z_2) \cdots (z - z_n) \tag{3}$$

就是,任何 n 次多项式可以分解为 $n+1$ 个因子,其中第一个等于首项系数,其余的是 $z - a$ 形状的一次二项式.

当代入 $z = z_s (s = 1, 2, \cdots, n)$ 时,分解式(3)中至少有一个因子成为零,就是,值 $z = z_s$ 是 $f(z)$ 的根.

除去所有的 z_s 外,z 的任何值不可能是 $f(z)$ 的根,因为对于这样的值,分解式(3)中没有一个因子成为零.

若所有的数 z_s 彼此不同,则 $f(z)$ 恰好有 n 个不同的根. 若数 z_s 中有相同的,则 $f(z)$ 不同的根的数目少于 n.

如此,我们得到一个定理:n 次多项式(或 n 次代数方程)的不同的根不可能多于 n 个.

由这定理直接推出下面的结果:若已知一个不高于 n 次的多项式有多于 n 个的不同的根,则这多项式所有的系数与常数项都等于零,就是,这多项式恒等于零.

设对于多于 n 个不同的 z 的值,两个不高于 n 次的多项式 $f_1(z)$ 与 $f_2(z)$ 的值相同. 它们的差 $f_1(z) - f_2(z)$ 也是一个不高于 n 次的多项式,就有多于 n 个的不同的根,所以这个差恒等于零,于是 $f_1(z)$ 与 $f_2(z)$ 有相同的系数. 若对于多于 n 个不同的 z 的值,两个不高于 n 次多项式的值相同,则这两个多项式所有的系数以及常数项对应相等,就是这两个多项式彼此恒等.

多项式的这个性质是以后我们要应用的待定系数法的基础. 这方法的要点在于,由两个恒等的多项式推出 z 的同次幂的系数相等.

我们得到的分解式(3),是依一定顺序用多项式 $f(z)$ 的一次因子除得的结果. 现在证明,最后的结果不依赖于除的步骤,即多项式有唯一的因式分解式.

设除分解式(3)外,另有分解式

$$f(z) = b_0 (z - z'_1)(z - z'_2) \cdots (z - z'_n) \tag{3'}$$

比较这两个分解式,可以写出恒等式

$$a_0(z-z_1)(z-z_2)\cdots(z-z_n)=b_0(z-z'_1)(z-z'_2)\cdots(z-z'_n)$$

这恒等式左边当 $z=z_1$ 时等于零,于是右边也应当等于零,即 z'_k 中至少有一个数应当等于 z_1. 例如,可以算作 $z'_1=z_1$. 恒等式两边消掉 $z-z_1$,得到等式

$$a_0(z-z_2)\cdots(z-z_n)=b_0(z-z'_2)\cdots(z-z'_n)$$

对于所有 z 的值都成立,只有 $z=z_1$ 可能例外. 根据以上所述,这个等式也应当是恒等. 像上面一样,可证 $z'_2=z_2$ 等以至于 $b_0=a_0$,即分解式(3′)应当与分解式(3)全同.

186. 重根

我们已经说过,在分解式(3)中出现的数 z_s 可能有相同的. 在分解式(3)中,把相同的因子放在一起,可以写成

$$f(z)=a_0(z-z_1)^{k_1}(z-z_2)^{k_2}\cdots(z-z_m)^{k_m} \qquad (4)$$

其中 $z_1, z_2, \cdots, z_m$ 不同,而

$$k_1+k_2+\cdots+k_m=n$$

若在如此写成的分解式中有因子 $(z-z_s)^{k_s}$,则根 $z=z_s$ 叫作 k_s 重根,一般来讲,若 $f(z)$ 被 $(z-a)^k$ 除尽,而不能被 $(z-a)^{k+1}$ 除尽,则多项式 $f(z)$ 的根 $z=a$ 是个 k 重根.

现在讲重根的另一个判别法. 为此我们考虑泰勒公式. 首先要提出,多项式 $f(z)$ 的微商可以由对于实变量成立的公式同样确定

$$\begin{aligned}
f(z) &= a_0 z^n + a_1 z^{n-1} + \cdots + a_k z^{n-k} + \cdots + a_{n-1}z + a_n \\
f'(z) &= na_0 z^{n-1} + (n-1)a_1 z^{n-2} + \cdots + (n-k)a_k z^{n-k-1} + \cdots + a_{n-1} \\
f''(z) &= n(n-1)a_0 z^{n-2} + (n-1)(n-2)a_1 z^{n-3} + \cdots + \\
&\quad (n-k)(n-k-1)a_k z^{n-k-2} + \cdots + 2\cdot 1 a_{n-2}
\end{aligned} \qquad (5)$$

泰勒公式

$$f(z) = f(a) + \frac{z-a}{1!}f'(a) + \frac{(z-a)^2}{2!}f''(a) + \cdots + \frac{(z-a)^k}{k!}f^{(k)}(a) + \cdots + \frac{(z-a)^n}{n!}f^{(n)}(a) \qquad (6)$$

是一个含有 a 与 z 的代数恒等式,不仅 a 与 z 取实值时成立,取复值时也成立.

现在我们讲 $z=a$ 是重根的条件. 把式(6)写成

$$f(z) = (z-a)^k \left[\frac{1}{k!}f^{(k)}(a) + \frac{z-a}{(k+1)!}f^{(k+1)}(a) + \cdots + \frac{(z-a)^{n-k}}{n!}f^{(n)}(a) \right] +$$

$$\left[f(a) + \frac{z-a}{1!}f'(a) + \cdots + \frac{(z-a)^{k-1}}{(k-1)!}f^{(k-1)}(a) \right]$$

第二个方括号内的多项式的次数低于$(z-a)^k$的次数,由此看出[184],当$f(z)$被$(z-a)^k$除时,第一个方括号内是商式,第二个是余式.为要$f(z)$被$(z-a)^k$除尽,必须且仅须这个余式恒等于零.把它考虑作变量$z-a$的多项式,得到下面的条件

$$f(a)=f'(a)=\cdots=f^{(k-1)}(a)=0 \tag{7}$$

我们应当再补充上条件

$$f^{(k)}(a)\neq 0 \tag{8}$$

因为若$f^{(k)}(a)=0$,则$f(z)$不仅被$(z-a)^k$除尽,也被$(z-a)^{k+1}$除尽,所以,条件(7)与(8)是$z=a$为多项式$f(z)$的k重根的必要且充分条件.

设$\psi(z)=f'(z)$,于是

$$\psi'(z)=f''(z),\psi''(z)=f'''(z),\cdots,\psi^{(s-1)}(z)=f^{(s)}(z)$$

若$z=a$是多项式$f(z)$的k重根,则根据式(7)与(8),有

$$\psi(a)=\psi'(a)=\psi''(a)=\cdots=\psi^{(k-2)}(a)=0$$

而

$$\psi^{(k-1)}(a)\neq 0$$

即$z=a$是$\psi(z)$或$f'(z)$的$k-1$重根——就是,一个多项式的一个k重根是这多项式的微商的$k-1$重根.继续应用这个性质,可以肯定,它是二级微商的$k-2$重根,是三级微商的$k-3$重根等,以至于是$k-1$级微商的一重根,或者说单根.

如此,若$f(z)$有分解式

$$f(z)=a_0(z-z_1)^{k_1}(z-z_2)^{k_2}\cdots(z-z_m)^{k_m} \tag{9}$$

则$f'(z)$有

$$f'(z)=(z-z_1)^{k_1-1}(z-z_2)^{k_2-1}\cdots(z-z_m)^{k_m-1}\omega(z) \tag{10}$$

其中$\omega(z)$是一个多项式,它与$f(z)$没有相同的根.

187. 和那氏法则

现在我们讲,当给定值$z=a$,要计算$f(z)$与它的微商的值时,实用上较方便的法则.

设用$z-a$除$f(z)$得到商式$f_1(z)$而余r_1,用$z-a$除$f_1(z)$时,商$f_2(z)$而余r_2等

$$f(z)=(z-a)f_1(z)+r_1 \quad (r_1=f(a))$$
$$f_1(z)=(z-a)f_2(z)+r_2 \quad (r_2=f_1(a))$$
$$f_2(z)=(z-a)f_3(z)+r_3 \quad (r_3=f_2(a))$$

$$\vdots$$

把公式(6)写成

$$f(z)=f(a)+(z-a)\left[\frac{f'(a)}{1}+\frac{f''(a)}{2!}(z-a)+\cdots+\frac{f^{(n)}(a)}{n!}(z-a)^{n-1}\right]$$

这个公式与上面的等式比较,得到

$$f_1(z)=\frac{f'(a)}{1}+\frac{f''(a)}{2!}(z-a)+\cdots+\frac{f^{(n)}(a)}{n!}(z-a)^{n-1},r_1=f(a)$$

同样对于 $f_1(z)$ 得到

$$f_2(z)=\frac{f''(a)}{2!}+\frac{f'''(a)}{3!}(z-a)+\cdots+\frac{f^{(n)}(a)}{n!}(z-a)^{n-2},r_2=\frac{f'(a)}{1}$$

于是一般来讲

$$r_{k+1}=\frac{f^{(k)}(a)}{k!} \quad (k=1,2,\cdots,n)$$

现在设

$$f(z)=a_0 z^n+a_1 z^{n-1}+\cdots+a_{n-1}z+a_n$$
$$f_1(z)=b_0 z^{n-1}+b_1 z^{n-2}+\cdots+b_{n-2}z+b_{n-1},b_n=r_1$$

如此可以计算商式的系数 b_s 与余数 b_n. 去掉括号,再把 z 的同次幂写在一起,得到恒等式

$$a_0 z^n+a_1 z^{n-1}+\cdots+a_{n-1}z+a_n$$
$$=(z-a)(b_0 z^{n-1}+b_1 z^{n-2}+\cdots+b_{n-2}z+b_{n-1})+b_n$$
$$=b_0 z^n+(b_1-b_0 a)z^{n-1}+(b_2-b_1 a)z^{n-2}+\cdots+$$
$$(b_{n-1}-b_{n-2}a)z+(b_n-b_{n-1}a)$$

比较 z 的同次幂的系数

$$a_0=b_0$$
$$a_1=b_1-b_0 a$$
$$a_2=b_2-b_1 a$$
$$\vdots$$
$$a_{n-1}=b_{n-1}-b_{n-2}a$$
$$a_n=b_n-b_{n-1}a$$

由此

$$b_0=a_0$$
$$b_1=b_0 a+a_1$$
$$b_2=b_1 a+a_2$$
$$\vdots$$

$$b_{n-1} = b_{n-2}a + a_{n-1}$$
$$b_n = b_{n-1}a + a_n = r_1$$

由这些等式可以相继确定 b_s.

同样, 把 $z-a$ 除 $f_1(z)$ 时的商式与余数记作
$$f_2(z) = c_0 z^{n-2} + c_1 z^{n-3} + \cdots + c_{n-3}z + c_{n-2}, c_{n-1} = r_2$$
就有
$$c_0 = b_0$$
$$c_1 = c_0 a + b_1$$
$$c_2 = c_1 a + b_2$$
$$\vdots$$
$$c_{n-2} = c_{n-3} a + b_{n-2}$$
$$c_{n-1} = c_{n-2} a + b_{n-1} = r_2$$

就是, 像利用 a_s 计算 b_s 一样, 可以利用 b_s 相继计算系数 c_s.

所述的计算法叫作和那氏法则或和那氏算法[①].

应用这个法则, 我们得到量 $\dfrac{f^{(k)}(a)}{k!}$.

我们用下表计算, 这就无需解释了.

a	a_0	a_1	a_2	a_3	$\cdots$	a_{n-2}	a_{n-1}	a_n	
+		$b_0 a$	$b_1 a$	$b_2 a$	$\cdots$	$b_{n-3}a$	$b_{n-2}a$	$b_{n-1}a$	
	$b_0 = a_0$	b_1	b_2	b_3	$\cdots$	b_{n-2}	b_{n-1}		$b_n = r_1 = f(a)$
+		$c_0 a$	$c_1 a$	$c_2 a$	$\cdots$	$c_{n-3}a$	$c_{n-2}a$		
	$c_0 = a_0$	c_1	c_2	c_3	$\cdots$	c_{n-2}		$c_{n-1}=r_2=\dfrac{f'(a)}{1}$	

$$\vdots$$

+	$l_0 = a_0$	l_1			
		$m_0 a$		$l_2 = r_{n-1} = \dfrac{f^{(n-2)}(a)}{(n-2)!}$	
	$m_0 = a_0$		$m_1 = r_n = \dfrac{f^{(n-1)}(a)}{(n-1)!}$		
	$m_0 = \dfrac{f^{(n)}(a)}{n!}$				

例 求当 $z = -5$ 时, 函数
$$f(z) = z^5 + 2z^4 - 2z^2 - 25z + 100$$
与它的微商的值.

如下表:

---

① 为要得到所要的答案, 需要依所确定的法则作出所有的运算, 叫作算法.

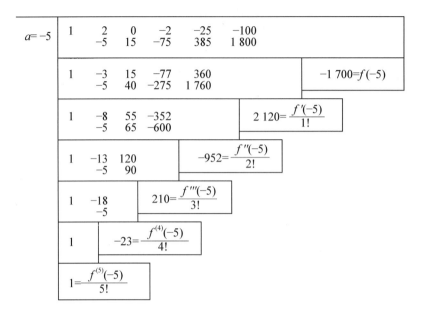

188. 最高公因式

考虑两个多项式,每一个有式(3)的形式的因式分解式. 所谓这两个多项式的最高公因式是指,在 $f_1(z)$ 与 $f_2(z)$ 的分解式中都出现的,所有 $z-a$ 形式的二项因子之乘积,其中这些公因子所取的方指数等于它们在 $f_1(z)$ 与 $f_2(z)$ 的分解式中的次数之较低者. 作最高公因式时,常因子没有作用. 如此两个多项式的最高公因式是一个多项式,它的根是这两个多项式共同的根,这个根重复的回数等于它对于这两个多项式重复的回数之较少者. 若给定的多项式没有共同的根,就说它们是互质的. 与以上完全类似,可以确定几个多项式的最高公因式.

为要由上述方法作最高公因式,需要有给定多项式的一次因式分解式,但是求分解式(3)要求方程 $f(z)=0$ 的解,这是代数学的一个基本问题.

不过,可以像在算术中求整数的最大公约数一样,有另一个求最高公因式的方法,不需要因式分解式,叫作辗转相除法. 这个方法的作法如下,设 $f_1(z)$ 的次数不低于 $f_2(z)$ 的次数. 用第二个多项式除第一个,再用第一次除得的余式除第二个多项式 $f_2(z)$,再用第二次除得的余式除第一次的余式,直到除得的余式等于零为止. 最后不等于零的余式是所给的两个多项式的最高公因式. 若这余式不含有 z,则所给的多项式是互质的. 如此,我们得到最高公因式的求法,求时各多项式的变量依降幂排列.

比较分解式(9)与(10),我们看出,多项式 $f(z)$ 与它的微商 $f'(z)$ 的最高公因式 $D(z)$ 是

$$D(z)=(z-z_1)^{k_1-1}(z-z_2)^{k_2-1}\cdots(z-z_m)^{k_m-1}$$

其中我们不要常因子,因为它无关紧要.

用 $D(z)$ 除 $f(z)$,得到

$$\frac{f(z)}{D(z)}=a_0(z-z_1)(z-z_2)\cdots(z-z_m)$$

就是用多项式 $f(z)$ 与 $f'(z)$ 的最高公因式除 $f(z)$ 时,得到的多项式只有单根,而且所有的根与 $f(z)$ 的不同根彼此相同.

这样的作法叫作解除多项式 $f(z)$ 的重根. 我们看出,为此无需解方程 $f(z)=0$.

若 $f(z)$ 与 $f'(z)$ 互质,则 $f(z)$ 所有的根都是单根;逆之亦然.

189. 实多项式

现在考虑实系数多项式

$$f(z)=a_0z^n+a_1z^{n-1}+\cdots+a_{n-1}z+a_n$$

并设这多项式有 k 重复根 $z=a+bi(b\neq 0)$,就是

$$f(a+bi)=f'(a+bi)=\cdots=f^{(k-1)}(a+bi)=0$$

$$f^{(k)}(a+bi)=A+Bi\neq 0$$

在表达式 $f(a+bi)$ 与诸微商中,所有的量用共轭量替换. 这时,由于系数 a_s 都是实数,它们保留原来的量,只是 $a+bi$ 换成 $a-bi$,就是多项式 $f(z)$ 保持原样,不过在其中代入 $z=a-bi$ 来替换 $z=a+bi$. 由[173]知道,复数用共轭数替换后,结果也要换,就是,多项式的值也换成共轭的. 如此得到

$$f(a-bi)=f'(a-bi)=\cdots=f^{(k-1)}(a-bi)=0$$

$$f^{(k)}(a-bi)\neq 0$$

就是若实系数多项式有 k 重复根 $z=a+bi$,则它应当有 k 重共轭根 $z=a-bi$.

所以,实系数多项式 $f(z)$ 的复根依成对的共轭根分配. 设变量 z 只取实值,把它记作 x,依照公式(3),有

$$f(x)=a_0(x-z_1)(x-z_2)\cdots(x-z_n)$$

若根中有虚的,则对应它们的因子也是虚的. 把对应于一对共轭根的一对因子相乘,得到

$$[x-(a+bi)][x-(a-bi)]=[(x-a)-bi][(x-a)+bi]$$
$$=(x-a)^2+b^2=x^2+px+q$$

其中
$$p = -2a, q = a^2 + b^2 \quad (b \neq 0)$$

如此,一对共轭虚根对应于一个二次的实因子,于是我们推知:实系数多项式分解为一次与二次的实因子.

这分解式有下面的形式
$$f(x) = a_0 (x - x_1)^{k_1} (x - x_2)^{k_2} \cdots (x - x_r)^{k_r} [x^2 + p_1 x + q_1]^{l_1} [x^2 + p_2 x + q_2]^{l_2} \cdots [x^2 + p_t x + q_t]^{l_t} \quad (11)$$

其中 $x_1, x_2, \cdots, x_r$ 各为 $f(x)$ 的 $k_1, k_2, \cdots, k_r$ 重实根,而二次因子对应于 $l_1, l_2, \cdots, l_t$ 重成对的共轭虚根.

190. 方程的根与系数的关系

像以前一样,设 $z_1, z_2, \cdots, z_n$ 是方程
$$a_0 z^n + a_1 z^{n-1} + \cdots + a_{n-1} z + a_n = 0$$
的根.

依照公式(3)有恒等式
$$a_0 z^n + a_1 z^{n-1} + \cdots + a_{n-1} z + a_n = a_0 (z - z_1)(z - z_2) \cdots (z - z_n)$$

应用初等代数中二项式乘积的公式,可以写出下面形状的恒等式
$$a_0 z^n + a_1 z^{n-1} + \cdots + a_{n-1} z + a_n$$
$$= a_0 [z^n - S_1 z^{n-1} + S_2 z^{n-2} + \cdots + (-1)^k S_k z^{n-k} + \cdots + (-1)^n S_n]$$

其中 S_k 记由数 $z_s (s=1,2,\cdots,n)$ 作成的所有可能的乘积之和,每个乘积中有 k 个因子. 比较 z 的同次幂的系数,得到
$$S_1 = -\frac{a_1}{a_0}, S_2 = \frac{a_2}{a_0}, \cdots, S_k = (-1)^k \frac{a_k}{a_0}, \cdots, S_n = (-1)^n \frac{a_n}{a_0}$$

或
$$\begin{cases} z_1 + z_2 + \cdots + z_n = -\dfrac{a_1}{a_0} \\ z_1 z_2 + z_1 z_3 + \cdots + z_1 z_n + z_2 z_3 + \cdots + z_{n-1} z_n = \dfrac{a_2}{a_0} \\ \vdots \\ z_1 z_2 \cdots z_n = (-1)^n \dfrac{a_n}{z_0} \end{cases} \quad (12)$$

这些公式是二次方程根的性质推广到任何高次方程的情形. 利用它们,当知道一个方程的根时,可能作出这个方程来.

191. 三次方程

我们不致力于实际计算代数方程的根的问题. 把这个问题委托于近似计算. 我们只讲三次方程的情形, 而这里所讲的有些计算法是以后有用的.

先讨论三次方程
$$y^3 + a_1 y^2 + a_2 y + a_3 = 0 \tag{13}$$

用新未知数 x 代替 y, 令
$$y = x + a$$

代入到方程的左边, 得到方程
$$x^3 + (3a + a_1)x^2 + (3a^2 + 2a_1 a + a_2)x + (a^3 + a_1 a^2 + a_2 a + a_3) = 0$$

若设 $a = -\dfrac{a_1}{3}$, 则 x^2 项没有了, 于是推知, 代入
$$y = x - \frac{a_1}{3}$$

方程变换成
$$f(x) = x^3 + px + q = 0 \tag{14}$$

的形式, 它不含 x^2 的项.

若 p 与 q 是实数, 则方程(14)或者有三个实根, 或者有一个实根与两个共轭虚根[189], 为要求那一种情形成立, 我们作出这方程左边的一级微商
$$f'(x) = 3x^2 + p$$

若 $p > 0$, 则 $f'(x) > 0$. 于是 $f(x)$ 总上升而只有一个实根, 因为当由 $x = -\infty$ 变到 $x = +\infty$ 时, 函数由负号变为正号. 再设 $p < 0$, 不难看出, 函数 $f(x)$ 当 $x = -\sqrt{-\dfrac{p}{3}}$ 时有极大值, 当 $x = \sqrt{-\dfrac{p}{3}}$ 时有极小值, 代入 x 的这两个值到函数 $f(x)$ 的表达式中, 得到这函数的极大值与极小值的表达式
$$q \mp \frac{2p}{3}\sqrt{-\frac{p}{3}}$$

若这两个值同号, 就是
$$\left(q - \frac{2p}{3}\sqrt{-\frac{p}{3}}\right)\left(q + \frac{2p}{3}\sqrt{-\frac{p}{3}}\right) = q^2 + \frac{4p^3}{27} > 0$$

或
$$\frac{q^2}{4} + \frac{p^3}{27} > 0 \tag{15}$$

则这方程只有一个实根, 在区间 $(-\infty, -\sqrt{-\dfrac{p}{3}})$ 内, 或在区间 $(\sqrt{-\dfrac{p}{3}}, +\infty)$

内．

若 $f(x)$ 的极大值有正号，而极小值有负号，就是

$$\frac{q^2}{4}+\frac{p^3}{27}<0 \tag{15'}$$

则 $f(-\infty),f\left(-\sqrt{-\frac{p}{3}}\right),f\left(\sqrt{-\frac{p}{3}}\right),f(+\infty)$ 各是负、正、负、正．于是方程(14)有三个实根．此外，注意当 $p>0$ 时，一定满足条件(15)，读者可以证明，在

$$\frac{q^2}{4}+\frac{p^3}{27}=0 \tag{15''}$$

的情形，方程(14)有重根 $\pm\sqrt{-\frac{p}{3}}$ 与根 $\frac{3q}{p}$，这里我们算作 $p\neq 0$，于是由式(15″)推知 $p<0$．当 $p=0$ 而 $q\neq 0$ 时，我们有不等式(15)，于是方程(14) 成为 $x^3+q=0$，就是 $x=\sqrt[3]{-q}$，由此推知方程(14)有一个实根[175]．当 $p=q=0$ 时，方程(14)是 $x^3=0$，有三重根 $x=0$．

以上得到的结果列在下表中：

$x^3+px+q=0$	
$\frac{q^2}{4}+\frac{p^3}{27}>0$	一个实根，两个共轭虚根
$\frac{q^2}{4}+\frac{p^3}{27}<0$	三个不同的实根
$\frac{q^2}{4}+\frac{p^3}{27}=0$	三个实根，其中有重根

图 6.15 上表示对于 $\frac{q^2}{4}+\frac{p^3}{27}$ 的不同情形，函数

$$y=x^3+px+q$$

的各种位置．在式(15″)的情形，二重根对应于曲线与 OX 轴的切点．

现在我们求方程(14)的根用系数来表达的公式，这个公式不适合于实用的计算，在下一段中，我们应用三角函数，讨论实用上计算根的合用的方法．引用两个新未知数 u 与 v 来代替未知数 x，令

$$x=u+v \tag{16}$$

代入到方程(14)中

$$(u+v)^3+p(u+v)+q=0$$

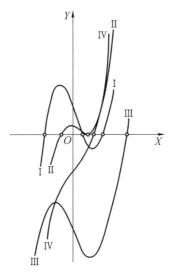

图 6.15

$$u^3 + v^3 + (u+v)(3uv + p) + q = 0 \tag{17}$$

限制

$$3uv + p = 0$$

于是方程(17)成为

$$u^3 + v^3 = -q$$

如此,问题化为解两个方程

$$uv = -\frac{p}{3}, u^3 + v^3 = -q \tag{18}$$

把第一个方程两边乘三次方,就有

$$u^3 v^3 = -\frac{p^3}{27}, u^3 + v^3 = -q$$

于是推知,u^3 与 v^3 是二次方程

$$z^2 + qz - \frac{p^3}{27} = 0$$

的根,就是

$$u = \sqrt[3]{-\frac{q}{2} + \sqrt{\frac{q^2}{4} + \frac{p^3}{27}}}, v = \sqrt[3]{-\frac{q}{2} - \sqrt{\frac{q^2}{4} + \frac{p^3}{27}}} \tag{19}$$

最后,依照公式(16)求得

$$x = \sqrt[3]{-\frac{q}{2} + \sqrt{\frac{q^2}{4} + \frac{p^3}{27}}} + \sqrt[3]{-\frac{q}{2} - \sqrt{\frac{q^2}{4} + \frac{p^3}{27}}} \tag{20}$$

这个三次方程(14)的解的公式叫作卡当公式(16 世纪意大利数学家).

为简单起见,用 R_1 与 R_2 记公式(20)中立方根号下的表达式

$$x = \sqrt[3]{R_1} + \sqrt[3]{R_2}$$

每一个立方根有三个不同的值[175],所以这个公式给出九个 x 的不同的值,而只有三个是方程(14)的根,多出来的 x 的值,是由于方程(18)中第一个乘方的关系. 我们只要 u 与 v 满足关系式(18)的值,就是我们应当只取乘积等于 $-\dfrac{p}{3}$ 的方根的值.

用 ε 记 1 的一个立方根

$$\varepsilon = \cos\frac{2\pi}{3} + i\sin\frac{2\pi}{3} = -\frac{1}{2} + \sqrt{\frac{3}{2}}i$$

$$\varepsilon^2 = \cos\frac{4\pi}{3} + i\sin\frac{4\pi}{3} = -\frac{1}{2} - \sqrt{\frac{3}{2}}i$$

于是设 $\sqrt[3]{R_1}$ 与 $\sqrt[3]{R_2}$ 是满足上述条件的任何一组值. 它们乘以 ε 与 ε^2 就得到立方根的其余两个值[175].

注意 $\varepsilon^3 = 1$,得到方程(14)的根的表达式

$$x_1 = \sqrt[3]{R_1} + \sqrt[3]{R_2},\ x_2 = \varepsilon\sqrt[3]{R_1} + \varepsilon^2\sqrt[3]{R_2},\ x_3 = \varepsilon^2\sqrt[3]{R_1} + \varepsilon\sqrt[3]{R_2} \qquad (21)$$

这里算作 p 与 q 是任何复数.

192. 三次方程的解的三角式

设方程(14)的系数 p 与 q 是实数,我们说过,卡当公式不适用于根的计算,我们再讲一个较实用的公式. 我们分四种情形考虑.

1)

$$\frac{q^2}{4} + \frac{p^3}{27} < 0$$

由这条件推知 $p < 0$. 公式(20)中根号下的表达式 R_1 与 R_2 是虚的,不过我们知道这方程的三个根是实的[191].

设

$$-\frac{q}{2} \pm \sqrt{\frac{q^2}{4} + \frac{p^3}{27}} = -\frac{q}{2} \pm i\sqrt{-\frac{q^2}{4} - \frac{p^3}{27}} = r(\cos\varphi \pm i\sin\varphi)$$

由此[171]

$$r = \sqrt{-\frac{p^3}{27}},\ \cos\varphi = -\frac{q}{2r} \qquad (22)$$

依卡当公式,就有

$$x = \sqrt[3]{r}\left(\cos\frac{\varphi+2k\pi}{3} + i\sin\frac{\varphi+2k\pi}{3}\right) + \sqrt[3]{r}\left(\cos\frac{\varphi+2k\pi}{3} - i\sin\frac{\varphi+2k\pi}{3}\right)$$
$$(k=0,1,2)$$

在两项中 k 取相同的值时,两项相乘得到正数: $\sqrt[3]{r^2} = -\frac{p}{3}$.

最后得到

$$x = 2\sqrt[3]{r}\cos\frac{\varphi+2k\pi}{3} \quad (k=0,1,2) \tag{23}$$

其中 r 与 φ 依公式(22)确定.

2)

$$\frac{q^2}{4} + \frac{p^3}{27} > 0 \text{ 而 } p < 0$$

方程(14)有一个实根,两个共轭虚根[191]. 由上式推知 $-\frac{p^3}{27} < \frac{q^2}{4}$,引用辅助角度 ω,令

$$\sqrt{-\frac{p^3}{27}} = \frac{q}{2}\sin\omega \tag{24}$$

于是

$$\sqrt[3]{-\frac{q}{2} + \sqrt{\frac{q^2}{4} + \frac{p^3}{27}}} = \sqrt[3]{-\frac{q}{2} + \frac{q}{2}\cos\omega} = -\sqrt{-\frac{p}{3}}\sqrt[3]{\tan\frac{\omega}{2}}$$

$$\sqrt[3]{-\frac{q}{2} - \sqrt{\frac{q^2}{4} + \frac{p^3}{27}}} = \sqrt[3]{-\frac{q}{2} - \frac{q}{2}\cos\omega} = -\sqrt{-\frac{p}{3}}\sqrt[3]{\cot\frac{\omega}{2}}$$

因为根据式(24)有

$$\sqrt{-\frac{p}{3}} = \sqrt[3]{\frac{q}{2}\sin\omega}$$

再引用角度 φ,令

$$\tan\varphi = \sqrt[3]{\tan\frac{\omega}{2}} \tag{24'}$$

得到实根的表达式

$$x_1 = -\sqrt{-\frac{p}{3}}(\tan\varphi + \cot\varphi) = -\frac{2\sqrt{-\frac{p}{3}}}{\sin 2\varphi} \tag{25}$$

应用公式(21),请读者证明,虚根有表达式

$$\frac{\sqrt{-\frac{p}{3}}}{\sin 2\varphi} \pm \mathrm{i}\sqrt{-p}\cot 2\varphi \qquad (25')$$

3)
$$\frac{q^2}{4} + \frac{p^3}{27} > 0 \text{ 而 } p > 0$$

像情形 2) 一样,方程(14)有一个实根,两个共轭虚根. 这时 $\sqrt{\frac{p^3}{27}}$ 可能小于 $\left|\frac{q}{2}\right|$,也可能大于 $\left|\frac{q}{2}\right|$,于是代替公式(24),我们引用角度 ω,令

$$\sqrt{\frac{p^3}{27}} = \frac{q}{2}\tan\omega \qquad (26)$$

于是

$$\sqrt[3]{-\frac{q}{2} + \sqrt{\frac{q^2}{4} + \frac{p^3}{27}}} = \sqrt[3]{\frac{q\sin^2\frac{\omega}{2}}{\cos\omega}} = \sqrt{\frac{p}{3}}\sqrt[3]{\tan\frac{\omega}{2}}$$

$$\sqrt[3]{-\frac{q}{2} - \sqrt{\frac{q^2}{4} + \frac{p^3}{27}}} = \sqrt[3]{\frac{q\cos^2\frac{\omega}{2}}{\cos\omega}} = \sqrt{\frac{p}{3}}\sqrt[3]{\cot\frac{\omega}{2}}$$

再引用角度 φ,令

$$\tan\varphi = \sqrt[3]{\tan\frac{\omega}{2}} \qquad (26')$$

最后就有

$$x_1 = \sqrt{\frac{p}{3}}(\tan\varphi - \cot\varphi) = -2\sqrt{\frac{p}{3}}\cot 2\varphi \qquad (27)$$

虚根是

$$\sqrt{\frac{p}{3}}\cot 2\varphi \pm \frac{\mathrm{i}\sqrt{p}}{\sin 2\varphi} \qquad (27')$$

4)
$$\frac{q^2}{4} + \frac{p^3}{27} = 0$$

方程(14)有重根,在这情形下,像 $p=0$ 的情形一样,方程的解不难求.

应用这些三角公式,利用三角对数表,可以计算三次方程的根,且有高度的准确性.

例 1
$$x^3 + 9x^2 + 23x + 14 = 0$$

令 $x = y - 3$. 方程变换成
$$y^3 - 4y - 1 = 0$$
这个方程有三个实根[191].

公式(22)给出 $\cos\varphi$，由它求出 φ，再依公式(23)确定根，如下表：

$\cos\varphi = \dfrac{\sqrt{27}}{16}$,	$\ln\cos\varphi = \overline{1}.51156$
$\varphi = 71°2'56''$	
$\dfrac{\varphi_1}{3} = 23°40'59''$, $\dfrac{\varphi_2}{3} = 143°40'59''$, $\dfrac{\varphi_3}{3} = 263°40'59''$	
$\ln\dfrac{4}{\sqrt{3}} = 0.36350$	
$\ln y_1 = 0.32529$, $\ln(-y_2) = 0.26970$, $\ln(-y_3) = \overline{1}.40501$	
$y_1 = 2.1149$, $y_2 = -1.8608$, $y_3 = -0.2541$	
$x_1 = -0.8851$, $x_2 = -4.8608$, $x_3 = -3.2541$	

例 2
$$x^2 - 3x + 5 = 0$$

依公式(24)确定角度 ω，依公式(24′)确定角度 φ，然后依公式(25)与(25′)计算根，如下表：

$\ln\sin\omega = \overline{1}.60206$, $\omega = 23°34'41''$, $\dfrac{\omega}{2} = 11°47'$	
$\ln\tan\varphi = \overline{1}.77009$, $\varphi = 30°29'47''$, $2\varphi = 60°59'34''$	
$\ln\dfrac{1}{\sin 2\varphi} = 0.05821$, $\dfrac{1}{\sin 2\varphi} = 1.1434$	
$\ln\sqrt{-p}\cot 2\varphi = \overline{1}.98244$, $\sqrt{-p}\cot 2\varphi = 0.96037$	
$x_1 = -2.2868$, $x_2, x_3 = 1.1434 \pm 0.96037i$	

193. 反覆法

时常，未知根 ξ 有一个不太准确的近似值，我们要改善这个根的近似值. 反覆法或相继近似法都是这种矫正根的近似值的方法. 以下显见这个方法，不只适用于代数方程，也适用于三角方程.

设方程
$$f(x) = 0 \tag{28}$$

写成下面的形式
$$f_1(x) = f_2(x) \tag{29}$$
其中 $f_1(x)$ 是这样一个函数,当任意给定一个实数 m 时,方程
$$f_1(x) = m$$
有一个容易计算到高度准确的实根. 利用反覆法计算方程(29)的根的作法如下:代入未知根的近似值 x_0 到方程(29)的右边,由方程
$$f_1(x) = f_2(x_0)$$
确定未知根的第二近似值 x_1.

再代入 x_1 到式(29)的右边,解方程 $f_1(x) = f_2(x_1)$ 确定第三近似值 x_2. 如此作下去,确定出一序列的值
$$x_0, x_1, x_2, \cdots, x_n, \cdots \tag{30}$$
其中
$$\begin{aligned} f_1(x_1) &= f_2(x_0) \\ f_1(x_2) &= f_2(x_1) \\ &\vdots \\ f_1(x_n) &= f_2(x_{n-1}) \\ &\vdots \end{aligned} \tag{31}$$

不难说出所得到的近似值的几何意义. 未知根是曲线
$$y = f_1(x) \tag{32}$$
与
$$y = f_2(x) \tag{32'}$$
的交点的横坐标.

图 6.16 与图 6.17 上各表示两条曲线,在图 6.16 上,微商 $f'_1(x)$ 与 $f'_2(x)$ 在交点同号,而在图 6.17 上,异号. 在两个情形下,都有
$$|f'_2(\xi)| < |f'_1(\xi)|$$

等式(31)对应于下面的作法:引直线 $x = x_0$ 平行于 OY 轴,交曲线(32')于一点 (x_0, y_0),过这交点引直线平行于 OX 轴,交曲线(32)于一点 (x_1, y_0),过 (x_1, y_0) 再引直线平行于 OY 轴,交曲线(32')于一点 (x_1, y_1),过这交点再引直线 $y = y_1$,交曲线(32)于一点 (x_2, y_1). 如此作下去,这些交点的横坐标给出序列(30).

若第一近似值与 ξ 足够近,由图看出,这个序列趋向 ξ 为极限,并且,当 $f'_1(\xi)$ 与 $f'_2(\xi)$ 同号时,得到阶形折线,趋向 ξ(图 6.16);若 $f'_1(\xi)$ 与 $f'_2(\xi)$ 异

号,则这折线有螺线的形状趋向 ξ(图 6.17). 我们不讲序列(30)趋向 ξ 为极限的条件,也不给严格的证明. 在很多情形下,可以直接由图承认上述求近似值法特别适用于一种情形,这时方程(29)有下面的形式

$$x = f_2(x)$$

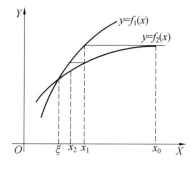

图 6.16

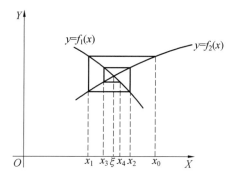

图 6.17

设 ξ 是这方程的根,我们已知它的一个近似值

$$x_0 = \xi + h$$

近似值的序列就是

$$x_1 = f_2(x_0), x_2 = f_2(x_1), \cdots, x_n = f_2(x_{n-1})$$

可以证明,若函数 $f_2(x)$ 有微商 $f'_2(x)$,而且当 x 在 $\xi - h$ 与 $\xi + h$ 之间时,这微商满足条件

$$|f'_2(x)| \leqslant q < 1$$

则当 $n \to \infty$ 时,确实 $x \to \xi$.

例 1 考虑方程

$$x^5 - x - 0.2 = 0 \tag{33}$$

它的实根是曲线

$$y = x^5 \qquad (34)$$
$$y = x + 0.2 \qquad (34')$$

交点的横坐标(图 6.18). 由图 6.18 看出, 方程(33)有一个正根, 两个负根.

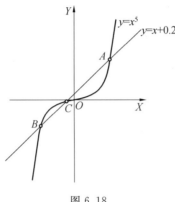

图 6.18

在交点 A 与 B, 各对应于正根与绝对值较大的负根, 直线(34′)的斜率的绝对值小于曲线(34)的切线的斜率的绝对值, 就是, 当用反覆法求方程(33)的根时, 需要写成

$$x^5 = x + 0.2$$

计算正根时, 我们取 $x_0 = 1$ 作第一近似值, 得到下表:

$\sqrt[5]{x_n + 0.2}$	$x_n + 0.2$
	1.2
$x_1 = 1.037$	1.237
$x_2 = 1.043\ 4$	1.243 4
$x_3 = 1.044\ 5$	1.244 5
$x_4 = 1.044\ 72$	

于是得到未知根准确到四位数的近似值.

计算绝对值较大的负根时, 取 $x_0 = -1$ 作第一近似值, 如下表:

$\sqrt[5]{x_n + 0.2}$	$x_n + 0.2$
	-0.8
$x_1 = -0.956$	-0.756
$x_2 = -0.945\ 6$	$-0.745\ 6$
$x_3 = -0.943\ 0$	$-0.743\ 0$
$x_4 = -0.942\ 3$	$-0.742\ 3$
$x_5 = -0.942\ 14$	$-0.742\ 14$
$x_6 = -0.942\ 10$	

在这情形下,误差不大于 2×10^{-5}.

点 C 对应于绝对值较小的负根,在这点,曲线(34)的切线的斜率小于1,所以应用反覆法时,方程(33)需要写成

$$x = x^5 - 0.2$$

取 $x_0 = 0$ 作第一近似值,得到:

$x_n^5 - 0.2$	x_n^5
	-0
$x_1 = -0.2$	$-0.000\ 32$
$x_2 = -0.200\ 32$	

近似值 x_2 准确到五位小数. 在这三种情形下,都如图 6.16 所示,近似值依阶形折线趋向根. 由图 6.18 可以承认,在这三种情形下,当 n 增加时,近似值 x_n 单调改变趋向未知根.

例 2

$$x = \tan x \tag{35}$$

这个方程的根是曲线

$$y = x \text{ 与 } y = \tan x$$

交点的横坐标,由图 6.19 看出,在每一个区间

$$\left[(2n-1)\frac{\pi}{2}, (2n+1)\frac{\pi}{2}\right] \quad (n = 0, \pm 1, \pm 2, \pm 3, \cdots)$$

上,这方程有一个根.

对于正根,有近似等式

$$a_n \approx (2n+1)\frac{\pi}{2}$$

其中 a_n 记方程(35)的第 n 个正根.

计算逼近 $\dfrac{3\pi}{2}$ 的根 a_1,应用反覆法,把方程(35)写成

$$x = \arctan x$$

并取 $x_0 = \dfrac{3\pi}{2}$ 作第一近似值.

当计算相继的近似值时,需要取反正切的值. 应用对数表并用弧度单位,得到

$$x_0 = 4.712\ 4,\ x_1 = 4.503\ 3,\ x_2 = 4.493\ 8,\ x_3 = 4.493\ 5$$

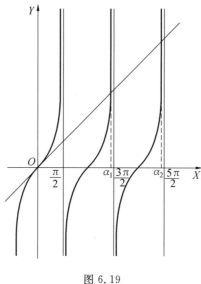

图 6.19

194. 牛顿法

图 6.16 与图 6.17 所示,求根的近似值的反覆步骤在于作平行于坐标轴的直线.现在我们讲另一种反覆步骤,应用斜向坐标轴的直线.牛顿法是这样的方法之一.

设 x'_0 与 x_0 是方程

$$f(x)=0 \tag{36}$$

的一个根 ξ 的近似值,并设在区间 (x'_0, x_0) 上,这方程只有一个根,图 6.20 上表示曲线

$$y=f(x)$$

的图形.

点 A 的横坐标是根 ξ,点 N 与 P 的横坐标各为这个根的近似值 x'_0 与 x_0. 在点 P 引这曲线的切线,由这切线与 OX 轴的交点 Q_1 作曲线的纵坐标 $\overline{Q_1 Q}$,在点 Q 再引曲线的切线 QR_1,由 R_1 作曲线的纵坐标 $\overline{R_1 R}$,如此作下去,由图看出,点 $P_1, Q_1, R_1, \cdots$ 趋向点 A,所以它们的横坐标 $x_0, x_1, x_2, \cdots$ 是根 ξ 的相继的近似值.求由 x_{n-1} 表达 x_n 的公式.

切线 PQ_1 的方程是

$$Y-f(x_0)=f'(x_0)(X-x_0)$$

代入 $Y=0$,求点 Q_1 的横坐标

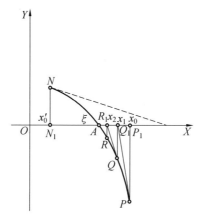

图 6.20

$$x_1 = x_0 - \frac{f(x_0)}{f'(x_0)} \tag{37}$$

于是，一般来讲

$$x_n = x_{n-1} - \frac{f(x_{n-1})}{f'(x_{n-1})} \quad (n=1,2,3,\cdots) \tag{38}$$

我们由图看出，当 $f(x)$ 在区间 (x'_0, x_0) 上单调而且凹向下（或凹向上）时，也就是当 $f'(x)$ 与 $f''(x)$ 在这区间上不变号时[57,71]，x_n 确实是渐近于根 ξ，我们不作严格的证明.

注意，若应用牛顿法，不从端点 x_0 开始，而从 x'_0 开始，由虚线画的切线看出，就不渐近于根. 在图 6.21 的情形，曲线凹向上，就是 $f''(x) > 0$，我们看出，牛顿法需要由 $f(x) > 0$ 的一端作起. 由图 6.20 看出，当 $f''(x) < 0$ 时，牛顿法需要由纵坐标 $f(x) < 0$ 的一端作起. 如此，我们得到下面的法则：若在区间 (x'_0, x_0) 上，$f'(x)$ 与 $f''(x)$ 不等于零，而且纵坐标 $f(x'_0)$ 与 $f(x_0)$ 异号，则应用牛顿法，由 $f(x)$ 与 $f''(x)$ 同号的一端作起，就得到方程在区间 (x'_0, x_0) 内的唯一的根的相继的近似值.

195. 简单插补法

再讲一种根的近似计算法. 过弧的两端 N 与 P 引直线. 这直线与 OX 轴交点 B 的横坐标给出根的近似值（图 6.22）. 像上面一样，设 x'_0 与 x_0 是区间两端的横坐标. 直线 NP 的方程就是

$$\frac{Y - f(x_0)}{f(x'_0) - f(x_0)} = \frac{X - x_0}{x'_0 - x_0}$$

令 $Y = 0$，求出点 B 的横坐标的表达式

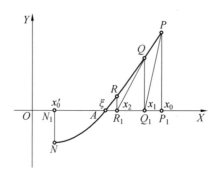

图 6.21

$$\frac{x'_0 f(x_0) - x_0 f(x'_0)}{f(x_0) - f(x'_0)}$$

或

$$x'_0 - \frac{(x_0 - x'_0) f(x'_0)}{f(x_0) - f(x'_0)}$$

或

$$x_0 - \frac{(x_0 - x'_0) f(x_0)}{f(x_0) - f(x'_0)} \tag{39}$$

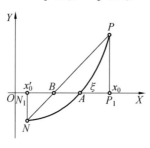

图 6.22

把一段曲线用过这曲线两端的直线代替,相当于在讨论的区间上用一次多项式代替函数 $f(x)$,而这多项式在区间两端的值与 $f(x)$ 的值相同,或者说相当于假设 $f(x)$ 的改变与 x 的改变成正比. 这个方法叫作简单插补法,例如,在应用对数表时常用这方法. 用这个方法计算根也有时叫作虚位法.

若同时应用简单插入法与牛顿法,可以由两个值 x'_0 与 x_0 求近似根.

例如,设在一端 x_0, $f(x)$ 与 $f''(x)$ 同号,则牛顿法需要由这一端作起.

应用两个方法,得到两个新的近似值(图 6.23)

$$x'_1 = \frac{x'_0 f(x_0) - x_0 f(x'_0)}{f(x_0) - f(x'_0)}, \quad x_1 = x_0 - \frac{f(x_0)}{f'(x_0)}$$

对于近似值 x'_1 与 x_1 可以再应用同样的公式得到新值

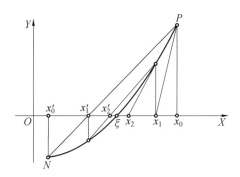

图 6.23

$$x'_2 = \frac{x'_1 f(x_1) - x_1 f(x'_1)}{f(x_1) - f(x'_1)}, x_2 = x_1 - \frac{f(x_1)}{f'(x_1)}$$

如此,得到两组值

$$x'_0, x'_1, x'_2, \cdots, x'_n, \cdots \text{ 与 } x_0, x_1, x_2, \cdots, x_n, \cdots$$

自左右两方渐近于根 ξ.

若 x'_n 与 x_n 的前几位小数相同,则根 ξ 的这几位小数应当是这几个数.

例 方程

$$f(x) = x^5 - x - 0.2 = 0$$

我们在[193]中的例 1 考虑过,它在区间 $1 < x < 1.1$ 上有一个正根,而在这区间上

$$f'(x) = 5x^4 - 1, f''(x) = 20x^3$$

不变号. 如此我们可以设

$$x'_0 = 1, x_0 = 1.1$$

计算函数 $f(x)$ 的值

$$f(1) = -0.2, f(1.1) = 0.31051$$

由此看出,在右端($x=1.1$),$f(x)$ 与 $f''(x)$ 同号,于是牛顿法需要由右端作起.

计算在右端 $f'(x)$ 的值

$$f'(1.1) = 6.3205$$

依照公式(37)与(39),就有

$$x'_1 = 1 + \frac{0.1 \times 0.2}{0.51051} = 1.039$$

$$x_1 = 1.1 - \frac{0.31051}{6.3205} = 1.051$$

为再作近似计算,求出

$$f(1.039) = -0.0282, f(1.051) = 0.0313, f'(1.051) = 5.1005$$

由此
$$x'_2 = 1.039 + \frac{0.012 \times 0.028\,2}{0.059\,5} = 1.044\,69$$
$$x_2 = 1.051 - \frac{0.031\,3}{5.100\,5} = 1.044\,87$$

得到根的值
$$1.044\,69 < \xi < 1.044\,87$$

误差不大于 2×10^{-4} [193].

§3　函数的积分法

196. 有理分式的部分分式

以前我们讲过一些计算不定积分的方法. 在这节中, 我们系统的把这个问题补讲完全. 第一个问题是有理分式的积分, 就是两个多项式商的积分. 在解决这个问题之前, 我们先讲把一个有理分式写成较简单的分式之和的公式. 这个作法叫作分解有理分式为部分分式.

设有有理分式
$$\frac{F(x)}{f(x)}$$

若这是个假分式, 就是分子的次数不低于分母的次数, 则先用除法, 得到一个整多项式 $Q(x)$ 与一个真分式

$$\frac{F(x)}{f(x)} = Q(x) + \frac{\varphi(x)}{f(x)} \tag{1}$$

其中 $\frac{\varphi(x)}{f(x)}$ 的分子的次数低于分母的次数. 此外, 我们算作这个分式不可约, 就是, 算作分子与分母互质[188].

设 $x = a$ 是分母的 k 重根
$$f(x) = (x-a)^k f_1(x)$$
而
$$f_1(a) \neq 0$$

我们证明, 这个分式可以写成下面形式的和

$$\frac{\varphi(x)}{(x-a)^k f_1(x)} = \frac{A}{(x-a)^k} + \frac{\varphi_1(x)}{(x-a)^{k-1} f_1(x)} \tag{2}$$

其中 A 是一个常数而且右边的第二项是一个真分式.

作等式
$$\frac{\varphi(x)}{(x-a)^k f_1(x)} - \frac{A}{(x-a)^k} = \frac{\varphi(x) - Af_1(x)}{(x-a)^k f_1(x)}$$

确定常数 A 使得右边分式的分子被 $x-a$ 除尽[184]
$$\varphi(a) - Af_1(a) = 0$$

由此
$$A = \frac{\varphi(a)}{f_1(a)} \quad (f_1(a) \neq 0)$$

对于这样选定的 A,上述分式可以消掉 $x-a$,于是求出恒等式(2). 由此推知,分出 $\dfrac{A}{(x-a)^k}$ 形状的简单分式后,可使分母中出现的 $x-a$ 的方指数至少降低一次.

设分母有因子分解式
$$f(x) = (x-a_1)^{k_1}(x-a_2)^{k_2}\cdots(x-a_m)^{k_m}$$

我们不写常因子,因为它可以归并到分子中去. 继续应用上述分出简单分式的法则,得到这有理式的部分分式

$$\begin{aligned}\frac{\varphi(x)}{f(x)} =& \frac{A_{k_1}^{(1)}}{(x-a_1)^{k_1}} + \frac{A_{k_1-1}^{(1)}}{(x-a_1)^{k_1-1}} + \cdots + \frac{A_1^{(1)}}{(x-a_1)} + \\ & \frac{A_{k_2}^{(2)}}{(x-a_2)^{k_2}} + \frac{A_{k_2-1}^{(2)}}{(x-a_2)^{k_2-1}} + \cdots + \frac{A_1^{(2)}}{(x-a_2)} + \cdots + \\ & \frac{A_{k_m}^{(m)}}{(x-a_m)^{k_m}} + \frac{A_{k_m-1}^{(m)}}{(x-a_m)^{k_m-1}} + \cdots + \frac{A_1^{(m)}}{(x-a_m)} \end{aligned} \quad (3)$$

再看这恒等式右边的系数的确定方法. 通分去掉分母,得到两个多项式的恒等式,让它们的对应系数相等,得到确定未知系数的一次方程组. 这种方法叫作待定系数法,在[185]中我们讲过.

还可以用另一种方法,就是在上述的多项式恒等式中代入 x 的不同特殊值. 这个代入法,对于上述恒等式的任何级微商,也可以应用.

可以证明,分解式(3)是唯一的,就是,它的系数有完全确定的值,不依赖于分解的方法. 这里我们不证,以后我们在例题中应用上述方法确定分解式的未知系数.

在 $\varphi(x)$ 与 $f(x)$ 是实多项式的情形,恒等式(3)的右边可能含有虚项,对应于分母的虚根. 下面介绍有理分式的另一种分解式,我们只讲分母只有单根的情形,因为这种情形是很重要的.

分母的一对共轭复根 $x=a\pm bi$ 对应于简单分式和

$$\frac{A+Bi}{x-a-bi}+\frac{A-Bi}{x-a+bi}$$

通分母相加,得到下面形式的简单分式

$$\frac{Mx+N}{x^2+px+q} \quad (p=-2a, q=a^2+b^2)$$

如此,在考虑的情形下,实有理分式分解为实部分分式

$$\frac{\varphi(x)}{f(x)}=\frac{A_1}{x-a_1}+\frac{A_2}{x-a_2}+\cdots+\frac{A_r}{x-a_r}+$$
$$\frac{M_1x+N_1}{x^2+p_1x+q_1}+\frac{M_2x+N_2}{x^2+p_2x+q_2}+\cdots+\frac{M_sx+N_s}{x^2+p_sx+q_s} \tag{4}$$

其中第一列分式对应于分母的实根,第二列对应于成对的共轭复根.

197. 有理分式的积分法

根据公式(1),有理分式的积分可以化为多项式的积分与真有理分式的积分.多项式的积分仍然得到多项式,现在我们考虑真分式的积分.

若分式的分母只有单根,则根据公式(4),整个可以化为两种形式的积分

1)
$$\int \frac{A}{x-a}dx = A\ln(x-a)+C$$

与

2)
$$\int \frac{Mx+N}{x^2+px+q}dx$$

回忆[92]中所述,得到下面的结果

$$\int \frac{Mx+N}{x^2+px+q}dx = \lambda\ln(x^2+px+q)+\mu\arctan\frac{2x+p}{\sqrt{4q-p^2}}+C$$

如此,在考虑的情形下,积分的结果是对数函数与反正切函数.

再考虑真有理分式的分母有重根的情形.作出分解式(3),可能其中有虚数出现,在以下的计算中,虚数只有中间作用,在最后的结果中就没有了.

当求分母高于一次的简单分式的积分时,我们仍然得到有理分式

$$\int \frac{A^{(i)}_{k_i-s}}{(x-a_i)^{k_i-s}}dx = \frac{A^{(i)}_{k_i-s}}{(1-k_i+s)(x-a_i)^{k_i-s-1}}+C \quad (k_i-s>1)$$

积分后得到的诸分式之和是整个积分的代数的部分,通分母得到真分式

$$\frac{\omega(x)}{(x-a_1)^{k_1-1}(x-a_2)^{k_2-1}\cdots(x-a_m)^{k_m-1}}$$

分子 $\omega(x)$ 是一个多项式,它的次数比分母的次数至少低一次,而这个分母,就是被积分式的分母 $f(x)$ 与它的一级微商 $f'(x)$ 的最高公因式 $D(x)$[188].

剩下的没有积分的分式之和

$$\frac{A_1^{(1)}}{(x-a_1)}+\frac{A_1^{(2)}}{(x-a_2)}+\cdots+\frac{A_1^{(m)}}{(x-a_m)}$$

通分母,可以写成真分式

$$\frac{\omega_1(x)}{(x-a_1)(x-a_2)\cdots(x-a_m)}$$

其中 $\omega_1(x)$ 是一个多项式,它的次数比分母的次数至少低一次,而这个分母是 $f(x)$ 被 $D(x)$ 除得的商 $D_1(x)$. 如此我们得到下面这个额米特－阿士诟戞斯基公式

$$\int\frac{\varphi(x)}{f(x)}\mathrm{d}x=\frac{\omega(x)}{D(x)}+\int\frac{\omega_1(x)}{D_1(x)}\mathrm{d}x \tag{5}$$

纵然不知道 $f(x)$ 的根,多项式 $D(x)$ 与 $D_1(x)$ 也可以确定[188]. 现在我们要确定多项式 $\omega(x)$ 与 $\omega_1(x)$ 的系数,可以算作它们的次数比对应的分母低一次. 由等式(5)求微商,去掉积分号,再通分,得到一个恒等式,由这两个多项式的恒等式,应用待定系数法或代入法可以确定 $\omega(x)$ 与 $\omega_1(x)$ 的系数.

如此,纵然不知道分母的根,由额米特－阿士诟戞斯基公式可以得到真有理分式的积分的代数部分. 等式(5)右边积分号下的分母只有单根,分解为简单分式和,可以计算这个积分,并且我们知道,它可以由对数与反正切表达.

例 依照额米特－阿士诟戞斯基公式

$$\int\frac{\mathrm{d}x}{(x^3+1)^2}=\frac{\alpha x^2+\beta x+\gamma}{x^3+1}+\int\frac{\delta x^2+\varepsilon x+\eta}{x^3+1}\mathrm{d}x$$

对 x 求微商

$$\frac{1}{(x^3+1)^2}=\frac{(2\alpha x+\beta)(x^3+1)-3x^2(\alpha x^2+\beta x+\gamma)}{(x^3+1)^2}+\frac{\delta x^2+\varepsilon x+\eta}{x^3+1}$$

通分,就有

$$1=(2\alpha x+\beta)(x^3+1)-3x^2(\alpha x^2+\beta x+\gamma)+(\delta x^2+\varepsilon x+\eta)(x^3+1)$$

比较 x^5 的系数,得到 $\delta=0$. 再比较 x^2 的系数,得到 $\gamma=0$. 在这恒等式中代入 $\gamma=\delta=0$,再比较其他方幂的系数,就有

$$\varepsilon-\alpha=0, \eta-2\beta=0, 2\alpha+\varepsilon=0, \beta+\eta=1$$

由此得到

$$\alpha = \gamma = \delta = \varepsilon = 0, \beta = \frac{1}{3}, \eta = \frac{2}{3}$$

于是推知

$$\int \frac{\mathrm{d}x}{(x^3+1)^2} = \frac{x}{3(x^3+1)} + \frac{2}{3}\int \frac{\mathrm{d}x}{x^3+1}$$

计算最后的积分,我们先分解部分分式

$$\frac{1}{x^3+1} = \frac{A}{x+1} + \frac{Mx+N}{x^2-x+1}$$

通分母

$$1 = A(x^2-x+1) + (Mx+N)(x+1)$$

令 $x = -1$,得到 $A = \frac{1}{3}$,再比较 x^2 的系数与常数项,得到

$$M = -\frac{1}{3}, N = \frac{2}{3}$$

于是推知

$$\frac{1}{x^3+1} = \frac{1}{3(x+1)} - \frac{x-2}{3(x^2-x+1)}$$

最后得到

$$\int \frac{\mathrm{d}x}{x^3+1} = \frac{1}{3}\int \frac{\mathrm{d}x}{x+1} - \frac{1}{3}\int \frac{x-2}{x^2-x+1}\mathrm{d}x$$

$$= \frac{1}{3}\ln(x+1) - \frac{1}{6}\ln(x^2-x+1) +$$

$$\frac{1}{\sqrt{3}}\arctan\frac{2x-1}{\sqrt{3}} + C$$

由此

$$\int \frac{\mathrm{d}x}{(x^3+1)^2} = \frac{x}{3(x^3+1)} + \frac{2}{9}\ln(x+1) - \frac{1}{9}\ln(x^2-x+1) +$$

$$\frac{2}{3\sqrt{3}}\arctan\frac{2x-1}{\sqrt{3}} + C$$

198. 含有根式表达式的积分

考虑另一种类型的积分,它可以化为有理分式的积分.

1) 积分

$$\int R\left[x, \left(\frac{ax+b}{cx+d}\right)^\lambda, \left(\frac{ax+b}{cx+d}\right)^\mu, \cdots\right]\mathrm{d}x \tag{6}$$

其中 R 表示所含变量的有理函数,就是这些变量的多项式的商,而 $\lambda, \mu, \cdots$ 是有

理数. 设这些分数的公分母是 m, 引用新变量 t, 有
$$\frac{ax+b}{cx+d} = t^m$$
这时, 显然, x, $\frac{\mathrm{d}x}{\mathrm{d}t}$ 与 $\left(\frac{ax+b}{cx+d}\right)^\lambda$, $\left(\frac{ax+b}{cx+d}\right)^\mu$, ⋯ 都是 t 的有理函数, 于是积分 (6) 化为有理分式的积分.

2) 二项式微分的积分
$$\int x^m (a+bx^n)^p \mathrm{d}x \tag{7}$$
其中 m, n 与 p 是有理数, 有时可以化为积分 (6).

设 $x = t^{\frac{1}{n}}$, 有
$$\int x^m (a+bx^n)^p \mathrm{d}x = \frac{1}{n}\int t^{\frac{m+1}{n}-1}(a+bt)^p \mathrm{d}t$$

若 p 或 $\frac{m+1}{n}$ 是整数, 则得到积分 (6) 的形式的积分.

由等式
$$\int t^{\frac{m+1}{n}-1}(a+bt)^p \mathrm{d}t = \int t^{\frac{m+1}{n}+p-1}\left(\frac{a+bt}{t}\right)^p \mathrm{d}t$$

推知, 当 $\frac{m+1}{n} + p$ 是整数时, 积分 (7) 化为式 (6) 的形式.

契巴谢夫有一个定理, 按这定理, 二项式微分的积分可以由初等函数表达, 包括所述三种情形.

199. $\int R(x, \sqrt{ax^2+bx+c})\mathrm{d}x$ 型的积分

积分
$$\int R(x, \sqrt{ax^2+bx+c})\mathrm{d}x \tag{8}$$
其中 R 表示所含变量的有理函数, 利用欧拉替换, 可以化为有理分式的积分.

在 $a > 0$ 的情形, 可以应用欧拉第一替换
$$\sqrt{ax^2+bx+c} = t - \sqrt{a}\, x$$
这等式两边乘平方, 解 x, 得到
$$x = \frac{t^2 - c}{2\sqrt{a}\, t + b}$$
由此看出, x, $\frac{\mathrm{d}x}{\mathrm{d}t}$ 与 $\sqrt{ax^2+bx+c}$ 是 t 的有理函数, 于是积分 (8) 化为有理分式

的积分.

在 $c>0$ 的情形,可以应用欧拉第二替换
$$\sqrt{ax^2+bx+c}=tx+\sqrt{c}$$
以下请读者继续作出来.

在 $a<0$ 的情形,三项式 ax^2+bx+c 应当有实根 x_1 与 x_2,因为,否则,对于所有 x 的实值,它有负号,而 $\sqrt{ax^2+bx+c}$ 是虚的量.

在这三项式有实根的情形,利用欧拉第三替换
$$\sqrt{a(x-x_1)(x-x_2)}=t(x-x_2)$$
积分(8)可以化为有理分式的积分.这也请读者自己验证.

用欧拉替换,时常要作复杂的计算,所以我们再讲积分(8)的另一种计算法.

把这根式记作
$$y=\sqrt{ax^2+bx+c}$$
y 的任何正偶次幂是 x 的多项式,所以被积函数不难写成下面的形式
$$R(x,y)=\frac{\omega_1(x)+\omega_2(x)y}{\omega_3(x)+\omega_4(x)y}$$
其中 $\omega_s(x)$ 都是 x 的多项式,把分母有理化,再写成两项和,这表达式可以写成下面的形式
$$R(x,y)=\frac{\omega_5(x)}{\omega_6(x)}+\frac{\omega_7(x)}{\omega_8(x)y}$$

第一项是有理分式,我们已经讲过它的积分.分出分式 $\frac{\omega_7(x)}{\omega_8(x)}$ 的整部,再把剩下的真分式分解为部分分式,就得到下面形式的积分
$$\int\frac{\varphi(x)}{\sqrt{ax^2+bx+c}}\mathrm{d}x \tag{9}$$
与
$$\int\frac{\mathrm{d}x}{(x-a)^n\sqrt{ax^2+bx+c}} \tag{10}$$
其中 $\varphi(x)$ 是 x 的多项式.

现在我们设多项式 $\omega_s(x)$ 只有实根.

在考虑积分(9)与(10)之前,我们先提出积分(9)的两个特殊情形
$$\int\frac{\mathrm{d}x}{\sqrt{ax^2+bx+c}}=\frac{1}{\sqrt{a}}\ln\left(x+\frac{b}{2a}+\sqrt{x^2+\frac{b}{a}x+\frac{c}{a}}\right)+C \quad (a>0) \tag{11}$$

$$\int \frac{\mathrm{d}x}{\sqrt{-x^2+bx+c}} = \int \frac{\mathrm{d}x}{\sqrt{m^2-\left(x-\frac{b}{2}\right)^2}} = \arcsin \frac{x-\frac{b}{2}}{m} + C \quad (12)$$

利用欧拉第一替换,不难得到公式(11). 我们以前[92]讲过积分(12).

为要计算积分(9),应用公式

$$\int \frac{\varphi(x)}{\sqrt{ax^2+bx+c}} \mathrm{d}x = \psi(x)\sqrt{ax^2+bx+c} + \lambda \int \frac{\mathrm{d}x}{\sqrt{ax^2+bx+c}} \quad (13)$$

其中 $\psi(x)$ 是一个比 $\varphi(x)$ 低一次的多项式,λ 是一个常数. 公式(13)我们不证明. 由关系式(13)求微商,通分母,得到两个多项式的恒等式,由此可以确定多项式 $\psi(x)$ 的系数与常数 λ.

利用替换

$$x - a = \frac{1}{t}$$

积分(10)可以化为积分(9).

例

$$\int \frac{\mathrm{d}x}{x+\sqrt{x^2-x+1}} = \int \frac{x-\sqrt{x^2-x+1}}{x-1} \mathrm{d}x$$

$$= \int \frac{x}{x-1}\mathrm{d}x - \int \frac{x^2-x+1}{(x-1)\sqrt{x^2-x+1}} \mathrm{d}x$$

$$= x + \ln(x-1) - \int \frac{x^2-x+1}{(x-1)\sqrt{x^2-x+1}} \mathrm{d}x$$

不过

$$\frac{x^2-x+1}{x-1} = x + \frac{1}{x-1}$$

所以

$$\int \frac{x^2-x+1}{(x-1)\sqrt{x^2-x+1}} \mathrm{d}x = \int \frac{x}{\sqrt{x^2-x+1}} \mathrm{d}x + \int \frac{\mathrm{d}x}{(x-1)\sqrt{x^2-x+1}}$$

依照公式(13)有

$$\int \frac{x}{\sqrt{x^2-x+1}} \mathrm{d}x = a\sqrt{x^2-x+1} + \lambda \int \frac{\mathrm{d}x}{\sqrt{x^2-x+1}}$$

由这关系式求微商,再通分母,得到恒等式

$$2x = a(2x-1) + 2\lambda$$

由此

$$a = 1, \lambda = \frac{1}{2}$$

于是根据公式(11)有

$$\int \frac{x}{\sqrt{x^2-x+1}} dx = \sqrt{x^2-x+1} + \frac{1}{2}\ln\left(x-\frac{1}{2}+\sqrt{x^2-x+1}\right) + C$$

代入

$$x - 1 = \frac{1}{t}$$

得到

$$\int \frac{dx}{(x-1)\sqrt{x^2-x+1}} = \int \frac{dt}{\sqrt{t^2+t+1}}$$

$$= -\ln\left(t + \frac{1}{2} + \sqrt{t^2+t+1}\right) + C$$

$$= -\ln\left(\frac{1}{x-1} + \frac{1}{2} + \sqrt{\frac{1}{(x-1)^2} + \frac{1}{x-1} + 1}\right) + C$$

$$= -\ln(x + 1 + 2\sqrt{x^2-x+1}) + \ln(x-1) + C$$

最后得到

$$\int \frac{dx}{x + \sqrt{x^2-x+1}} = x - \sqrt{x^2-x+1} - \frac{1}{2}\ln\left(x - \frac{1}{2} + \sqrt{x^2-x+1}\right) +$$

$$\ln(x + 1 + 2\sqrt{x^2-x+1}) + C$$

积分(8)是亚贝尔积分的特殊情形. 所谓亚贝尔积分是下面形式的积分

$$\int R(x,y) dx \qquad (14)$$

其中 R 表示所含变量的有理函数, y 是 x 的代数函数, 就是由方程

$$f(x,y) = 0 \qquad (15)$$

确定的 x 的函数, 其中 $f(x,y)$ 是 x 与 y 的多项式. 若

$$y = \sqrt{p(x)}$$

其中 $p(x)$ 是 x 的三次或四次多项式, 则这亚贝尔积分叫作椭圆积分. 在卷三中, 我们再讲这种积分. 这种积分以及更普遍的亚贝尔积分, 一般来讲, 不可以由初等函数表达. 若多项式 $p(x)$ 的次数高于四次, 则积分(14)叫作超椭圆积分.

若表达 y 是 x 的代数函数的关系式(15)具有这样的性质, x 与 y 可能表达成一个辅助参变量 t 的有理函数, 则显然亚贝尔积分化为有理分式的积分. 在所述情形下, 对应于关系式(15)的代数曲线叫作单行曲线. 例如, 欧拉替换证

实曲线
$$y^2 = ax^2 + bx + C$$
的单行性.

200. $\int R(\sin x, \cos x) \mathrm{d}x$ 型的积分

积分
$$\int R(\sin x, \cos x) \mathrm{d}x \tag{16}$$
其中 R 表示所含变量的有理函数,若引用新变量
$$t = \tan \frac{x}{2}$$
可以化为有理分式的积分.

实际上,依照已知三角公式,得到
$$\sin x = \frac{2t}{1+t^2}, \cos x = \frac{1-t^2}{1+t^2}$$
并且
$$x = 2\arctan t, \mathrm{d}x = \frac{2\mathrm{d}t}{1+t^2}$$
由此直接推出以上的肯定.

我们讲算起来可能比较简单的几个特殊情形.

1) 设当用 $-\sin x$ 与 $-\cos x$ 分别替换 $\sin x$ 与 $\cos x$ 时,$R(\sin x, \cos x)$ 不变,就是设 $R(\sin x, \cos x)$ 有周期 π.

因为
$$\sin x = \cos x \tan x$$
所以 $R(\sin x, \cos x)$ 是 $\cos x$ 与 $\tan x$ 的有理函数,当用 $-\cos x$ 替换 $\cos x$ 时,它不变,就是只含有 $\cos x$ 的偶次幂
$$R(\sin x, \cos x) = R_1(\cos^2 x, \tan x)$$
在这情形下,设
$$t = \tan x$$
则积分(16) 化为有理分式的积分.

实际上,这时
$$\mathrm{d}x = \frac{\mathrm{d}t}{1+t^2}, \cos^2 x = \frac{1}{1+t^2}$$

所以，若 $R(\sin x, \cos x)$ 当用 $-\sin x$ 与 $-\cos x$ 分别替换 $\sin x$ 与 $\cos x$ 时不变，则利用替换 $t = \tan x$，积分(16) 可以化为有理分式的积分.

2) 设 $R(\sin x, \cos x)$ 当用 $-\sin x$ 代替 $\sin x$ 时，只改变符号. 则函数
$$\frac{R(\sin x, \cos x)}{\sin x}$$
当作上述替换时不变，就是只含有 $\sin x$ 的偶次幂，于是
$$R(\sin x, \cos x) = R_1(\sin^2 x, \cos x) \sin x$$
代入 $t = \cos x$，得到
$$\int R(\sin x, \cos x) \mathrm{d}x = -\int R_1(1 - t^2, t) \mathrm{d}t$$
就是，若 $R(\sin x, \cos x)$ 当用 $-\sin x$ 代替 $\sin x$ 时只改变符号，则利用替换 $t = \cos x$，积分(16) 化为有理分式的积分.

3) 同样不难证明，若 $R(\sin x, \cos x)$ 当用 $-\cos x$ 代替 $\cos x$ 时只改变符号，则利用替换 $t = \sin x$，积分(16) 化为有理分式的积分.

201. $\int \mathrm{e}^{ax}[P(x)\cos bx + Q(x)\sin bx]\mathrm{d}x$ 型的积分

积分
$$\int \mathrm{e}^{ax} \varphi(x) \mathrm{d}x \tag{17}$$
其中 $\varphi(x)$ 是 x 的 n 次多项式，用分部积分法，化为
$$\int \mathrm{e}^{ax} \varphi(x) \mathrm{d}x = \frac{1}{a} \mathrm{e}^{ax} \varphi(x) - \frac{1}{a} \int \mathrm{e}^{ax} \varphi'(x) \mathrm{d}x$$
如此，最后积分中的多项式 $\varphi'(x)$ 比 $\varphi(x)$ 低一次. 继续作分部积分，并注意
$$\int \mathrm{e}^{ax} \mathrm{d}x = \frac{1}{a} \mathrm{e}^{ax} + C$$
得到
$$\int \mathrm{e}^{ax} \varphi(x) \mathrm{d}x = \mathrm{e}^{ax} \psi(x) + C \tag{18}$$
其中 $\psi(x)$ 也是 n 次多项式，就是，指数函数 e^{ax} 与一个 n 次多项式的乘积的积分还是一个这样的乘积.

由关系式(18) 求微商，得到的恒等式两边消去 e^{ax}，依待定系数法，可以确定多项式 $\psi(x)$ 的系数.

再考虑较普遍的积分

$$\int e^{ax}[P(x)\cos bx + Q(x)\sin bx]dx \qquad (19)$$

其中 $P(x)$ 与 $Q(x)$ 是 x 的多项式. 设这两个多项式的次数的较高的是 n. 引用复量作辅助, 可以化积分(19)为积分(17), 依欧拉公式

$$\cos bx = \frac{e^{bxi}+e^{-bxi}}{2}, \sin bx = \frac{e^{bxi}-e^{-bxi}}{2i}$$

利用这两个表达式代替 $\cos bx$ 与 $\sin bx$, 得到

$$\int e^{ax}[P(x)\cos bx + Q(x)\sin bx]dx$$
$$= \int e^{(a+bi)x}\varphi(x)dx + \int e^{(a-bi)x}\varphi_1(x)dx$$

其中 $\varphi(x)$ 与 $\varphi_1(x)$ 都是不高于 n 次的多项式. 应用公式(18), 有

$$\int e^{ax}[P(x)\cos bx + Q(x)\sin bx]dx$$
$$= \int e^{(a+bi)x}\psi(x) + e^{(a-bi)x}\psi_1(x) + C$$

其中 $\psi(x)$ 与 $\psi_1(x)$ 是不高于 n 次的多项式. 代入

$$e^{\pm bxi} = \cos bx \pm i\sin bx$$

最后就有

$$\int e^{ax}[P(x)\cos bx + Q(x)\sin bx]dx$$
$$= e^{ax}[R(x)\cos bx + S(x)\sin bx] + C \qquad (20)$$

其中 $R(x)$ 与 $S(x)$ 是不高于 n 次的多项式. 如此, 我们看出, 积分(19)有与它的被积函数同样的表达式, 并且, 在这积分的表达式中的多项式的次数, 要取被积函数中的多项式的较高的次数.

由关系式(20)求微商, 再由得到的恒等式消去 e^{ax}, 比较两边 $x^s\cos bx$ 与 $x^s\sin bx (s=0,1,2,\cdots,n)$ 形式的同类项, 就得到确定多项式 $R(x)$ 与 $S(x)$ 的系数的一次方程组. 注意, 若积分号下没有 $\cos bx$ 或 $\sin bx$, 公式(20)的右边仍然要写出这两个三角函数, 再用上述的法则确定多项式 $R(x)$ 与 $S(x)$.

积分

$$\int e^{ax}\varphi(x)\sin(a_1x+b_1)\sin(a_2x+b_2)\cdots\cos(c_1x+d_1)\cos(c_2x+d_2)\cdots dx$$

直接可以化为积分(19).

实际上, 应用已知的三角公式, 正弦与余弦的和与差可以表达成乘积, 反之, 任何上述两个三角函数的乘积可以化为正弦或余弦的和或差. 应用几次这

个变换,积分号下每项的三角因式可以化简到一个,如此就得到式(19)形式的积分.

例 依照公式(20)有
$$\int e^{ax}\sin bx\,dx = e^{ax}(A\cos bx + B\sin bx) + C$$
求微商,再消去 e^{ax} 有
$$\sin bx = (aA + bB)\cos bx + (-bA + aB)\sin bx$$
由此
$$aA + bB = 0,\ -bA + aB = 1$$
就是
$$A = -\frac{b}{a^2+b^2},\ B = \frac{a}{a^2+b^2}$$
最后结果
$$\int e^{ax}\sin bx\,dx = e^{ax}\left(-\frac{b}{a^2+b^2}\cos bx + \frac{a}{a^2+b^2}\sin bx\right) + C \qquad (21)$$

俄国大众数学传统 —— 过去和现在

附录

  本附录的作者为 A. B. Sossinsky，译者为吴雅萍. A. B. Sossinsky 现为莫斯科电子学与数学研究所高级研究员及莫斯科独立大学讲师.

  对西方观察家来说，下述事实令他们深感奇怪：在赫鲁晓夫与勃列日涅夫的极权统治年代里，几乎处于完全孤立的情形下繁荣一时的俄国数学学派，在国家向民主和正规市场经济迈进的今天却面临消亡的威胁. 当然，至少对目前正发生的空前的数学人才外流现象，有其明显的经济原因. 然而如果人们想解释这一矛盾现象，还应了解这一问题的一些更深层的、不那么明显的方面，在西方这是鲜为人知的.

  其中一个方面可称作"非正规的大众化数学的传统"——正是本附录的主题.

社会和文化范畴

  苏联的大众数学传统的特定形式，只能在俄罗斯文化遗产的框架内以及苏联政体的政治范畴内才能理解. 前者包括俄国科学职业在长时期内的威望，它把东方人对"宗教领袖"的尊崇与德国人对"绅士教授"的尊敬融合起来；同时它还包括传统的对自谦的钦佩,以及优秀的公民、贵族或知识分子通过"走向人民"和与大众分享其文化遗产以增进社会的公正所做出的常常是天真的努力.

这一背景对所有的学科都是相同的,但由于起决定作用的政治性原因,其对数学的影响却是独特的:几十年来在苏联,数学是唯一的一门其自身发展不受意识形态权威人物的严密监督和左右的科学,这一事实是众所周知的. 有才能的年轻人很快就认识到学习生物学就意味着要遵从李森科的荒谬原理,研究历史则意味着要遵循马克思主义的一家之言. 而数学却保持其独立和纯洁:一条定理,一旦被证明了,则不管党魁们喜欢与否都是正确的. 事实上,直到 20 世纪 60 年代末,党魁们不仅对定理而且对证明它们的人都并不是特别介意.

因此苏联数学家有极好的机遇来吸引最有才能的学生从事他们的职业,并且他们抓住了这一机遇,并为此建立了新的非官方的机构.

奥林匹克竞赛与数学兴趣小组

首届数学奥林匹克竞赛是在 1936 年由 B. N. Delone 在列宁格勒组织的,他在第二年还发起了莫斯科数学奥林匹克竞赛. B. N. Delone 是一位多面手,他既是数论专家、几何学家,又是有成就的登山运动员、说书人及讲师. 他自己设计这些数学竞赛的形式 —— 现今在很多文明国家中已很流行,且使这些竞赛有了成功的开始. 他得到了权威数学家们的支持,特别是 A. N. Kolmogorov 和 I. G. Petrovsky. 就其特色而言,近 40 年来,数学奥林匹克竞赛一直是非官方的,在没有重大经济资助下发挥了作用,并且是靠年轻数学家的无私热情来完成的.

在因第二次世界大战而中断一段时间后,奥林匹克竞赛扩展到全国,并形成了金字塔式结构:首届全俄数学奥林匹克竞赛在 1961 年举行,首届全苏决赛则于 1967 年在第比利斯举行. 直到 20 世纪 70 年代中期,它基本上仍是一项非官方的活动,并从 Petrovsky 所在的莫斯科大学得到一些经济资助,还从当地一些数学家那里获得帮助. 奥林匹克数学竞赛是一种多阶段性竞赛,它从学校一级开始,一个有才能的高中生要在城市、地区以及共和国等各种级别的竞赛中取胜,才可以参加权威性的全苏决赛甚至于有资格参加国际竞赛.

从 20 世纪 40 年代后期起,大城市的奥林匹克竞赛与所谓的"数学兴趣小组"密切相关,数学兴趣小组是非常规的解题数学班,通常在周末由年轻的专业研究数学家来指导并向所有有兴趣的高中生开放. 俄国的这一非常规的学习小组的传统可追溯到 19 世纪,小组(在圣彼得堡的列宁的"马克思主义小组")活动的内容从政治宣传到文学、科学或艺术,以及手工艺等. 实际上,对这种非常规的活动没有历史的记载,但为了了解我们这一代的每一个主要的苏联数学家是怎样产生的,那么了解他们参加的是哪个小组和说明谁是他们的论文导师可能同样重要.

从统计数据看,当时 50 多岁的苏联最好的数学家中,几乎所有的人都参加了数学小组及奥林匹克竞赛. Novikov, Arnold, Kirillov 及 Fuchs 都是 20 世纪 50 年代的奥林匹克竞赛获奖者.

数学学校及数学班

20 世纪 60 年代可能是苏联数学发展中最值得称道的时期. 尽管"赫鲁晓夫的春天"没有达到预期的效果,俄国知识分子从斯大林时期的由恐惧造成的麻木中觉醒过来,而且艺术及科学活动通常能在政治允许的范围内得以重新恢复. 数学家们利用这个有利形势创立新的机构以吸引有才能的年轻人投身数学事业.

第一个也最具雄心的是"物理和数学寄宿学校". 第一所学校是 1961 年在新西伯利亚附近,由有"科学城的沙皇"之称的 M. I. Lavrentiev 创建的;他是来自莫斯科的一流数学家,承担了在西伯利亚传播科学这一重要计划的实施. 第二年,A. N. Kolmogorov 及 I. K. Kikoin(氢弹物理学家)在莫斯科建立了类似的学校,随后有人在列宁格勒、基辅及埃里温也仿效了这一做法.

Lavrentiev 和 Kolmogorov 认为,未来的数学家未必来自社会及知识界的精英阶层,在全国各地,特别是在小城镇,有巨大的民间人才宝库. 大城市里有才能的年轻人已经得到了广为宣传的奥林匹克竞赛及数学小组的关怀,而小城镇里的年轻人既缺少称职的数学教师又完全没有与年轻的研究人员 —— 其任务是塑造成杰出的未来数学家 —— 接触的机会. 为挑选最有才能的高中生,来自莫斯科、列宁格勒、基辅及科学城的年轻数学家,游历全国的所有边远地区以帮助组织当地的奥林匹克竞赛,同时指导物理和数学寄宿学校的入学考试.

几乎同时,几个杰出的数学家(例如 A. Cronrod, E. Dynkin, I. M. Gelfand)决定为较大的城市居民组办数学学校(注意,确切地说是为那些上中学的最后二或三年的孩子举办的). 于是,莫斯科的第 2,7,9,444 中学成为具有强化数学课程的一流学校.

同时出现的另一个不那么雄心勃勃的机构,称为"普通"学校里的数学班,在那里,有兴趣的高中生可学到更多的(且更高等的)数学知识.

归功于 I. M. Gelfand 的另一个重要的创造,是在 1964 年创立的全苏数学函授学校. 这一著名的机构(只有几个领(低)报酬的长期合作者),借助于莫斯科大学数学专业的人才始终如一的帮助(几年以后,大部分帮助来自函授学校的毕业生),设法吸引成千上万的高中生学习课程以外的数学. 当然,大部分学生来自那些不能提供上述常规及非常规的数学学习条件的地方.

随着函授学校的工作的推进,又演化出一种新形式的功能,称为"集体学生",这与当地教师直接相关. 即一组学生在本校一名教师的指导下做函授学校指定的作业,每月提交一份共同完成的作业论文. 个人及集体这两类工作形式经证明都是卓有成效的.

在 20 世纪 60 年代中期,为愿意从事数学研究的有才能的年轻人提供了一个很广阔的供选择的天地. 数学兴趣小组、奥林匹克竞赛,多种特殊的班以及学校,其中包括寄宿学校及函授学校,用以满足各种潜在的人才的需要. 所有这些机构,在某种意义上,都是外围组织(不是由上面权力机关强加的,也不是由教育体系派生的). 幸亏由于投入该事业的人(大多是青年数学家)的热情,使它有效地发挥了作用. 这些机构还趋于自我再生:例如数学寄宿学校的校友常常在他们成为研究生后(有时在之前)回到数学寄宿学校当教师.

实际上所有在 20 世纪 60 年代上学的领头数学家都进过上面提到的人才学校之一. 在他们的班里,他们受到很强的激励去取得成功. 环绕在大城市数学奥林匹克竞赛优胜者周围的热烈气氛,可与美国高中篮球队队长周围的气氛相比. 下面将简单列举一下 Kolmogorov 寄宿学校培养的一些校友的名字,他们是:Varchenko, Matiyasevich, Levin, Nikulin 及 Krichever.

大众数学书及 Kvant 杂志

苏联科学事业中最值得称颂的成就之一是大众科学出版业的成就. 在 20 世纪 50,60 及 70 年代中,用买两杯柠檬水(或半个冰激凌)的钱,你便可买到诸如:Khinchin 的《数论的 3 个宝石》或 Kirillov 的《极限》那样的数学科普书籍. 甚至在 20 世纪 80 年代,Boltyansky Efremovich 的绝妙的介绍拓扑的科普书或 Arnold 的《突变理论》一书,售价不及一个橘子或半个香蕉.

但对出版业在数学普及中所做的这些事,Kolmogorov 感到还不够. 他与 Kikoin 在 1969 年协力创办了 Kvant(《量子》杂志),一个由科学院资助的、面向高中学生的物理和数学方面的科普月刊. 结果它成为出版业的一次不寻常的成功:(尽管仅能通过按年的订阅来销售)到 1972 年(这期间可描述为数学事业的繁荣时期)销售量达到令人难以置信的 370 000 份,其后有所下降,在 20 世纪 80 年代保持在 200 000 份左右.

该杂志的经常性撰稿人是 A. N. Kolmogorov, A. D. Alexandrov,

L. S. Pontryagin, V. A. Rokhlin, S. Gindikin, D. B. Fuchs, M. Bashmakov, V. I. Arnold, A. Kushnirenko, A. A. Kirillov, N. Vaguten(= N. Vassiliev + V. Gutenmakher), Yu. P. Soloviev, V. M. Tikhomirov 等. 西方读者通过阅读由"自然科学教师协会"在华盛顿出版的基于 Kvant 过刊的美国版本的《量子》(Quantum)杂志, 便可了解 Kvant 杂志的主要内容.

数学事业中的停滞

20 世纪 60 年代的数学繁荣未能持续很久, 在不祥的 1968 年(苏联坦克滞留布拉格)以后, 勃列日涅夫及其密友严厉加强了对意识形态领域的控制, 特别是对科学界, 再一次强烈主张科学的党性原则. 这一时期是数学界发生最惹人注目的变化的时期, 原因可能是在此之前数学是一片被偶然遗忘在沙漠中的绿洲.

在莫斯科, 从 1968 年开始, 伴随着"Esenin Volpin 案件", 即所谓的"99 人信件"以及随后的发展, 发生了一系列事件: 莫斯科大学力学数学系行政管理方面的变化, 反对犹太人进入莫斯科大学的政策的重新执行(本来自 1955 年已中止执行), 对数学家的铁幕又一次拉上了(除了那些对共产党或克格勃有特殊贡献的人). 这些事实众所周知, 然而, 人们并不总是清楚地认识到, 当时执政的政策不仅是种族歧视的一种特殊的丑恶形式, 而且更一般的是试图对人的自尊心及公正的遏制, 以及对科学事业中的卓越人才及成就的摧残, 随后, 迟钝与驯服成为在学术事业中成功的主要因素.

可以预料, 当时会对前文中提到的所有从事大众数学的外围机构采取些行动, 实际也确实如此.

在莫斯科, 莫斯科大学的力学数学系党组织控制了 Kolmogorov 寄宿学校, 清除了"不合需要"的教师(包括本附录作者), 解雇了思想自由化的导师, 引入禁止犹太人入学的政策.

就全苏联而言, 教育部控制了数学奥林匹克竞赛. 1976 年在第比利斯举行的第 13 届全苏数学奥林匹克决赛是评委会以重大的牺牲而换取的一次胜利, 他们成功地保留了竞赛的传统(通过与那些想管理及毁掉竞赛的教育部官僚们进行的为外人所不知晓的斗争); 第二年, 忠实的官僚们几乎全部地用那些更容易驾驭的数学家来替换原全苏评委会.

很多数学学校被迫关闭或被重新组织. 著名的莫斯科 2 中和 7 中及很多(特别是那些最有创新精神的教师指导的)数学班被迫中断.

并非对这些机构的所有打击都是成功的. Gelfand 的数学函授学校在意识

形态上好像是无懈可击的.然而,力学数学系新的领导班子组织了一个相应的与之竞争的学校,叫作"Malyi 力学数学学校",并诱惑性地向其学生许诺:他们更易进入该系且劝阻该系大学生不要帮助 Gelfand 学校.但这些并未起很大作用,Gelfand 学校依然办得很成功.

由 Pontryagin 及 Vinogradov 负责执行的另一接管任务也失败了,他们要从太自由化的 Kolmogorov 和 Kikoin 手中争到 Kvant 杂志的控制权.

也许更典型的例子是过去在传统上由莫斯科大学的数学家们指导的莫斯科数学奥林匹克竞赛的命运.曾在 1978 年被选为奥林匹克委员会领导人的 Kirillov,根据力学数学系主任签署的一项行政命令而被调离此职位,该系主任指派 Mishchenko 担任这一职务且完全改变了管理此竞赛的队伍.这导致了竞赛氛围的根本变化:它变得非常刻板且开始模仿莫斯科大学的入学考试.

另一鲜为人知但具戏剧性的故事与 Bella Muchnik 的数学讲习班(被人挖苦地称作"人民大学")有关.它开办于 1979 年,旨在为那些未能通过莫斯科大学的具种族歧视性入学考试的学生提供学习最高水平数学知识的机会.在它的 3 年开办期内,很多很好的数学家在那里执教而没有任何物质报酬.当克格勃逮捕了两名学生后该校才停办.Bella Muchnik 在被克格勃审讯后,一天深夜不幸死于一次车祸,肇事者逃离,很多人相信这不是一次偶然的事故.

但这只是一个极端情形.大多数半官方的大众数学机构未被破坏,相反它们变得更官方化了.靠机构的再生,在很多情形下它们保持了高度专业化水平,但同时失去了很多原有的非常规的特点.值得注意的例外是 Kvant 杂志和 Gelfand 函授学校,它们均设法保持其专业质量和办学精神.

新竞赛、新纪元

一般来说,20 世纪 70 年代及 80 年代初是令人沮丧的时期,当时大众对数学的兴趣逐渐下降,而且 20 世纪 50 年代及 60 年代创立的机构失去了很多吸引力.但至少有一个人没有陷入这种沮丧中,他就是 Konstantinov.尽管他从全苏奥林匹克评委会及莫斯科奥林匹克评委会被解职,而且他的数学学校被关闭,但他又重新行动起来:为中学生创立了一非正规的数学暑期讲习班,按惯例应在爱沙尼亚举办;把莫斯科 57 中学办成数学人才学校直至今日;又在莫斯科发起 Lomonosov 竞赛(一种受欢迎的中学多学科的群众性竞赛)且创立了非常成功的城市间竞赛(现为一种国际竞赛).

Konstantinov 是俄罗斯数学竞赛史上一位真正的传奇人物,然而在莫斯科、圣彼得堡、车里雅宾斯克等地还有很多不如他知名但同样致力于此事业的教师. 例如 B. Davidovich, A. Shen 及 A. Vaintrob, 他们帮助把莫斯科 57 中学办成一个杰出的学校且保持其最高水平, 尽管受到官方机构的行政方面的困扰.

这些以及其他的"手持火炬的人", 穿过勃列日涅夫时期的重重封锁把大众化数学的传统一直延续到"改革"的来临时. 在西方观察家看来, 符合逻辑的应是标榜自由化的政权会立即引发生机勃勃的对最好的民主传统的恢复, 特别是在科学和教育方面, 但这并未出现. 主要原因是 (不是西方人通常想的那样) 政治机构最高层的急剧变化并未伴随着低层的行政人事的变化. 那些在极权体制下曾竭力反对任何革新及自由化的官僚们, 今天仍在这么做, 而且又补充了新的能量; 这么做, 不单单是为维护旧体制, 而且是为他们自己的生存而斗争. 同时很多本可以在恢复最好传统中起积极作用的数学家, 在条件允许时情愿移居国外, 他们有理由把为他们的家人提供舒适的生活及良好的研究条件, 看得比这里的不确定的前途及拯救濒临消亡的传统更重要. 这主要是指那些当时处在 30 至 40 岁的数学家, 这一代人最好的年华不幸正处在那令人沮丧的停滞时期 (1968～1986 年).

莫斯科独立大学的数学学院

然而, 那些仍根植于莫斯科的领头数学家们又精力充沛地创立了一个雄心勃勃的新机构, 称为莫斯科独立大学 (IUM) 的数学学院, 一个培养未来数学研究工作者的小型人才学校. 它的创建人感到, 莫斯科国立大学的力学数学系由于受 20 年的错误管理的破坏, 且从根本上讲, 现在仍受那些招致该系衰退的强硬路线人的领导; 它对造就新的数学人才已不再发挥作用. 从观念及教学方面看, 创建数学学院的带头人是 Arnold, 而在实际执行中, 其机构由 Konstantinov 管理. 在 1991 年 7 月进行了非常难的笔试 (一种从 0 分到 120 分的评分制), 在 9 月开学, 首批注册的是 45 名学生. Konstantinov 成功地在莫斯科大学附近的一个学校借到了办公室及教室, 甚至从莫斯科的资助者那里得到一些钱, 以给学院的教师一些酬劳, 并为一些学生提供奖学金.

当时在俄罗斯还没有办私立 (非公立) 教育机构的立法. 特别是, 这意味着莫斯科独立大学不能使其学生免于兵役, 使得大多数男生不得不同时也进入莫斯科国立大学. 于是莫斯科独立大学只能在晚上上课, 该校大部分学生有双份的学习负担.

尽管有这样或那样的困难, 莫斯科独立大学的数学学院正在成功地发挥作用, 它现有 25 个二年级学生及 35 个一年级新生. 美国数学会已向该校教师提供了一些资助, 教师中包括 D. V. Alekseevsky, B. L. Feigin, A. L. Gorodentsev,

S. M. Gusein-Zade, A. A. Kirillov, Elena Korkina, S. K. Lando, Yu. A. Neretin, V. P. Palamodov, V. S. Retakh, A. N. Rudakov, V. M. Tikhomirov, V. A. Vassiliev, E. B. Vinberg 及本附录的作者. 教师们感到他们有能力把莫斯科数学学派最好的传统传给他们的学生(到现在为止, 他们已被证明是有才能的及可培养的), 并希望莫斯科独立大学的数学学院能克服目前的困难(需要一所永久性教学场所及好的图书馆), 成为(不仅面向苏联学生的)一个具有一流水平研究生院的人才大学.

现在怎么样

现在让我们估计一下当今的形势. 圣彼得堡的数学学派无论从象征性意义上还是字面上已不复存在. 就莫斯科及圣彼得堡国立大学的数学系来说, 修修补补已无济于事. 实际上所有40岁以下的领头数学家已经或正打算移居国外. 在莫斯科, 大学教授的月工资不够维持一周的生活.

另一方面, 我们这一代的很多领头数学家, 尽管经常居住在国外, 但还没有永久地移居国外: Novikov, Arnold, Maslov, Anosov, Faddeev, Vershik, Kirillov, Vinberg, Sinai 及 Zakharov 仍扎根于这里. 下一代的一些数学家也是如此: Ilyashenko, Helemsky, Feigin, Vassiliev, Khovansky, Rudakov, Soloviev, Fomenko, Drinfeld 及 Krichever. 文化的数学传统至今仍充满活力, 但不是靠国立大学及公办奥林匹克竞赛, 而是以其新的、非正规的机构来传授下去. 仍有很多数学班及数学兴趣小组, 莫斯科数学奥林匹克竞赛正努力以重新获得其传统的价值, Kvant 杂志正为生存而顽强地奋斗着, Konstantinov 负责的城市间竞赛及 Lomonosov 竞赛仍在很好地进行. 莫斯科数学会也仍在发挥其质朴的凝聚作用, 且出现了一些试验性新机构: 在圣彼得堡的以 Faddeev 为首的欧拉研究所, 在莫斯科的独立大学及以 Khovansky 为首的数学研究所.

这些足够了吗? 从现在起5年或10年里, 当我们这一代人太老了以致不能把从事数学研究的乐趣传给有才能的学生时, 是否有人会接过这一火炬呢? 显然逻辑推理告诉我们这两个问题的答案是"不". 但在此宁愿无视所有的逻辑, 而祝愿美好的数学文化传统, 其中一些是这里已描述过的, 将不会消亡.